Kompetenzbasierter Ressourceneinsatz in Multientwicklungsprojektumgebungen

Competency-Based Allocation of Resources in Multi-Project Product Development Environments

Von der Fakultät für Maschinenwesen
der Rheinisch-Westfälischen Technischen Hochschule Aachen
zur Erlangung des akademischen Grades eines
Doktors der Ingenieurwissenschaften
genehmigte Dissertation

vorgelegt von

Alexander Keuper

Berichter/in:

Univ.-Prof. Dr.-Ing. Dipl.-Wirt. Ing. Günther Schuh
apl. Prof. Dr.-Ing. Wolfgang Boos

Tag der mündlichen Prüfung: 04. Juli 2024

ERGEBNISSE AUS DER PRODUKTIONSTECHNIK

Alexander Keuper

Kompetenzbasierter Ressourceneinsatz in Multientwicklungsprojektumgebungen

Herausgeber:
Prof. Dr.-Ing. T. Bergs
Prof. Dr.-Ing. Dipl.-Wirt. Ing. G. Schuh
Prof. Dr.-Ing. C. Brecher
Prof. Dr.-Ing. R. H. Schmitt

Band 24/2024

WZL | RWTH AACHEN UNIVERSITY

Fraunhofer IPT

Bibliografische Information der Deutschen Nationalbibliothek
Die Deutsche Nationalbibliothek verzeichnet diese Publikation in der Deutschen Nationalbibliografie; detaillierte bibliografische Daten sind im Internet über https://portal.dnb.de abrufbar.

Alexander Keuper:

Kompetenzbasierter Ressourceneinsatz in Multientwicklungsprojektumgebungen

1. Auflage, 2024

Gedruckt auf holz- und säurefreiem Papier, 100% chlorfrei gebleicht.

Wissenschaftsverlag des Instituts für Industriekommunikation und Fachmedien an der RWTH Aachen
Steinbachstr. 25, 52074 Aachen
Internet: www.apprimus-verlag.de, E-Mail: info@apprimus-verlag.de

Druck: CPI Druckdienstleistungen GmbH
Ferdinand-Jühlke-Straße 7 | 99095 Erfurt

ISBN 978-3-98555-236-8

D 82 (Diss. RWTH Aachen University, 2024)

Vorwort

Die vorliegende Dissertation entstand während meiner Tätigkeit als wissenschaftlicher Mitarbeiter in der Abteilung Innovationsmanagement am Lehrstuhl für Produktionssystematik des Werkzeugmaschinenlabor WZL der RWTH Aachen University. Das Anfertigen der Dissertation, von der ersten Ideenfindung bis zur schriftlichen Umsetzung ist ein langwieriger wie herausfordernder Prozess, der ohne Unterstützung zahlreicher Personen nicht möglich wäre. Dementsprechend gilt der Dank genau jenen Personen.

Ich möchte mich vielmals bei Herrn Professor Günther Schuh bedanken, der als Doktorvater und Lehrstuhlinhaber diese Arbeit ermöglicht hat. Und zudem das inspirierende wie ambitionierte Umfeld geschaffen hat, welches zu Höchstleistungen anspornt und somit eine ungeahnte persönliche und fachliche Weiterentwicklung ermöglicht. Auch den weiteren Professoren der Prüfungskommission möchte ich danken, namentlich Herrn Professor Boos (Koreferat), Frau Professorin Nitsch (Prüfungsvorsitz) und Herrn Professor Wirsum (Prüfungsbeisitz).

Einen großen Anteil daran, Inspiration, Durchhaltevermögen und Spaß für das Anfertigen einer Dissertation zu finden haben die Kolleg*innen in der Abteilung und am Lehrstuhl, mit denen man zahlreiche Stunden verbringt und auf so viele positive gemeinsame Erinnerungen zurückblicken kann. Der Zusammenhalt und Teamgeist in unserer Abteilung haben mich immer begeistert und motiviert. Hervorheben möchte ich die vielen gemeinsam Stunden mit Stefan Perau, Dr. Benjamin Lender, Christina Ruschitzka, Gereon Bönsch und Carsten Boßmann beim gemeinsamen Brainstorming für unsere Dissertationen. Ohne euren kontinuierlichen Support und das gegenseitige motivieren und anspornen wäre das Ergebnis so nicht möglich gewesen.

Besonders prägend war für mich zudem die Zusammenarbeit mit Dr. Maximilian Kuhn, der mich 2018 als Hiwi einstellte und mich auch nach meinem Einstieg als wissenschaftlicher Mitarbeiter 2019 in meiner persönlichen Weiterentwicklung massiv unterstützt hat. Sowohl ihm als auch seinem Vorgänger als Oberingenieur der Abteilung Dr. Christian Dölle gebührt darüber hinaus mein Dank für die fachliche Diskussion bei der Entwicklung und Ausarbeitung der Dissertation. Ich hoffe, dass ich als neue Oberingenieur der Abteilung Innovationsmanagement eure Fußstapfen füllen kann.

Auch die gemeinsame Zeit als Gruppenleiter mit Dr. Hendrik Lauf, Jonas Tittel und Viktor Slawik werde ich stets in bester Erinnerung behalten.

Ein weiterer Dank geht an alle studentischen Hilfskräfte und Abschlussarbeiter*innen, die ich in meiner Zeit als wissenschaftlicher Mitarbeiter betreuen durfte. Es war mir stets eine Freude mit euch zusammenzuarbeiten.

Neben dem professionellen Umfeld, welches mich zu Höchstleistungen motiviert hat, freue ich mich ein privates Umfeld zu haben, welches mir Rückhalt und Sicherheit gibt.

Meiner Familie möchte für die bedingungslose Unterstützung danken. Mein Vater Rüdiger, der selbst in Aachen Maschinenbau studiert hat, konnte mich bereits früh für Technik begeistern und hat somit meinen Werdegang maßgeblich beeinflusst. Meiner Mutter Christa gebührt ein zusätzliches Dankeschön für das Prüfen der vorliegenden Arbeit auf Rechtschreibfehler. Zuspruch und Rückhalt habe ich auch stets bei meinen Geschwistern Tobias und Michaela gefunden.

Auch meinem Freundes- und Bekanntenkreis möchte ich an dieser Stelle danken. Besonders prägend war dabei sicherlich die Zeit im Formula Student Team der RWTH Aachen. Über diese Verbindungen wurde ich schließlich beim Elektromobilitätsstartup e.Go Mobile AG von Prof. Schuh als Werksstudent eingestellt und bin somit erstmals in Kontakt mit dem Umfeld von Prof. Schuh gekommen.

Mein größter und wichtigster Dank ist jedoch meiner Partnerin Sara vorbehalten, die mich durch alle Höhen und Tiefen während der Erstellung der Arbeit begleitet hat und mich durch ihre liebevolle und humorvolle Art stets aufgefangen hat und somit entscheidend zum Gelingen dieser Arbeit beigetragen hat. Danke insbesondere für dein Verständnis für die vielen entgangenen Stunden Zweisamkeit. Dir möchte ich diese Arbeit widmen.

Aachen, im August 2024

Alexander Keuper

Zusammenfassung

Produzierende Unternehmen sehen sich mit häufig ändernden Bedingungen, hoher Innovationsgeschwindigkeit und globalem Wettbewerbsdruck konfrontiert. Infolgedessen steigt der Innovationsdruck unter hohen Zeit- und Kostenrestriktionen. Die Forderung nach Geschwindigkeit und Flexibilität sorgt dafür, dass die Produktentwicklung in den meisten produzierenden Unternehmen durch eine Zunahme an Projektarbeit geprägt ist. Das bedeutet aber auch, dass der Erfolg der Projekte einen erheblichen Einfluss auf den Unternehmenserfolg hat. Beim Blick auf die industrielle Praxis zeigt sich jedoch, dass viele Projekte ihre Zeit- und Budgetziele verpassen.

Das Ziel dieser Arbeit ist die Entwicklung einer Methodik, die die Ressourcenallokation mit Hilfe von Optimierungsverfahren in einer Multiprojektumgebung von Entwicklungsprojekten verbessert und somit zur Verbesserung der Projektzielerreichung beiträgt.

Die Arbeit umfasst dabei fünf Teilmodelle, welche die Zielfunktion der Optimierung, die Nebenbedingungen der Optimierung sowie die Optimierung selbst beschreiben. Als erstes wird die Zielfunktion als Kostenfunktion, bestehend aus Ressourcenkosten und Verzögerungskosten, aufgestellt. Im zweiten Schritt werden die zur Verfügung stehenden Ressourcen modelliert und durch individuelle Kompetenzprofile beschrieben. Der dritte Schritt modelliert die zu bearbeitenden Projekte und die darin verorteten Projektaktivitäten. Darauf aufbauend werden im nächsten Schritt die Zusammenhänge zwischen den Ressourcen und ihren bereitgestellten Kompetenzen und den Projektaktivitäten mit ihren Kompetenzanforderungen ermittelt. Dabei kann für jede Kombination von Aktivität und durchführender Personalressource eine individuelle kompetenzabhängige Bearbeitungsdauer berechnet werden. Im letzten Schritt werden Zielfunktion und die modellierten Ressourcen, Aktivitäten und deren Zusammenhänge genutzt, um ein Optimierungsproblem aufzustellen. Die Lösung des Optimierungsproblems erlaubt schließlich eine Entscheidungsunterstützung in der Ressourcenallokation und leistet somit einen wichtigen Beitrag bei der Verbesserung der Projektzielerreichung in Multiprojektumgebungen.

Summary

Manufacturing companies face dynamic conditions, rapid innovation, and global competition, intensifying the need for innovation within tight time and cost constraints. This necessitates a focus on project-based product development, where project success significantly impacts overall company success. However, many projects in industrial practice fail to meet their time and budget targets.

This thesis aims to develop a methodology using optimization techniques to enhance resource allocation in multi-project environments, thereby improving project goal attainment.

The research consists of five sub-models, describing the objective function, optimization constraints, and the optimization process itself. Initially, the objective function is formulated as a cost function comprising resource and delay costs. Subsequently, personnel resources are characterized by individual competency profiles. Projects and their activities are then modelled in the third step. This is followed by the determination of relationships between the competencies of personnel resources and the competency requirements of project activities. This enables the calculation of individual competency-dependent processing times for each combination of personnel resource and specific project activity. Finally, an optimization problem is formulated using the objective function, modeled resources and activities, providing decision support for resource allocation and enhancing project goal achievement in multi-project environments.

Inhaltsverzeichnis

Verzeichnis der Abbildungen

Verzeichnis der Tabellen

Verzeichnis der Abkürzungen

Abkürzung	Bezeichnung
Akt.	Aktivität
AND	Logischer Operator "und"
Aufl.	Auflage
Aug	August
Auspr.	Ausprägung
AW	Arbeitswoche
BANI	Akronym für die englischen Begriffe brittle, anxious, non-linear und incomprehensible
bspw.	beispielsweise
bzw.	beziehungsweise
ca.	circa
CAD	Computer-Aided-Design
CD3	Cost of Delay Divided by Duration
CoD	Cost of Delay (dt. Verzögerungskosten)
CPM	Critical Path Method
CPN	Coloured Petri Netz
DIN	Deutsche Industrie Norm
dt.	deutsch
Ed.	Edition
engl.	englisch
et al.	Lateinische: und andere
f.	folgende
ff.	fortfolgende
F&E	Forschung und Entwicklung
GRASP	Greedy Randomized Adaptive Search Procedure
HiPPO	Highest Paid Person's Opinion

Hrsg.	Herausgeber
i.d.R.	in der Regel
i.S.v.	im Sinne von
ID	Identifikationsnummer
IT	Informationstechnologie
Jg.	Jahrgang
Jul	Juli
Jun	Juni
k.A.	keine Angabe
Kap.	Kapitel
krit.	kritisch
KW	Kalenderwoche
LH	Lösungshypothese
MDM	Multiple-domain Matrix
MMMS-RCPSP	Multi-mode, Multi-skill Resource Constrained Project Scheduling Problem
MoSCoW	Must, Should, Could und Won't
MS	Methodenschritt
MSRCPSP/t	Zeitabhängiges Multi-Skilled ressourcenbeschränktes Projektplanungsproblem
Nov	November
NP	Nondeteministic-polynomial Time
Okt	Oktober
OR	Logischer Operator "oder"
PEP	Produktentstehungsprozess
PERT	Program Evaluation Review Technique
PMBOK	Project Management Body of Knowledge
PMI	Project Management Institute
PRISMA	Preferred Reporting Items for Systematic reviews and Meta-Analyses
QPI	Quality Performance Index
RCPSP	Resource Constrained Project Scheduling Problem
RCPSP-FRM	RCPSP mit flexiblem Ressourcenmanagement
RIP	Resource Investment Problem
RIPT	RIP with Tardiness Penalty

RLPSP	Resource Leveling Project Scheduling Problem
RWTH	Rheinisch-Westfälische Technische Hochschule
S.	Seite
Sep	September
TFF	Teilforschungsfrage
TPG	The Project Group
u.A.	unter Anderem
U.S.	United States
VDI	Verein Deutscher Ingenieure
vgl.	vergleiche
VUCA	Akronym für die englischen Begriffe volatility, uncertainty, complexity und ambiguity
WMSPSP	Weighted Multi-Skill Resources Project Scheduling
WZL	Werkzeugmaschinenlabor
z.B.	zum Beispiel

Verzeichnis der Formelzeichen

Formelzeichen	Bezeichnung
A	Menge an Aktivitäten, wobei die Untermenge Ap die Aktivitäten umfasst, die einem Projekt p zugehören
$b_{r,t}$	Information, ob die Ressource r in Zeitfenster t eine Aktivität ausführt oder nicht
CoD	Cost of Delay (dt. Verzögerungskosten)
COD_K	Kontinuierliche Verzögerungskosten pro Zeiteinheit für ein verspätetes Projekt p
CoD_{KRe}	Verzögerungskosten durch verzögerte Kostenreduktion
CoD_{KVe}	Verzögerungskosten durch verzögerte Kostenvermeidung
COD_S	Sprunghafte Verzögerungskosten für ein verspätetes Projekt p
CoD_{Usi}	Verzögerungskosten durch verzögerte Umsatzsicherung
CoD_{Ust}	Verzögerungskosten durch verzögerte Umsatzsteigerung
d(p,q)	Euklidische Distanz zwischen Punkt p und Punkt q
dl_p	Information, ob die Deadline von Projekt p für den Abschluss aller Aktivitäten überschritten wurde oder nicht
EAK	Kostensatz für die Einarbeitung auf einem neuen Projekt
FKS	Fixkostensprung
FT_p	Deadline des Projektes p
GPK	Gesamtkosten aller Projekte
HK	Durchschnittliche Herstellkosten je Einheit
k	Kompetenz k
M^a	Parameter M, Fixwert zur Linearisierung einer Nebenbedingung der großer der Anzahl an Aktivitäten a sein muss
maxp	Festlegung der maximalen Anzahl an Projekten in denen eine Ressource zugeordnet werden kann
n	Anzahl an Dimensionen
N_{ad}	Angepasster erwarteter Nutzen
NF_a	Nachfolgeaktivität der Aktivität a
N_{max}	Maximaler Gesamtnutzen je Zeiteinheit

N_{or}	Original erwarteter Nutzen
N_t	Zeitabhängiger Nutzenanteil
$oa_{p,t}$	Information, ob das Projekt p in Zeitfenster t noch offene Aktivitäten hat oder nicht
P	Menge an Projekten
$p_i\ q_i$	Eintrag i im Ortsvektor der Punkte p bzw. q
PK	Projektkosten
R	Menge an Ressourcen
RK_r	Kostensatz einer Ressource r in €/h
SP	Abstand der Synchronisationspunkte in Zeiteinheiten
T	Anzahl an definierten Zeitintervallen
$tA_{r,a}$	Individuelle Durchführungsdauer der Ressource r für Aktivität a (in Zeiteinheiten gemäß Definition von t und T
t_d	Zeitliche Verzögerung im Projekt gegenüber Deadline
t_{fks}	Zeitpunkt zu dem die Verzögerungskosten FKS anfallen
t_{lr}	Zeitpunkt zu dem das Projekt noch beendet werden kann ohne negative Konsequenzen
t_{LZ}	Lebensdauer des Produktes
t_{mod}	Modifizierte Bearbeitungsdauer einer Aktivität in Abhängigkeit der zugewiesenen Ressource
$t_{mod,k}$	Modifizierte Bearbeitungsdauer einer Aktivität in Abhängigkeit der zugewiesenen Ressource auf Basis der Kompetenz k
t_{opt}	Dauer der Projektaktivität im Optimalfall
t_{pess}	Dauer der Projektaktivität im pessimistischen Fall
t_{real}	Dauer der Projektaktivität im realistischen Fall
UF_r	Umrechnungsfaktor zwischen Zeiteinheiten des Optimierungsmodells in Stunden für die jeweilige Ressource r
VKP	Durchschnittlicher Verkaufspreis je Einheit
w_k	Gewichtungsfaktor der Kompetenz k
$x_{a,r,t}$	Entscheidung, ob eine Aktivität a von Ressource r in Zeitfenster t durchgeführt wird oder nicht
x_{fks}	Entscheidungsvariable über Berücksichtigung von FKS
$y_{p,r}$	Entscheidung, ob eine Ressource r in Projekt p zugeteilt wird oder nicht

1 Einleitung

Wir leben in einer Welt multipler Krisen, welche in der industriellen Praxis für vielfältige Herausforderungen sorgen.[1] Die allgegenwärtige Klimakrise wird begleitet von einer Pandemie, einer neuen Stufe von Machtpolitik, die im Ukraine-Russland-Krieg gipfelte oder Krisen der Finanz-, Energie- und Materialmärkte.[2] Zwei Drittel der Unternehmen, befürchten durch die Situation der multiplen Krisen eine dauerhafte Schädigung ihrer Wettbewerbsposition.[3] Hierdurch entsteht der Bedarf der Unternehmen ihre Geschäftsaktivitäten zu transformieren, um insbesondere mit den stark steigenden Lohnkosten am Standort Deutschland wettbewerbsfähig zu bleiben.[4] Die bereits seit vielen Jahren beschriebene VUCA-Welt[5] (dt.: Volatilität, Unsicherheit, Komplexität und Ambiguität) entwickelt sich im Kontext dieser Zeit der Krisen weiter zu einer BANI-Welt[6] (dt.: brüchig, ängstlich, nicht-linear und unbegreiflich) und zwingt die Industrie immer stärker dazu, sich kurzzyklisch zu verändern und flexibel auf anstehende Herausforderungen zu reagieren. Diese Veränderungen beziehen sich auf alle Aspekte des Unternehmens, von der Entwicklung über die Produktion bis hin zum Personalmarketing.[7] Im Rahmen dieser Dissertation wird dabei ein Aspekt der Geschäftsaktivitäten von produzierenden Unternehmen näher betrachtet, wohlwissend, dass es darüber hinaus weitere umfangreiche Veränderungen benötigt, um in der Zeit multipler Krisen zu bestehen.

[1] Vgl. Schröder (2022), Lohnstückkosten im internationalen Vergleich, S.5

[2] Vgl. Feist et al. (2023), Klimaverhandlungen im Zeichen multipler Krisen, S.2

[3] Vgl. Grömling et al. (2023), Unternehmen befürchten dauerhafte Kostenbelastungen, S.539

[4] Vgl. Grömling et al. (2023), Unternehmen befürchten dauerhafte Kostenbelastungen, S.541

[5] Vgl. Bennett et al. (2014), Understanding threats to performance, S.311ff.

[6] Vgl. Evseeva et al. (2022), Employee Development and Digitalization, S.254

[7] Vgl. Evseeva et al. (2022), Employee Development and Digitalization, S.254

1.1 Motivation

Getrieben durch das VUCA-Wettbewerbsumfeld und darüber hinaus den Wandel zu einer BANI-Welt benötigen Unternehmen mehr Flexibilität, um zu bestehen.[8] Auch wenn die Forderung nach Flexibilität das ganze Unternehmen betrifft kann in der Produktentwicklung produzierender Unternehmen ein großer Beitrag geleistet werden.[9] So ist es möglich auf veränderte Marktbedingungen mit neuen Leistungen und Produkten zu reagieren und gleichzeitig ist die Flexibilität in der Produktentwicklung maßgeblich für die time-to-market verantwortlich.[10] Nach KOPMANN ET AL. ist eine Möglichkeit Flexibilität in den Entwicklungsabteilungen der Unternehmen zu realisieren, die Geschäftsaktivitäten in Projektform zu organisieren.[11] Von Projekten spricht man, wenn ein definiertes Ziel, einer komplexen Fragestellung in einem festgelegten Zeitraum erreicht werden soll.[12] Nach ERNE liegt der Grund für Projekte in der „Minimierung der Risiken, die in einem einmaligen und zeitlich begrenzten Vorhaben liegen".[13] Dementsprechend eigenen sich Projekte aufgrund ihrer Einmaligkeit und der Möglichkeit sie kurzfristig zu starten, um sich verändernde Begebenheiten durch Krisen zu berücksichtigen.[14] In vielen Unternehmen ist gar ein Projektboom zu verzeichnen.[15] Dadurch werden viele Projekte zeitgleich bearbeitet und greifen auf den gleichen Ressourcenpool zurück, weshalb ein umfangreiches Ressourcenmanagement notwendig ist.[16] Häufig entstehen durch die zahlreichen Projekte, die auf die gleichen Ressourcen zurückgreifen, Konflikte und es müssen Lösungen gefunden werden, um die Ressourcenkonflikte aufzulösen.[17] Gerade in einer komplexen Multiprojektumgebung ist es häufig schwierig, entstehende Ressourcenkonflikte auflösen zu können, ohne neue zu verursachen.[18] Die Konsequenz ist, dass insbesondere Mitarbei-

[8] Vgl. Schuh et al. (2021), Sustainable Innovation, S.11

[9] Vgl. Beibl et al. (2023), Flexibility - Grand Challenge, S.93f.

[10] Vgl. Beibl et al. (2023), Flexibility - Grand Challenge, S.92

[11] Vgl. Kopmann et al. (2015), Multiprojektmanagement: Not oder Tugend, S.31

[12] Vgl. Alam et al. (2020), Projektmanagement für die Praxis, S.2

[13] Vgl. Erne (2019), Lean Project Management, S.14

[14] Vgl. Erne (2019), Lean Project Management, S.10

[15] Vgl. Kuster et al. (2019), Handbuch Projektmanagement, S.58

[16] Vgl. Techt et al. (2011), Pragmatisches Ressourcenmanagement Teil 2, S.2

[17] Vgl. Fiedler (2020), Controlling von Projekten, S.52

[18] Vgl. Techt et al. (2011), Pragmatisches Ressourcenmanagement Teil 2, S.2

tende mit hoher Fachkompetenz überbelastet werden und einen Engpass für den Projektfluss darstellen.[19] Eine weitere Herausforderung ist, dass sich Projektziele oder Projektrahmenbedingungen während der Laufzeit der Projekte dynamisch verändern. Die Studie des PROJECT MANAGEMENT INSTITUTE bestätigt, dass Veränderungen in der Zielsetzung eine häufige Ursache für das Scheitern von Projekten sind.[20] Das Ressourcenmanagement in Multiprojektumgebungen muss also so gestaltet sein, dass es Ressourcenkonflikten vorbeugt und bei Planabweichungen und Veränderungen flexibel gesteuert werden kann.[21] In der wissenschaftlichen Literatur wird Anfälligkeit gegenüber Veränderungen beispielsweise durch Lean Development Ansätze adressiert.[22] Diese Ansätze raten von einer zu detaillierten Planung in von Unsicherheit geprägten Umgebungen ab.[23] Im Gegensatz dazu finden sich unter dem Begriff „Resource-Constrained Project Scheduling Problem" (RCPSP) zahlreiche Werke, die sich mit der Verbesserung der Ressourcenplanung durch mathematische Optimierungsprobleme beschäftigen.[24] Diese Modelle basieren jedoch häufig auf einer zu starken Abstraktion der Realsysteme, wodurch der Übertrag des theoretisch idealen Ressourceneinsatzes in die Praxis bisher nicht möglich ist. Im Rahmen des vorliegenden Forschungsvorhabens soll daher ein neuer Ansatz entwickelt werden, der Flexibilität mit den Stärken von Optimierungsmodellen bei der Planung des Ressourceneinsatzes in komplexen Multiprojektumgebungen in der Entwicklung kombiniert. Dadurch soll eine praxisnahe Methodik entwickelt werden, die es ermöglicht, den Ressourceneinsatz im Multiprojektmanagement bei hoher Flexibilität und gleichzeitig bestmöglicher Zielerreichung aller Projekte zu planen und zu steuern. Ein solcher Ansatz, insbesondere für die industrielle Anwendung, existiert aktuell noch nicht, weshalb das vorliegende Forschungsvorhaben an genau dieser Stelle ansetzt.

1.2 Zielsetzung und Forschungsfragen der Arbeit

Im vorangegangenen Abschnitt wurden die Herausforderungen der aktuellen industriellen Praxis beschrieben, welche durch die vorliegende Arbeit adressiert werden sollen und die Basis für die Ableitung der Zielsetzung bilden. Das übergeordnete Ziel ist

---

[19] Vgl. Techt et al. (2011), Pragmatisches Ressourcenmanagement Teil 2, S.6

[20] Vgl. Project Management Institute (2016), Pulse of the Profession, S.23

[21] Vgl. Khatib et al. (2022), Simulation in Project and Program Management, S.741

[22] Vgl. Schuh et al. (2021), Sustainable Innovation, S.7

[23] Vgl. Reinertsen (2005), Let it flow, S.45

[24] Vgl. Habibi et al. (2018), Resource-constrained project scheduling, S.55

es, die Projektzielerreichung in der Produktentwicklung von produzierenden Unternehmen zu verbessern. Eine der wichtigsten Möglichkeiten die Zielerreichung von Entwicklungsprojekten zu beeinflussen ist das Ressourcenmanagement, welches im Kontext der Produktentwicklung vor allem den Personalressourceneinsatz umfasst. Insbesondere Engpassressourcen sind Gegenstand von Ressourcenkonflikten zwischen Projekten und somit Ursprung für Projektverzögerungen und Planabweichungen. Bei Engpassressourcen handelt es sich in der Regel um Expert*innen mit einem besonderen Kompetenzprofil. Im Ansatz der vorliegenden Arbeit sollen daher die Kompetenzen der Personalressourcen berücksichtigt werden, um bei der Planung und Steuerung der Projekte Ressourcenkonflikte und Engpässe proaktiv zu vermeiden. Darüber hinaus wird untersucht, wie das Kompetenzprofil einer Personalressource die Bearbeitungsdauer einer Aktivität beeinflusst, wodurch individuelle Bearbeitungsdauern je Ressource berechnet werden können und die Planungsgüte nochmals verbessert werden soll. Die Planung und Steuerung selbst soll mit Hilfe eines Optimierungsverfahrens, das auf bestehenden Ansätzen des RCPSP beruht und diese um neue Zielfunktionen und Nebenbedingungen ergänzt, erfolgen. Das Ziel des vorliegenden Forschungsvorhabens lässt sich zusammenfassend wie folgt formulieren:

Zielsetzung dieser Arbeit ist die Entwicklung einer Methodik zur kompetenzbasierten Planung und Steuerung des Ressourceneinsatzes in Entwicklungsprojekten mittels Optimierungsverfahren zur Verbesserung der Projektzielerreichung.

Nachfolgend wird zur Festlegung des Bezugsrahmens und zur Absicherung des Forschungsprozesses der Empfehlung von KUBICEK folgend, die zentrale Forschungsfrage formuliert:[25]

„Wie lässt sich durch eine Optimierung des kompetenzbasierten Ressourceneinsatzes die Projektzielerreichung in einer Multientwicklungsprojektumgebung verbessern?“

Aus der Hauptforschungsfrage lassen sich Teilforschungsfragen für das Forschungsvorhaben ableiten. Durch die Beantwortung der Teilforschungsfragen und die Kombination der generierten Erkenntnisse kann die Hauptforschungsfrage beantwortet werden. Die Teilforschungsfragen lauten:

1. *Wie lassen sich die Projektziele in Form einer Zielfunktion beschreiben?*
2. *Wie lassen sich die Personalressourcen im Kontext der Produktentwicklung durch individuelle Kompetenzprofile beschreiben?*
3. *Wie lassen sich Aktivitäten in Entwicklungsprojekten auf Basis kompetenzorientierter Eigenschaften beschreiben?*

---

[25] Vgl. Kubicek (1977), Heuristische Bezugsrahmen und heuristisch angelegte Forschungsdesigns, S.21–25

4. *Wie lässt sich der Einfluss einer zugewiesenen Ressource auf die Durchführungsdauer einer Aktivität bestimmen?*
5. *Wie lassen sich Aktivitäten mittels Optimierungsverfahren zur Verbesserung der Projektzielerreichung planen und steuern?*

Die Beantwortung dieser Forschungsfragen stellt den Gegenstand der vorliegenden Forschungsarbeit dar und soll anhand eines strukturierten Forschungsprozesses erfolgen. Aus diesem Grund wird im nächsten Kapitel der konzeptionelle Forschungsansatz beschrieben.

1.3 Konzeption der Forschungsmethodik

Forschung kann definiert werden als eine Aktivität, die das Ziel verfolgt Phänomene zu verstehen.[26] Phänomene beschreiben dabei nach HEVNER UND CHATTERJEE das Verhalten eines Objektes, welches für eine forschende Person oder eine Gruppe von Forschenden von Interesse ist.[27] Das Verstehen dieser Phänomene definieren sie als Wissen, welches es erlaubt Vorhersagen über das Verhalten oder einzelner Aspekte des Phänomens anzustellen.[28] Ziel eines Forschungsvorhabens ist daher stets, dieses Wissen zu erweitern, Lücken im Wissen zu schließen und Fragen zu beantworten.[29] Dabei kann Forschung in verschiedene Wissenschaftsbereiche unterteilt werden. Eine verbreitete Systematik ist die Wissenschaftssystematik von ULRICH UND HILL (siehe Abbildung 1-1).[30] Darin werden Formalwissenschaften und Realwissenschaften unterschieden. Während sich Formalwissenschaften auf die „Konstruktion von Zeichensystemen und Regeln zur Verwendung dieser" konzentriert (bspw. Philosophie oder Mathematik), fokussieren sich die Realwissenschaften auf die Beschreibung „empirisch wahrnehmbarer Wirklichkeitsausschnitte"[31]. Diese werden weiter unterteilt durch die Art der Zielsetzung, indem entweder ein theoretisches Ziel (Grundlagenwissenschaften) oder praktisches Ziel (Handlungswissenschaften) verfolgt wird. Genau an dieser Schnittstelle zwischen den angewandten Handlungswissenschaften und den reinen

---

[26] Vgl. Kuhn (1970), The structure of scientific revolutions

[27] Vgl. Hevner et al. (2010), Design Research in Informations Systems, S.2

[28] Vgl. Hevner et al. (2010), Design Research in Informations Systems, S.2

[29] Vgl. Marczyk et al. (2005), Essentials of research design, S.16

[30] Vgl. Ulrich et al. (1976), Wissenschaftstheoretische Grundlagen der Betriebswirtschaftslehre, S.305

[31] Vgl. Ulrich et al. (1976), Wissenschaftstheoretische Grundlagen der Betriebswirtschaftslehre, S.305

Grundlagenwissenschaften können die Ingenieurwissenschaften eingeordnet werden.[32]

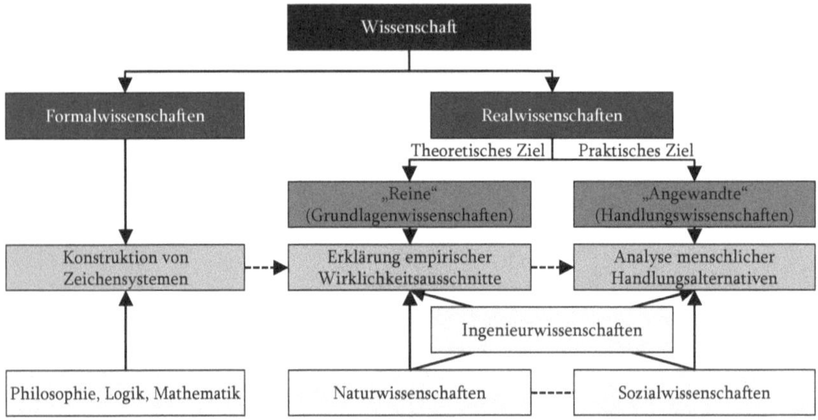

Abbildung 1-1 Wissenschaftssystematik nach ULRICH und HILL

BLESSING UND CHAKRABARTI spezifizieren das Ziel von Forschung in den Ingenieurswissenschaften als die Formulierung und Validierung von Modellen und Theorien zu ingenieurstechnischen Phänomenen sowie die Entwicklung und Validierung von Wissen, Methoden und Tools, basierend auf den Modellen und Theorien.[33] Genau auf diese Weise lässt sich auch die vorliegende Arbeit klassifizieren, worin neue Modelle entwickelt werden, die empirische Zusammenhänge mathematisieren und somit zur Erweiterung der Wissensgrundlage beitragen. Da die Modelle dabei jedoch keinen Anspruch auf Vollständigkeit und Ausschließlichkeit haben, sondern das Ziel verfolgen, Anwender*innen der entwickelten Modelle Entscheidungsunterstützung bereitzustellen, geht auch ein starker Handlungsbezug hervor. Aus der Motivation und Zielsetzung der Arbeit ist zudem abzuleiten, dass es sich um eine anwendungsbezogene Forschungsarbeit handelt, die reale Herausforderungen aus der Praxis adressiert. Hervorzuheben ist in diesem Zusammenhang auch, dass die Idee für das Forschungsvorhaben im Rahmen von institutsseitigen Forschungstätigkeiten und industriellen Beratungstätigkeiten im Bereich des Innovationsmanagements entstanden ist und diese Arbeit somit im unmittelbarem Forschungs- und Praxiszusammenhang steht.

---

[32] Vgl. Dölle (2018), Projektsteuerung in der Produktentwicklung, S.9

[33] Vgl. Blessing et al. (2002), DRM : A Design Research Methodology, S.1

Nach der Einordung der Arbeit innerhalb der Wissenschaftssystematik erfolgt im nächsten Schritt die Definition eines geeigneten Forschungsprozesses. Zur Generierung relevanter und reproduzierbarer Ergebnisse, bedarf es eines systematischen Vorgehens, welches durch die Anwendung einer Forschungsmethodik sichergestellt wird.[34] Nachfolgend werden mit der Design Science Research Methodology[35], der Design Research Methodology[36] und dem Forschungsansatz nach ULRICH[37] drei Forschungsmethodiken vorgestellt (Abbildung 1-2).

Die Design Science Research Methodology leitet sich aus dem Ansatz von SIMON „Sciences of the Artificial" ab.[38] Dabei geht es im Gegensatz zu den Naturwissenschaften um die Wissenschaft menschlich geschaffener Phänomene. Ein menschlich geschaffenes Artefakt steht dabei in Wirkbeziehung zu seiner Umwelt und seiner Zielbestimmung. Die Entwicklung eines solchen Artefaktes ist das Kernelement der Design Science Research Forschungsmethodik. Sie umfasst sechs Aktivitäten, beginnend mit der Problemidentifikation und Lösungsmotivation. Die weiteren Schritte sind: Ziele für die Lösung definieren, Konzeptionierung und Entwicklung, Demonstration, Evaluation und Kommunikation. [39]

Die Design Research Methodology gliedert sich in vier übergeordnete Schritte. Zunächst erfolgt die Klärung des Forschungsziels anschließend eine erste deskriptive Studie, gefolgt von einer präskriptiven Studie und abgeschlossen von einer weiteren deskriptiven Studie. Im ersten Schritt werden die Grundlagen der Arbeit, die Ausgangssituation, das Vorgehen sowie der zu erreichende Zielzustand beschrieben. In der ersten deskriptiven Studie soll ein detailliertes Verständnis des Forschungsfeldes aufgebaut werden und Einflussfaktoren auf die Zielsetzung identifiziert werden. Die präskriptive Studie umfasst die Entwicklung eines neuen Modells oder einer neuen Theorie zur Erklärung des zu untersuchenden Phänomens. Im letzten Schritt erfolgt die Bewertung der Ergebnisse im Hinblick auf die Zielstellung und die Anwendung in der Praxis.[40]

---

[34] Vgl. Blessing et al. (2002), DRM : A Design Research Methodology, S.1

[35] Vgl. Hevner et al. (2010), Design Research in Informations Systems

[36] Vgl. Blessing et al. (2009), DRM, a Design Research Methodology

[37] Vgl. Ulrich et al. (1984), Management

[38] Vgl. Simon (1996), The sciences of the artificial

[39] Vgl. Peffers et al. (2007), A design science research methodology, S.45ff. & Hevner et al. (2010), Design Research in Informations Systems, S.9ff.

[40] Vgl. Blessing et al. (2009), DRM, a Design Research Methodology

Ein weiterer Ansatz zur Strukturierung des Forschungsprozesses ist das Vorgehen der Angewandten Wissenschaft nach ULRICH. Darin wird ein praxisrelevantes Problem zunächst erfasst, typisiert und dann anhand empirischer Grundlagen sowie wissenschaftlicher Ansätze und Theorien interpretiert. Darauf aufbauend werden Regeln abgeleitet und Modelle entwickelt, die abschließend in der Praxis validiert werden.[41]

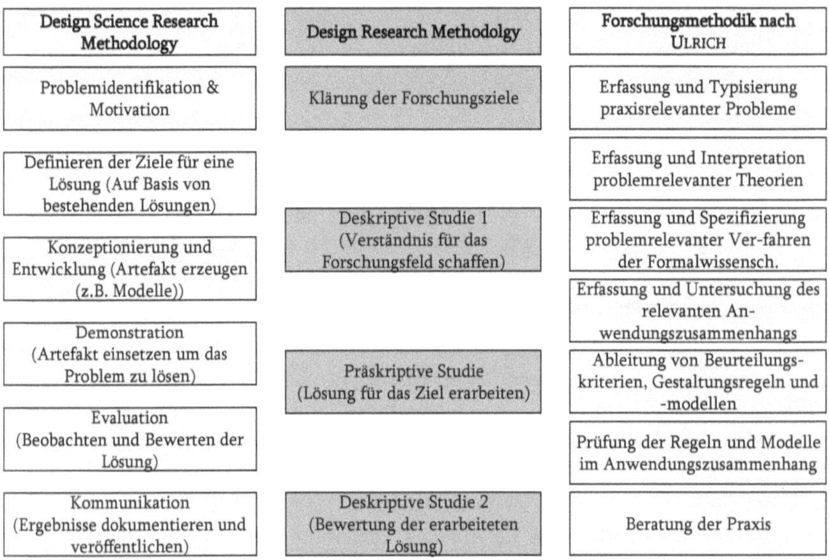

Abbildung 1-2 Forschungsansätze: Design Science Research Methodology, Design Research Methodology und Ansatz nach ULRICH

Alle beschriebenen Forschungsansätze zeigen eine ähnliche Struktur. Gemein haben alle Ansätze, dass zunächst eine genaue Erfassung und Beschreibung des Problems und der daraus abgeleiteten Forschungsziele erfolgt. Anschließend werden bestehende Ansätze und Theorien zum Forschungsziel untersucht, bevor die Entwicklung eines neuen, eignen Ansatzes bzw. einer Lösung erfolgt. Auch die Überprüfung des neuen Ansatzes bzw. der Lösung ist Teil aller drei Forschungsansätze. Dementsprechend werden die genannten Schritte auch in der vorliegenden Arbeit zugrunde gelegt.

Im Detail wird die vorliegende Arbeit nach der Forschungsmethodik Design Science Research ausgerichtet. Während die Design Science Research im Kontext der Informa-

[41] Vgl. Ulrich et al. (1984), Management, S.192ff.

tionssysteme die größte Verbreitung aufweist, wird sie auch in den Ingenieurwissenschaften und der Forschung von Managementdisziplinen eingesetzt.[42] Auch das Projekt- und Ressourcenmanagement sind Managementdisziplinen deren grundsätzliches Ziel darin liegt, „organisatorische Ziele und Vorgaben zu entwickeln, zu formulieren und zu erreichen“[43]. Im Kontext der Design Science Research ist das zu entwickelnde neuartige Artefakt notwendig, um dem Management die Fähigkeit zu geben, „bestehende Zustände in bevorzugte Zustände“[44] zu überführen.[45] Genau dieses Ziel wird auch durch diese Forschungsarbeit verfolgt. Auch die formulierten Leitlinien für eine Forschung nach der Design Science Research (siehe Tabelle 1-1)[46] decken sich mit der Ausrichtung dieser Arbeit, weshalb sich bei der Auswahl der Forschungssystematik für das Vorgehen nach der Design Science Research Methodology entschieden wurde.

Tabelle 1-1 Leitlinien für Forschung nach der Design Science Research

Leitlinie	Beschreibung
Erzeugung eines Artefakts	Die Forschung erzeugt ein Artefakt in Form eines Konstruktes, eines Modells oder einer Methodik.
Problemrelevanz	Das Ziel ist die Entwicklung technologiebasierter Lösungen für reale Probleme in der Industrie.
Validierung des Artefakts	Die Güte des Artefakts muss durch eine geeignete und nachvollziehbare Validierung demonstriert werden.
Forschungsbeitrag	Die Forschung muss eindeutige und verifizierbare Beiträge im Forschungsgebiet des Objektbereichs liefern.
Forschungsstringenz	Der Methodeneinsatz zur Entwicklung und Validierung des Artefakts muss angemessen und exakt sein.
Gestaltung als Suchprozess	Die Entwicklung des Artefakts ist ein Suchprozess nach einer Lösung, die die Problemstellung in der jeweils relevanten Umgebung erfüllt.
Kommunikation der Forschung	Die Ergebnisse sind sowohl für ein technologieinteressiertes Publikum als auch für ein managementorientiertes Publikum aufzubereiten.

Zusammengefasst beschrieben die sieben Leitlinien Forschung, die ein Artefakt hervorbringt, das dabei hilft, ein Ziel zu erreichen oder ein Problem zu lösen. Die Entwicklung des Artefakts ist ein Suchprozess, der auf bestehenden Theorien und Erkenntnissen basiert. Das Problem muss dabei ein relevantes Geschäftsproblem sein und

[42] Vgl. Hevner et al. (2010), Design Research in Informations Systems, S.XIV & Hevner et al. (2010), Design Research in Informations Systems, S.195

[43] Vgl. Hevner et al. (2010), Design Research in Informations Systems, S.195

[44] Vgl. Simon (1996), The sciences of the artificial, S.130

[45] Vgl. Hevner et al. (2010), Design Research in Informations Systems, S.195

[46] Vgl. Hevner et al. (2004), Design Science in Information Systems Research, S.82

der Nutzen muss relevant und die Qualität der erarbeiteten Lösung muss stichhaltig sein. Das bedeutet, dass zum einen Anforderungen bzw. Bedarfe seitens der Unternehmen bestehen, die im Rahmen einer Arbeit adressiert werden. Und auf der anderen Seite eine Wissensbasis geschaffen wird, auf der das weitere Vorgehen aufbaut. In der Design Science Research Methodology werden also sowohl Bedarfe und Defizite aus der industriellen Praxis adressiert, als auch Defizite der Wissensbasis bestehender wissenschaftlicher Arbeiten. Die Design Science Research Methodology umfasst sechs Aktivitäten, welche nachfolgend beschrieben werden (siehe Abbildung 1-2).[47]

Zunächst wird das Problem identifiziert und die Erarbeitung einer Lösung motiviert. Dabei wird das Problem konzeptionell immer weiter heruntergebrochen und ermöglicht so die klare Ausrichtung auch bei komplexen Fragestellungen. Die Darstellung der Motivation zur Erarbeitung einer Lösung stellt die Relevanz der Forschungsarbeit sicher.[48]

Die zweite Aktivität umfasst das Formulieren einer Zielstellung. Die Zielstellung beschreibt dabei, wie das zu entwickelnde Artefakt eine Lösung auf die Problemstellung bietet. Das Formulieren einer guten Zielstellung benötigt Wissen über den aktuellen Zustand der Problemstellung sowie über bestehende Ansätze und Lösungen.[49]

Aktivität drei entwickelt schließlich das beschriebene Artefakt, basierend auf dem zuvor erarbeiteten Wissen über die Theorie und lässt dieses in die Lösung einfließen. Dieser Schritt beinhaltet die Definition der gewünschten Funktionalität sowie der Architektur des Artefakts.[50]

Das entwickelte Artefakt wird in der nächsten Aktivität nun demonstriert. Hierbei wird das Artefakt eingesetzt, um eine oder mehrere Instanzen der zuvor beschriebenen Problemstellung zu lösen. Dazu können Experimente, Simulationen, Fallstudien, Beweisführungen oder anderen geeigneten Vorgehen gewählt werden.[51]

Die fünfte Aktivität umfasst die Bewertung der Lösung des Artefakts für die Problemstellung. Bei der Bewertung sollten möglichst quantitative Parameter zur Messung der Güte der Lösung betrachtet werden, wie beispielsweise die Steigerung einer Outputgröße oder die Reduktion von Aufwänden und Kosten. Anhand dieser Messungen wird

[47] Vgl. Peffers et al. (2007), A design science research methodology, S.45ff. & Hevner et al. (2010), Design Research in Informations Systems, S.9ff.

[48] Vgl. Hevner et al. (2010), Design Research in Informations Systems, S.28

[49] Vgl. Hevner et al. (2010), Design Research in Informations Systems, S.29

[50] Vgl. Hevner et al. (2010), Design Research in Informations Systems, S.29

[51] Vgl. Hevner et al. (2010), Design Research in Informations Systems, S.30

entschieden, ob eine Schleife zurück zu Aktivität drei erfolgen muss, um die Performance des Artefakts zu verbessern oder ob mit der letzten Aktivität fortgefahren wird.[52]

Die letzte Aktivität beinhaltet die Kommunikation der Ergebnisse. Die Ergebnisse sind dabei sowohl gegenüber Forschenden hinsichtlich der Neuartigkeit, Stringenz und Wirksamkeit des Artefakts sowie gegenüber Fachleuten aus der Praxis zu kommunizieren. Auf diese Weise kann eine Weiterentwicklung oder Anwendung des Artefakts sichergestellt werden.[53]

Das Ausrichten der Forschung mit Hilfe der sechs Aktivitäten der Design Science Research Methodology allein ist jedoch noch kein Garant für gute Forschung. Daher sollen nachfolgend Qualitätskriterien vorgestellt werden, die eine gute Forschung auszeichnen und Rahmen dieser Arbeit als Prämissen für das weitere Vorgehen gesetzt werden (siehe Tabelle 1-2).

Tabelle 1-2 Kriterien für gute Forschung

Kriterium	Beschreibung
Relevanz[54]	Forschung ist hinsichtlich ihres pragmatischen Nutzens zu beurteilen. Ergebnisse adressieren dabei ein wichtiges Theorie- und/oder Praxisdefizit.
Stichhaltigkeit/ Methodenauswahl[55]	Zur Sicherstellung stichhaltiger Ergebnisse ist ein systematisches Vorgehen mit angemessenen Methoden zur Beantwortung der Forschungsfrage zu wählen.
Objektivität/ Nachvollziehbarkeit[56]	Gute Forschung zeichnet sich dadurch aus, dass sie reproduzierbar bzw. in der qualitativen Forschung nachvollziehbar ist, sodass eine Bewertung und Überprüfung der Ergebnisse erfolgen kann.
Reliabilität/ Verlässlichkeit[57]	Forschung ist verlässlich, wenn die Ergebnisse bei gleicher Anwendung der Methoden stabil sind, unabhängig von Zeitpunkt und Anwender.

[52] Vgl. Hevner et al. (2010), Design Research in Informations Systems, S.30

[53] Vgl. Hevner et al. (2010), Design Research in Informations Systems, S.30

[54] Vgl. Biedermann et al. (2013), Forschungsmethodik in den Ingenieurwissenschaften, S.15 & Flick et al. (2005), Qualitative Forschung, S.330 & Huber (2020), Erkenntniswert wissenschaftlicher Forschung, S.7 & James Harold Fox (1958), Criteria of Good Research, S.285

[55] Vgl. Biedermann et al. (2013), Forschungsmethodik in den Ingenieurwissenschaften, S.16 & Flick et al. (2005), Qualitative Forschung, S.327 & James Harold Fox (1958), Criteria of Good Research, S.285

[56] Vgl. Biedermann et al. (2013), Forschungsmethodik in den Ingenieurwissenschaften, S.16 & Miles et al. (1994), Qualitative data analysis, S.278 & Flick et al. (2005), Qualitative Forschung, S.324 & James Harold Fox (1958), Criteria of Good Research, S.285

[57] Vgl. Biedermann et al. (2013), Forschungsmethodik in den Ingenieurwissenschaften, S.16 & Miles et al. (1994), Qualitative data analysis, S.278 & James Harold Fox (1958), Criteria of Good Research, S.285

Interne Validität/ Glaubhaftigkeit[58]	Die Forschungsergebnisse müssen konsistent und frei von Widersprüchen sein.
Externe Validität/ Übertragbarkeit[59]	Die Forschungsergebnisse sind über den untersuchten Objektbereich hinweg nutzbar und können verallgemeinert und übertragen werden.
Anwendbarkeit/ Handlungsorientierung[60]	In der Forschungsarbeit erstellte Modelle sind in der Lage aus empirischen Beobachtungen Folgen oder Prognosen abzuleiten.
Transparenz über Limitationen[61]	Die Grenzen des Geltungsbereichs und der Möglichkeit zur Überführung in eine Generik sind zu prüfen sowie Schwächen transparent darzulegen.

Nachdem in diesem Kapitel Grundlagen der Wissenschaftssystematik und Grundlagen guter Forschung erläutert wurden, wird im anschließenden Kapitel darauf aufbauend der Aufbau der Arbeit vorgestellt.

1.4 Aufbau der Arbeit

Nach der Einordnung in die Wissenschaftssystematik, der Vorstellung möglicher Forschungssystematiken und ihrer Qualitätskriterien wird im folgenden Kapitel der Aufbau der Arbeit abgeleitet. Dabei wird insbesondere die Forschungsmethodik Design Science Research Methodology zugrunde gelegt. Wie die einzelnen Schritte der Forschungsmethodik dabei durch diese Arbeit adressiert werden wird in Abbildung 1-3 visualisiert.

Die erste Aktivität der Problemidentifikation und der Motivation wird in der vorliegenden Arbeit durch eine umfassende Erfassung und Beschreibung des Problems adressiert. Das zu adressierende Problem ist dabei von hoher Relevanz für die unternehmerische Praxis und konnte auf Basis der Erfahrung des Autors im Kontext von Forschungs- und Beratungsprojekten für das Werkzeugmaschinenlabor WZL der RWTH Aachen identifiziert und mit Expert*innen aus der Industrie diskutiert werden. Aktuelle Studien und Forschungsarbeiten bestätigen das Defizit in der Praxis und sind

---

[58] Vgl. Biedermann et al. (2013), Forschungsmethodik in den Ingenieurwissenschaften, S.17 & Miles et al. (1994), Qualitative data analysis, S.278 & Flick et al. (2005), Qualitative Forschung, S.330

[59] Vgl. Biedermann et al. (2013), Forschungsmethodik in den Ingenieurwissenschaften, S.17 & Miles et al. (1994), Qualitative data analysis, S.279

[60] Vgl. Biedermann et al. (2013), Forschungsmethodik in den Ingenieurwissenschaften, S.18 & Miles et al. (1994), Qualitative data analysis, S.280 & Flick et al. (2005), Qualitative Forschung, S.328

[61] Vgl. Flick et al. (2005), Qualitative Forschung, S.329 & James Harold Fox (1958), Criteria of Good Research, S.285

in Kapitel 1.1 zur Motivation des Themas dargestellt. Damit wird die Leitlinie zur Problemrelevanz nach der Design Science Research Methodology adressiert. Neben der Relevanz des identifizierten Problems für die Praxis werden im Prozessschritt der Erfassung und Beschreibung des Problems auch die notwendigen Grundlagen und Definitionen in der wissenschaftlichen Literatur dargestellt (Kapitel 2) und somit einerseits das Verständnis für die Problemstellung vertieft und andererseits eine gemeinsame Wissensbasis für weiteren Ausführungen dieser Arbeit geschaffen.

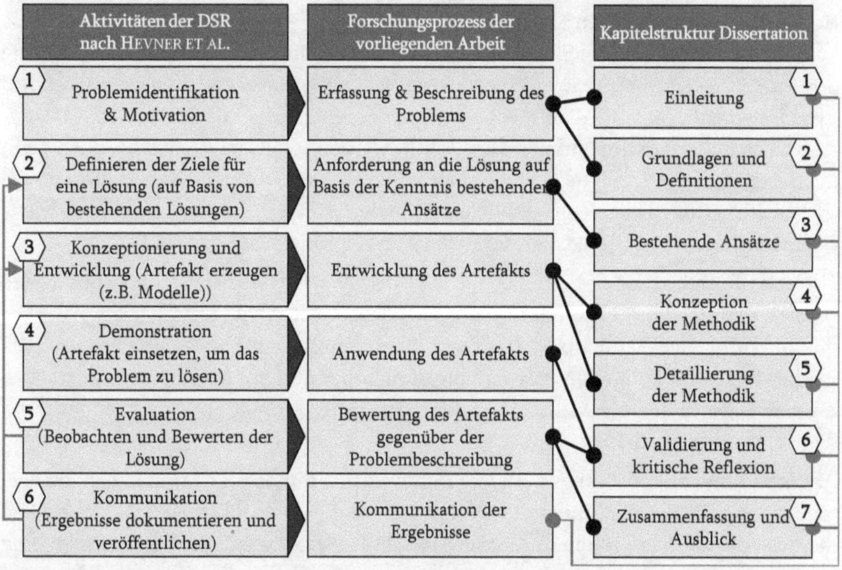

Abbildung 1-3 Aus der Design Science Research abgeleiteter Aufbau der Arbeit

Die zweite Aktivität wird im Kontext dieser Arbeit durch die systematische Analyse bereits bestehender wissenschaftlicher Ansätze zur Lösung des beschriebenen Problems umgesetzt. Ziel der Analyse ist die Identifikation des Forschungsdefizits, welches gleichzeitig die Anforderungen an die Lösung und das zu gestaltende Artefakt definiert. Dazu werden Kriterien definiert, die zur Bewertung der Übereinstimmung bestehender Ansätze mit den Forschungszielen (Kapitel 1.2) dieser Arbeit dienen. Mit Hilfe dieser Bewertung können bereits existierende, erfolgsversprechende Aspekte zur Verbesserung der Projektzielerreichung durch kompetenzorientierte Ressourcenallokation aufgegriffen und wiederverwendet werden und gleichzeitig die Defizite, die es durch diese Arbeit zu adressieren gilt aufgedeckt werden (Kapitel 3). Durch die Adressierung von konkreten Forschungsdefiziten ist zudem die Leitlinie des Forschungsbeitrags erfüllt (siehe Tabelle 1-1).

Die Entwicklung des Artefakts steht sowohl im Fokus der nächsten Aktivität nach der Design Science Research Methodology als auch im Fokus des nächsten Schritts des Forschungsprozesses dieser Arbeit. Basierend auf dem erarbeiteten Grundlagenwissen und der Kenntnis über bestehende Ansätze kann in diesem Schritt zunächst eine Konzeption des Artefakts erfolgen (Kapitel 4), welches durch eine iterative Vorgehensweise ausdetailliert wird (Kapitel 5). Das Artefakt ist hierbei eine Methodik zur Verbesserung der Projektzielerreichung in der Produktentwicklung durch ein kompetenzbasiertes Ressourcenmanagement. Kapitel 4 beschreibt die inhaltlichen und formalen Anforderungen an die Methodik und wie diese erfüllt werden sollen. In Kapitel 5 erfolgt dann die Gestaltung des Artefakts bzw. der Methodik. Hierbei wird zur Steigerung der Verständlichkeit und Übersicht lediglich die finale Form beschrieben und keine Zwischeninstanzen, die im Zuge der iterativen Erarbeitung entstanden sind.

Nach der Entwicklung des Artefakts erfolgt im nächsten Schritt die Anwendung des Artefakts zur Demonstration der Lösungsfähigkeit. Dazu wird die entwickelte Methodik mit Hilfe eines Fallbeispiels (Kapitel 6.1) im Sinne einer Validierung erprobt. Die Beschreibung der konkreten Anwendung der Methodik (Kapitel 6.2) unterstützt dabei die Anwender*innen der Methodik in der Praxis und kann wie ein Anwendungsleitfaden verstanden werden.

Aktivität fünf der Forschungsmethodik sieht vor, den Einsatz des Artefaktes zu bewerten. Die gemäß den Leitlinien der Design Science Research (Tabelle 1-1) muss dabei die Güte der Problemlösung durch das Artefakt bewertet werden. Hierzu erfolgt eine kritische Reflexion (Kapitel 6.3) der Ergebnisse aus der Fallstudie. Zum Abschluss wird in Kapitel 7 die Forschungsarbeit zusammengefasst und hinsichtlich stringentem und exakten Methodeneinsatz bewertet. Darüber hinaus können, im Sinne des iterativen Grundgedankens der Forschungsmethodik Design Science Research, weitere Verbesserungspotenziale identifiziert werden und zukünftige Forschungsbedarfe abgeleitet werden.

Die letzte Aktivität umfasst die Kommunikation der Ergebnisse, welche einerseits bereits forschungsbegleitend durch wissenschaftliche Veröffentlichungen erfolgt ist, wobei durch das jeweils erfolgte double-blind peer-review die wissenschaftliche Validität der Arbeit sichergestellt ist. Andererseits erfolgt die Kommunikation durch die vorliegende Monographie.

2 Grundlagen und Definitionen

Im ersten Kapitel wurde die vorliegende Arbeit motiviert, es wurden die Ziele und Forschungsfragen der Arbeit vorgestellt und die Methodik zur Forschungskonzeption aufgezeigt. Im zweiten Kapitel folgt nun die Beschreibung der für die Arbeit relevanten Grundlagen und die Definition relevanter Begrifflichkeiten für ein einheitliches Verständnis im Kontext der Arbeit. Dazu wird in Kapitel 2.1 zunächst die Produktentwicklung als rahmengebender Themenbereich erklärt. Kapitel 2.2 untersucht das Projektmanagement im Kontext der Produktentwicklung. Im Anschluss wird das Ressourcenmanagement von Personalressourcen als relevante Teildisziplin des Projektmanagements in der Produktentwicklung in Kapitel 2.3 erläutert. Zuletzt wird in Kapitel 2.4 beschrieben, welche Optimierungsverfahren im genannten Kontext des Ressourcenmanagements bereits Anwendung finden und wie diese charakterisiert sind. Ein Zwischenfazit der relevanten Grundlagen und Definitionen wird in Kapitel 2.5 gezogen.

2.1 Produktentwicklung

Das erste Teilkapitel von Kapitel 2 befasst sich mit den Grundlagen und Definitionen der Produktentwicklung. In dieser Arbeit liegt der Fokus dabei auf der Produktentwicklung in Unternehmen der produzierenden Industrie. Zunächst wird daher der organisatorische Rahmen der Produktentwicklung vorgestellt und in den Kontext übergeordneter Forschungs- und Entwicklungs- (F&E-)prozesse gesetzt. Im Anschluss folgt die Beschreibung der Ziele und Aufgaben in der Produktentwicklung. Im dritten Abschnitt werden die Lean Prinzipien in der Produktentwicklung erklärt. Abschließend folgt ein Abschnitt über die Umsetzung der Projektentwicklungsaktivitäten in Entwicklungsprojekten.

2.1.1 Organisatorischer Rahmen der Produktentwicklung

Nachfolgend werden zwei Möglichkeiten aufgezeigt, die Produktentwicklung in den organisatorischen Rahmen produzierenden Unternehmen einzuordnen. Einerseits stellt die Produktentwicklung eine Aktivität im Rahmen übergeordneter F&E-Prozesse in Unternehmen dar, andererseits ist sie maßgebender Teil von Produktentstehungsprozessen.[62] Die F&E aus ingenieurswissenschaftlicher Sichtweise beschreibt nach KERN UND SCHRÖDER alle planvollen und systematischen Aktivitäten zum Erwerb neuer Erkenntnisse oder der neuartigen Anwendung dieser.[63] Die Produktentwicklung als Teil der F&E hat den Zweck, entsprechend der Wortteile des zusammengesetzten Begriffs, ein Produkt zu entwickeln, dieses auf eine Markteinführung oder einen Produktionsstart vorzubereiten und wissenschaftliche und technische Erkenntnisse aus Grundlagenforschung, Technologieentwicklung und Vorentwicklung zu nutzen.[64] GAUSEMEIER UND PLASS sehen die Produktentwicklung hingegen als integrierten Teil der Produktentstehung, welche aus drei Zyklen besteht und neben der Produktentwicklung, die Produktplanung und die Produktionssystementwicklung umfasst.[65] Unabhängig von der Einordnung der Produktentwicklung steht jeweils ein zu entwickelndes Produkt im Fokus. Dieses Produkt dient zur Befriedigung von Kundenbedürfnissen und stellt die Wettbewerbsfähigkeit des entwickelnden Unternehmens sicher.[66] Die Definition des Begriffs Produkt umfasst neben materiellen Gütern, wie beispielsweise Fahrzeuge oder Werkzeugmaschinen auch immaterielle Leistungen, wie beispielsweise Software oder Dienstleistungen.[67] Eine wichtige Eigenschaft des Produktes ist dabei, dass es sowohl dem Hersteller, als auch dem Kunden einen Wert liefert.[68] Im Rahmen der Einordnung der Produktentwicklung und dem Fokus auf die Befriedigung von Kundenbedürfnissen ist die Definitionen des GABLER WIRTSCHAFTSLEXIKONS passend, die die Produktentwicklung als „die Möglichkeit durch neue Produkte oder Verbesserung bestehender Produkte auf bestehenden Märkten Wachstum zu realisieren" beschreibt.[69] Bei KIRCHNER steht das Problemlösen im Vordergrund der Definition, wonach die Produktentwicklung eine Lösungsgenerierung zur Erfüllung der Produktfunktionen sowie zum Erarbeiten einer Vorgehensweise zur Herstellung des Produktes

---

[62] Vgl. Gausemeier et al. (2014), Zukunftsorientierte Unternehmensgestaltung, S.39 & Specht et al. (2002), F&E-Management, S.16

[63] Vgl. Kern et al. (1977), Forschung und Entwicklung, S.15

[64] Vgl. Specht et al. (2002), F&E-Management, S.14

[65] Vgl. Gausemeier et al. (2014), Zukunftsorientierte Unternehmensgestaltung, S.39

[66] Vgl. Scholz et al. (2018), Praxishandbuch Nachhaltige Produktentwicklung, S.52

[67] Vgl. Scholz et al. (2018), Praxishandbuch Nachhaltige Produktentwicklung, S.51

[68] Vgl. Engeln (2020), Methoden der Produktentwicklung, S.5

[69] Vgl. Markgraf (2018), Produktentwicklung

umfasst.[70] DÖLLE beschreibt die Produktentwicklung als die Erarbeitung eines „Lösungskonzeptes zum Hervorbringen oder Verbessern eines Produktes gemäß geforderter Spezifikationen und Anforderungen basierend auf Forschungsergebnissen und Erfahrungen technischer und ökonomischer Art".[71] Neben der Verwendung des Begriffs Produktentwicklung zur Beschreibung von Aktivitäten und Prozessen innerhalb der Ablauforganisation eines Unternehmens kann die Produktentwicklung auch als Organisationseinheit in der Aufbauorganisation des Unternehmens verstanden werden.[72] Im Rahmen dieser Arbeit wird die Produktentwicklung anlehnend an SCHOLZ[73] wie folgt definiert:

Die Produktentwicklung umfasst alle Aktivitäten in einem Unternehmen, die ein neuartiges Produkt oder eine Produktverbesserung hervorbringen, welches sowohl dem eigenen Unternehmen, als auch den Kunden Wert stiftet.

In der Definition ist bereits das Hauptziel der Produktentwicklung vorweggenommen, das Hervorbringen eines wertstiftenden Produktes. Weitere Ziele sowie die in der Definition aufgeführten Aktivitäten werden im nachfolgenden Abschnitt genauer betrachtet.

2.1.2 Ziele und Aufgaben in der Produktentwicklung

Das übergeordnete Ziel in der Produktentwicklung wird von BENDER UND GERICKE als „die Befriedigung von Bedürfnissen unternehmensinterner und externer Kunden bzw. das Erschließen oder Bedienen eines Marktes, um damit einen Gewinn zu erzielen" definiert.[74] Dies spezifiziert den bereits in der obenstehenden Definition genannten wertstiftenden Aspekt der Produktentwicklung.[75] Zur Realisierung dieses Wertes werden funktionsfähige und produzierbare Produkte generiert.[76] Die Produktentwicklung ist für den Erfolg produzierender Unternehmen von großer Bedeutung. Durch sie werden die angebotenen Leistungen des Unternehmens definiert und durch ihre hohe In-

[70] Vgl. Kirchner (2020), Werkzeuge und Methoden in der Produktentwicklung, S.5ff.

[71] Vgl. Dölle (2018), Projektsteuerung in der Produktentwicklung, S.18

[72] Vgl. Kirchner (2020), Werkzeuge und Methoden in der Produktentwicklung, S.5

[73] Vgl. Scholz et al. (2018), Praxishandbuch Nachhaltige Produktentwicklung, S.52

[74] Vgl. Bender et al. (2016), Entwicklungsprozesse, S.401

[75] Vgl. Engeln (2020), Methoden der Produktentwicklung, S.5

[76] Vgl. Ponn et al. (2011), Konzeptentwicklung und Gestaltung technischer Produkte, S.16

novationsfähigkeit ermöglicht es Unternehmen in Hochlohnländern langfristig wettbewerbsfähig zu bleiben.[77] Ihre zentrale Rolle nimmt die Produktentwicklung zudem ein, da sie die Produktkosten zum großen Teil bereits festlegt, obwohl sie erst in späteren Abschnitten des Lebenszyklus tatsächlich anfallen[78] (siehe Abbildung 2-1).

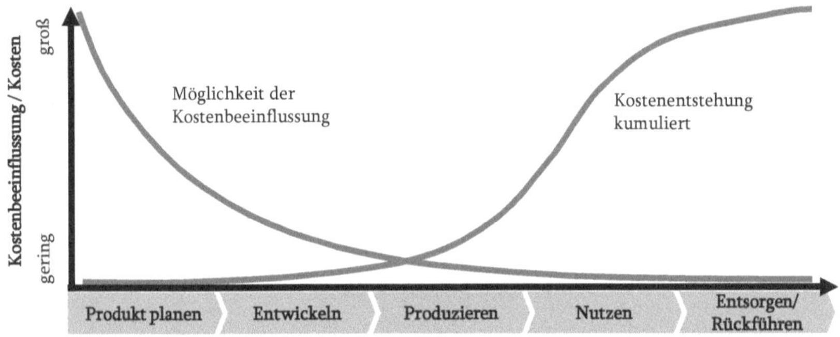

Abbildung 2-1 Kostenbeeinflussung und Kostenentstehung in Anlehnung an EHRLENSPIEL[79]

Aus den genannten Zielen und vor dem Hintergrund der hohen Relevanz lassen sich die Aufgaben und Aktivitäten der Produktentwicklung ableiten. SPAHT UND DANGELMAIER beschreiben die traditionelle Auffassung der Aufgaben der Produktentwicklung als Domäne von Ingenieur*innen und Konstrukteur*innen, die basierend auf Anforderungen aus Marktforschung und Vertrieb ein Entwicklungsergebnis in Form von Konstruktionsunterlagen erzeugen, welche an die Fertigung und Produktion übergeben werden.[80] Aktuelle Entwicklungen sorgen für eine Degenerierung dieser klaren Abgrenzung und sorgen für eine hohe Vielseitigkeit der Aufgaben und eine zunehmende Anzahl an Einflussfaktoren und Rahmenbedingungen.[81] Dies umfasst einerseits die zeitliche Dimension und sorgt für ganzheitliche, lebenszyklusübergreifende Betrachtung des Produktes.[82] Darüber hinaus erfolgt eine Erweiterung der Aufgaben der Pro-

[77] Vgl. Kagemann et al. (2021), Resilienz als wirtschafts- und innovationspolitisches Gestaltungsziel, S.29

[78] Vgl. Ehrlenspiel (2014), Kostengünstig Entwickeln und Konstruieren, S.13

[79] Vgl. Ehrlenspiel (2014), Kostengünstig Entwickeln und Konstruieren, S.13

[80] Vgl. Spath et al. (2016), Produktentwicklung Quo Vadis, S.3

[81] Vgl. Kirchner (2020), Werkzeuge und Methoden in der Produktentwicklung, S.6 & VDI 2221-1 (2019), Entwicklung technischer Produkte, S.24

[82] Vgl. Eigner et al. (2014), Modellbasierte virtuelle Produktentwicklung, S.7

duktentwicklung, da diese durch zunehmende Interdisziplinarität und die zunehmende Befriedigung von Kundenbedürfnissen und Funktionsrealisierung durch Software, Vernetzung, Dienstleistungen und ergänzende Leistungen charakterisiert ist.[83] Es existieren zahlreiche Modelle (z.B. die VDI 2206[84], das Wasserfallmodell nach ROYCE[85], das Stage-Gate-Modell nach COOPER[86] oder das Spiralmodell nach BOEHM[87]) die die Aktivitäten und Aufgaben in der Produktentwicklung strukturieren. Im Rahmen dieser Arbeit werden die Aktivitäten der Produktentwicklung nach VDI 2221 vorgestellt. Die VDI 2221 stammt aus dem Jahr 1986 und wurde 2019 in Folge veränderter Rahmenbedingungen in der Produktentwicklung grundlegend überarbeitet. Die Richtlinie bietet die Grundlage vieler methodischen Vorgehensweisen in der Entwicklung technischer Produkte und hat sich als Standardwerk etabliert. Sie zielt darauf ab, einen strukturierten und systematischen Ansatz zu etablieren, um Produkte effizienter und effektiver zu entwickeln. Um dies zu erreichen, definiert die VDI 2221 eine Reihe von Aktivitäten und Phasen im Produktentwicklungsprozess. Obwohl die Phasen nicht explizit definiert werden, können in den beiliegenden Beispielen der VDI 2221 häufig die idealisierten Phasen „Planung", „Konzept", „Entwerfen" und „Ausgestalten" identifiziert werden. Neben der Einteilung in verschiedene Phasen beschreibt die Richtlinie eine Reihe von Aktivitäten, die im Produktentwicklungsprozess durchgeführt werden. Beginnend mit der Klärung der Aufgabenstellung, folgt das anschließende Ermitteln der benötigten Funktionen und der Funktionsstruktur. Zur Realisierung der Funktionen werden Lösungsprinzipien erarbeitet, bewertet und schließlich ausgewählt. Diese Lösungsprinzipien müssen schließlich durch entsprechende physische oder virtuelle Module realisiert werden, sodass eine Modulstruktur sowie die Ausgestaltung der Module folgt. Abschließend folgt die Integration aller Module zu einem Produkt und durch eine Validierung wird die Anforderungserfüllung abgesichert. Diese Aktivitäten sind in der Regel iterativ und können sich je nach Art des Produkts und den spezifischen Anforderungen variieren. Die beschriebenen Aktivitäten sind auch in der übergeordneten Struktur der VDI 2221 in Abbildung 2-2 zu sehen.[88]

---

[83] Vgl. Spath et al. (2016), Produktentwicklung Quo Vadis, S.3

[84] Vgl. VDI 2206 (2020), Entwicklung cyber-physischer mechatronischer Systeme

[85] Vgl. Royce (1970), Managing the development of large software systems

[86] Vgl. Cooper (1990), Stage-gate systems

[87] Vgl. Boehm (1988), A spiral model of Software Development

[88] Vgl. VDI 2221-1 (2019), Entwicklung technischer Produkte, S.35ff.

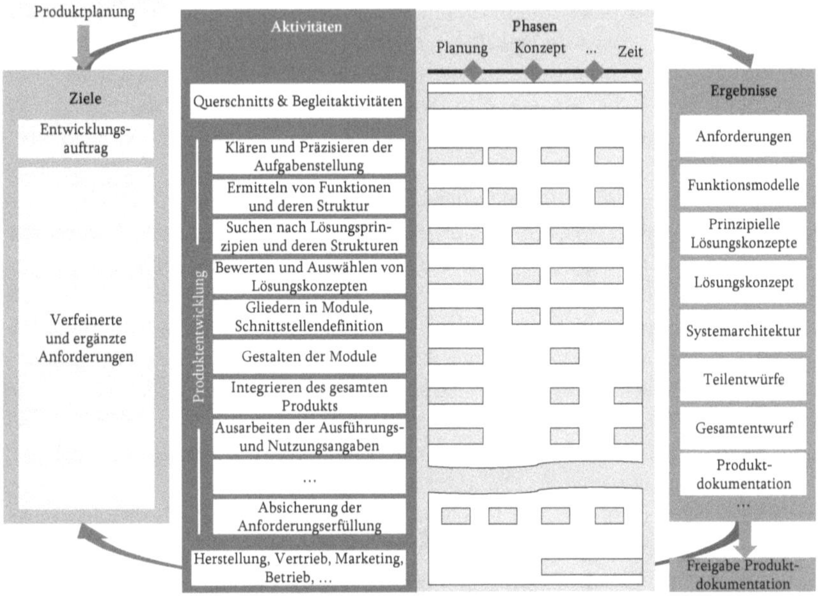

Abbildung 2-2 Modell der Produktentwicklung nach VDI 2221[89]

Vor dem Hintergrund der genannten Ziele in der Produktentwicklung ist es von großer Bedeutung, die Kosten als gewinnminimierender Faktor, so gering wie möglich ausfallen zu lassen.[90] Ein effizienter Produktentwicklungsprozess und die Vermeidung von Verschwendung ist dabei essentiell.[91] Aus diesem Grund wird im folgenden Abschnitt beschrieben, wie die Lean Prinzipien, angewendet auf die Produktentwicklung, genau dies ermöglichen.

2.1.3 Lean Prinzipien in der Produktentwicklung

Das übergeordnete Ziel von Unternehmen ist in der Regel die Gewinnmaximierung. Zur Erreichung dieses Ziels können einerseits Preise oder Absatzmenge vergrößert

[89] Vgl. VDI 2221-1 (2019), Entwicklung technischer Produkte, S.31

[90] Vgl. Bender et al. (2016), Entwicklungsprozesse, S.401

[91] Vgl. Scholz et al. (2018), Praxishandbuch Nachhaltige Produktentwicklung, S.52 & Korthals (2014), Wertstromanalyse in der Produktentwicklung, S.281f.

werden oder auf der anderen Seite Kosten vermieden werden.[92] Ein Ansatz zur nachhaltigen Beseitigung von Kosten bietet der „Lean Thinking“ Ansatz.[93] TAICHII ŌNO, Begründer des Toyota Produktionssystems, auf welches sich der „Lean Thinking“ Ansatz zurückführen lässt, stellt dabei heraus, dass vor allem eine Effizienzsteigerung durch das Eliminieren von Verschwendung zielführend zur nachhaltigen Kostenreduktion ist.[94] Auch WOMACK UND JONES, die 1990 den Begriff „Lean Production“ prägten, sehen Lean als Konzept für „eine effiziente Organisation, in der Werte ohne Verschwendung geschaffen werden“ [95], und ein Ansatz welcher „die Eliminierung von Verschwendung jeglicher Art“ [96] fokussiert. Aber nicht nur die Effizienz, sondern auch die Effektivität spielt im Kontext von „Lean Thinking“ eine große Rolle.[97] Es ist die Kombination der Grundsätze von DRUCKER „Doing the right things“[98] und „Doing the things right“[99]. Dies spiegelt sich in den fünf grundlegenden Lean Prinzipien wieder, die WOMACK UND JONES zur Schaffung von Wert ohne Verschwendung beschreiben:[100]

Spezifikation des Wertes: Um unterscheiden zu können, was Verschwendung ist und was Wert stiftet, muss zunächst der Wert definiert werden. Der Wert eines Produktes oder einer Dienstleistung kann dabei nur vom Endverbraucher definiert werden. Man kann sich die Frage stellen: „Wofür bezahlt die Kundschaft, wenn das Produkt gekauft wird?“. Ist der Kundenwert definiert, sollten sämtliche Aktivitäten und Prozesse des Unternehmens darauf ausgerichtet werden, diesen Wert zu erzeugen.[101]

Identifikation des Wertstroms: Der Wertstrom besteht aus allen Tätigkeiten, um ein Produkt zu entwickeln, Aufträge zu bearbeiten und das Produkt schließlich herzustellen. Analysiert man die einzelnen Schritte des Wertstroms kann man diese in drei Kategorien unterteilen: Wertschöpfende Tätigkeiten, nichtwertschöpfende Tätigkeiten,

[92] Vgl. Bertagnolli (2018), Lean Management, S.14

[93] Vgl. Bertagnolli (2018), Lean Management, S.16

[94] Vgl. Ōno (1988), Toyota production system, S.8f.

[95] Vgl. Womack et al. (2004), Lean thinking, S.8

[96] Vgl. Womack et al. (2004), Lean thinking, S.8

[97] Vgl. Bertagnolli (2018), Lean Management, S.11

[98] Vgl. Drucker (1963), Managing for Business Effectiveness

[99] Vgl. Drucker (1963), Managing for Business Effectiveness

[100] Vgl. Womack et al. (2004), Lean thinking, S.15ff.

[101] Vgl. Womack et al. (2004), Lean thinking, S.24ff. & Schuh et al. (2021), Sustainable Innovation, S.3f. & Morgan et al. (2006), The Toyota product development system, S.14

die jedoch technisch oder organisatorisch notwendig sind sowie unnötige Tätigkeiten. Ziel ist es immer, den Anteil wertschöpfender Tätigkeiten zu vergrößern.[102]

Flow: Das Fließ-Prinzip bedeutet, dass die Prozessschritte kontinuierlich und ununterbrochen ablaufen. Ein Produkt fließt dabei kontinuierlich von Schritt zu Schritt und wird jeweils unmittelbar bearbeitet. Dies widerspricht der häufig vorzufindenden Denkweise, Effektivität durch das Ansammeln gleichartiger Tätigkeiten und dem Bearbeiten dieser als Stapel erzielen zu können.[103]

Pull: Das Pull-Prinzip besagt, dass jegliche Aktivitäten des Unternehmens durch den Endkunden ausgelöst werden. Die Produktion eines Produktes erfolgt zur Befriedigung einer Nachfrage und das Starten eines Entwicklungsprojektes erfolgt in Folge eines identifizierten Kundenbedürfnisses, welches durch aktuelle Produkte nicht abgedeckt werden kann. Dadurch wird Überproduktion, unnötig hohe Lagerbestände oder die Entwicklung nicht nachgefragter Produktumfänge vermieden.[104]

Perfektion: Durch eine konsequente Umsetzung der zuvor genannten Prinzipien kann eine bessere Transparenz über die Wertschöpfung im Unternehmen erreicht werden. Dadurch können Missstände identifiziert werden, die es im Sinne der Eliminierung von Verschwendung auszumerzen gilt. Dadurch entsteht eine kontinuierliche Verbesserung, getrieben durch den Anspruch nach Perfektion.[105]

Mit Hilfe dieser einfachen Grundprinzipien konnten viele Unternehmen den Lean Ansatz in der Produktion umsetzen und großartige Erfolge verbuchen. Es folgte um die Jahrtausendwende der Übertrag der Lean Prinzipien aus der „Lean Production" auf die Produktentwicklung, wodurch der Begriff „Lean Development" geprägt wurde.[106] DOMBROWSKI analysiert insgesamt 15 Ansätze, die im Zeitraum 1991 bis 2013 zum Thema „Lean Development" entstanden sind und leitet daraus sieben übergeordnete Gestaltungsprinzipien für die Produktentwicklung ab (Kontinuierliche Verbesserung, Standardisieren, Fließ- und Pull-Prinzip, Mitarbeitendenorientierung, Null-Fehler Prinzip, Visuelles Management und Frontloading).[107] REINERTSEN sieht das Fließ-Prin-

[102] Vgl. Womack et al. (2004), Lean thinking, S.28ff. & Schuh et al. (2021), Sustainable Innovation, S.5 & Oppenheim et al. (2011), Lean Enablers for Systems Engineering, S.33

[103] Vgl. Womack et al. (2004), Lean thinking, S.30ff. & Schuh et al. (2021), Sustainable Innovation, S.5f.

[104] Vgl. Womack et al. (2004), Lean thinking, S.34f. & Schuh et al. (2021), Sustainable Innovation, S.6

[105] Vgl. Womack et al. (2004), Lean thinking, S.36f. & Schuh et al. (2021), Sustainable Innovation, S.6 & Morgan et al. (2006), The Toyota product development system, S.16

[106] Vgl. Dombrowski (2015), Lean Development, S.8f.

[107] Vgl. Dombrowski (2015), Lean Development, S.11ff.

zip als zentralen Aspekt im Kontext von „Lean Development“ und entwickelt dazu insgesamt 175 Prinzipien, die als Richtlinie für eine Produktentwicklung im Sinne dieses Lean Prinzips dienen.[108] Dabei verweist er auf 12 kritische Probleme traditioneller Produktentwicklungsansätze, die mit dem Fließ-Prinzip zu lösen sind:[109]

- *Unvermögen wirtschaftliche Aspekte korrekt zu bestimmen*
- *Ignorieren von Warteschlangen*
- *Verehrung von Effizienz*
- *Ablehnung von Variabilität*
- *Verehrung von Planeinhaltung*
- *Verankern von großen Losgrößen*
- *Mangelndes Ausnutzen von Kadenzen*
- *Managen von Zeitleisten anstatt von Warteschlangen*
- *Fehlen von WIP-Limitierungen*
- *Mangel an Flexibilität*
- *Nichtwirtschaftliches Management des Flusses durch die Entwicklung*
- *Zentrales Management*

Ein weiterer Ansatz zum Übertrag der Lean Prinzipien ist der „Lean Innovation“ Ansatz nach SCHUH, der die Übertragung auf den übergeordneten Innovations- und F&E-Prozesses betrachtet.[110] Darin werden sechs typische Verschwendungsarten in der F&E identifiziert (Mangelnde Kundenorientierung, Unterbrochener Wertstrom, Ungenutzte Ressourcen, Ungenügende Standards, Ungenutzte Skaleneffekte, Defekte und Nacharbeiten)[111] und 12 Prinzipien in vier Handlungsfeldern abgeleitet, um diese Verschwendung systematisch zu eliminieren (siehe Abbildung 2-3).[112]

Auch die vorliegende Arbeit zielt darauf ab, Verschwendung in der Produktentwicklung zu reduzieren und durch einen verbesserten Ressourceneinsatz die Effizienz und Effektivität zu steigern. Aus dem vorgestellten „Lean Innovation“ Ansatz ist dabei vor allem das Prinzip der Projektsteuerung durch Multiprojektmanagement und Taktung von hoher Relevanz. In Multiprojektumgebungen entsteht durch Ressourcenkonflikte und Ressourcenengpässe besonders häufig Verschwendung.

---

[108] Vgl. Reinertsen (2009), The principles of product development flow

[109] Vgl. Reinertsen (2009), The principles of product development flow, S.5ff.

[110] Vgl. Schuh (2013), Lean Innovation

[111] Vgl. Schuh et al. (2021), Sustainable Innovation, S.8f.

[112] Vgl. Schuh (2013), Lean Innovation, S.11ff.

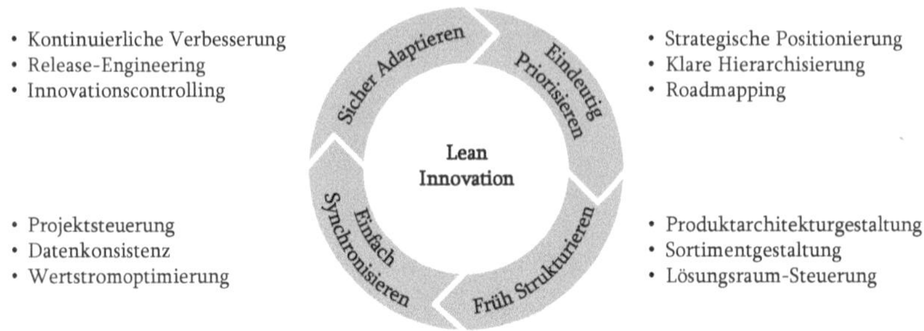

Abbildung 2-3 Prinzipien des Lean Innovation Ansatzes nach SCHUH[113]

Bevor im Kapitel 2.2 die Grundlagen des Multiprojektmanagements erläutert werden, folgt im nächsten Abschnitt zunächst die Definition von Entwicklungsprojekten.

2.1.4 Projekte in der Produktentwicklung

In den vergangenen Jahren zeichnet sich der Trend ab, dass immer mehr Umfänge in der Produktentwicklung in Form von Projekten organisiert werden.[114] Dabei wird die Organisationsform der Projektarbeit als besonders geeignet gesehen, um einen zielgerichteten, effizienten und effektiven Einsatz von Ressourcen zu erreichen.[115] In der DIN 69901 werden Projekte als „Vorhaben, das im Wesentlichen durch Einmaligkeit der Bedingungen in ihrer Gesamtheit gekennzeichnet ist“[116] definiert. Gemäß VDI 6600 ist ein Projekt eine „einmalige Aufgabe, die nur durch das Zusammenwirken verschiedener Bereiche bewältigt werden kann. Projekte haben ein klares Ziel, einen definierten Anfang und ein definiertes Ende. Die zur Bewältigung der Aufgabe einsetzbaren Ressourcen sind begrenzt“[117]. Nach JAKOBY unterscheidet sich ein Projekt vom „bloßen Machen“ durch eine klare Aufgabenstellung, Zielformulierung, Nebenbedingungen, Gütekriterien, überprüfbare Ergebnisse, einen definierten Zeitrahmen sowie gewisse innere Strukturen.[118] SCHMELZER definiert Projekte im Kontext der Produktentwicklung als „Entwicklungsvorhaben […], die sich durch Einmaligkeit, spezifische

[113] Vgl. Schuh (2013), Lean Innovation

[114] Vgl. Müncheberg (2015), Projektarbeit in Unternehmen, S.1

[115] Vgl. Dammer (2008), Multiprojektmanagement, S.3

[116] Vgl. DIN 69901-5 (2009), Projektmanagement - Projektmanagementsysteme, S.11

[117] Vgl. VDI 6600-2 (2009), Projektingenieur Blatt 2, S.3

[118] Vgl. Jakoby (2021), Projektmanagement für Ingenieure, S.44

Zielsetzung und zeitliche Befristung auszeichnen sowie durch Neuartigkeit, Komplexität und Risiko gekennzeichnet sind“[119]. In dieser Arbeit soll eine Definition in Anlehnung an KUSTER ET AL., die die oben genannten Definitionen um die Interdisziplinarität und die Notwendigkeit einer eigenen Organisationsform ergänzen, verwendet werden:[120]

> „Ein Entwicklungsprojekt ist ein einmaliges, zeitlich begrenztes, zielgerichtetes und interdisziplinäres Entwicklungsvorhaben, das so wichtig, kritisch und dringend ist, dass es nicht in der bestehenden Organisation bearbeitet werden kann, sondern besondere organisatorische Vorkehrungen erfordert.“

Bei Entwicklungsprojekten besteht die Möglichkeit das Gesamtprojekt in kleinere Teilprojekte aufzuteilen, welche mit eigenen Teilzielen an Personen, Teams oder Abteilungen zur Durchführung übertragen werden können.[121] Durch diese Aufteilung entsteht der Bedarf nach einer übergeordneten Koordinationsinstanz, die die projektinternen Vorgaben von Teilzielen, die Zuweisung von Aufgaben und die Kontrolle über den Projektfortschritt regelt.[122] Zur Übernahme dieser Managementfunktion stehen einem Projektleiter oder einem Projektmanagementbüro (engl. Projekt Management Office, kurz: PMO) verschiedene Methoden des Projektmanagements zur Verfügung, die im nächsten Kapitel betrachtet werden.

2.2 Management von Entwicklungsprojekten

Im vorherigen Teilkapitel wurde die Produktentwicklung produzierender Unternehmen beschrieben. Wie im letzten Abschnitt dieses Teilkapitels erläutert wurde, wird dabei ein zunehmender Anteil der Entwicklungsaktivitäten in Form von Projekten organisiert. Daher erfolgt im nächsten Teilkapitel die Vorstellung der relevanten Grundlagen und Definitionen des Projektmanagements. Dabei erfolgt zunächst die Beschreibung der Ziele und Aufgaben des Projektmanagements. Anschließend werden Methoden zur Planung und Steuerung von Entwicklungsprojekten vorgestellt. Die Grundlagen zur, im Kontext dieser Arbeit als Zielgröße relevanten, Projektzielerreichung wird im dritten Abschnitt dieses Teilkapitels thematisiert. Im letzten Abschnitt erfolgt die Einführung des Multiprojektmanagements.

---

[119] Vgl. Schmelzer (1992), Organisation und Controlling von Produktentwicklungen, S.148

[120] Vgl. Kuster et al. (2019), Handbuch Projektmanagement, S.4

[121] Vgl. Schmelzer (1992), Organisation und Controlling von Produktentwicklungen, S.157

[122] Vgl. Schmelzer (1992), Organisation und Controlling von Produktentwicklungen, S.157

2.2.1 Ziele und Aufgaben des Projektmanagements

Um Verständnis über die Ziele und Aufgaben des Projektmanagements zu schaffen, wird an dieser Stelle zunächst der Begriff des „Projektmanagements" definiert. Aus dieser Definition lassen sich anschließend die Ziele und Aufgaben ableiten. Der Begriff Projektmanagement setzt sich aus den Begriffen Projekt und Management zusammen und während in Kapitel 2.1.4 Projekte und Entwicklungsprojekte bereits definiert wurden, folgt eine kurze Beschreibung des Begriffs Management. Im Management geht es übergeordnet um die Planung und Steuerung von Prozessen.[123] Es umfasst dabei die systematische und methodische Durchführung einer Orientierungsaufgabe, einer Gestaltungsaufgabe sowie einer Allokationsaufgabe.[124] Es gilt im Management also Ziele zu definieren und zu kontrollieren (Orientierung), die Arbeit zu gestalten und zu lenken (Gestaltung) und die erforderlichen Ressourcen zur Verfügung zu stellen (Allokation).[125] Durch die Übertragung dieses Verständnisses auf Projekte lässt sich das Projektmanagement beschreiben, welches die DIN 69901-5 als die „Gesamtheit von Führungsaufgaben, -organisation, -techniken und -mitteln für die Initiierung, Definition, Planung, Steuerung und den Abschluss von Projekten"[126] definiert. JAKOBY definiert das Projektmanagement als die „Planung und Steuerung der problemlösenden Prozesse von Projekten, um diese termingerecht und aufwandsminimierend zum Ziel zu führen"[127]. Nach ALAM UND GÜHL umfasst das Projektmanagement „die Koordination von Menschen und den optimalen Einsatz von Ressourcen zum Erreichen von Projektzielen"[128]. Projektmanagement kann also als Überbegriff für die Führungsaufgaben in der Projektarbeit gesehen werden und umfasst sowohl die Planung des Projektes als auch die Steuerung während der Durchführung des Projekts. Für die vorliegende Arbeit soll die folgende zusammengesetzte Definition zugrunde gelegt werden.

Das Projektmanagement beinhaltet die Management- und Führungsaufgaben in der Projektarbeit. Es definiert Ziele, gestaltet die Aufbau- und Ablauforganisation für das Projekt, stellt Methoden und Ressourcen zur Verfügung und kontrolliert die Zielerreichung.

[123] Vgl. Jakoby (2021), Projektmanagement für Ingenieure, S.45

[124] Vgl. Erne (2019), Lean Project Management, S.19

[125] Vgl. Erne (2019), Lean Project Management, S.19

[126] Vgl. DIN 69901-5 (2009), Projektmanagement - Projektmanagementsysteme, S.14

[127] Vgl. Jakoby (2021), Projektmanagement für Ingenieure, S.45

[128] Vgl. Alam et al. (2020), Projektmanagement für die Praxis, S.2

Die Zielstellung des Projektmanagements ist den Definitionen entsprechend die bestehenden Projekte erfolgreich, also termingerecht und aufwandsminimierend, zu realisieren und zum Abschluss zu bringen.[129] BURGHARDT ergänzt die Ziele des Projektmanagements im Kontext der Produktentwicklung und beschreibt das gemeinsame Ziel von Projektmanagement und Entwicklungsmanagement in der „Effizienzsteigerung und der Durchlaufzeitverkürzung im Entwicklungsbereich“[130]. Im Detail gilt es dabei die begrenzten personellen, materiellen, finanziellen und informationellen Ressourcen bestmöglich zu planen und zu steuern, sodass die definierten Projektziele erreicht werden können.[131] Hieraus können bereits die ersten Aufgaben des Projektmanagements, die Planung und Steuerung von Projekten, abgeleitet werden. Nach FIEDLER sind dabei im Projektmanagement beispielsweise folgende zentrale Fragestellungen zu klären:[132]

- *Welche und wie viele Mitarbeitende werden benötigt?*
- *Stehen zu jeder Zeit genügend Mitarbeitende zur Verfügung?*
- *Welche Kosten fallen an?*
- *Welche Auswirkungen haben Terminverzögerungen bei einzelnen Aufgaben auf das gesamte Projekt?*

Daraus leitet er ab, dass das Projektmanagement das „Was?“, „Wer?“ und „Wie?“ eines Projektes definieren muss, also die Aufgaben, Organisation und Methoden festlegen muss. Die einzelnen Bereiche umfassen dabei folgende beispielhafte Aufgaben:[133]

- *WAS (Aufgaben):*
  - *Projektplanung*
  - *Projektkontrolle und -steuerung*
  - *Personalführung im Projekt*
- *WER (Organisation):*
  - *Wahl eines geeigneten Organisationsmodells*
  - *Festlegung des Projektteams*
  - *Organisatorische Einbindung in die Unternehmenshierarchie*
  - *Einrichtung der Entscheidungsinstanzen*

[129] Vgl. Jakoby (2021), Projektmanagement für Ingenieure, S.45 & DIN 69901-1 (2009), Projektmanagement - Projektmanagementsysteme, S.5

[130] Vgl. Burghardt (2002), Projektmanagement, S.14

[131] Vgl. Känel (2020), Projektmanagement – ein Überblick, S.65

[132] Vgl. Fiedler (2020), Controlling von Projekten, S.5

[133] Vgl. Fiedler (2020), Controlling von Projekten, S.5

- *WIE (Methoden):*
  - *Festlegung der Techniken für die Terminplanung*
  - *Methoden für die Termin- und Kostenkontrolle*
  - *IT-Tools zur Planung und für das Berichtswesen*

Der international anerkannte Project Management Body of Knowledge (PMBOK)-Guide des PROJECT MANAGEMENT INSTITUTE definiert für das Projektmanagement insgesamt 47 Prozesse, die in fünf Prozessgruppen kategorisiert werden (Projekt initiieren, Projekt planen, Projekt durchführen, Projekt überwachen und steuern sowie Projekt beenden).[134] Diese Einteilung entspricht nahezu der obengenannten Definition des DIN, lediglich die Phase „Definition" in der DIN wird im PMBOK-Guide in der Phase der Initiierung integriert und dafür eine zusätzliche Phase der Projektdurchführung ergänzt. Die darin beschriebenen Aufgaben des Projektmanagements umfassen unter anderem:[135]

- *Anforderungen und Projektziele ermitteln*
- *Bedürfnisse, Sorgen und Erwartungen der Beteiligten adressieren*
- *Aktive und effektive Kommunikation zwischen allen Beteiligten aufbauen und pflegen*
- *Beteiligte dahin führen, die Anforderungen zu erfüllen und die Projektziele zu erreichen*
- *Konflikte in den Projektzielen und -nebenbedingungen auflösen und ausbalancieren (z.B. Leistungsumfang, Zeit, Kosten, Qualität, Risiken, …)*

Viele weitere Projektmanagementansätze sehen zur Strukturierung der Projektmanagementaufgaben eine Kategorisierung wie die des PMBOK-Guides oder der DIN vor.[136] Die Ansätze von ZIRKLER ET AL. oder BURGHARDT beschreiben die Aufgaben des Projektmanagements in insgesamt vier Lebenszyklusphasen.[137] Die jeweils verorteten Aufgaben in diesen Phasen sind Abbildung 2-4 zu entnehmen.[138]

---

[134] Vgl. Project Management Institute (2013), A guide to project management, S.423

[135] Vgl. Project Management Institute (2013), A guide to project management, S.6

[136] Vgl. Erne (2019), Lean Project Management, S.20

[137] Vgl. Zirkler et al. (2019), Projektcontrolling, S.7

[138] Vgl. Zirkler et al. (2019), Projektcontrolling, S.7ff. & Burghardt (2013), Einführung in Projektmanagement, S.12

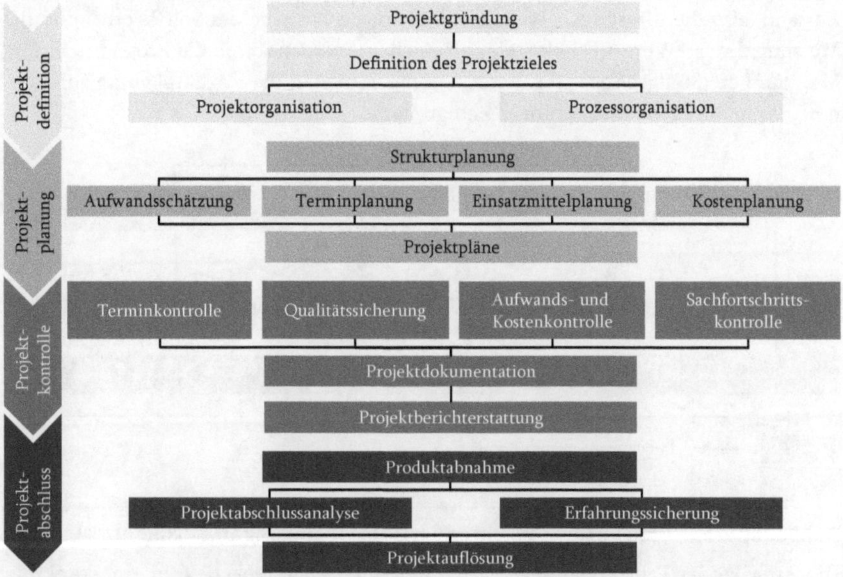

Abbildung 2-4 Aufgaben im Projektmanagement in Anlehnung an ZIRKLER ET AL. und BURGHARDT[139]

Nachdem nun die übergeordneten Ziele und Aufgaben im Projektmanagement beschrieben wurden, lässt sich feststellen, dass ein Fokus auf der Planung und Steuerung von Projekten liegt. Aus diesem Grund wird im folgenden Kapitel näher auf diese Teildisziplinen des Projektmanagements eingegangen.

2.2.2 Planung und Steuerung von Entwicklungsprojekten

Für ein tiefgehendes Verständnis der Projektplanung und -steuerung, werden die Begriffe zunächst im Kontext des Projektmanagementregelkreises eingeordnet, bevor die Ziele und Aufgaben der Projektplanung und -steuerung erläutert werden. Die Planung und Steuerung von Projekten bildet gemeinsam mit der Projektkontrolle die drei relevanten Teildisziplinen des Projektmanagementregelkreises ab.[140] In diesem Regelkreis werden die Führungsgrößen als Soll-Werte in der Projektplanung erzeugt. Durch die Projektkontrolle wird während der Projektdurchführung regelmäßig der aktuelle Ist-

[139] Vgl. Zirkler et al. (2019), Projektcontrolling, S.7ff. & Burghardt (2013), Einführung in Projektmanagement, S.12

[140] Vgl. Burghardt (2013), Einführung in Projektmanagement, S.17

Zustand, also die Messgröße, ermittelt. Sollten die Vorgabe des Soll-Wertes und die Messung des Ist-Wertes voneinander abweichen, werden durch die Projektsteuerung Maßnahmen (Stellgrößen) eingeleitet, welche entweder die Projektplanung adressieren oder in die Projektdurchführung eingreifen.

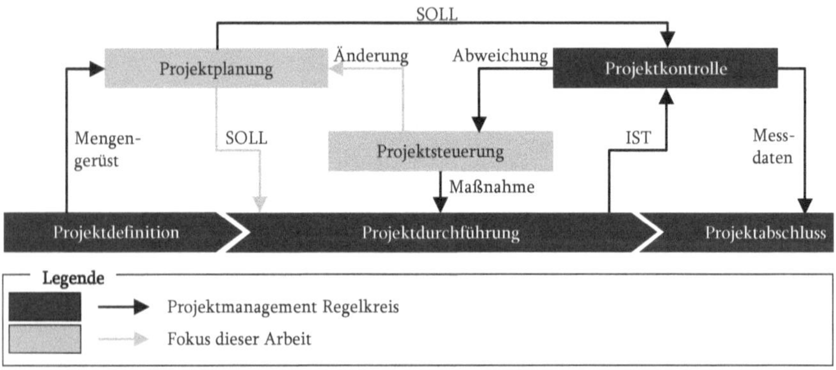

Abbildung 2-5 Projektmanagementregelkreis in Anlehnung an BURGHARDT[141]

Die Aufgabe der Projektplanung ist es die definierten Projektziele in eine konkrete Planung zu überführen.[142] Grundvoraussetzung für eine erfolgreiche Projektplanung ist daher, dass die zu erreichenden Projektziele so beschrieben sind, dass eine Einschätzung des anstehenden Projektes möglich ist.[143] Die Planung sorgt dafür, dass „Klarheit über die zu erledigende Aufgabe" erzeugt werden kann.[144] Im PMBOK-Guide werden insgesamt 11 verschiedene Planungsprozesse und Teilpläne beschrieben, die in einem Projektmanagementplan zusammengefasst werden.[145] Die Entwicklung eines Projektmanagementplans ist dabei der Prozess der Definition, Vorbereitung und Koordinierung aller untergeordneten Pläne und deren Integration. Der Hauptnutzen dieses Pro-

[141] Vgl. Burghardt (2013), Einführung in Projektmanagement, S.17

[142] Vgl. Dechange (2020), Projektmanagement - Schnell erfasst, S.96f.

[143] Vgl. Dechange (2020), Projektmanagement - Schnell erfasst, S.97

[144] Vgl. Kraus et al. (2019), Projektmanagement mit System, S.44

[145] Vgl. Project Management Institute (2013), A guide to project management, S.77

zesses ist ein zentrales Dokument, das die Grundlage für die gesamte Projektarbeit bildet.[146] Nach BURGHARDT umfasst die Planungsphase die Aufgabenbereiche der Strukturplanung, Aufwandsschätzung, Arbeitsplanung, Kostenplanung und des Risikomanagements:[147]

Während der *Strukturplanung* wird das Projekt in Teilprojekte, Hauptarbeitspakete und Arbeitspakete zerlegt. Somit entsteht eine hierarchische Struktur von Aufgaben (siehe Abbildung 2-6).[148] Die Zerlegung kann dabei anhand verschiedener Kriterien erfolgen (z.B. objektorientiert oder funktionsorientiert).[149]

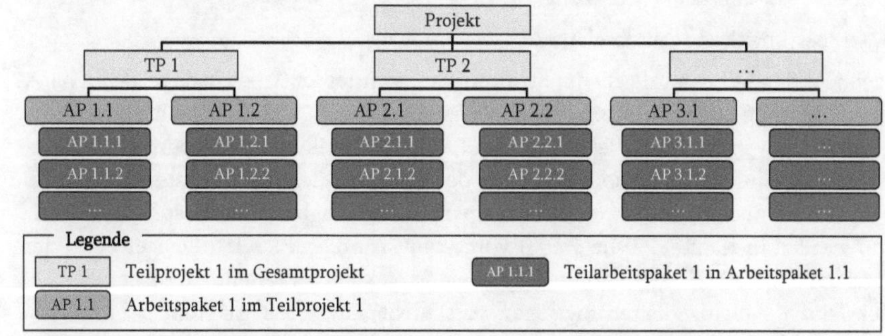

Abbildung 2-6 Zerlegung der Arbeitspakete eines Projekts im Projektstrukturplan

Die im Strukturplan abgeleiteten Arbeitspakete werden anschließend bezüglich ihres Aufwandes abgeschätzt. Die *Aufwandsabschätzung* wird häufig mit Hilfe von Expertenschätzungen z.B. mit Hilfe der Delphi-Methode[150] durchgeführt.[151] Eine weitere etablierte Methode ist die Program Evaluation and Review Technique (PERT), welche nachfolgend kurz vorgestellt wird. Um die Dauer eines Projekts mit großer Unsicherheit und Streuung adäquater und robuster planen zu können, wurde die PERT 1957 vom Project Office der U.S. Navy entwickelt. Die PERT berücksichtigt eine Variabilität in der Bearbeitungszeit von Projektaktivitäten.[152] Die potenzielle Unsicherheit in der Bearbeitungszeit einer Aktivität wird berücksichtigt, indem drei Zeitschätzungen für

[146] Vgl. Project Management Institute (2013), A guide to project management, S.72

[147] Vgl. Burghardt (2013), Einführung in Projektmanagement, S.14

[148] Vgl. Weber (2021), Fahrplan für Projektmanagement, S.24

[149] Vgl. Kraus et al. (2019), Projektmanagement mit System, S.66

[150] Vgl. Kuster et al. (2019), Handbuch Projektmanagement, S.173

[151] Vgl. Burghardt (2013), Einführung in Projektmanagement, S.14

[152] Vgl. Aziz (2014), RPERT: Repetitive-Projects Evaluation, S.82

jede Aktivität (optimistisch, realistisch und pessimistisch) einbezogen und daraus eine Beta-Wahrscheinlichkeitsverteilung abgeleitet wird.[153] Aus diesem Grund wird die PERT in der deutschen Literatur auch häufig Dreipunktschätzung genannt.[154] Die drei Schätzwerte werden zu einem Planwert mit Hilfe von Formel (1) zusammengefasst:[155]

$$\text{Planwert} = \frac{t_{opt} + 4 \cdot t_{real} + t_{pess}}{6} \tag{1}$$

t_{opt} – optimistische Zeitabschätzung

t_{real} – realistische Zeitabschätzung

t_{pess} – pessimistische Zeitabschätzung

Nachdem der Aufwand für die im Strukturplan ermittelten Arbeitspakete abgeschätzt wurde, wird im nächsten Schritt die *Arbeitsplanung* durchgeführt. Während der Arbeitsplanung werden die Arbeitspakete und Aufgaben geeigneten Ressourcen zugewiesen und terminiert.[156] Methoden, die bei der Ressourcenallokation unterstützen und weitere Nebenbedingungen, wie beispielsweise die verfügbare Kapazität berücksichtigen, werden in Kapitel 2.3 im Detail vorgestellt. An dieser Stelle hingegen wird der Netzplan als Methode zur Terminierung von Projekten vorgestellt. Der Netzplan berücksichtigt Abhängigkeiten zwischen verschiedenen Arbeitspaketen in Form von Vorgänger- und Nachfolgerbeziehungen und die Dauer der Arbeitspakete selbst.[157] Das Ergebnis ist eine Darstellung über die Reihenfolge der Bearbeitung von Arbeitspaketen sowie den Start- und Endzeitpunkt des Projektes.[158] Mit Hilfe der Netzplantechnik lässt sich zudem der kritische Pfad eines Projektes identifizieren, also eine Abfolge von Arbeitsschritten, die nicht verschoben oder verlängert werden können, ohne den Fertigstellungszeitpunkt des Projektes zu verändern.[159] Der Netzplan ist zudem Grundlage für die Critical Path Method (CPM). Mit Hilfe der CPM wird der früheste Anfangstermin, der früheste Endtermin, der späteste Anfangstermin und der späteste Endtermin für alle Aktivitäten berechnet (siehe Abbildung 2-7).[160] Der kritische Pfad ist die vom

[153] Vgl. Wei et al. (2002), Resource-constrained project management, S.562

[154] Vgl. Dechange (2020), Projektmanagement - Schnell erfasst, S.140

[155] Vgl. Kuster et al. (2019), Handbuch Projektmanagement, S.173

[156] Vgl. Burghardt (2013), Einführung in Projektmanagement, S.14

[157] Vgl. Dechange (2020), Projektmanagement - Schnell erfasst, S.149ff.

[158] Vgl. Dechange (2020), Projektmanagement - Schnell erfasst, S.149ff.

[159] Vgl. Dechange (2020), Projektmanagement - Schnell erfasst, S.156

[160] Vgl. Project Management Institute (2013), A guide to project management, S.176

Projektanfang bis zum Projektende durchgehende Vorgangskette, die nur Vorgänge mit einem Puffer von Null enthält.

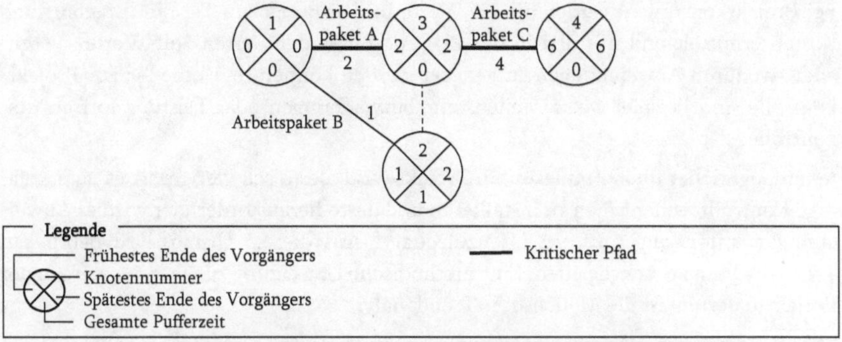

Abbildung 2-7 Netzplandarstellung in der Critical Path Method

Voraussetzung für eine erfolgreiche Projektdurchführung ist, neben oben genannten Schritten, eine ganzheitliche *Kostenplanung*, welche das gesamte Projekt in vorkalkuliert und die Kosten in verschiedene Kostenarten und -elementen aufgliedert.[161]

Das *Risikomanagement* wird einerseits von der Gesetzgebung gefordert und bietet Unternehmen andererseits die Möglichkeit sich frühzeitig über mögliche Risiken bewusst zu werden und Vorsorgemaßnahmen umzusetzen.[162]

Ist die initiale Projektplanung erfolgt, indem beispielsweise die fünf obengenannten Schritte durchgeführt wurden, kann das Projekt gestartet werden und die Projektdurchführungsphase beginnt. Damit einhergehend ist in der Regel auch eine Projektkontrolle bzw. -steuerung. Aufgrund der Vielfältigkeit von Projekten existiert keine allgemeingültige Formel für eine erfolgreiche Projektsteuerung.[163] Eines ist allen Ansätzen zur Projektsteuerung jedoch gleich, es geht immer darum, frühzeitig mögliche Planabweichungen zu erkennen und mit geringstmöglicher Latenz Steuerungsmaßnahmen ergreifen zu können.[164] Dabei können prinzipiell zwei Herangehensweisen unterschieden werden, eine Projektsteuerung durch Kontrollen erkennt eine Abweichung von der ursprünglichen Planung durch eine Ist-Wert Erfassung, während eine

---

[161] Vgl. Burghardt (2013), Einführung in Projektmanagement, S.14

[162] Vgl. Burghardt (2013), Einführung in Projektmanagement, S.15

[163] Vgl. Kuster et al. (2019), Handbuch Projektmanagement, S.210

[164] Vgl. Burghardt (2013), Einführung in Projektmanagement, S.15

Projektsteuerung durch Trendanalysen versucht, diese Abweichungen durch sich abzeichnende Trends bereits vorauszusagen.[165]

Bei Projektkontrollen werden die Ist-Werte in den Bereichen Termin, Ergebnis und Kosten ermittelt und mit den in der Planungsphase definierten Soll-Werten verglichen, wodurch Abweichungen aufgedeckt werden können.[166] Methoden zur Projektkontrolle sind beispielsweise Meilensteinüberwachungen oder Leistungsfortschrittskontrolle.[167]

Je umfangreicher und komplexer ein Projekt wird, desto schwieriger ist es aussagefähige Kontrollmechanismen zu installieren und desto herausfordernder wird es Abweichungen mit geringer Latenz offenzulegen.[168] Aus diesem Grund wird häufig auf Trendanalysen zurückgegriffen. Eine methodische Umsetzung zur Trendanalyse in der Projektsteuerung ist die Meilenstein-Trendanalyse.[169]

Unabhängig davon, wie die Abweichungen vom Projektplan ermittelt wurden ist es in der Folge die Aufgabe der Projektsteuerung dieser Abweichung entgegen zu wirken. Mögliche Maßnahmen, die im Kontext einer Projektsteuerung in Folge von Abweichungen ergriffen werden können, umfassen unter anderem:[170]

- *zusätzliche Finanzmittel bewilligen oder ablehnen*
- *zusätzliche Ressourcen (aus der Linie) bewilligen und durchsetzen*
- *Freigabe für die nächste Projektphase erteilen*
- *über den Abbruch von Projekten entscheiden*
- *Projekt-Prioritäten ändern*

Sowohl die Projektplanung, als auch die Projektsteuerung haben das übergeordnete Ziel, die Projektzielerreichung sicherzustellen. Nachdem in diesem Kapitel dazu die Projektplanung und -steuerung beschrieben wurde, folgt im nächsten Kapitel die Betrachtung der Projektzielerreichung.

---

165 Vgl. Kraus et al. (2019), Projektmanagement mit System, S.103

166 Vgl. Burghardt (2013), Einführung in Projektmanagement, S.15

167 Vgl. Kraus et al. (2019), Projektmanagement mit System, S.104ff.

168 Vgl. Kraus et al. (2019), Projektmanagement mit System, S.106

169 Vgl. Kraus et al. (2019), Projektmanagement mit System, S.106

170 Vgl. Kuster et al. (2019), Handbuch Projektmanagement, S.210

2.2.3 Projektzielerreichung

Die Ziele von Projekten können sehr vielfältig sein und aus einem Hauptziel leiten sich viele weitere Unterziele ab, wodurch ein hierarchisches Zielsystem entsteht.[171] Das übergeordnete Hauptziel entspricht dabei dem Grund für das Projekt. Die aus dem Hauptziel abgeleiteten Unterziele können in den Zielkategorien Leistungsziele, Kostenziele, Zeitziele, soziale Ziele und Nicht-Ziele klassifiziert werden.[172] Wobei insbesondere die Zieldimensionen Leistung, Kosten und Zeit im Fokus des Projektmanagements stehen und den Begriff „magisches Dreieck des Projektmanagements“ [173] geprägt haben. Die Leistungsziele beschreiben dabei das gewünschte Ergebnis des Projektes beispielsweise in Form von Umfang, Qualität und Funktionalität.[174] Die Zeitziele oder auch Termintreue beschreibt das gewünschte Projektende sowie mögliche Zwischentermine.[175] Und die Kostenziele definieren die maximalen Kosten, beispielsweise durch Arbeitsleistung oder andere Ressourcen, die im Laufe des Projektes entstehen dürfen.[176] Die besondere Relevanz der drei Ziele entsteht dadurch, dass sie sich gegenseitig beeinflussen. Ein Unternehmen könnte beispielsweise eine bessere Zielerreichung im Bereich Zeit bzw. Termintreue erreichen, indem mehr Arbeitskraft durch weitere Mitarbeitende dem Projekt zugeordnet wird, gleichzeitig würde dies jedoch bedeuten, dass die im Projekt anfallenden Personalkosten deutlich steigen.[177] Das Projektmanagement ist dementsprechend damit beauftragt zwischen den Zieldimensionen und deren Erreichungsgraden abzuwägen. Um den möglichen Zielkonflikten bereits in der Definitionsphase vorzugreifen, kann vorab eine von drei grundlegenden Vorgehensweisen definiert werden:[178]

- *Bei der kostenfixierten Vorgehensweise wird das vorgegebene Budget sowie der geforderte Leistungsumfang als fix definiert und erlaubt keine Kompromisse, wohingegen der Fertigstellungstermin angepasst werden kann.*

---

[171] Vgl. Weber (2021), Fahrplan für Projektmanagement, S.11

[172] Vgl. Dechange (2020), Projektmanagement - Schnell erfasst, S.67

[173] Vgl. Fiedler (2020), Controlling von Projekten, S.6

[174] Vgl. Kuster et al. (2019), Handbuch Projektmanagement, S.93

[175] Vgl. Fiedler (2020), Controlling von Projekten, S.6

[176] Vgl. Kuster et al. (2019), Handbuch Projektmanagement, S.93

[177] Vgl. Zirkler et al. (2019), Projektcontrolling, S.5

[178] Vgl. Burghardt (2002), Projektmanagement, S.37f.

- *Die terminfixierte Vorgehensweise definiert den Fertigstellungszeitpunkt sowie den geforderten Leistungsumfang als fix und lässt bei den notwendigen Kosten Flexibilität zu.*
- *Das leistungsfixierte Vorgehen definiert den geforderten Leistungsumfang als fix und erlaubt die Anpassung von Budget und Zeitplan, um die Leistung zu erbringen.*

Das Projektmanagement steht somit vor der großen Herausforderung die Projektzielerreichung durch geeignete Planung und Steuerung sicherzustellen. Während diese Aufgabe bereits für Einzelprojekte anspruchsvoll ist, ergibt sich in einer Produktentwicklung mit mehreren parallelen Projekten die Herausforderung, die Zielerreichung in Wechselwirkung mit vielen weiteren Projekten sicherzustellen. Im nachfolgenden Kapitel wird daher das Multiprojektmanagement näher betrachtet.

2.2.4 Multiprojektmanagement

In den vergangenen Jahren hat sich die Produktentwicklung produzierender Unternehmen zu einer Multiprojektumgebung gewandelt, in der immer mehr Projekte gleichzeitig bearbeitet werden.[179] Das Multiprojektmanagement erweitert die Aufgabenstellung des Projektmanagements auf diesen Objektbereich mit mehreren gleichzeitig laufenden Projekten. Dabei müssen einige Aufgaben angepasst werden und komplett neue Aufgabenfelder entstehen. In diesem Kapitel werden daher nach einer grundlegenden Definition des Multiprojektmanagements dessen Ziele und Aufgaben genauer erläutert.

Die Definitionen von Multiprojektmanagement divergieren stärker als beim Projektmanagement. Eine häufig in der Fachliteratur aufgegriffene Definition liefert das DIN in der DIN 69901: Multiprojektmanagement ist ein „organisatorischer und prozessualer Rahmen für das Management mehrerer einzelner Projekte. Das Multiprojektmanagement kann in Form von Programmen oder Portfolios organisiert werden. Dazu gehört insbesondere die Koordinierung mehrerer Projekte bezüglich der Zuordnung gemeinsamer Ressourcen zu den einzelnen Projekten."[180] GMÜNDEN ET AL. beschreiben das Multiprojektmanagement als Überbegriff für die Auswahl von Projekten, die Koordination zwischen Projekten sowie deren erfolgreiche Durchführung „durch entsprechende Organisationsstrukturen, Rollenmodelle, Anreizsysteme, Prozesse, Methoden

---

[179] Vgl. Gemünden et al. (2008), Die Zusammenarbeit der Akteure im Multiprojektmanagement, S.33 & Hab et al. (2017), Projektmanagement in der Automobilindustrie, S.195

[180] Vgl. DIN 69901-5 (2009), Projektmanagement - Projektmanagementsysteme, S.10

und IT-Systeme“[181]. SEIDL definiert das Multiprojektmanagement als Planung, Steuerung und Überwachung mehrerer Projekte.[182] Für diese Arbeit soll die Definition nach LAU ET AL. gelten, welche auf der DIN 69901 aufbaut:

Multiprojektmanagement bildet den organisatorischen und prozessualen Rahmen für das Management mehrerer einzelner Projekte. Hierzu gehört insbesondere die Koordinierung mehrerer Projekte bezüglich der Zuordnung gemeinsamer Ressourcen zu den einzelnen Projekten

Um sich die Aufgaben und Ziele des Multiprojektmanagements zu veranschaulichen, ist es hilfreich, dieses in eine strategische Ebene und eine operative Ebene aufzuteilen. Dabei wird der strategische Aspekt auch häufig mit dem Projektportfoliomanagement und der operative Aspekt mit dem Programmmanagement gleichgesetzt.[183] Auch SEIDL nimmt diese Aufteilung des Multiprojektmanagements vor und sieht das Portfoliomanagement um die ganzheitliche Optimierung der Projekte bemüht, während das Programmmanagement ausgewählte Projektverbünde effizient umsetzt.[184] Die englischsprachige Literatur spricht sogar vorwiegend von Projektportfoliomanagement und Programmmanagement, während der Begriff Multiprojektmanagement eher weniger verbreitet ist.[185] Dabei wird häufig definiert, dass ein Programm aus mehreren Projekten besteht, die einem übergreifenden Ziel dienen.[186] Das Programm weißt aber ebenso wie Projekte eine zeitliche Begrenzung auf.[187] Ein Projektportfolio ist hingegen permanent und kann sowohl Programme als auch Einzelprojekte umfassen.[188]

Zunächst wird das Projektportfoliomanagement, also der strategische Teil des Multiprojektmanagements, betrachtet. Es umfasst „die permanente Planung, Priorisierung, übergreifende Steuerung und Überwachung aller Projekte“[189]. Insbesondere ist auch die Auswahl der durchzuführenden Projekte nach strategischen und wirtschaftlichen Kriterien Teil der Aufgaben des Projektportfoliomanagements.[190] Nach DECHANGE ist

[181] Vgl. Gemünden et al. (2008), Die Zusammenarbeit der Akteure im Multiprojektmanagement, S.33

[182] Vgl. Seidl (2011), Multiprojektmanagement, S.9

[183] Vgl. Hab et al. (2017), Projektmanagement in der Automobilindustrie, S.198

[184] Vgl. Seidl (2011), Multiprojektmanagement, S.10

[185] Vgl. Project Management Institute (2013), A guide to project management, S.8

[186] Vgl. Lau et al. (2013), Projektmanagement im Energiebereich, S.104

[187] Vgl. Kunz (2007), Strategisches Multiprojektmanagement, S.21

[188] Vgl. Lau et al. (2013), Projektmanagement im Energiebereich, S.104

[189] Vgl. Seidl (2011), Multiprojektmanagement, S.10

[190] Vgl. Hab et al. (2017), Projektmanagement in der Automobilindustrie, S.223

die Zieldimension des strategischen Multiprojektmanagements dementsprechend die Effektivität, da es darum geht, die richtigen Projekte zur richtigen Zeit mit den richtigen Ressourcen durchzuführen.[191]

Im Vergleich dazu ist das Programmmanagement, also der operativen Teil des Multiprojektmanagements, auf die Zieldimension Effizienz fokussiert.[192] Im Programmmanagement werden zugeordnete Projekte geplant und gesteuert, um vorgegebene Kosten-, Zeit-, und Qualitätsanforderungen zu erfüllen.[193] Dabei wird auf die Abhängigkeiten zwischen den, dem Programm zugeordneten, Projekten geachtet und eine übergreifende Ressourcen- und Budgetplanung vorgenommen sowie übergreifende Terminplanung und Fortschrittskontrolle durchgeführt.[194] Konflikte zwischen Projekten innerhalb des Programms können durch das Programmmanagement aufgelöst werden.[195]

Die verschiedenen Ebenen des Multiprojektmanagements mit der jeweiligen Zielrichtung werden in Abbildung 2-8 zusammenfassend dargestellt.

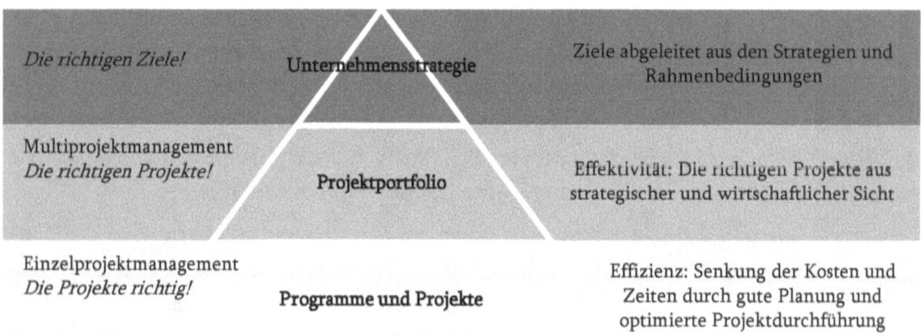

Abbildung 2-8 Effektivität und Effizienz im Multiprojektmanagement nach DECHANGE[196]

Wie bereits die obenstehende Definition des Multiprojektmanagements aufzeigt, ist ein ganz zentrales Handlungsfeld im Multiprojektmanagement die Koordination und

---

[191] Vgl. Dechange (2020), Projektmanagement - Schnell erfasst, S.387

[192] Vgl. Dechange (2020), Projektmanagement - Schnell erfasst, S.387

[193] Vgl. Lau et al. (2013), Projektmanagement im Energiebereich, S.104

[194] Vgl. Hab et al. (2017), Projektmanagement in der Automobilindustrie, S.242

[195] Vgl. Project Management Institute (2013), A guide to project management, S.9

[196] Vgl. Dechange (2020), Projektmanagement - Schnell erfasst, S.387

das Management der zur Verfügung stehenden Ressourcen.[197] Auch HARSCH nimmt in ihrer Definition des Multiprojektmanagements den Aspekt des Ressourcenmanagements auf und sieht es als Aufgabe die „effektive Nutzung der begrenzten Ressourcen zu gewährleisten und einen Beitrag zur Erreichung der Unternehmensziele zu leisten“[198]. Erfolgreiches Multiprojektmanagement maximiert den Nutzen durch Projekte für das Unternehmen, kann dies jedoch nur erreichen, „wenn für die richtigen Projekte die notwendigen Ressourcen zur richtigen Zeit zur Verfügung stehen“[199]. Es lässt sich also folgern, dass das Ressourcenmanagement eine zentrale Kernkompetenz im Multiprojektmanagement darstellt.[200] Aus diesem Grund werden im nachfolgende Kapitel die Aspekte des Ressourcenmanagements im Detail betrachtet.

2.3 Ressourcenmanagement

Im vorangegangenen Teilkapitel wurden die Grundlagen und Definitionen des Projektmanagements vorgestellt. Dabei wurde im letzten Abschnitt darauf verwiesen, dass das Management von Personalressourcen eine der wichtigsten Aufgaben im Multiprojektmanagement darstellt.[201] Daher wird in diesem Teilkapitel das Ressourcenmanagement vorgestellt. Nach DIN 69901 ist eine Ressource eine „abgrenzbare Gattung bzw. Einheit von Personal, Finanzmitteln, Sachmitteln, Informationen, Naturgegebenheiten, Hilfs- und Unterstützungsmöglichkeiten, die zur Durchführung oder Förderung von Vorgängen, Arbeitspaketen oder Projekten herangezogen werden können“.[202] Da das Ressourcenmanagement in der Produktentwicklung maßgeblich das Management von Personal umfasst, wird für diese Arbeit definiert, dass wenn nachfolgend der Begriff Ressourcenmanagement genannt wird, dabei das Personalressourcenmanagement gemeint ist.[203] Der erste Abschnitt des Teilkapitels befasst sich mit den Zielen und Aufgaben des Ressourcenmanagements bevor im zweiten Abschnitt Methoden des Ressourcenmanagements vorgestellt werden. Zum Abschluss wird im dritten Abschnitt der Kompetenzbegriff im Rahmen des Ressourcenmanagements betrachtet.

---

[197] Vgl. Kuster et al. (2019), Handbuch Projektmanagement, S.240

[198] Vgl. Harsch (2018), Multiprojektmanagement im Krankenhaus, S.41

[199] Vgl. Steinle et al. (2015), Handbuch Multiprojektmanagement und -controlling, S.259

[200] Vgl. Derrer et al. (2017), Moderne Projketorganisationen, S.8 & Crawford (2011), The Strategic Project Office, S.4 & Wysocki (2014), Effective project management, S.185

[201] Vgl. Gessler (2016), Kompetenzbasiertes Projektmanagement, S.411

[202] Vgl. DIN 69901-5 (2009), Projektmanagement - Projektmanagementsysteme, S.17

[203] Vgl. Projektmagazin Glossar (2022), Ressourcenmanagement, S.2

2.3.1 Ziele und Aufgaben des Ressourcenmanagements

Wie bereits in der Motivation (siehe Kapitel 1.1) beschrieben lässt sich in vielen Unternehmen eine Zunahme der Projektarbeit identifizieren. Diese Vielzahl an Projekten sorgten insbesondere dafür, dass die zur Verfügung stehenden Ressourcen nicht mehr zielgerichtet eingesetzt werden können.[204] Der Grund dafür ist, dass es vielen Unternehmen schwer fällt Transparenz über die laufenden Projekte und ihre konkreten Ressourcenbedarfe zu schaffen.[205] Genau in dieser Schaffung von Transparenz besteht eine der Hauptaufgaben des Ressourcenmanagements in Multiprojektumgebungen.[206] Denn nur so können Mitarbeitende identifiziert werden, die mit ihren Aufgaben und Projektzuweisungen überlastet sind, während es andere gibt, die noch verfügbare Kapazitäten aufweisen.[207] Zur Schaffung der Transparenz der Ressourcenverfügbarkeit erfolgt eine Gegenüberstellung von benötigten und verfügbaren Ressourcen.[208]

Ganz allgemein lässt sich das Ressourcenmanagement als „die Steuerung der Ressourcennutzung zur Erreichung bestimmter Ziele unter Effizienzgesichtspunkten“[209] beschreiben. Sinngemäß vergleichbar aber umfangreicher ist die Definition der INTERNATIONAL PROJECT MANAGEMENT ASSOCIATION, die lautet: „Ressourcenmanagement umfasst die Ressourcenplanung, einschließlich der Ermittlung und Zuweisung angemessener Ressourcen. Es beinhaltet zudem die Optimierung der Ressourcenverwendung im festgelegten Zeitrahmen sowie die fortlaufende Überwachung und Steuerung der Ressourcen.“[210] Aus diesen Definitionen geht die Zielstellung des Ressourcenmanagement in Übereinstimmung mit dem PROJEKTMAGAZIN GLOSSAR wie folgt hervor: „Ziel des Ressourcenmanagements ist zum einen die optimale Auslastung der Ressourcen und andererseits eine möglichst gerechte Versorgung der Projekte mit Arbeitskapazitäten.“[211] Für die vorliegende Arbeit soll folgende Definition für das Ressourcenmanagement im Kontext des Projektmanagements gelten:

Das Ressourcenmanagement überwacht und steuert die Ressourcen des Unternehmens, indem die Ressourcenbedarfe der Projekte mit der Ressourcenverfügbarkeit

[204] Vgl. Kuster et al. (2019), Handbuch Projektmanagement, S.58

[205] Vgl. Kuster et al. (2019), Handbuch Projektmanagement, S.58

[206] Vgl. Fiedler (2020), Controlling von Projekten, S.13

[207] Vgl. Fiedler (2020), Controlling von Projekten, S.13

[208] Vgl. Kuster et al. (2019), Handbuch Projektmanagement, S.248

[209] Vgl. v. Steinbüchel et al. (2005), Ressourcenmanagement und Budgetoptimierung, S.94f.

[210] Vgl. Redaktion Can Do (2015), Whitepaper Ressourcenmanagement, S.3

[211] Vgl. Projektmagazin Glossar (2022), Ressourcenmanagement, S.1

abgeglichen werden, Ressourcen zugewiesen werden und mögliche Konflikte durch Priorisierung aufgelöst werden.

Nachdem das Ressourcenmanagement definiert und die grundlegende Zielstellung beschrieben ist, werden nachfolgend die Aufgaben des Ressourcenmanagements betrachtet.

Die Hauptaufgabe des Ressourcenmanagements umfasst den Aufbau einer geeigneten Verteilung der Mitarbeitenden auf die Projekte und deren Aktivitäten, diese Verteilung wird in Form einer Ressourcenallokation während der Planungsphase erarbeitet und während der Projektdurchführung gesteuert und angepasst.[212] Zur Realisierung dieser Hauptaufgabe lassen sich einige Unteraufgaben definieren.[213] In Abbildung 2-9 sind die für die vorliegende Arbeit relevanten Unteraufgaben definiert.

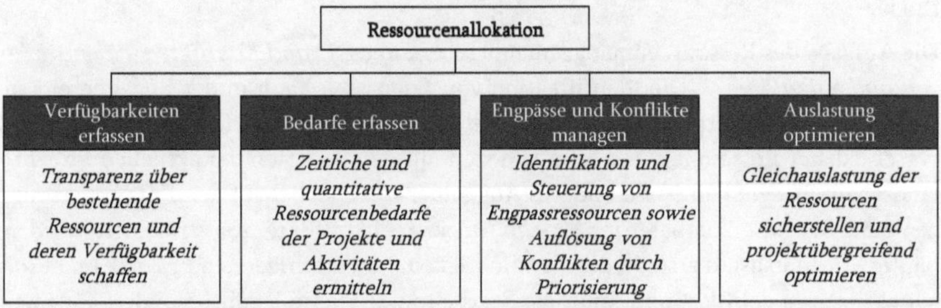

Abbildung 2-9 Aufgaben im Ressourcenmanagement

Zur *Erfassung von Verfügbarkeiten* gilt es Ressourcen hinsichtlich ihrer Kompetenzen zu beschreiben und verfügbare Kapazitäten zu ermitteln.[214] Diese Transparenz ist ein zentraler Erfolgsfaktor für erfolgreiches Ressourcenmanagement in Multiprojektumgebungen.[215] Die Kompetenzen von Ressourcen können mit Hilfe einer Kompetenzmatrix (Skill matrix) beschrieben werden.[216] Die Zeilen dieser Matrix repräsentieren das Personal und die Spalten die Kompetenzen, in den Feldern der Matrix kann nun das Vorhandensein einer Kompetenz bei einer Ressource dokumentiert werden. Auf

---

212 Vgl. Gessler (2016), Kompetenzbasiertes Projektmanagement, S.411

213 Vgl. Gessler (2016), Kompetenzbasiertes Projektmanagement, S.411ff.

214 Vgl. Redaktion Can Do (2015), Whitepaper Ressourcenmanagement, S.5

215 Vgl. Strasser (2020), 7 wichtige Erfolgsfaktoren für Multiprojektmanagement, S.2

216 Vgl. Wysocki (2014), Effective project management, S.185

diese Weise gelingt eine Bestandsaufnahme der aktuellen Kompetenzen der Ressourcen.[217] Die verfügbare Kapazität der Ressourcen ist die Differenz aus der vereinbarten Arbeitszeit und der bereits bestehenden Kapazitätsauslastung, beispielsweise durch Abteilungstätigkeiten, andere Projekte aber auch Urlaubstage oder Fortbildungen.[218]

Für Projekte und Aktivitäten gilt es die *Ressourcenbedarfe zu erfassen*. Im Vordergrund steht dabei zu ermitteln, mit wie viel zeitlichem Aufwand einzelne Aktivitäten verbunden sind.[219] Eine aufwandsbasierte Planung unterstützt dabei die benötigten Ressourcen für ein Projekt zu identifizieren.[220] In der Regel werden die Aufwände durch Schätzungen ermittelt, welche durch den Projektleiter selbst, Expertenbefragungen oder Schätzkonferenzen erfolgen.[221] Weniger verbreitet sind Ansätze die algorithmische Schätzmethoden einsetzen wie beispielsweise die Function Point Methode.[222]

Die Aufgabe des Ressourcenmanagements ist es *Engpässe und Konflikte zu identifizieren und aufzulösen*.[223] Die Identifikation von Engpässen kann in der Regel bereits in der Phase der Projektplanung geschehen.[224] Dazu werden die verfügbaren Kapazitäten verschiedener Ressourcen und Kompetenzen mit den Bedarfen der aktuellen Projektlandschaft abgeglichen.[225] Besonderes Augenmerk liegt dabei auf den Engpassressourcen und Schlüsselkompetenzen.[226] Um Ressourcenkonflikte zu vermeiden werden häufig Prioritätslisten erstellt, die die Wichtigkeit der verschiedenen Projekte und Projektaktivitäten definiert und somit die Bearbeitungsreihenfolge insbesondere für Engpassressourcen vorgibt.[227] Sobald das Projekt startet sind Änderungen und Abweichungen von der ursprünglichen Planung wahrscheinlich, weshalb entstehende Konflikte in der Ressourcenallokation gelöst werden müssen.[228] Wichtig ist dabei insbesondere

---

[217] Vgl. Gessler (2016), Kompetenzbasiertes Projektmanagement, S.414

[218] Vgl. Redaktion Can Do (2015), Whitepaper Ressourcenmanagement, S.5

[219] Vgl. Gessler (2016), Kompetenzbasiertes Projektmanagement, S.414

[220] Vgl. DIN ISO 21500 (2016), Leitlinien Projektmanagement, S.29

[221] Vgl. v. Steinbüchel et al. (2005), Ressourcenmanagement und Budgetoptimierung, S.105

[222] Vgl. v. Steinbüchel et al. (2005), Ressourcenmanagement und Budgetoptimierung, S.105

[223] Vgl. Gessler (2016), Kompetenzbasiertes Projektmanagement, S.412

[224] Vgl. Gessler (2016), Kompetenzbasiertes Projektmanagement, S.411

[225] Vgl. Techt et al. (2011), Pragmatisches Ressourcenmanagement Teil 1, S.3

[226] Vgl. Hab et al. (2017), Projektmanagement in der Automobilindustrie, S.257

[227] Vgl. Steinle et al. (2015), Handbuch Multiprojektmanagement und -controlling, S.264

[228] Vgl. Redaktion Can Do (2015), Whitepaper Ressourcenmanagement, S.8

die Transparenz über etwaige Abweichungen und ein kontinuierlicher Soll-Ist-Abgleich.[229] Empirische Befunde zeigen, dass insbesondere der Umgang mit Engpassressourcen und Ressourcenkonflikten ein Wettbewerbsvorteil sein kann und ein erfolgreiches von einem nicht erfolgreichen Projektmanagement unterscheidet.[230]

Eine weitere zentrale Aufgabe des Ressourcenmanagements ist die *Optimierung der Auslastung*.[231] Ein erfolgreicher Projektablauf ist dadurch charakterisiert, dass die Projektmitarbeitenden nicht überlastet sind, daher ist die Aufgabe des Ressourcenmanagements für eine Nivellierung der Auslastung zu sorgen.[232] Die optimale Ressourcenallokation und gleichmäßige Auslastung ist dabei eine komplexe Aufgabe, da auch die individuellen Fähigkeiten berücksichtigt werden müssen.[233] Während unterforderte und nicht ausgelastete Mitarbeitende demotiviert werden, führt eine Überlast von Mitarbeitenden mit Schlüsselkompetenzen ebenfalls zu Verschwendung, indem viele parallele Aufgaben zu hohen Anlaufzeiten und geistigen Rüstzeiten führen.[234] Dabei kann die Güte der Ressourcenallokation in Form von Effizienz und Effektivität gemessen werden. Die Effizienz definiert sich als das Verhältnis von Zielerreichung und eingesetzten Ressourcen und die Effektivität als die Wirksamkeit zwischen Zielerreichung und den umgesetzten Aktivitäten.[235] Bei der Optimierung ist es wichtig das globale Optimum für das Unternehmen zu beachten, während der Einsatz der höchstqualifizierten Mitarbeitenden für einzelne Projekte günstiger ist, da die Aufgaben schnell erledigt werden können, ist es möglich, dass das Unternehmen die Projekte in der Multiprojektlandschaft insgesamt später abschließt, da eine wichtige Engpassressource überbelastet wird.[236]

Während die bisher betrachtete Perspektive das Ressourcenmanagement in seine Tätigkeitsfelder strukturiert hat, teilt eine andere Sichtweise die Aufgaben des Ressourcenmanagements in die drei Dimensionen strategisch, taktisch und operativ ein.[237] Die strategischen Aufgaben umfassen dabei die langfristige Planung von Kompetenzen und Kapazitäten der Mitarbeitenden und somit auch den Aufbau von Kompetenzen und

[229] Vgl. Redaktion Can Do (2015), Whitepaper Ressourcenmanagement, S.8

[230] Vgl. Scheuring (2016), Ressourcenmanagement endlich in den Griff bekommen, S.30

[231] Vgl. Gessler (2016), Kompetenzbasiertes Projektmanagement, S.413

[232] Vgl. Techt et al. (2011), Pragmatisches Ressourcenmanagement Teil 1, S.4

[233] Vgl. Schuh et al. (2021), Sustainable Innovation, S.8

[234] Vgl. Schuh et al. (2021), Sustainable Innovation, S.9

[235] Vgl. Erne (2019), Lean Project Management, S.19

[236] Vgl. Techt et al. (2011), Pragmatisches Ressourcenmanagement Teil 1, S.12

[237] Vgl. Ahlemann et al. (2015), Kapazitäts- und Ressourcenmanagement, S.2

Ressourcen für die Zukunft.[238] Dabei erfolgt der Abgleich von Unternehmenszielen und Projektroadmaps mit der prognostizierten Entwicklung von Ressourcenkapazitäten und -kompetenzen.[239] Auf taktischer Ebene werden mittelfristige Projektteams zusammengestellt und die Kompetenzbedarfe der Projekte durch eine entsprechende Ressourcenallokation bedient.[240] Die operativen Aufgaben umfassen den Einsatz der Ressourcen für einzelne Aktivitäten und Aufgaben in den zugewiesenen Projekten auf Vorgangsebene durch den Projektleiter.[241] Abbildung 2-10 veranschaulicht die Zusammenhänge zwischen den drei Ebenen des Ressourcenmanagements.

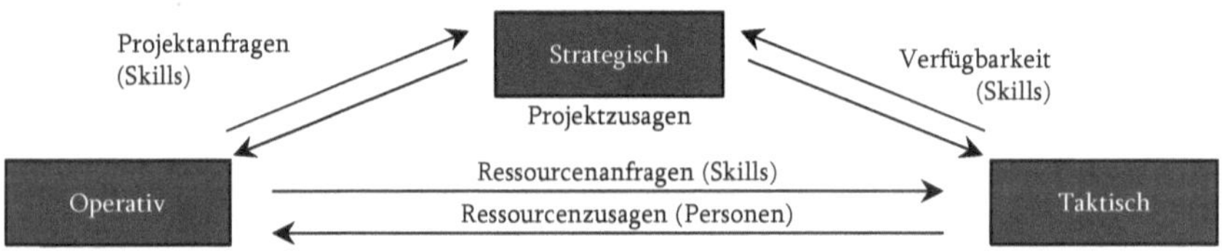

Abbildung 2-10 Drei Ebenen des Ressourcenmanagements[242]

Nachdem die Aufgaben des Ressourcenmanagements beschrieben wurden, folgt abschließend ein Blick auf die Erfolgspotenziale durch ein erfolgreiches Ressourcenmanagement für Unternehmen mit Multiprojektlandschaften (siehe Tabelle 2-1).[243]

Tabelle 2-1 Auszug der Erfolgspotenziale des Ressourcenmanagements im engeren und im weiten Sinne nach v. Steinbüchel & Ovcak[244]

Erfolgspotenziale im engeren Sinne	Erfolgspotenziale im weiten Sinne
Optimierung der Mitarbeitendeneinsatzplanung	Reduktion der Personalkosten
Erhöhung der Projektauslastung der Mitarbeitenden	Steigerung der Mitarbeitendenzufriedenheit
Frühzeitige Erkennung von Kapazitätsengpässen	Reduzierung der Mitarbeitendenfluktuation
Reduktion und Vermeidung von Überlastsituationen	Transparenzerhöhung der unternehmensweiten Ressourcenallokation
Reduzierung der Projektkosten	
Erhöhung der Projekterfolgswahrscheinlichkeit	

[238] Vgl. Techt et al. (2011), Pragmatisches Ressourcenmanagement Teil 1, S.3

[239] Vgl. Steinle et al. (2015), Handbuch Multiprojektmanagement und -controlling, S.263

[240] Vgl. TPG - The Project Group (2021), TPG E-Kurs Taktische Ressourcenplanung, S.5

[241] Vgl. TPG - The Project Group (2021), TPG E-Kurs Taktische Ressourcenplanung, S.5

[242] Vgl. TPG - The Project Group (2021), TPG E-Kurs Taktische Ressourcenplanung, S.5

[243] Vgl. v. Steinbüchel et al. (2005), Ressourcenmanagement und Budgetoptimierung, S.96

[244] Vgl. v. Steinbüchel et al. (2005), Ressourcenmanagement und Budgetoptimierung, S.96

Um die genannten Erfolgspotenziale zu realisieren und die beschriebenen Aufgaben des Ressourcenmanagements zu erfüllen, bedarf es verschiedener Methoden und Vorgehensweisen, welche im nächsten Abschnitt vorgestellt werden.

2.3.2 Methoden des Ressourcenmanagements

In diesem Abschnitt werden wichtige Methoden und Hilfsmittel des Ressourcenmanagements kurz vorgestellt. Konkret vorgestellt werden die *Aktivitätenliste*, die Projekte in einzelne Aktivitäten aufteilt und das Ressourcenmanagement dazu befähigt, die Ressourcen auf Ebene von Aktivitäten und Aufgaben zu planen. Die *Kompetenzmatrix* beschreibt welche Kompetenzen eine Ressource besitzt und für welche Aktivitäten die Ressource dadurch befähigt wird. Das *Ressourcenhistogramm* unterstützt bei der Planung der Kapazitäten von Ressourcen. Und abschließend werden die *Verzögerungskosten (engl. Cost of Delay)* als Hilfsmittel zur Priorisierung von Projekten vorgestellt.

Die *Aktivitätenliste* ergibt sich, indem die Teilarbeitspakete des Projektstrukturplans (siehe Abbildung 2-6) in Einzelaktivitäten zerlegt werden. Häufig wird die Erstellung der Aktivitätenlisten von den verantwortlichen Personen für die jeweiligen Arbeitspakete übernommen, da diese Personen ohnehin eine inhaltliche und terminliche Planung des Arbeitspakets vornehmen müssen.[245] Abbildung 2-11 zeigt ein Beispiel für mögliche Inhalte einer Aktivitätenliste.

Die *Kompetenzmatrix* dokumentiert die Kompetenzen der Ressourcen und unterstützt so bei der Identifikation von Engpassressourcen und Schlüsselkompetenzen und ist insbesondere relevant für die kompetenzorientierte Planung in der Ressourcenallokation.[246] In einer Kompetenzmatrix wird festgehalten, welche Ressource welche Kompetenz auf welchem Level besitzt.[247] Durch die Gegenüberstellung einer Ressourcenbedarfsmatrix, in welcher angegeben wird welche Aktivität aus der Aktivitätenliste welches Level von Kompetenz für eine anforderungsgerechte Durchführung benötigt, kann eine kompetenzorientierte Ressourcenallokation durchgeführt werden.[248] Alternativ können mit Hilfe der Kompetenzmatrix Rollenprofile definiert werden, die durch entsprechende Anforderungen an die Kompetenzen einer Ressource vergeben werden können.[249] Diese können dann genutzt werden indem den Aktivitäten eine

[245] Vgl. Kraus et al. (2019), Projektmanagement mit System, S.78

[246] Vgl. Wysocki (2014), Effective project management, S.185

[247] Vgl. Smith et al. (2005), Competency matrices for peer assessment, S.157

[248] Vgl. Wysocki (2014), Effective project management, S.185

[249] Vgl. Kuruba (2019), Role Competency Matrix, S.61

Rolle zugewiesen wird, die die zugewiesene Ressource besitzen muss, um die Aktivität durchführen zu können. Abbildung 2-11 zeigt ein Beispiel für eine Kompetenzmatrix.

Das *Ressourcenhistogramm* ist eine Visualisierung der kapazitiven Auslastung von Ressourcen, Ressourcengruppen oder Kompetenzen. Dabei wird die Auslastung durch verschiedene Projekte bzw. Aktivitäten entlang einer Zeitachse aufgetragen und mit der verfügbaren Kapazität abgeglichen.[250] Auf diese Weise werden Überplanung von Ressourcen sowie verfügbare Kapazitäten transparent dargestellt. Die Visualisierung ist in Abbildung 2-11 zu sehen.

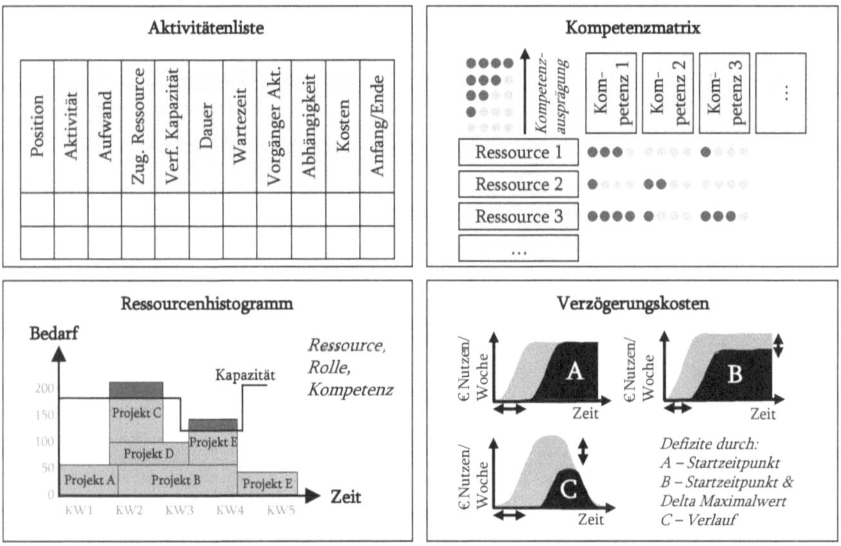

Abbildung 2-11 Auswahl von Methoden des Ressourcenmanagements

Die *Verzögerungskosten* sind ein Hilfsmittel zur Priorisierung im Projektmanagement. Die Verzögerungen von Projekten verursacht Kosten durch verpasste Geschäftschancen, sinkende Kundenzufriedenheit oder verlorene Einnahmen, die oft unterschätzt werden.[251] Wenn ein Unternehmen Verzögerungskosten bei der Entscheidungsfindung und bei der Festlegung von Prioritäten in Projekten berücksichtigt, trägt dies nicht nur dazu bei, Verzögerungen zu minimieren, sondern auch dazu, Ressourcenkonflikte auflösen zu können, einen reibungslosen Ablauf zu gewährleisten und die

[250] Vgl. Dechange (2020), Projektmanagement - Schnell erfasst, S.165ff.

[251] Vgl. Reinertsen (2009), The principles of product development flow, S.5

Planung zu beschleunigen.[252] Verzögerungskosten entstehen einerseits durch das längere Anfallen von laufenden Kosten wie z.B. die Anmietung von Projektbüros, von Fixkostensprüngen bei Terminüberschreitung z.B. durch Vertragsstrafen oder durch Opportunitätskosten z.B. durch entgangene Einnahmen bei einem verspäteten Produktlaunch. Verschiedene Arten von Opportunitätskosten als Verzögerungskosten sind in Abbildung 2-11 dargestellt (A: Verspätete Produkteinführung, B: Verlust von Marktanteilen, C: Verpasste Chancen).[253]

Aus der Beschreibung der ausgewählten Methoden des Ressourcenmanagements wird die Relevanz der Kompetenzperspektive offensichtlich. Zur Steuerung der Auslastung verschiedener Mitarbeitender sowie der Planung anstehender Projektaktivitäten müssen die Bedarfe und Verfügbarkeiten auf Kompetenzebene abgeglichen werden. Aus diesem Grund thematisiert das nachfolgende Kapitel diesen Aspekt.

2.3.3 Kompetenzen von Personalressourcen

Den Beschreibungen aus Abschnitt 2.3.1 folgend, ist es die Aufgabe des Ressourcenmanagements im Projektmanagement jedem Projekt die benötigten Ressourcen zur Verfügung zu stellen und dabei die Gesamtauslastung sowie die Gesamtprojektlandschaft zu berücksichtigen.[254] Die Methoden und Tools im Ressourcenmanagement berücksichtigen, zur bestmöglichen Erfüllung dieser Aufgabe, häufig die Kompetenzen der Ressourcen. Ziel ist es dabei den Projekten genau die Kompetenzen zur Verfügung zu stellen, die einen schnellen und reibungslosen Ablauf sicherstellen.[255] In der Praxis ist der Sachverhalt zu beobachten, dass Ressourcen verschiedene Aufgaben nicht immer in der gleichen Zeit oder Qualität erledigen bzw. länger benötigen um die gleiche Qualität zu erzielen.[256] Ressourcen sind also für unterschiedliche Aufgaben unterschiedlich gut geeignet, wodurch eine große Abhängigkeit zwischen der Projektbesetzung, den Kosten und der Durchlaufzeit entsteht.[257] REINERTSEN beschreibt den Einsatz des falschen Personals sogar als eine der zehn wichtigsten Quellen von Verschwendung in der Produktentwicklung.[258] Zur Identifikation des richtigen Personals für Projekte und Projektaktivitäten eignet sich eine kompetenzorientierte Betrachtungsweise.

---

[252] Vgl. Moreira (2017), Prioritizing with Cost of Delay, S.148

[253] Vgl. Arnold et al. (2013), Black Swan Farming, S.108

[254] Vgl. Scheuring (2016), Ressourcenmanagement endlich in den Griff bekommen, S.30

[255] Vgl. DIN ISO 21500 (2016), Leitlinien Projektmanagement, S.15

[256] Vgl. Dubois et al. (2004), Competency-Based Human Resource Management, S.18

[257] Vgl. Techt et al. (2011), Pragmatisches Ressourcenmanagement Teil 1, S.12

[258] Vgl. Reinertsen (2005), Let it flow, S.45

Wegen des hohen Stellenwerts von Kompetenzen im Ressourcenmanagement sollen in diesem Abschnitt die relevantesten Begriffe definiert und die notwendigen Grundlagen erklärt werden.

Der Begriff Kompetenz entspringt verschiedener lateinischer Ausgangsbegriffe, wie z. B. „competo“ (dt.: fähig sein) oder „competentia“ (dt.: die Eignung im Sinne eines angemessenen, gerechten Verhältnisses).[259] Damit lässt sich auch erklären, warum Kompetenz im heutigen Sprachgebrauch eine Doppelbedeutung trägt, einerseits im Sinne von Befähigung andererseits im Sinne von Befugnis.[260] Nachfolgend wird das Verständnis von Kompetenz im Sinne von Befähigung zugrunde gelegt. Nichtsdestotrotz existiert für den Kompetenzbegriff keine einheitlich anerkannte Begriffsdefinition.[261] Werden verschiedene Definitionen betrachtet, sind jedoch Gemeinsamkeiten und übereinstimmende Strömungen sichtbar. Die europäische Kommission für Bildung und Kultur beschreibt Kompetenz als „Kombination aus Wissen, Fähigkeiten und Einstellungen, die an den jeweiligen Kontext angepasst sind.“[262] REINHARDT UND NORTH sehen Kompetenz als das Verhältnis zwischen den Anforderungen an eine Person und ihren Potenzialen und Fähigkeiten diese Anforderungen zu erfüllen.[263] Die Definition von DUBOIS ET AL. sieht Kompetenzen als Charakteristik von Individuen, die in geeigneter und konsistenter Weise eingesetzt werden, um eine gewünschte Leistung zu erzielen.[264] ERPENBECK ET AL. untersuchen verschiedene bestehende Verständnisse von Kompetenz in der Wissenschaft und Praxis und leiten ihre eigene Sichtweise ab, in der Kompetenzen die „Fähigkeiten zu selbstorganisierten, kreativen Handeln“ sind.[265] Auch die untersuchten Kompetenzdefinitionen von Unternehmen stellen die Handlungsfähigkeit in den Vordergrund und verwenden den Begriff Kompetenz häufig für Fertigkeiten, Wissen und Qualifikationen.[266]

In diesem Kontext wird die Abgrenzung des Begriffs Kompetenz von weiteren Begriffen relevant. Der zuletzt genannte Begriff Qualifikation stellt ebenso wie das in dieser Arbeit vorliegende Verständnis von Kompetenz eine Art der Befähigung dar. Der Unterschied liegt darin, dass Qualifikationen in „normierbaren und Position für Position

[259] Vgl. Fink (2013), Das Zusammenspiel von Kompetenz und Performanz, S.5

[260] Vgl. Fink (2013), Das Zusammenspiel von Kompetenz und Performanz, S.5

[261] Vgl. Erpenbeck et al. (2017), Handbuch Kompetenzmessung, S.XVII

[262] Vgl. Amt für Veröffentlichungen der EG (2007), Schlüsselkompetenzen für lebenslanges Lernen, S.3

[263] Vgl. Reinhardt et al. (2003), Transparency and Transfer of Individual Competencies, S.1374

[264] Vgl. Dubois et al. (2004), Competency-Based Human Resource Management, S.15

[265] Vgl. Erpenbeck et al. (2013), Kompetenzmodelle von Unternehmen, S.8

[266] Vgl. Erpenbeck et al. (2013), Kompetenzmodelle von Unternehmen, S.8ff.

abzuarbeitenden Prüfungssituationen" sichtbar und messbar werden, wohingegen Kompetenzen im selbstorganisierten und kreativen Handeln sichtbar werden.[267] Zur Einsortierung der Begriffe Wissen und Fertigkeiten sei auf eine Skizze von ERPENBECK ET AL. verwiesen (Abbildung 2-12).[268]

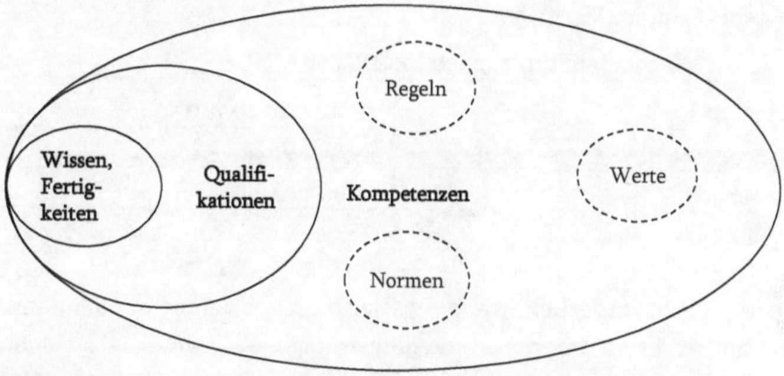

Abbildung 2-12 Skizze zur Begriffsabgrenzung nach ERPENBECK ET AL.[269]

Aus der Abbildung geht hervor, dass Wissen und Fertigkeiten benötigt werden um Qualifikationen nachzuweisen, welche selbst wiederum notwendig sind um Kompetenzen zu besitzen. Kompetenzen umfassen allerdings noch mehr als Qualifikationen, da es nicht nur um Prüfungssituationen geht, sondern weitere Aspekte zu berücksichtigen sind, um davon zu sprechen, dass eine Person sich in einer Situation kompetent verhält.

Basierend auf den vorgestellten Definitionen und Begriffsabgrenzungen soll der Begriff Kompetenz für die vorliegende Arbeit wie folgt definiert werden:

Kompetenzen beschreiben die Fähigkeit einer Person in einer neuen Situation selbstverantwortlich Lösungen zu finden. Dies umfasst Erfahrung, Wissen, Fertigkeiten und Qualifikationen.

Nachdem der Begriff Kompetenz definiert ist, gilt es nachfolgend Typen von Kompetenzen zu strukturieren und Kompetenzmodelle zu beschreiben. Aufbauend auf dem Aspekt der Selbstverantwortung in der Definition von Kompetenz definiert ERPENBECK

[267] Vgl. Erpenbeck et al. (2017), Handbuch Kompetenzmessung, S.XIX

[268] Vgl. Erpenbeck et al. (2017), Handbuch Kompetenzmessung, S.XII

[269] Vgl. Erpenbeck et al. (2017), Handbuch Kompetenzmessung, S.XII

ET AL. zwei Kompetenztypen, die sich in den verwendeten Lösungsstrategien unterscheiden.[270] Diese beiden Typen können unterschieden werden, wenn keine standardisierten Lösungsprozesse verfügbar sind, so wie es bei heutigen Entwicklungsprozessen, die komplex, interdisziplinär und unsicher sind, festzustellen ist. Tabelle 2-2 zeigt die Kompetenztypen im Vergleich.

Tabelle 2-2 Kompetenztypen nach ERPENBECK ET AL.[271]

Kompetenztyp I	Kompetenztyp II
Gradientenstrategie zur Lösung	Evolutionsstrategie zur Lösung
Zielstellung bekannt	Zielstellung unbekannt
Fachlich-methodische Kompetenzen	Personale, sozial-kommunikative und aktivitätsorientierte Kompetenzen

Kompetenztyp I ist erforderlich, wenn die Zielstellung bekannt ist oder zumindest ungefähr bekannt ist. Es kommt die Gradientenstrategie oder auch Selbststeuerungsstrategie zum Einsatz, bei der Lösungen Stück für Stück verbessert werden, um das Lösungsoptimum schnellstmöglich zu erreichen. Die erzielten Lösungen sind dabei jedoch häufig nur in einem kleinen Bereich die beste Lösung, völlig neue und möglicherweise noch bessere Lösungen werden nicht gesucht.[272]

Bei Kompetenztyp II werden kreative Lösungen generiert und somit insbesondere Probleme mit offener Zielstellung adressiert. Die Evolutionsstrategie oder Selbstorganisationsstrategie erfordert Kreativität, um bestehende Lösungen zu hinterfragen und neue Ideen zu finden.[273]

Aufbauend auf den grundlegenden Kompetenztypen können vier Grundkompetenzen abgeleitet werden, welche in der wissenschaftlichen Literatur (z.B. SONNTAG & SCHARPER[274], KUHLMANN[275] oder NORTH ET AL.[276]) gerne zur Strukturierung von Kompetenzen herangezogen werden[277]. Die vier Grundkompetenzen lauten: Personale Kompetenz,

[270] Vgl. Erpenbeck et al. (2017), Handbuch Kompetenzmessung, S.XXIff.

[271] Vgl. Erpenbeck et al. (2017), Handbuch Kompetenzmessung, S.XXIff.

[272] Vgl. Erpenbeck et al. (2017), Handbuch Kompetenzmessung, S.XXII

[273] Vgl. Erpenbeck et al. (2017), Handbuch Kompetenzmessung, S.XXII

[274] Vgl. Sonntag et al. (2016), Berufliche Handlungskompetenz fördern, S.370

[275] Vgl. Kuhlmann et al. (2008), Innovative Lernsysteme, S.27

[276] Vgl. North et al. (2018), Was ist Kompetenz, S.69

[277] Vgl. Erpenbeck et al. (2017), Handbuch Kompetenzmessung, S.XXIV

aktivitätsbezogene Kompetenz, fachlich-methodische Kompetenz und sozial-kommunikative Kompetenz und werden nachfolgend kurz vorgestellt:[278]

Personale Kompetenz ist die Fähigkeit sich selbst gegenüber reflektiert zu sein, eigene Motive zu entwickeln, sich selbst kreativ zu entwickeln und zu lernen.

Aktivitätsbezogene Kompetenz umfasst den Antrieb oder Willen, eigene Fähigkeiten und Wissen anzuwenden, um Absichten und Vorhaben umzusetzen.

Fachlich-methodische Kompetenz ist die Verfügbarkeit von fachlichem und methodischem Wissen, um Probleme in der Umwelt zu verstehen und zu lösen.

Sozial-kommunikative Kompetenz beschreibt die Fähigkeiten, selbstständig mit anderen zu kommunizieren, zusammenzuarbeiten und Probleme zu lösen.

Eine etwas angepasste Version dieser Grundkompetenzen wurde von der deutschen Kulturministerkonferenz erarbeitet. Darin werden sechs Arten von Kompetenzen unterschieden: Fachkompetenz, Selbstkompetenz, Sozialkompetenz, Methodenkompetenz, kommunikative Kompetenz und Lernkompetenz.[279] Während die Definition der ersten fünf Kompetenzen nahezu deckungsgleich mit den Definitionen von ERPENBECK UND VON ROSENSTIEL sind, wird mit der Lernkompetenz noch der Aspekt des selbstständigen und gemeinsamen Lernens unter der Anwendung von Lerntechniken und -strategien ergänzt.[280]

Aufbauend auf diesen Grundkompetenzen können Kompetenzmodelle für die Praxis aufgebaut werden. Kompetenzmodelle sind nach Definition von KRUMM ET AL. und angelehnt an MANSFIELD[281] „eine - für die Kommunikation in einer Organisation geeignet aufbereitete und gestaltete - Sammlung und Beschreibung von Kompetenzen, die als relevant erachtet werden, um in Teilen der jeweiligen Organisation oder der Gesamtorganisation erfolgreich agieren zu können“[282]. Die Bedeutung von Kompetenzmodellen im Unternehmen wird auch von ERPENBECK ET AL. bestätigt, die den Zweck eines Kompetenzmodells nochmal unterstreichen und es als „einheitliche Sichtweise auf die strategischen, organisationalen, strukturellen und prozessualen Voraussetzungen, unter denen sich die selbstorganisierte, kreative Handlungsfähigkeit der Mitarbeitenden

278 Vgl. Erpenbeck et al. (2017), Handbuch Kompetenzmessung, S.XXIV & Kuhlmann et al. (2008), Innovative Lernsysteme, S.27

279 Vgl. Kultusministerkonferenz (2021), Handreichung für die Erarbeitung von Rahmenlehrplänen, S.15f.

280 Vgl. North et al. (2018), Was ist Kompetenz, S.70

281 Vgl. Mansfield (1996), Building competency models

282 Vgl. Krumm et al. (2012), Kompetenzmodelle, S.6

und der Führung des Unternehmens entfalten sollte“[283] beschreiben. Die Verortung des Kompetenzmodells im Unternehmen wird in Abbildung 2-13 veranschaulicht.[284]

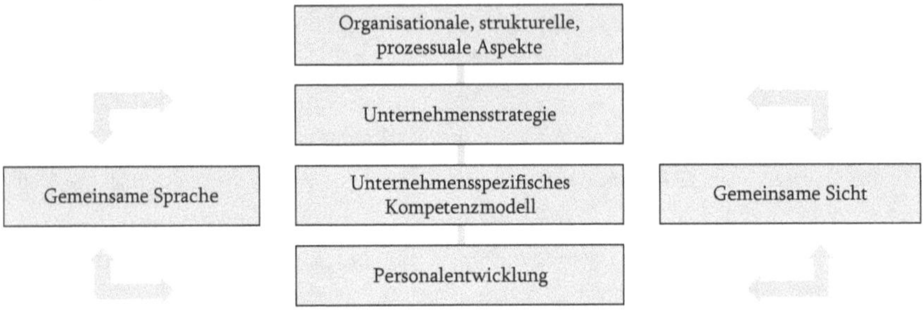

Abbildung 2-13 Einordnung von Kompetenzmodellen in den Unternehmenskontext nach ERPENBECK ET AL.[285]

Damit ist neben dem Kompetenzbegriff an sich, den grundlegenden Arten von Kompetenz auch das Grundprinzip von Kompetenzmodellen in Unternehmen beschrieben. Das Kapitel 2.3 hat damit einen gesamtheitlichen Überblick über das Ressourcenmanagement in der Produktentwicklung gegeben. Neben den Zielen und Aufgaben wurden Methoden des Ressourcenmanagements vorgestellt sowie der Kompetenzbegriff im Kontext des Ressourcenmanagements erläutert. Im nächsten Kapitel werden die computergestützten Optimierungsverfahren als weitere Methode des Ressourcenmanagements im Detail vorgestellt.

2.4 Optimierungsverfahren im Ressourcenmanagement

Das Teilkapitel 2.3 hat die Grundlagen und Definitionen im Ressourcenmanagement vorgestellt. Wie im zweiten Abschnitt beschrieben, ist eine wichtige Aufgabe des Ressourcenmanagements die Ressourcen Projekten zuzuweisen und dabei Ressourcenkonflikte zu vermeiden. Neben den bereits vorgestellten Methoden, die meist mit exponentiell wachsendem Aufwand verbunden sind, wenn die Anzahl der zu planenden Projekte zunimmt, wird in diesem Teilkapitel ein Optimierungsverfahren für das Ressourcenmanagement vorgestellt. Im ersten Abschnitt erfolgt die Beschreibung der Grundlagen zum ressourcenbeschränkten Projektplanungsproblem (engl.: resource constrained project scheduling problem, kurz RCPSP). Im zweiten Abschnitt erfolgt

[283] Vgl. Erpenbeck et al. (2013), Kompetenzmodelle von Unternehmen, S.16

[284] Vgl. Erpenbeck et al. (2013), Kompetenzmodelle von Unternehmen, S.17

[285] Vgl. Erpenbeck et al. (2013), Kompetenzmodelle von Unternehmen, S.17

die Erklärung verschiedener Erweiterungen des Optimierungsproblems. Abschließend werden im dritten Abschnitt Lösungsalgorithmen vorgestellt, die zur Lösung des Optimierungsproblems verwendet werden können.

2.4.1 Ressourcenbeschränktes Projektplanungsproblem

Das ressourcenbeschränkte Projektplanungsproblem entspringt den Aufgaben des Projektmanagements die anstehenden Projekte und Projektaktivitäten den passenden verfügbaren Mitarbeitenden zuzuweisen und dabei die Erreichung der Ziele der Projekte sicherzustellen. Eine erfolgreiche Projektplanung sorgt mit großer Wahrscheinlichkeit für einen erfolgreichen Projektablauf. Aufgrund der hohen Relevanz in der Praxis sind bereits vor vielen Jahren Theoretiker auf die Idee gekommen, diese Aufgabe mit Hilfe von Optimierungsverfahren zu lösen.[286] Bis heute ist das RCPSP eines der populärsten Optimierungsprobleme für Forschende der Operations Research, wodurch zahlreiche Forschungsarbeiten dazu existieren und entstehen.[287] Es ist also sowohl aus wissenschaftlicher als auch praxisorientierter Sichtweise ein Optimierungsproblem mit hoher Relevanz.[288]

Damit ein Problem als Optimierungsproblem verstanden werden kann, muss sich die Güte der Problemlösung quantifizieren lassen, damit sie als Suche nach einem Minimal- oder Maximalwert ausgedrückt werden kann.[289] Für diesen Extremwert gilt es unter Berücksichtigung verschiedener Restriktionen, die benötigten Werte für veränderbare Parameter zu berechnen.[290] Um ein solches Optimierungsproblem zu lösen bedarf es zwei grundlegender Schritte. Zunächst wird das mathematische Modell für die Optimierung (auch: Optimierungsmodell) aufgebaut, anschließend wird dieses Modell mit Hilfe eines geeigneten Solvers gelöst.[291]

Der Aufbau eines Optimierungsmodells zeichnet sich durch ein Optimierungskriterium in Form einer Zielfunktion, den Entscheidungsvariablen und den zusätzlichen Beschränkungen in Form von Nebenbedingungen aus.[292] Bei der Lösungssuche im

---

[286] Vgl. Hartmann et al. (2010), A survey of variants and extensions of the RCPSP, S.1

[287] Vgl. Hosseinian et al. (2019), Time-dependent multi-skilled RCPSP, S.522

[288] Vgl. Habibi et al. (2018), Resource-constrained project scheduling, S.55

[289] Vgl. Papageorgiou et al. (2015), Optimierung, S.1

[290] Vgl. Burkard et al. (2013), Einführung in die Mathematische Optimierung, S.5

[291] Vgl. Jarre et al. (2019), Optimierung, S.1

[292] Vgl. Rader (2013), Deterministic operations research, S.2

Kontext der Ressourcenallokation sollte versucht werden, die Erreichung der Zielgrößen des magischen Dreiecks des Projektmanagements (siehe Kapitel 2.2.3) gleichermaßen zu maximieren. Da eine exakte Optimierung dieser drei Ziele schwierig ist, wird häufig nur eine Zielgröße als Indikator für eine optimale Lösung verwendet.

Das Lösen der Modelle kann in drei Kategorien unterteilt werden: Exakte, heuristische und metaheuristische Lösungsverfahren.[293] Das Ermitteln der möglichen Lösung steht in Kapitel 2.4.3 im Fokus und wird dort tiefergehend behandelt.

Nachdem die grundlegenden Eigenschaften von Optimierungsproblemen beschrieben sind, wird nachfolgend das RCPSP-Optimierungsproblem vorgestellt. In seiner Urform umfasst das Problem ein Projekt mit J Aktivitäten, welche mit den Indizes $j = 1 \dots J$ bezeichnet sind.[294] Jede dieser Aktivitäten hat eine Dauer d_j, die zur Bearbeitung benötigt wird.[295] Außerdem existieren Vorgänger- Nachfolgerbeziehungen zwischen den Aktivitäten, welche durch die Vorgänger P_j erfasst werden und bedeuten, dass Aktivität j nicht gestartet werden kann bevor die Vorgänger ($i \in P_j$) abgeschlossen wurden.[296] Wenn eine Aktivität j gestartet wird, wird eine gewisse Menge r_{jk} einer Ressource R_k benötigt.[297] Dabei können K ($k = 1 \dots K$) unterschiedliche Typen von Ressourcen definiert werden.[298] Das Problem ist deterministisch und alle Parameter werden als positive, ganzzahlige Werte betrachtet.[299] Ziel des Problems ist es, die Startzeitpunkte S_j für alle Aktivitäten zu ermitteln, sodass die Bearbeitungsdauer für das Gesamtprojekt minimal wird.[300]

Für zahlreiche Problemdefinitionen des RCPSP konnte bewiesen werden (z.B. von BRUCKER ET AL.[301], BLAZEWICZ ET AL.[302] oder LENSTRA & RINNOOY KAN[303]), dass es sich um

[293] Vgl. Issa et al. (2020), A survey in RCPSP and RCMPSP, S.122

[294] Vgl. Hartmann et al. (2010), A survey of variants and extensions of the RCPSP, S.1

[295] Vgl. Habibi et al. (2018), Resource-constrained project scheduling, S.56

[296] Vgl. Habibi et al. (2018), Resource-constrained project scheduling, S.56

[297] Vgl. Hartmann et al. (2010), A survey of variants and extensions of the RCPSP, S.1

[298] Vgl. Hartmann et al. (2010), A survey of variants and extensions of the RCPSP, S.1

[299] Vgl. Habibi et al. (2018), Resource-constrained project scheduling, S.56

[300] Vgl. Hartmann et al. (2010), A survey of variants and extensions of the RCPSP, S.1

[301] Vgl. Brucker et al. (1997), Complexity of scheduling

[302] Vgl. Blazewicz et al. (1983), Scheduling subject to resource constraints

[303] Vgl. J. K. Lenstra et al. (1978), Complexity of Scheduling

Optimierungsprobleme der Klasse NP-hard (dt. NP-schwer) handelt, sodass viele Quellen (z.B. HABIBI ET AL.[304] oder SCHNABEL[305]) grundsätzlich davon ausgehen, dass das RCPSP in die Klasse NP-hard fällt. Die Abkürzung NP steht dabei für „Nondeteministic-polynomial Time", was bedeutet, dass die Zeit, die zur Lösung des Problems auf einer deterministischen Rechenmaschine benötigt wird, mit der Problemgröße stärker wächst als eine Polynomfunktion.[306] Obwohl ein Großteil der RCPSP-Probleme als NP-hard klassifiziert werden kann, gibt es doch einige Instanzen aus dem Bereich dieser Optimierungsprobleme, welche in Polynomialzeit lösbar sind.[307] Unabhängig davon unterstreicht diese Diskussion über die Klassifizierung des RCPSP die Schwierigkeit, eine optimale Lösung für dieses Problem zu finden, und den Bedarf an effizienten Approximationsalgorithmen und Heuristiken, um es in der Praxis zu lösen.

Nachdem die Grundlagen zum ressourcenbeschränkten Projektplanungsproblem und die Urform dieses erläutert wurden, werden im nächsten Kapitel verschiedene Erweiterungen vorgestellt und verschiedene Varianten des Problems strukturiert.

2.4.2 Modellvarianten des ressourcenbeschränkten Projektplanungsproblems

Die Forschung im Bereich von RCPSP hat in den vergangenen Jahren eine Vielzahl an wissenschaftlichen Veröffentlichungen hervorgebracht. Für eine detaillierte Analyse sei an dieser Stelle auf die sehr guten Reviews von HABIBI ET AL.[308] aus dem Jahr 2018, ISSA & TU[309] aus dem Jahr 2020, ABDOLSHAH[310] aus dem Jahr 2014 sowie HARTMANN & BRISKORN[311] aus dem Jahr 2010, welches 2022 jedoch nochmals aktualisiert wurde[312], verwiesen.

HABIBI ET AL. klassifizieren die verschiedenen Erweiterungen und Modellvarianten des RCPSP grundsätzlich nach der Art der Ressourcen, den Eigenschaften der Aktivitäten, der Zielfunktion sowie dem verfügbaren Informationslevel, wie in Abbildung 2-14 gezeigt.

---

[304] Vgl. Habibi et al. (2018), Resource-constrained project scheduling, S.56

[305] Vgl. Schnabel (2020), Heuristiken für die gewinnorientierte Planung, S.XI

[306] Vgl. Cook (1971), The complexity of Theorem-proving, S.151

[307] Vgl. Ganian et al. (2021), Complexity Landscape of Resource-Constrained Scheduling, S.1743

[308] Vgl. Habibi et al. (2018), Resource-constrained project scheduling

[309] Vgl. Issa et al. (2020), A survey in RCPSP and RCMPSP

[310] Vgl. Abdolshah (2014), A review of RCPSP

[311] Vgl. Hartmann et al. (2010), A survey of variants and extensions of the RCPSP

[312] Vgl. Hartmann et al. (2022), An updated survey

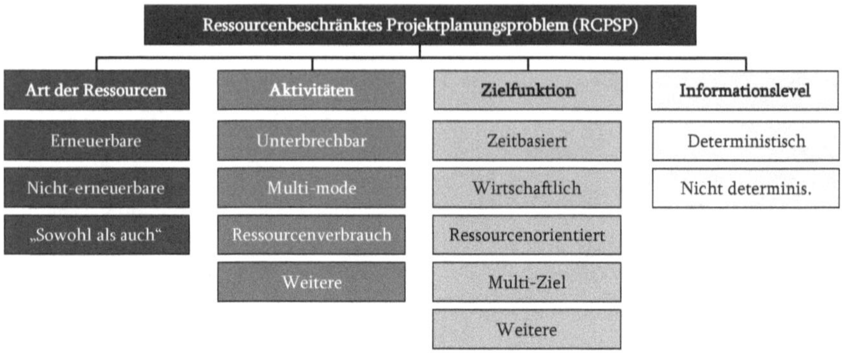

Abbildung 2-14 Klassifikation von RCPSP nach HABIBI ET AL.[313]

Bei der *Art der Ressourcen* wird zwischen erneuerbaren und nicht erneuerbaren Ressourcen unterschieden. Während bei erneuerbaren Ressourcen in jeder Zeitperiode eine gewisse Menge der Ressource zu Verfügung steht (z.B. Arbeitszeit von Personalressourcen), stehen erneuerbare Ressourcen nur einmalig für das gesamte Projekt zur Verfügung und erneuern sich nach Verbrauch nicht in der nächsten Zeitperiode (z.B. Gesamtbudet für das Projekt). Wenn beispielsweise das Budget auf wöchentlicher Basis limitiert ist, unterliegt es den Eigenschaften beider Kategorien.

Es existieren zahlreiche Konzepte die *Eigenschaften von Aktivitäten* im Rahmen eines RCPSP zu beschreiben. Die relevantesten nach HABIBI ET AL. sind dabei die Eigenschaften, ob eine Aktivität unterbrochen werden kann oder, sobald sie einmal gestartet wurde, bis zum Ende durchgeführt werden muss, ob eine Aktivität auf unterschiedliche Art und Weise (Dauer und Ressourcenverbrauch) ausgeführt werden kann (Multimode) oder ob der Ressourcenverbrauch von Zeitperiode zu Zeitperiode konstant bleibt oder variabel sein kann.

Die *Zielfunktion* der Optimierung des RCPSP kann sich ebenfalls unterscheiden, während in der Urform eine zeitbasierte Zielfunktion (Projektdauer minimieren) vorliegt, sind in den Erweiterungen des RCPSP auch ökonomische (z.B. kostenbasierte oder basierend auf Nettogegenwartswert (engl. Net Present Value)) oder ressourcenbasierte (Ressourcenverbrauch minimieren) Zielfunktionen vorzufinden. Auch die Kombination mehrerer Ziele zur Unterstützung bei Trade-off Entscheidungen kann vorgefunden werden.

[313] Vgl. Habibi et al. (2018), Resource-constrained project scheduling

Das *Informationslevel* wird dadurch unterschieden, ob zu Beginn bereits alle Informationen vorliegen oder ob Unsicherheiten gegeben sind. Bei Unsicherheiten können verschiedene Ansätze wie beispielsweise Stochastik oder „Fuzzy scheduling" genutzt werden.

Eine ähnliche Strukturierung wie oben vorgestellt nehmen HARTMANN & BRISKORN vor, dabei sind die Hauptkriterien, die zur Unterscheidung verschiedener Erweiterungen und Varianten des RCPSP dienen die Eigenschaften der Aktivitäten, zeitliche Nebenbedingungen, Ressourcen-Nebenbedingungen, die Zielstellung und die Betrachtung von Multiprojektumgebungen.[314]

In Abbildung 2-15 sind jeweils noch die Unterkategorien dieser Hauptunterscheidungskriterien dargestellt. Für eine detailliertere Beschreibung der Felder sei auf die genannte Quelle von HARTMANN & BRISKORN verwiesen.

Auch SCHNABEL nimmt eine Strukturierung der verschiedenen Aspekte und Varianten des RCPSP vor und stellt diese in Form einer Mindmap grafisch dar.[315] Hierbei werden im Vergleich zu den beiden bereits vorgestellten Strukturierungsansätzen keine neuen Aspekte hinzugefügt und auch die Struktur selbst stimmt überein. Daraus lässt sich schlussfolgern, dass zumindest eine ähnliche Stoßrichtung in der wissenschaftlichen Literatur zur Strukturierung von RCPSP-Varianten vorliegt.

[314] Vgl. Hartmann et al. (2022), An updated survey

[315] Vgl. Schnabel (2020), Heuristiken für die gewinnorientierte Planung, S.50

Abbildung 2-15 Strukturierung von RCPSP nach HARTMANN & BRISKORN[316]

Nachdem die Systematik zur Strukturierung der RCPSP Forschung drei unterschiedlicher Quellen vorgestellt wurde, wird nachfolgend eine durchgeführte Bibliometrische

[316] Vgl. Hartmann et al. (2022), An updated survey

Analyse des Feldes von RCPSP vorgestellt. Dazu wurde das Tool VOSViewer genutzt.[317]

Dabei wurden die Datenbanken Scopus und WebOfScience nach dem Schlagwort „Project scheduling problem“ durchsucht und ca. 4500 (Scopus) und 2250 (WebOfScience) wissenschaftliche Veröffentlichungen zum Thema gefunden. Für diese Ergebnisse wurden die Felder: Schlagworte (Keywords), Titel und Abstract exportiert und mit Hilfe des Tools VOSViewer analysiert. Die Analyse zeigt dabei, welche Begriffe in den drei genannten Feldern wie häufig vorkommen und mit welchen anderen Worten diese im Kontext stehen. Mit Hilfe eines Relevanzwertes für jeden Begriff ist es schließlich möglich die relevanten Tendenzen in einem Forschungsgebiet zu erkennen. Diese werden schließlich in einer Netzdarstellung visualisiert und in Clustern zusammengefasst. Das Ergebnis zeigt Abbildung 2-16.

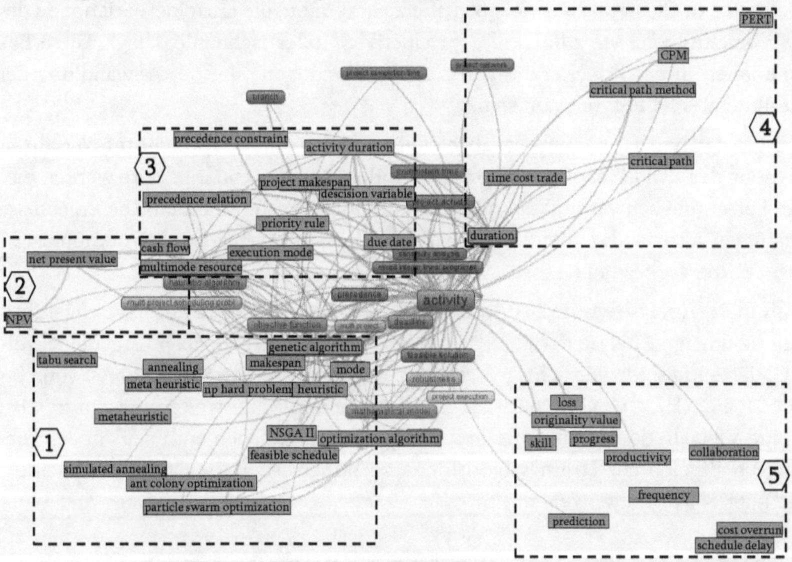

Abbildung 2-16 Ergebnis der VOSViewer Analyse für die wissenschaftlichen Veröffentlichungen zum Themenfeld „Project Scheduling Problem“

Links unten sieht man Cluster 1 welches verschiedene Algorithmen umfasst, zentraler Begriff dabei ist der genetische Algorithmus (engl. „genetic algorithm“). Man findet

[317] Vgl. van Eck et al. (2011), Text mining and visualization using VOSviewer

auch die Begriffe Heuristik und Metaheuristik wieder sowie verschiedene Optimierungsalgorithmen wie „Ant Colony Optimization“, „Particle Swarm Optimization“ oder „Simulated Annealing“.

Darüber in Cluster 2 sind die Begriffe „Net Present Value“ und „Cash Flow“ zu finden, die als wirtschaftliche Zielgrößen des RCPSP zu verstehen sind.

In Cluster 3 befinden sich insbesondere Begriffe, die sich stärker mit der Durchführung der Aktivitäten auseinandersetzen, z.B. die Aktivitätendauer (engl. „activity duration“), Ausführungsmodus (engl. „execution mode“) oder Vorgängerbeziehung (engl. „precedence relation“).

Oben rechts in Cluster 4 sind Begriffe zu finden, die im Kontext der Critical-Path-Methode relevant sind.

Unten rechts in Cluster 5 sind viele Begriffe zu erkennen, die einzelne Variationen des RCPSP beschreiben, wie z.B. „skill“, „productivity“ oder „schedule delay“. Diese Begriffe können in der Erweiterung von Nebenbedingungen oder der Abwandlung der Zielstellung des RCPSP relevant sein.

Aus dieser Analyse kann einerseits abgeleitet werden, welche Optimierungsverfahren zur Lösung der RCPSP häufig Verwendung finden. Auf der anderen Seite werden bisherige Forschungsschwerpunkte im Kontext des RCPSP offensichtlich. Die Ergebnisse unterstützen also in der Identifikation bestehender Vorarbeiten als Anknüpfungspunkte für die vorliegende Arbeit.

Eine ähnliche Analyse wurde 2019 von GHAELI & SOHEIL SADI-NEZHAD[318] durchgeführt, wobei die dortige Analyse der populärsten Schlagworte vergleichbare Ergebnisse zeigen. Gleichzeitig sind viele Schlagworte der zuvor vorgestellten Systematiken von HABIBI ET AL. und HARTMANN & BRISKORN wiederzufinden. Eine weitere Erkenntnis ist, dass eine Vielzahl der Schlagworte und dementsprechend auch ein Fokus in der Forschung im Bereich der Lösungsalgorithmen zu finden ist. Darauf wird das nachfolgende Kapitel genauer eingehen.

2.4.3 Lösungsalgorithmen im Kontext des ressourcenbeschränkten Projektplanungsproblems

Neben der Definition des Optimierungsproblems ist die Lösung dessen die zweite zentrale Aufgabe bei einer Optimierung. Wie bereits in Kapitel 2.4.1 beschrieben, können drei prinzipielle Lösungsansätze unterschieden werden.

[318] Vgl. Ghaeli et al. (2019), Scientometrics survey on project scheduling

Bei *exakten Lösungsverfahren* führen die Algorithmen zu einer optimalen Lösung, sind jedoch in der Regel nur in der Lage kleinere und wenig komplexe Optimierungsprobleme zu lösen.[319] Der beschränkende Faktor ist dabei die Rechenzeit, die benötigt wird, um das globale Optimum zu finden. Zu den Methoden der exakten Lösungsverfahren gehören beispielsweise Null-Eins-Programmierung, dynamische Planung oder das Branch-and-Bound-Verfahren.[320]

Die *heuristischen Lösungsverfahren* nähern die Optimierungslösungen durch den Einsatz von Regeln und Schätzungen an.[321] Die gefundenen Lösungen können daher schlechter als die theoretisch optimale Lösung sein, allerdings benötigen diese Methoden weniger Zeit zur Berechnung.[322]

Metaheuristische Lösungsverfahren sind eine neue Variante der heuristischen Methoden und kombinieren diese mit einer effizienten und effektiven Suche im Suchraum.[323] Entsprechende Methoden sind in der Regel langsamer als heuristische Ansätze führen jedoch zu besseren Lösungen. Für das RCPSP sind metaheuristische Lösungsverfahren, wie beispielsweise genetische Algorithmen oder Simulated Annealing (dt. simulierte Abkühlung), weit verbreitet.[324]

SCHNABEL bietet eine Mindmap zur Darstellung heuristischer und metaheuristischer Lösungsverfahren für RCPSP an, welche in Abbildung 2-17 zu sehen ist.[325]

---

[319] Vgl. Issa et al. (2020), A survey in RCPSP and RCMPSP, S.121

[320] Vgl. Abdolshah (2014), A review of RCPSP, S.256

[321] Vgl. Issa et al. (2020), A survey in RCPSP and RCMPSP, S.121

[322] Vgl. Abdolshah (2014), A review of RCPSP, S.256f.

[323] Vgl. Abdolshah (2014), A review of RCPSP, S.258

[324] Vgl. Issa et al. (2020), A survey in RCPSP and RCMPSP, S.121

[325] Vgl. Schnabel (2020), Heuristiken für die gewinnorientierte Planung, S.54

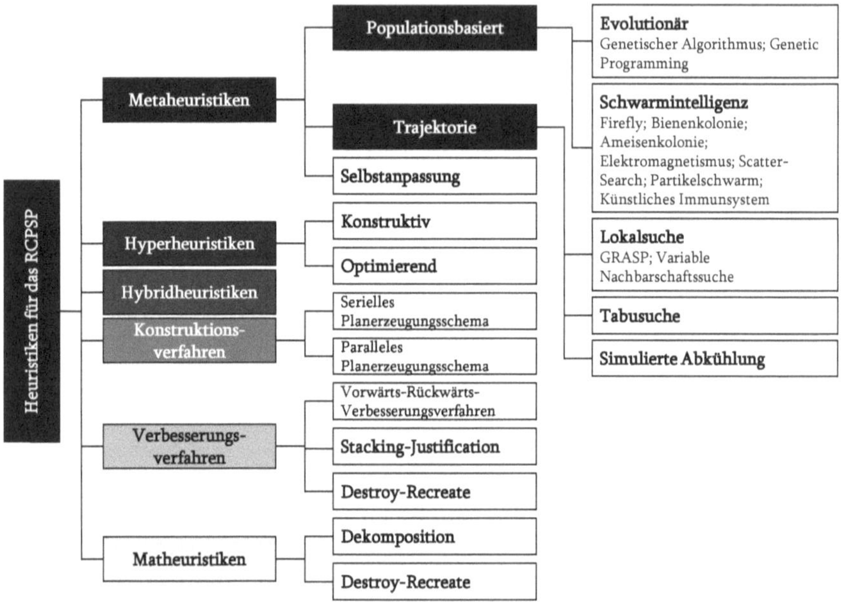

Abbildung 2-17 Mindmap zur Klassifikation von RCPSP-Heuristiken nach SCHNABEL[326]

Für weitere Lösungsverfahren dieser drei Grundtypen sei beispielsweise auf die Arbeiten von ABDOLSHAH[327], der eine ausführliche Übersicht über exakte, heuristische und metaheuristische Lösungsverfahren bietet, auf ISSA & TU[328], die 25 wissenschaftliche Paper auf ihre Variante des RCPSP und die angewendete Lösungsmethode hin untersuchen, oder auf ROY & SEN[329], die explizit die verwendeten metaheuristischen Ansätze im Kontext des RCPSP untersuchen, verwiesen.

Während das RCPSP in der wissenschaftlichen Literatur die größte Aufmerksamkeit erfährt, muss im Kontext von Optimierungsprobleme im Projekt- und Ressourcenmanagement erwähnt werden, dass weitere Optimierungsprobleme existieren, die nachfolgend kurz vorgestellt werden.

---

326 Vgl. Schnabel (2020), Heuristiken für die gewinnorientierte Planung, S.54

327 Vgl. Abdolshah (2014), A review of RCPSP

328 Vgl. Issa et al. (2020), A survey in RCPSP and RCMPSP

329 Vgl. Roy et al. (2019), Meta-heuristic Techniques to Solve RCPSP

2.4.4 Weitere Optimierungsprobleme im Projektmanagement

Neben dem RCPSP, welches im Kontext der vorliegenden Arbeit die höchste Relevanz hat, existieren weitere Optimierungsprobleme, die im Kontext der Ressourcenallokation eingesetzt werden können. Eine gute Übersicht über Optimierungsprobleme, die sich mit dem Planen von Projekten und der Zuweisung von Ressourcen beschäftigen, geben HÜBNER ET AL. (siehe Tabelle 2-3).[330]

Tabelle 2-3 Gegenüberstellung von Optimierungsproblemen in der Projektplanung nach HÜBNER ET AL.[331]

Abk.	Name	Optimierungskriterium	Entscheidungsvariablen	Beschränkungen
RCPSP	Resource Constrained Project Scheduling Problem	Minimale Projektdauer	Startzeitpunkte der Aktivitäten	Ressourcenkapazität, Vorgangsbeziehungen
RIP	Resource Investment Problem	Minimale Projektkosten	Startzeitpunkte der Aktivitäten, Ressourcenkapazität	Fertigstellungszeitpunkt, Vorgangsbeziehungen
RIPT	RIP with Tardiness Penalty	Minimale Projektkosten (inkl. Verzögerungskosten)	Startzeitpunkte der Aktivitäten, Ressourcenkapazität	Fertigstellungszeitpunkt, Vorgangsbeziehungen
RLPSP	Resource Leveling Project Scheduling Problem	Ausgeglichene Ressourcenverwendung	Startzeitpunkte der Aktivitäten, Ressourcenbedarf je Zeitpunkt	Fertigstellungszeitpunkt, Vorgangsbeziehungen

Auf Basis dieser Beschreibung sind, neben dem bereits ausführlich beschriebenen RCPSP, insbesondere die Ansätze RIP und RIPT für die vorliegende Arbeit von Interesse, da diese die Minimierung der Projektkosten fokussieren. Nachfolgend werden diese Ansätze daher kurz erläutert.

Resource Investment Problem – Das RIP geht im Vergleich zum RCPSP nicht davon aus, dass die zur Verfügung stehenden Ressourcen fix sind, stattdessen ist es das Ziel bei einem fix vorgegebenen Fertigstellungszeitpunkt die notwendige Ressourcenmenge zu berechnen und zu optimieren.[332] Die Zieldimension ist also nicht primär die

[330] Vgl. Hübner et al. (2017), Evaluation von Schedulingproblemen, S.50

[331] Vgl. Hübner et al. (2017), Evaluation von Schedulingproblemen, S.50

[332] Vgl. Rolf H. Möhring (1984), Minimizing Costs of Resource Requirements, S.89–96

Zeit, sondern die Kosten. Die Formulierung des Optimierungsproblems kann beispielsweise von COLAK & AZUZOGLU herangezogen werden.[333]

Resource Investment Problem with Tardiness Penalty – Das RIPT ergänzt das RIP um den Aspekt, dass die Fertigstellungstermine nicht mehr als fix angenommen werden, sondern eine Überschreitung gegen definierte Verzögerungskosten erlaubt.[334] Eine Formulierung des Optimierungsproblems liefern PETEGHEM & VANHOUCKE.[335]

Insbesondere das RIPT entspricht mit seiner Zielfunktion, in der Projekte, die Ihren Fertigstellungstermin überschreiten, mit Verzögerungskosten berücksichtigt werden, in großen Teilen der Zielstellung der vorliegenden Arbeit. Im Rahmen der vorliegenden Arbeit wurde sich dennoch für das RCPSP entschieden, da die Mechaniken der Ressourcenbegrenzung im RCPSP wesentlich besser zur Situation der Entwicklungsabteilungen in der industriellen Praxis passen. Die Anpassung der Zielfunktion im RCPSP kann auf Grund der zahlreichen Anknüpfungspunkte aus bestehenden wissenschaftlichen Arbeiten als erfolgswahrscheinlicher angesehen werden als die Mechanik eines begrenzten Ressourcenpools in das RIPT zu integrieren.

In Kapitel 2.4 wurde ein grundlegender Einblick in die Modellierung der Ressourcenallokation im Ressourcenmanagement mit Hilfe von Optimierungsverfahren gegeben. Dazu wurde das RCPSP vorgestellt und die zu unterscheidenden zwei Hauptschritte, nämlich die Erstellung des mathematischen Modells und die Findung einer optimalen Lösung, dargelegt. Auch auf weitere existierende Optimierungsprobleme wurde abschließend kurz eingegangen.

2.5 Zwischenfazit: Grundlagen und Definitionen

Gemäß dem in Kapitel 1.4 vorgestellten Aufbau der Arbeit in Anlehnung an die Design Science Research Methodik wurde in Kapitel 2 die Wissensbasis für die vorliegende Arbeit geschaffen. Diese Wissensbasis ermöglicht ein fundiertes Verständnis für das zu lösende Problem und ermöglicht dessen Kontextualisierung. Während die Problembeschreibung in Kapitel 1.1 und 1.2 erfolgt, erlaubt das aufgebaute Grundlagenwissen nun eine ganzheitliche Bearbeitung des Problems und eine stringente Ausrichtung der Zielstellung und Anforderungen an die Lösung, welche in Kapitel 3 vertieft werden.

[333] Vgl. Colak et al. (2014), A resource investment problem, S.778ff.

[334] Vgl. Shadrokh et al. (2007), A genetic algorithm, S.87

[335] Vgl. van Peteghem et al. (2015), Resource Availability Cost Problem, S.341

In Kapitel 2.1 wurde zunächst die Produktentwicklung als maßgebender Objektbereich der Arbeit definiert und beschrieben. Neben den Zielen und Aufgaben wurden auch die Prinzipien von Lean Development vorgestellt, die bei einer effizienten und effektiven Gestaltung der Produktentwicklung richtungsweisend sind. Den Objektbereich der Arbeit weiter eingrenzend, wurde anschließend auf Projekte in der Produktentwicklung eingegangen und in Kapitel 2.2 schließlich das Management von Entwicklungsprojekten thematisiert. Dabei wurde das Projektmanagement eines Einzelprojektes und insbesondere das Management von mehreren parallelen Projekten, das Multiprojektmanagement beschrieben. Es folgte die Abgrenzung des Multiprojektmanagements vom Programm- und Portfoliomanagement im Kontext von Entwicklungsprojekten und eine Beschreibung der Aufgaben auf operativer und strategischer Ebene. Eine ganz zentrale Herausforderung im Multiprojektmanagement stellt dabei das Management von Personalressourcen dar. Kapitel 2.3 adressierte daher das Ressourcenmanagement im Kontext des Multiprojektmanagements. Dabei wurden verschiedene Methoden und Tools, die aktuell beim Management von Ressourcen unterstützen, vorgestellt. Dazu zählen die Aktivitätenliste, die Kompetenzmatrix, das Ressourcenhistogramm sowie die Verzögerungskosten. Schließlich wurden aufgrund der Relevanz für die vorliegende Arbeit noch die Kompetenzen von Ressourcen beschrieben. Kapitel 2.4 legte dann den Fokus auf Optimierungsverfahren im Ressourcenmanagement und hat dabei insbesondere das Ressourcenbeschränkte Projektplanungsproblem (RCPSP) betrachtet. Für das RCPSP wurden die verschiedenen Varianten und Abwandlungen untersucht und strukturiert und geeignete Lösungsalgorithmen vorgestellt.

Nachdem die relevanten Grundlagen beschrieben wurden und ein einheitliches Begriffsverständnis geschaffen werden konnte, ist die Wissensbasis für die vorliegende Arbeit gelegt. Diese erlaubt nun eine Schärfung der Problemstellung in der Praxis und die Identifikation von Lücken in der Forschung. Diese werden im nachfolgenden Kapitel 3 erarbeitet und in Ziele und Anforderungen an die Lösung dieser Arbeit übersetzt.

3 Analyse bestehender Ansätze

In Kapitel 3 werden nachfolgend die Herausforderungen in der Industrie näher betrachtet und bestehende wissenschaftliche Ansätze analysiert. Die Analyse dient zur Konkretisierung der Forschungsbedarfe, die als Grundlage zur Schärfung der Zielstellung dienen. Dies entspricht dem zweiten Schritt der Design Science Research Methodology, dem Definieren der Ziele und Anforderungen für die Lösung. Durch die Kombination der Analyse der Herausforderungen in der industriellen Praxis (siehe Kapitel 3.1) und der Analyse wissenschaftlicher Ansätze (siehe Kapitel 3.2) kann sowohl eine Praxis- als auch ein Theoriedefizit ermittelt werden, wodurch Problemrelevanz und Forschungsbeitrag sichergestellt werden. Die Überführung der Defizite in konkrete Anforderungen unterstützt den weiteren Forschungsprozess und ermöglicht die Positionierung der Arbeit gegenüber bestehenden Ansätzen (siehe Kapitel 3.3). Abschließend werden die eigenen Ansätze des Autors und ihr Beitrag zu den Forschungszielen der vorliegenden Arbeit aufgezeigt (siehe Kapitel 3.4).

3.1 Herausforderungen in der Praxis

Um die Notwendigkeit, der eingangs motivierten Zielstellung (siehe Kapitel 1.2), zu bekräftigen, werden in diesem Kapitel die Herausforderungen in der industriellen Praxis näher betrachtet. Dazu wird zunächst die Projektarbeit allgemein in Unternehmen untersucht, anschließend das Multiprojektmanagement betrachtet und schließlich das Ressourcenmanagement analysiert.

Projektarbeit in Unternehmen

Wissenschaft und Praxis belegen einen langjährigen Trend der „Projektifizierung".[336] Dieser Trend hat vor vielen Jahren begonnen, so konnte bereits 2006 nahezu eine Ver-

[336] Vgl. Kopmann et al. (2015), Multiprojektmanagement: Not oder Tugend, S.31

dopplung der Projektmanagement-Tätigkeiten im typischen Arbeitsalltag eines Ingenieurs beobachtet werden.[337] Auch aktuelle Studien belegen, dass dieser Trend ungebrochen ist. Eine HAYS®-Studie zeigt, dass der Anteil der Projektarbeit in den 225 befragten Unternehmen in den letzten Jahren um ca. 60 % gestiegen ist.[338] Und 62 % der Befragten einer WELLINGTONE Studie gehen davon aus, dass die Projektarbeit in der Zukunft weiter zunehmen wird.[339] Auch das PROJECT MANAGEMENT INSTITUTE prognostiziert, dass Jobs im Kontext von Projekttätigkeiten von 2017 bis 2027 um 33 % ansteigen werden.[340] Durch den zunehmenden Anteil der Projektarbeit an den Geschäftstätigkeiten eines Unternehmens bedeutet das auch, dass der Erfolg von Projekten maßgeblich den Unternehmenserfolg beeinflusst. Ein Blick auf die industrielle Praxis zeigt jedoch, dass viele Projekte ihre Ziele verfehlen. In einer Studie des PROJECT MANAGEMENT INSTITUTE wurde 2021 festgestellt, dass 38 % der Projekte die Kosten- und 45 % der Projekte die Zeitziele verfehlen.[341] Noch ernüchterndere Zahlen präsentiert die WELLINGTONE Studie aus dem gleichen Jahr, wonach nur 34 % der Befragten angeben, dass ihr Unternehmen Projekte regelmäßig innerhalb des Zeit- und Budgetplans abschließt.[342] Werden die Gründe für das Scheitern von Projekten untersucht, fällt auf, dass als größte Herausforderung im Projektmanagement „zu viele Projekte gleichzeitig“ und „schlechtes Ressourcenmanagement“ genannt werden und damit zwei der Top 3 Herausforderungen im Projektmanagement durch die vorliegende Arbeit adressiert werden (siehe Abbildung 3-1).[343]

Auch eine Umfrage von HARRIN über die größten Sorgen von Projektmanager*innen bestätigt, dass die vorliegende Arbeit bei aktuellen Herausforderungen im Projektmanagement, wie dem Erstellen realistischer Projektpläne oder dem Einsatz von Personalressourcen entsprechend ihrer Kompetenzen, ansetzt (siehe Abbildung 3-2).[344]

[337] Vgl. Eigner et al. (2009), Product-lifecycle-Management, S.17

[338] Vgl. Müncheberg (2015), Projektarbeit in Unternehmen, S.1

[339] Vgl. Hines (2021), The State of Project Management, S.18

[340] Vgl. Project Management Institute (2017), Project Management, S.4

[341] Vgl. Project Management Institute (2021), Pulse of the Profession, S.4

[342] Vgl. Hines (2021), The State of Project Management, S.13

[343] Vgl. Hines (2021), The State of Project Management, S.14

[344] Vgl. Harrin (2023), Project Management Survey, S.1

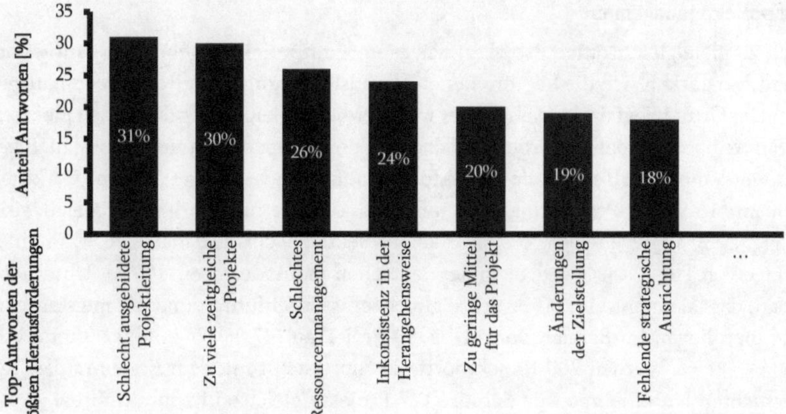

Abbildung 3-1 Größte Herausforderungen im Projektmanagement nach HINES[345]

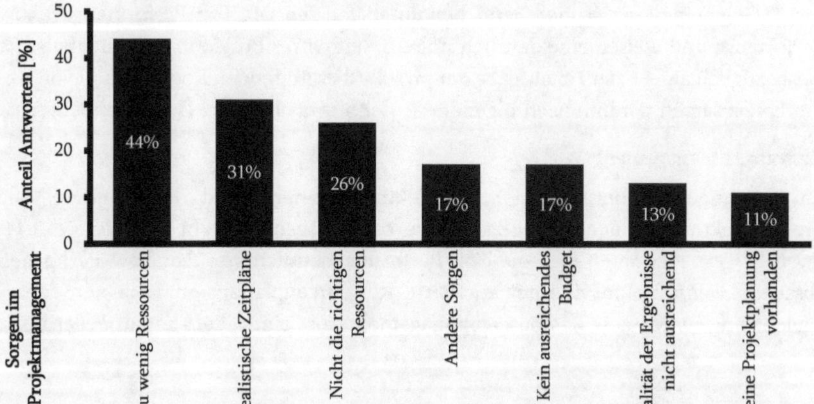

Abbildung 3-2 Sorgen im Projektmanagement nach HARRIN[346]

Viele dieser Herausforderungen sind insbesondere im Multiprojektmanagement relevant, weshalb darauf im nächsten Abschnitt näher eingegangen wird.

---

[345] Vgl. Hines (2021), The State of Project Management, S.14

[346] Vgl. Harrin (2023), Project Management Survey, S.1

Multiprojektmanagement

Durch zu viele gleichzeitige Projekte, wie es in Multiprojektumgebungen häufig vorkommt, verstärken sich die beschriebenen Herausforderungen im Ressourcenmanagement. Der Grund liegt darin, dass immer mehr Projekte gleichzeitig durch den gleichen Ressourcenpool bearbeitet werden und dadurch die knappen Ressourcen zusätzlich belastet werden und sich somit die Projektdurchlaufzeiten weiter verlängern.[347] Aktuell geben nur 16 % der Produktmanager*innen an, dass sie nur ein Projekt gleichzeitig managen, 28 % müssen sogar 6 oder mehr Projekte gleichzeitig managen.[348] In einer Umfrage von THE PROJECT GROUP in der deutschen Industrie geben 6 % der Unternehmen an, dass sie mehr als 200 Projekte gleichzeitig durchführen und die meisten Unternehmen liegen im Bereich von 11 bis 50 Projekten (47 %).[349] In einer Studie von KOPMANN ET AL. wurden 200 Projektportfolios untersucht mit dem Ergebnis, dass die untersuchten Unternehmen im Schnitt 127 Projekte gleichzeitig durchführen.[350] Die Aufgaben des Projektmanagements in Multiprojektumgebungen liegen dabei insbesondere in der Betrachtung von Interdependenzen zwischen den Projekten sowie der Koordination von projektübergreifenden Zielen, Deadlines und Ressourceneinsätzen.[351] Genau in diesen beiden Bereichen unterscheiden sich Top-Performer von Low-Performern und weisen eine deutlich höhere Reife ihres Projektmanagementansatzes diesbezüglich auf.[352] Die Teilaufgabe der projektübergreifenden Koordination von Ressourceneinsätzen wird im nachfolgenden Abschnitt nochmal im Detail betrachtet.

Ressourcenmanagement

Ein wichtiger Erfolgsfaktor im Projektmanagement und insbesondere dem Multiprojektmanagement bildet das Ressourcenmanagement.[353] In der Studie von THE PROJECT GROUP konnten sich die Top-Performer deutlich von den Low-Performern absetzen, wenn es um eine gut etablierte Ressourcenplanung in Projekten geht.[354] Gleichzeitig wird das Ressourcenmanagement als eines der herausforderndsten

[347] Vgl. Seidl (2018), Projektlandschaft steuern, S.4

[348] Vgl. Harrin (2023), Project Management Survey, S.1

[349] Vgl. TPG - The Project Group (2020), PMO Study 2020, S.23

[350] Vgl. Kopmann et al. (2015), Multiprojektmanagement: Not oder Tugend, S.31

[351] Vgl. TPG - The Project Group (2020), PMO Study 2020, S.65

[352] Vgl. TPG - The Project Group (2020), PMO Study 2020, S.68f.

[353] Vgl. Steinle et al. (2010), Handbuch Multiprojektmanagement und-controlling, S.214

[354] Vgl. TPG - The Project Group (2020), PMO Study 2020, S.73

Themen im Projektmanagement gesehen.[355] Die wird durch eine Studie des VDMA bestätigt, die besagt, dass nur 53 % der Unternehmen ausreichende Transparenz über die Planung in der Multiprojektumgebung haben.[356] Sogar nur 30 % der befragten Unternehmen berücksichtigen in der Planung neuer Projekte ihre Engpassressourcen und noch weniger, nämlich nur 26 % besitzen Strukturen zur Steuerung der Projekte in Multiprojektumgebungen.[357] Neben der Berücksichtigung von Engpassressourcen sowie dem Vorsehen von Steuerungsmechanismen, ist ein weiterer erfolgsversprechender Ansatz das Skill Management bzw. die Betrachtung der Kompetenzen der Personalressourcen für einen besseren Personalressourceneinsatz. In Summe ist die Reife bei Industrieunternehmen hierbei noch gering und lediglich wenige Top-Performer beschäftigen sich bereits intensiver mit diesem Thema (siehe Abbildung 3-3).[358]

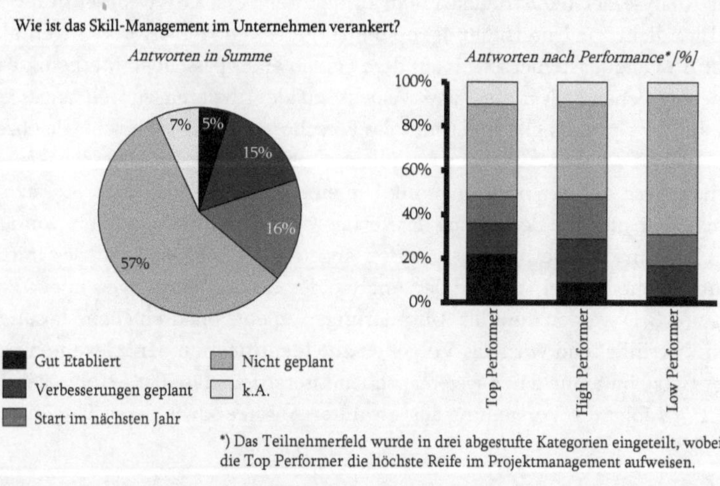

Abbildung 3-3 Verbreitung des Skill Management in Unternehmen nach TPG[359]

Zusammenfassend lässt sich festhalten, dass eine Zunahme der Projektarbeit und damit auch eine Zunahme der Relevanz des Projektmanagements zu beobachten ist. Dennoch ist die Projektperformance in vielen Industrieunternehmen schlecht, was häufig

[355] Vgl. Hines (2021), The State of Project Management, S.8

[356] Vgl. Bünting et al. (2015), Lean Development im deutschen Maschinenbau, S.43

[357] Vgl. Bünting et al. (2015), Lean Development im deutschen Maschinenbau, S.43

[358] Vgl. TPG - The Project Group (2020), PMO Study 2020, S.75

[359] Vgl. TPG - The Project Group (2020), PMO Study 2020, S.75

auf schlechte Projektpläne und Schwierigkeiten im Personalressourceneinsatz zurückzuführen ist. Insbesondere in Multiprojektumgebungen ist die Auflösung und Vermeidung von Ressourcenkonflikten eine herausfordernde Aufgabe. Neue Lösungen müssen daher eine Entscheidungsunterstützung in der Ressourcenallokation und der Projektplanung in komplexen Multiprojektumgebungen bieten. Diese Lösungen müssen einerseits sicherstellen, dass die Ressourcen bestmöglich eingesetzt werden und andererseits eine realistische Planung ermöglichen, die auch auf kurzfristige Änderungen reagieren kann, ohne neue Ressourcenkonflikte zu verursachen.

3.2 Analyse wissenschaftlicher Ansätze

Nach der Analyse der industriellen Praxis erfolgt der Perspektivwechsel in die Forschung. Dies dient zur Untersuchung, ob die aufgezeigten Herausforderungen in der Praxis auf Anwendungsfehlern oder auf dem Fehlen einer passenden Methodik basieren. Dementsprechend gilt es diejenigen Aspekte zu identifizieren, zu welchen es keine signifikanten Vorarbeiten gibt und somit das Forschungsdefizit umfassen. Gleichzeitig kann die Analyse wissenschaftlicher Ansätze dazu dienen, Elemente zu identifizieren, auf welchen diese Arbeit aufbauen kann. Um eine Vergleichbarkeit der Ansätze untereinander aber auch mit der Lösung der vorliegenden Arbeit herzustellen, werden in Kapitel 3.2.1 zunächst Bewertungskriterien abgeleitet. Aufbauend auf der initialen Zielstellung (siehe Kapitel 1.2) und der Analyse der Herausforderungen in der Praxis (siehe Kapitel 3.1) werden diese als Anforderungen an eine praxistaugliche Lösung beschrieben. Anschließend wird das Vorgehen zur Identifikation der relevanten bestehenden Ansätze im Sinne einer systematischen Literaturanalyse dargestellt (siehe Kapitel 3.2.2). Es folgt die Vorstellung ausgewählter Ansätze sowie deren Bewertung in Kapitel 3.2.3.

3.2.1 Kriterien zur Bewertung bestehender Ansätze

Zur Bewertung der aktuellen Forschungslandschaft im Betrachtungsbereich sollen bestehende Ansätze analysiert werden. Dazu benötigt es Kriterien anhand welcher die identifizierten Ansätze bewertet werden können. Dabei wird zwischen drei Kategorien (Objektbereich, Zielbereich, Lösungshypothese) unterschieden. Der Objektbereich beschreibt das Anwendungsgebiet der Lösung und definiert somit den Gegenstand der vorliegenden Arbeit. Der Zielbereich hingegen definiert den Zweck und basiert daher auf dem Gesamtziel sowie den Teilzielen gemäß Kapitel 1.2. Die Lösungshypothese repräsentiert das Vehikel mit welchem im gewählten Objektbereich der Zielbereich erreicht werden soll. Alle definierten Kriterien sind als Anforderungen an die Lösung dieser Arbeit zu verstehen und müssen daher durch die vorliegende Arbeit adressiert werden. Sie bauen auf dem zuvor identifizierten Praxisdefizit und der eingangs beschriebenen Zielstellung auf. Mit Hilfe der Analyse bestehender Ansätze wird untersucht, in welchen Bereichen sich dabei auf Vorarbeiten gestützt werden kann und in welchen Bereichen gänzlich neue Forschungsergebnisse zu erzielen sind.

Der Objektbereich wird durch die folgenden Kriterien beschrieben:

- ***Fokus auf Multiprojektumgebung:*** *Der Ansatz muss Multiprojektumgebungen adressieren, da die einleitend beschriebenen Herausforderungen insbesondere vor dem Hintergrund vieler parallellaufender Projekte relevant sind.*
- ***Fokus auf Entwicklungsumgebung:*** *Der Ansatz legt einen Fokus auf die Entwicklungsprojekte im Unternehmen. Während Projekte im Unternehmen in vielen Bereichen existieren, liegt der Fokus der Betrachtung auf den Entwicklungsprojekten produzierender Unternehmen.*
- ***Betrachtung von Personalressourcen:*** *Der Ansatz betrachtet die Personalressourcen, welche bereits in der Einleitung als zentraler Stellhebel zu einer verbesserten Projektzielerreichung identifiziert wurden.*
- ***Betrachtung von Kompetenzen:*** *Der Ansatz muss für einen verbesserten Einsatz der Personalressourcen deren Kompetenzen betrachten und identifizieren, wie der Fit zwischen Kompetenzprofil und Anforderungen der durchzuführenden Aktivität ist.*
- ***Bewertung der Zieldimension Zeit:*** *Der Ansatz berücksichtigt die Zieldimension Zeit und somit die Einhaltung von Projektplänen sowie die effiziente und fristgerechte Durchführung von Aktivitäten.*
- ***Bewertung der Zieldimension Kosten:*** *Der Ansatz berücksichtigt die Zieldimension Kosten und somit die Einhaltung von Projektbudgets sowie die effiziente und kostengerechte Durchführung von Aktivitäten.*

Ergänzend wird der Zielbereich durch die folgenden Kriterien beschrieben:

- ***Ermittlung von Verzögerungskosten:*** *Der Ansatz zielt auf die Berechnung von Verzögerungskosten zur Priorisierung der Projekte bzw. Projektaktivitäten ab.*
- ***Bewertung des Kompetenzbedarfs von Aktivitäten:*** *Der Ansatz zielt auf die Identifikation der Kompetenzen ab, die verschiedene Projektaktivitäten benötigen.*

- ***Ermittlung des Zusammenhangs von Kompetenzen und Bearbeitungsdauer:*** *Der Ansatz zielt darauf ab, bemessen zu können, wie sich die Kompetenzen einer zugewiesenen Ressource auf die Bearbeitungsdauer einer Aktivität auswirken. Durch einen hohen Fit zwischen Kompetenzprofil der Ressource und Kompetenzbedarf der Aktivität kann die Bearbeitungsdauer verkürzt werden, wohingegen ein geringer Fit zu einer Verzögerung führt.*
- ***Verbesserung der übergreifenden Projektplanung:*** *Der Ansatz zielt darauf ab, dass die Planungs- und Steuerungsmaßnahmen zu einem globalen Optimum für das Unternehmen führen und nicht nur Insellösungen für einzelne Projekte gesucht werden.*
- ***Entwicklung einer praxisorientierten Methodik:*** *Der Ansatz zielt darauf ab, dass eine konkrete Herausforderung aus der industriellen Praxis gelöst wird und das Vorgehen wird auf seine Praxistauglichkeit hin bewertet.*

Die Lösungshypothese der Arbeit basiert auf dem Einsatz von Optimierungsverfahren zur Planung und Steuerung von Projekten in einer Multiprojektumgebung. Die Optimierung berücksichtigt dabei die Eignung der verfügbaren Ressourcen zur Bearbeitung der Projekte auf Basis ihrer Kompetenzen. Die Zielerreichung in den Dimensionen Zeit und Kosten werden über eine gemeinsame Zielfunktion gleichermaßen verbessert. Zusammenfassend kann die Lösungshypothese der vorliegenden Arbeit wie folgt formuliert werden:

Mit Hilfe von Optimierungsverfahren lässt sich die Ressourcenallokation in einer Multiprojektumgebung zur Verbesserung der Projektzielerreichung in Bezug auf Kosten und Zeit planen und steuern.

3.2.2 Systematischer Ansatz zur Identifikation bestehender Ansätze

Um den Kriterien von Nachvollziehbarkeit und Verlässlichkeit guter Forschung gerecht zu werden (siehe Kapitel 1.3), wird in diesem Kapitel die Vorgehensweise zur Identifikation bestehender Ansätze beschrieben. Für das Anfertigen von systematischen Literatur Reviews ist das PRISMA Vorgehen weit verbreitet, PRISMA steht dabei für „Preferred Reporting Items for Systematic Reviews and Meta-Analyses" (dt.: Bevorzugte Berichtspunkte für systematische Reviews und Meta-Analysen).[360] In Anlehnung an diese Vorgehensweise wird der systematische Ansatz zur Identifikation bestehender Ansätze in der vorliegenden Arbeit in acht Schritte unterteilt.

[360] Vgl. Liberati et al. (2009), The PRISMA statement

Schritt 1 – Randbedingungen festlegen: Als erstes werden die Randbedingungen für die Suche festgelegt. Die Randbedingungen sind in Tabelle 3-1 zusammengefasst.

Tabelle 3-1 Randbedingungen für die systematische Literaturanalyse

Randbedingung	Einschränkung
Sprache	Werke in deutscher und englischer Sprache.
Veröffentlichungszeitraum	Keine Einschränkung, Fokus sollte aber auf Ansätzen der jüngeren Vergangenheit liegen.
Datenbank	Google Scholar wird als Datenbank für die Suche genutzt. Aufgrund des Umfangs[361] und der umfassenden Zitationszahlen[362] wird Google Scholar als beste Lösung für Literaturanalysen bewertet.
Fachbereich	Der Fachbereich wird zunächst nicht eingeschränkt, um keine möglicherweise relevanten Ansätze auszuschließen.
Datum der Suche	Ein Großteil der Literaturanalyse wurde im Jahr 2022 durchgeführt, eine Aktualisierung in kleinerem Umfang erfolgte kurz vor der Veröffentlichung.

Schritt 2 – Suchterme definieren: Im zweiten Schritt werden die relevanten Suchbegriffe definiert. Wichtig ist die Variation von Suchbegriffen für ein umfassendes Bild der bestehenden Werke. Um die Anzahl der Ergebnisse zu erhöhen und um zu vermeiden, dass passende Publikationen aufgrund unterschiedlicher Nomenklatur ausgeschlossen werden, wird nicht nur nach einzelnen Stichwörtern gesucht, sondern es werden für alle Stichwörter Synonyme gebildet und sowohl auf Englisch als auch auf Deutsch gesucht. Da einige Schlagworte, z.B. "Kompetenz", viele Ergebnisse aus anderen Bereichen hervorrufen, wird zu jedem Suchbegriff ein zusätzliches Schlagwort für den Kontext hinzugefügt. Für diese Kontextstichwörter werden ebenfalls Synonyme in Englisch und Deutsch gebildet. Mit logischen Operatoren werden dann die Suchterme für die Datenbank generiert. Im Detail sieht das so aus: "(Suchbegriff OR Synonymbegriff 1 OR Synonymbegriff 2 OR ....) AND (Kontextbegriff OR Synonymkontext 1 OR Synonymkontext 2 OR ...)".

Schritt 3 – Suche durchführen: Die im zweiten Schritt generierten Suchterme werden nun in Google Scholar eingegeben und die Resultate der Suche gesichtet.

Schritt 4 – Erster Filter: Nachdem die Suchtreffer erzeugt wurden, erfolgt ein erster Filterschritt. Dieser umfasst die Fokussierung auf die relevantesten Suchtreffer. Dies wird mit Hilfe der Algorithmen von Google Scholar unterstützt, welcher die Suchtreffer direkt in absteigender Relevanz sortiert. Zu jedem Suchterm werden daher nur die

[361] Vgl. Gusenbauer (2019), Google Scholar, S.192f.

[362] Vgl. Martín-Martín et al. (2021), Comparison of coverage via citations, S.901

ersten 200 Treffer berücksichtigt. Gleichzeitig werden in diesem ersten Filter Duplikate entfernt und eine erste grobe Vorauswahl auf Basis der Titel der Werke wird getroffen. Lässt sich auf Basis des Titels darauf schließen, dass ein komplett anderes Themengebiet adressiert wird, kann dieses Werk an dieser Stelle bereits ausgeschlossen werden.

Schritt 5 – Zweiter Filter: Im nächsten Schritt erfolgt eine detailliertere Analyse auf Basis des Titels. Dabei wird untersucht inwiefern der Titel darauf schließen lässt, dass die in Kapitel 3.2 definierten Kriterien zumindest zum Teil erfüllt werden können. Ist dies unwahrscheinlich wird das entsprechende Werk exkludiert.

Schritt 6 – Dritter Filter: Anschließend erfolgt eine detailliertere Analyse auf Basis des Abstracts und der Abbildungen des wissenschaftlichen Ansatzes. Erneut wird untersucht inwiefern sich schließen lässt, dass die in Kapitel 3.2 definierten Kriterien zumindest zum Teil erfüllt werden können. Ist dies auf Basis von Abstract und Abbildungen unwahrscheinlich wird das entsprechende Werk exkludiert.

Schritt 7 – Evaluation: Die zu diesem Zeitpunkt als relevant kategorisierten Werke werden nun evaluiert und detailliert auf Basis der genannten Kriterien bewertet.

Schritt 8 – Präsentation der Ergebnisse: Abschließend werden die Ergebnisse der Literaturanalyse präsentiert. Dazu werden im nachfolgenden Kapitel die 31 Ansätze im Detail vorgestellt, welche die Kriterien am ehesten erfüllen und somit am relevantesten für das Forschungsgebiet der vorliegenden Arbeit sind.

Abbildung 3-4 zeigt die jeweiligen Schritte nochmal im Überblick mit der jeweiligen Quantität relevanter Objekte.

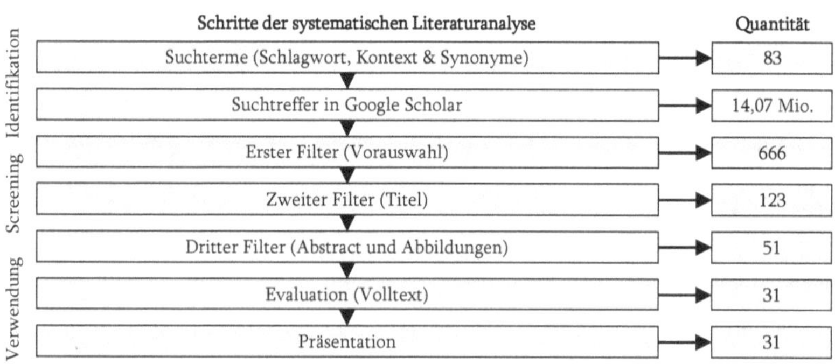

Abbildung 3-4 Flow-Chart der systematischen Literaturanalyse

Abbildung 3-5 zeigt eine statistische Auswertung der 666 Titel der Vorauswahl sowie der 31 Titel der finalen Auswahl zur Präsentation im nachfolgenden Kapitel. Auffällig dabei ist, dass trotz eines signifikanten Anteils von Büchern und Buchkapiteln lediglich ein Buchkapitel in der Endauswahl wiederzufinden ist. Der Grund hierfür ist, dass viele der gefundenen Bücher kondensierte Zusammenfassungen bestehender Ansätze sind und der wissenschaftliche Neuheitsgrad gegenüber Paper-Veröffentlichungen in der Regel geringer ist. Da die Sprache der meisten Konferenzen und Journals Englisch ist konnte zusätzlich eine Verschiebung des Sprachanteils hin zu englischsprachiger Literatur in der Endauswahl beobachtet werden. Eine weitere Beobachtung ist, dass der Anteil an Dissertationen in der Endauswahl deutlich angestiegen ist, was auf den großen wissenschaftlichen Nutzwert von Dissertationen hindeutet.

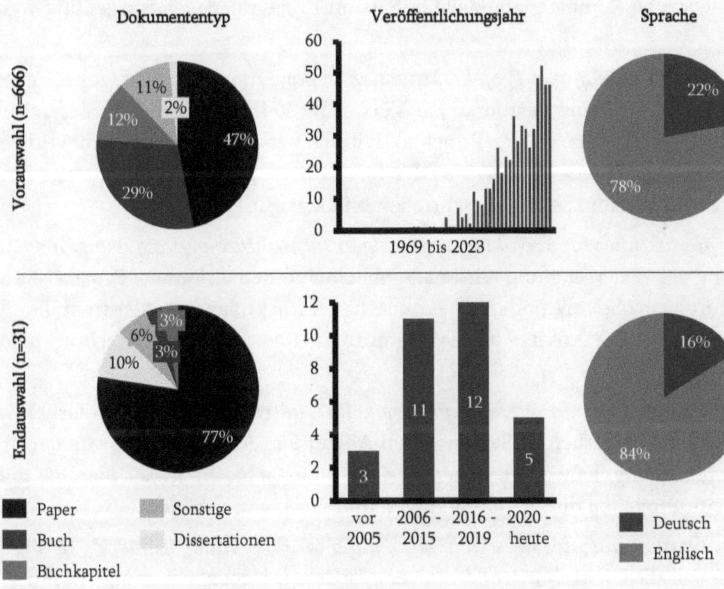

Abbildung 3-5 Statistische Auswertung der Literatur Analyse

3.2.3 Vorstellung und Bewertung bestehender Ansätze

Nachfolgend werden die 31 bestehenden Ansätze, die im Rahmen dieser Dissertation die höchste Relevanz aufweisen, vorgestellt. Dabei sind die Ansätze in sechs Kategorien eingeteilt, welche zunächst kurz erläutert werden.

Ansätze zur Berechnung von Verzögerungskosten – Um eine Verbesserung der Projektzielerreichung zu realisieren muss die Projektzielerreichung operationalisiert werden. In Projektmanagement werden häufig die Faktoren Zeit, Kosten und Qualität berücksichtigt. Verzögerungskosten ermöglichen eine Dimensionsreduktion, indem der Faktor Zeit durch die Verzögerungskosten auf den Faktor Kosten zurückgeführt wird. Aus diesem Grund werden Ansätze zur Berechnung von Verzögerungskosten betrachtet.

Ansätze zur Nutzung von Kompetenzmodellen im Projektmanagement – Eine Verbesserung in der Projektzielerreichung ist dadurch zu erwarten, dass Ressourcen entsprechend ihrer Kompetenzen bestmöglich in Projekten eingesetzt werden. Grundlage hierfür ist die Ermittlung dieser Kompetenzen in Kompetenzmodellen. Daher wird untersucht, wie solche Kompetenzmodelle bereits im Projektmanagement genutzt werden.

Ansätze zur Beschreibung von Projektaktivitäten in der Produktentwicklung – Neben den Kompetenzen, die eine Ressource zur Verfügung stellt muss ebenfalls betrachtet werden, welche Kompetenzen von Projektaktivitäten benötigt werden. Dazu wird geprüft inwiefern bestehende Ansätze aus der Literatur Projektaktivitäten bereits hinsichtlich ihrer Kompetenzbedarfe beschrieben und klassifiziert haben.

Ansätze zu Reduktion von Projektverzögerungen in Multiprojektumgebungen – Zur Verbesserung der Zielerreichung wird maßgeblich eine Reduktion von Projektverzögerungen durch eine bessere und flexibel steuerbare Projektplanung angestrebt. Es gilt zu untersuchen, welche Ansätze in der Literatur zur Reduktion von Projektverzögerungen existieren.

Ansätze zur Steuerung und Planung von Projektaktivitäten – In der Projektdurchführung kommt es unweigerlich zu Störungen im Ablauf und Abweichungen von der ursprünglichen Planung. Es werden daher Ansätze untersucht, die in der Planung und Steuerung von Projekten dies berücksichtigen und Lösungen anbieten.

Ansätze zur Optimierung der Ressourcenallokation im Projektmanagement – In dieser Dissertation soll die Zielstellung und die verschiedenen Nebenbedingungen schließlich in einem Optimierungsverfahren genutzt werden, um eine verbesserte Projektplanung und somit Projektzielerreichung zu ermöglichen. Aus diesem Grund werden die Ansätze aus der Literatur untersucht, die mit Hilfe von Optimierungsverfahren das Projektmanagement unterstützen.

Ansätze zur Berechnung von Verzögerungskosten

In diesem Subkapitel werden fünf Ansätze zur Berechnung von Verzögerungskosten vorgestellt. Die meisten Ansätze nutzen Verzögerungskosten im Kontext des Projektmanagements als Hilfsmittel zur Priorisierung.

Black Swan Farming using Cost of Delay von ARNOLD & YÜCE

Der Ansatz von ARNOLD & YÜCE beschreibt eine Methodik zur Priorisierung von Entwicklungsumfängen mit Hilfe von Verzögerungskosten. Dabei wird nicht explizit zwischen Projekten priorisiert, sondern im Kontext einer agilen Softwareentwicklung werden die Features im Entwicklungsbacklog priorisiert. Sie führen dazu die Kennzahl CD3 ein, welche für Cost of Delay Divided by Duration steht und an der „Weighted Shortest Job First"-Priorisierungsmethode angelehnt ist (siehe Abbildung 3-6).

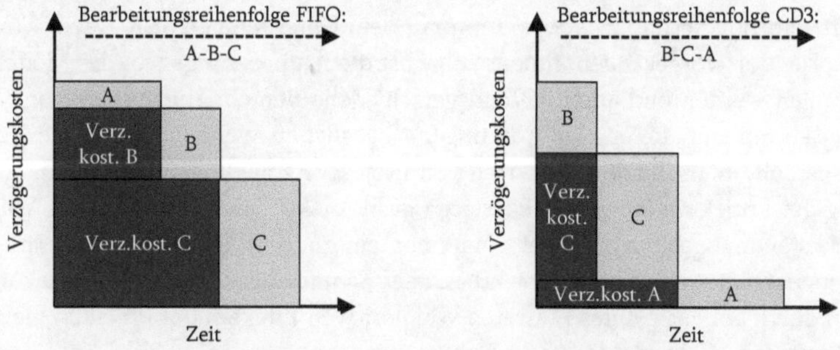

Abbildung 3-6 Vergleich der Priorisierungsmethode FIFO und CD3 im Kontext von Verzögerungskosten nach ARNOLD & YÜCE[363]

Anstatt die Länge der Aufgaben werden jedoch die Verzögerungskosten der Aufgaben berücksichtigt. Die Verzögerungskosten setzen sich zusammen aus den möglichen Vorteilen (i.S.v. zusätzlichem Umsatz oder Kosteneinsparungen), einem Dringlichkeitsprofil sowie dem Wert der Informationsbeschaffung. Die Dringlichkeitsprofile leiten sich aus den in Kap. 2.3.2 gezeigten unterschiedlichen Modi für Opportunitätskosten ab. Der Wert der Informationsbeschaffung ermöglicht es nicht direkt wertschöpfenden Tätigkeiten einen Wert zuzuordnen, nämlich den Wert, den man bereit wäre zu zahlen um die resultierende Information (z.B. ob manche Lösungen funktionieren oder nicht) direkt käuflich zu erwerben. Die beschriebenen Methoden wurden in der Softwareentwicklung beim Unternehmen Maersk Line eingesetzt und haben

[363] Vgl. Arnold et al. (2013), Black Swan Farming

äußerst überzeugende Verbesserungen geliefert, beispielsweise einen schnelleren Fluss von Aufgaben und einen größeren Output von qualitativ hochwertigen Lösungen.

Der Ansatz von ARNOLD & YÜCE nutzt Verzögerungskosten im Betrachtungsbereich der Softwareentwicklung. Innerhalb dieses Betrachtungsbereichs wird eine umfassende Methodik beschrieben, die Verzögerungskosten mit einigen weiteren Aspekten kombiniert und schließlich eine Priorisierung auf Basis der CD3-Kennzahl ermöglicht. Eine Übertragbarkeit in die Produktentwicklung von physischen Produkten ist möglich aber mit einigen Anpassungen der Methodik verbunden. Insbesondere die dezidierte Betrachtung einzelner Projekte sowie die Abhängigkeit der Projekte untereinander ist hierbei zu nennen.[364]

Development of Cost of Delay Model to Prioritise Projects von LYDEN

LYDEN entwickelt ein Berechnungsmodell von Verzögerungskosten zur Unterstützung der Projektpriorisierung in Kooperation mit dem Unternehmen SKF. Dabei wird sehr praxisorientiert vorgegangen, indem zunächst die Anforderungen an das Modell aufgenommen werden und anschließend verschiedene Berechnungsansätze von Verzögerungskosten mit diesen Anforderungen abgeglichen werden. Das finale Berechnungsmodell unterscheidet drei Arten von Projektverzögerungen: Zeitverzug, Erweiterung des Projektumfangs und Pausieren des Projekts. Jeweils werden die Verzögerungskosten maßgeblich aus zwei Komponenten ermittelt: Einerseits die zusätzlichen Kosten durch die verlängerte Projektbearbeitung und andererseits die Opportunitätskosten durch ein verspätetes Eintreten von positiven Effekten des Projekts (hier: Umsatz durch den Verkauf eines Produktes).

Durch die Berechnung von Verzögerungskosten betrachtet der Ansatz von LYDEN eine Integration der Zieldimensionen Zeit und Kosten. Die vorgestellten Berechnungsansätze für Verzögerungskosten können als Inspiration für die Entwicklung des Berechnungsmodells dieser Dissertation dienen, sind jedoch stark simplifiziert. Zwar ist die Praxistauglichkeit durch die Zusammenarbeit mit Unternehmen gegeben, der Nutzen der Methodik ist jedoch als gering zu bewerten, da diese spezifisch für das Unternehmen SKF entwickelt wurde und zudem konkrete Handlungsempfehlungen nur sehr rudimentär abgeleitet werden.[365]

[364] Vgl. Arnold et al. (2013), Black Swan Farming

[365] Vgl. Lydén (2014), Development of Cost of Delay Model

Prioritizing with Cost of Delay von MOREIRA

Im übergeordneten Werk "The Agile Enterprise" widmet MOREIRA ein Kapitel dem Thema Projektpriorisierung mit Hilfe von Verzögerungskosten. Darin werden die Vorzüge einer Priorisierung mit Verzögerungskosten gegenüber anderen Priorisierungsmethoden wie MoSCoW oder HiPPO dargestellt. MOREIRA schlägt vor die Verzögerungskosten auf Basis von vier Einflussbereichen zu berechnen: Umsatzwachstum, Umsatzsicherung, Kostenreduktion und Kostenvermeidung. Mit Hilfe von drei simplifizierten Beispielen erläutert MOREIRA die Berechnung der Verzögerungskosten. Eine umfassende allgemeingültige Berechnungsvorschrift wird jedoch nicht vorgestellt. Mit Hilfe der berechneten Verzögerungskosten können schließlich diejenigen Projekte priorisiert werden, welche den positivsten ökonomischen Einfluss entsprechend der vier genannten Einflussbereiche haben.

Während MOREIRA durch die vier Einflussbereiche einen umfassenden Ansatz in Bezug auf die Verzögerungskosten anbietet, leitet er leider keine Berechnungsvorschriften ab, wodurch eine direkte Anwendung in der Praxis nicht gegeben ist, da die entsprechenden Empfehlungen von MOREIRA vom Anwender eigenständig interpretiert und auf das eigene Unternehmen übertragen werden müssen. Die Ergebnisse nutze er zur Priorisierung auf Projektportfolioebene im Sinne der durchzuführenden oder abzubrechenden Projekte.[366]

Methodology for Estimating the Cost of Delay in Architectural Engineering Projects: Case of Metro Rails in India von MITTAL ET AL.

Das Paper von MITTAL ET AL. beschreibt eine Methodik zur Berechnung der Verzögerungskosten von Infrastrukturprojekten im Schienenverkehr in Indien. Trotz des anderen Betrachtungsbereichs bietet der Ansatz einige interessante Aspekte. So werden die Verzögerungskosten in drei Kategorien berechnet, die auch im Kontext der Produktentwicklung von Interesse sind: Verzögerungsbasierte Mehrkosten, Umsatzausfall und Kosten aufgrund von nicht realisierten Vorteilen. Letztgenannte Kategorie ergänzt die bereits aus den ersten beiden Ansätzen bekannten Perspektiven. Hierbei werden positive Effekte neben dem direkten Umsatz, die ein Abschluss des Projektes hätte, quantifiziert und als zusätzliche Verzögerungskosten berücksichtigt.

Da der Betrachtungsbereich sich offensichtlich von der vorliegenden Arbeit unterscheidet können die vorgestellten Berechnungen und Kostenkategorien nicht übernommen werden. Interessant ist insbesondere der Ansatz neben dem geringeren Umsatz durch eine Projektverzögerung zusätzlich weitere nicht realisierte Vorteile durch

366 Vgl. Moreira (2017), Prioritizing with Cost of Delay

den Projektverzug zu berücksichtigen. Das Werk von MITTAL ET AL. kann daher als Inspiration herangezogen werden, unterscheidet sich jedoch wesentlich vom Vorgehen und Ziel der vorliegenden Arbeit.[367]

Cost-of-delay von GOLJAN ET AL.

Wie die Verzögerungskosten als Hilfsmittel zur Priorisierung im öffentlichen Sektor, bei der U.S. Air Force, eingesetzt werden könnten, zeigen GOLJAN ET AL. auf. Methodisch basiert der Ansatz auf dem eingangs vorgestellten „Black Swan Farming using Cost of Delay" von ARNOLD & YÜCE. Einige im ursprünglichen Ansatz aufgezeigte Mechanismen werden von GOLJAN ET AL. ausgeschlossen und andere zusätzliche aufgrund der Spezifika des öffentlichen Sektors ergänzt. Ein Fokus wird dabei auf die Kosteneinsparungen durch neue Arbeitsunterstützung gelegt, wodurch aufgezeigt wird, dass Verzögerungskosten auch durch entgangene Einsparungen entstehen können. Aufgrund der Anwendung in einem weiteren Bereich unterstreicht die Ausarbeitung von GOLJAN ET AL. die Validität der Methode zur Priorisierung von Projektumfängen.

Ähnlich wie im ursprünglichen Ansatz von ARNOLD & YÜCE liegt der Fokus hier auf einzelnen Produktfeatures innerhalb eines Projektes und nicht auf der Priorisierung innerhalb einer Multiprojektumgebung. Insbesondere die verschiedenen Mechanismen durch die Verzögerungskosten entstehen können, werden durch den Ansatz von GOLJAN ET AL. nochmal hervorgehoben, da es hier ausschließlich um verzögerte Kosteneinsparungen geht.[368]

Ansätze zur Nutzung von Kompetenzmodellen im Projektmanagement

In diesem Kapitel werden drei Ansätze vorgestellt, die Kompetenzmodelle beschreiben oder beschreiben wie im Projektmanagement die Perspektive der Kompetenzen von Personalressourcen berücksichtigt werden kann.

Kompetenzmodelle von KRUMM ET AL.

KRUMM ET AL. beschreiben in ihrem Buch Kompetenzmodelle aus der Praxis der Personalpsychologie. Sie gehen darauf ein, welche Arten von Kompetenzmodellen existieren, wie diese entwickelt werden können und wo diese zur Anwendung kommen können. Von besonderer Relevanz ist der strukturelle Aufbau von Kompetenzmodellen sowie der Einsatz dieser in der Praxis. Ein Kompetenzmodell besteht nach KRUMM ET AL. aus Kompetenzen verschiedener Bereiche und verschiedenen Ausprägungsstufen, die jeder Kompetenz zugeordnet sind. Die Ausprägungsstufen werden dabei durch explizite Wissenselemente oder Fähigkeiten beschrieben, die eine Ressource besitzen

[367] Vgl. Mittal et al. (2019), Methodology for Estimating the Cost of Delay

[368] Vgl. Goljan et al. (2021), Cost-of-Delay

muss um das entsprechende Level der Kompetenz zu erhalten. In Unternehmen können Kompetenzmodelle dafür eingesetzt werden, für diverse Positionen im Unternehmen Personen mit passendem Kompetenzprofil finden zu können.

Während KRUMM ET AL. den Aufbau eines Kompetenzmodells umfangreich beschreiben und auch einige Beispiele für eine praktische Anwendung geben, erfolgt kein Personalressourceneinsatz in Projekten auf Basis des Kompetenzmodells. Auf den präsentierten Methoden zur Entwicklung eines Kompetenzmodells sowie zur Aufnahme der Kompetenzen der Mitarbeitenden kann im Rahmen der vorliegenden Arbeit jedoch aufgebaut werden.[369]

The time on task effect in reading and problem solving is moderated by task difficulty and skill von GOLDHAMMER ET AL.

In der Studie von GOLDHAMMER ET AL. wurde eine Testgruppe von 1020 Personen bei der Bearbeitung verschiedener Aufgaben kontrolliert. Dabei wurde untersucht, inwiefern die Zeit, die für eine Aufgabe zur Verfügung steht, das Ergebnis beeinflusst und inwiefern ein höheres Kompetenzlevel sich auf Zeit und Ergebnis auswirken. Dabei wurde herausgefunden, dass bei einfachen Aufgaben ein negativer Zusammenhang zwischen Zeit und Ergebnis besteht, mit anderen Worten, wenn die richtige Lösung nicht schnell gefunden wurde, wurde sie gar nicht gefunden. Anders verhielt es sich bei schwierigen Aufgaben, wo ein positiver Effekt zwischen Bearbeitungsdauer und Ergebnis besteht. In beiden Fällen wurde die Beobachtung gemacht, dass umso stärker die Kompetenz ausgeprägt ist, desto geringer besser sind die Ergebnisse mit kurzen Bearbeitungsdauern sowohl für einfache als auch schwierige Aufgaben.

Die Studie von GOLDHAMMER ET AL. stellt einen Zusammenhang zwischen den Kompetenzen einer Ressource und der Bearbeitungsdauer einer durchgeführten Aufgabe her. Dieser Zusammenhang ist jedoch nur deskriptiv und erlaubt keine Prognose über die Auswirkungen stärker oder schwächer ausgeprägter Kompetenzen. Die Studie bestätigt jedoch eine Grundannahme dieser Arbeit, dass ein höheres Kompetenzlevel zu einer Verkürzung der Bearbeitungsdauer einer Aufgabe führt.[370]

Competence-based estimation of activity duration in IT projects von KORYTKOWSKI & MALACHOWSKI

KORYTKOWSKI & MALACHOWSKI betrachten das Projektmanagement von IT Projekten und erarbeiten eine Methode zur Abschätzung der Bearbeitungsdauer der Projektaktivitäten auf Basis der Kompetenzen der Ressourcen. Dabei werden Projektaktivitäten

[369] Vgl. Krumm et al. (2012), Kompetenzmodelle

[370] Vgl. Goldhammer et al. (2014), Time on task effect

durch eine Komposition von Kompetenzen, die zur Bearbeitung benötigt werden, beschrieben. Das Kompetenzlevel der zugewiesenen Ressource in den benötigten Kompetenzen definiert schließlich wie effektiv die Aktivität bearbeitet werden kann und somit wie lange die Aktivität bearbeitet wird. Die Abschätzung der Bearbeitungsdauer wird dann zur Optimierung der Projektpläne in einer Variante des RCPSP eingesetzt.

Der Ansatz von KORYTKOWSKI & MALACHOWSKI berücksichtigt die Kompetenzen von Ressourcen zur Berechnung der Bearbeitungsdauer von Projektaktivitäten und baut eine Optimierung der Projektplanung darauf auf. Die Methodik ist jedoch wenig praxisorientiert und verwendet angenommene Werte für die notwendigen Parameter ohne zu erläutern, ob und wie diese in der Praxis aufgenommen werden können.[371]

Ansätze zur Beschreibung von Projektaktivitäten in der Produktentwicklung

In diesem Kapitel werden vier Ansätze betrachtet, die Eigenschaften von Projektaktivitäten in der Produktentwicklung beschreiben oder generische Gruppen von Projektaktivitäten ableiten.

Konzept eines Entscheidungsmodells zur Aufgabenzuordnung in der Produktentwicklung von HINSCH

In der Dissertation von HINSCH wird ein Entscheidungsmodell entwickelt, welches basierend auf dem Vergleich der Kompetenzen, die zur Erfüllung einer Aufgabe erforderlich sind und den Kompetenzen, die Mitarbeitende aufweisen, eine Aufgabenzuweisung in der Produktentwicklung ermöglicht. Dabei werden sowohl für die Aufgaben als auch für die Mitarbeitenden entsprechende Beschreibungsmodelle erstellt. Basierend auf einem Laborversuch mit ca. 100 Studierenden werden die Zusammenhänge zwischen Kompetenzen und Aufgaben ermittelt (siehe Abbildung 3-7).

HINSCH beschreibt sowohl die Aufgaben als auch die Mitarbeitenden sehr detailliert und legt dabei einen Fokus auf die Konstruktionsprozesse in der Produktentwicklung. Zusammenhänge zwischen Kompetenzen und Aufgaben werden ebenfalls ermittelt, ohne jedoch die Auswirkungen auf die Bearbeitungsdauer zu betrachten. Das Ergebnis ist eine verbesserte Aufgabenzuweisung, die jedoch nicht die Rahmenbedingungen einer Multiprojektumgebung berücksichtigt und keine Projektplanung durchführt.[372]

[371] Vgl. Korytkowski et al. (2019), Competence-based estimation of activity duration

[372] Vgl. Hinsch (2013), Konzept eines Entscheidungsmodells zur Aufgabenzuordnung

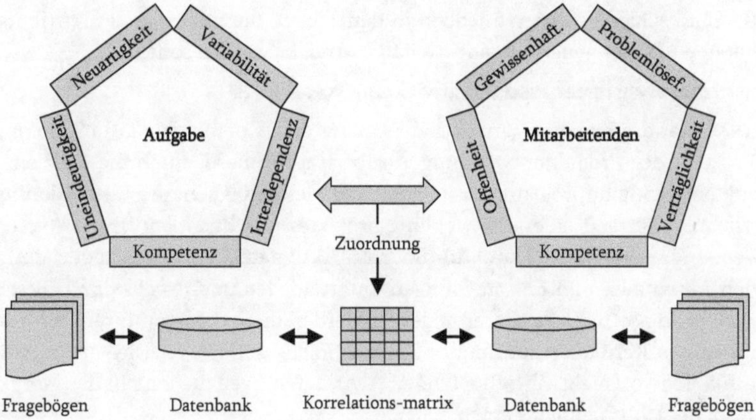

Abbildung 3-7 Zuordnung von Aufgabe und Mitarbeitenden nach HINSCH

Systematic waste elimination in lean product development using generic activities von SCHUH ET AL.

Das Ziel der Autoren ist die Reduktion von Verschwendung in den Prozessen der Produktentwicklung. Dazu schlagen SCHUH ET AL. vor, zunächst die Attribute von einzelnen Aktivitäten in der Produktentwicklung herauszuarbeiten. Im nächsten Schritt werden generische Aktivitäten in der Produktentwicklung abgeleitet und typische Ausprägungen der zuvor erarbeiteten Attribute vergeben. Außerdem werden die Arten von Verschwendung bei der Ausführung dieser Aktivitäten ermittelt. Im letzten Schritt werden die realen Aktivitäten mit ihren Ausprägungen ihrem zugeordneten Grundtyp generischer Aktivitäten und derer Ausprägungen verglichen. Für jede Abweichung kann eine der bestimmten Verschwendungsarten zugewiesen werden, wodurch die Ableitung von Maßnahmen unterstützt wird.

Der Ansatz von SCHUH ET AL. ist insbesondere durch die Betrachtung der Aktivitäten in der Produktentwicklung, welche mit Hilfe von sieben Attributen beschrieben werden, von Relevanz. Auch der Ansatz zur Erstellung generischer Aktivitäten, basierend auf einem Produktentwicklungs-Referenzprozess mit 53 Aktivitäten, welche durch ein Clustering-Algorithmus zu insgesamt acht generischen Aktivitäten zusammengefasst werden ist eine Mechanik, welche für die vorliegende Arbeit genutzt werden kann.

Große Unterschiede existieren jedoch in den Zielen, die mit Hilfe der Attribute der Aktivitäten und der generischen Aktivitäten erreicht werden sollen.[373]

Wertstromanalyse in der Produktentwicklung von KORTHALS

KORTHALS hat das Ziel die Wertstromanalyse aus dem Kontext von Lean Thinking auf die Prozesse der Produktentwicklung zu übertragen und dadurch die Effizienz von Produktentwicklungsprojekten zu steigern. Die Methodik dient der Visualisierung des Wertstroms während eines Entwicklungsprojektes und der Identifikation von Verschwendung während der Durchführung von Aktivitäten. Im Rahmen der Methodik werden Aktivitäten und Entscheidungen unterschieden und jeweils durch Beschreibungsmodelle beschrieben. Unter anderem werden diese dann auf ihre Übereinstimmung mit den Kernkompetenzen des Unternehmens untersucht. Dies unterstützt die Identifikation von nichtwertschöpfenden Aktivitäten, weil diese nicht den Kernkompetenzen des Unternehmens entsprechen.

Während KORTHALS eine detaillierte, modellbasierte Beschreibung von Aktivitäten vornimmt, auf welcher im Rahmen dieser Arbeit aufgebaut werden kann, erfolgt keine Betrachtung des Personalressourceneinsatzes. Die Verschwendung durch den Einsatz nicht optimaler Ressourcen zur Bearbeitung von Aktivitäten wird ebenfalls nicht betrachtet.[374]

Exploring the link between uncertainty and project activities in new product development von LASSO ET AL.

Unsicherheiten und wie Entwickler mit ihnen umgehen sind kritische Faktoren bei der Bearbeitung von Entwicklungsprojekten. Aus diesem Grund untersuchen LASSO ET AL. in einer Studie mit einem Technologieunternehmen zwei Use Cases mit 45 Interviewpartnern und batrachten die Zusammenhänge verschiedener Unsicherheitstypen mit verschiedenen Projektaktivitäten, um daraus Implikationen für die Praxis in Forschung und Entwicklung abzuleiten. Dabei werden vier Unsicherheitstypen (technisch, organisational, ressourcenbedingt und marktbedingt) und drei Projektaktivitäten (Informationserlangung, Wissenstransfer und Repräsentation) unterschieden. Die Ergebnisse zeigen vier besonders starke Zusammenhänge zwischen Untersicherheitstypen und Aktivitätentypen auf.

Die Studie von LASSO ET AL. untersucht inwiefern sich Gruppen von Projektaktivitäten kritisch gegenüber Unsicherheit verhalten. In der vorliegenden Arbeit wird hingegen untersucht inwiefern sich Gruppen von Projektaktivitäten kritisch gegenüber den

[373] Vgl. Schuh et al. (2014), Systematic waste elimination

[374] Vgl. Korthals (2014), Wertstromanalyse in der Produktentwicklung

Kompetenzen der zugewiesenen Ressource verhalten. Die Unterteilung der Projektaktivitäten in lediglich drei Gruppen ist für den Ansatz der vorliegenden Arbeit jedoch zu grob, weshalb der Ansatz von LASSO ET AL. eher als Inspirationsquelle denn eine Basis für die vorliegende Arbeit eingeordnet werden muss.[375]

Ansätze zu Reduktion von Projektverzögerungen in Multiprojektumgebungen

Ansätze in diesem Unterkapitel fokussieren die Betrachtung von Projektverzögerungen in Multiprojektumgebungen und erarbeiten Maßnahmen und Methoden zur Reduktion dieser.

Product development resource allocation with foresight von JOGLEKAR & FORD

JOGLEKAR & FORD möchten mit ihrem Ansatz eine Antwort auf die Frage liefern, wie Ressourcen zur Reduktion der Bearbeitungsdauer in Entwicklungsprojekten eingesetzt werden können. Dazu wird die Ressourcenallokationsrichtlinienmatrix eingeführt, die berechnet, welcher Anteil der Ressourcen zur Fertigstellung von Aufgaben, zur Qualitätskontrolle von Aufgaben oder zur Iteration von Aufgaben eingesetzt werden sollen. Um den Aspekt der Vorausschau zu integrieren, implementieren JOGLEKAR & FORD einen Regelkreis, der den Aufgabenbacklog der drei beschriebenen Aufgabenbereiche regelt und entsprechend der Größe der jeweiligen Backlogs die Ressourcenallokation anpasst. Die erzielten Simulationsergebnisse zeigen, dass der Vorteil der Vorausschau bei steigender Komplexität der Projekte, gekennzeichnet durch höhere Iterationsraten, sinkt.

Der von JOGLEKAR & FORD vorgestellte Ansatz zielt auf die Reduktion der Projektbearbeitungsdauer durch eine vorausschauende Ressourcenallokation mit Hilfe eines steuerungstheoretischen Modells ab. Die Ressourcenallokation beschreibt jedoch keine individuellen Ressourcen mit eigenen Kompetenzprofilen, sondern wird lediglich über einen Anteil ausgedrückt, der für drei verschiedene Arten von Tätigkeiten eingesetzt werden soll.[376]

A lean approach to scheduling systems engineering resources von TURNER

TURNER stellt ein Kanban-basiertes Scheduling System (KSS) vor, das Lean Prinzipien in die Projektplanung integriert. Das Ziel ist die Steigerung der Flexibilität und Transparenz zur Unterstützung von strategischen Entscheidungen in der Systementwicklung. Die Lean Prinzipien, die in das Konzept integriert werden, umfassen Kaizen, die

[375] Vgl. Lasso et al. (2020), Exploring the link between uncertainty and project activities

[376] Vgl. Joglekar et al. (2005), Product development resource allocation

Limitierung des Work-in-Progress, kleine Losgrößen und Serviceklassen zur Priorisierung der Aufgaben.

Der Ansatz stellt ein grundlegendes Konzept vor, welches nicht im Detail ausgearbeitet ist. Grobe Schritte zur Implementierung des KSS werden skizziert jedoch nicht weiter vertieft. Nichtsdestotrotz sind die Gedanken zur Integration von Lean Prinzipien in das Projektmanagement bzw. die Projektplanung relevant und können als Inspirationsquelle dienen.[377]

Allocating human resources to projects and services in dynamic project environments von MOMENI & MARTINSUO

Die Studie von MOMENI & MARINSUO, durchgeführt mit zwei Unternehmen und 17 Interviewpartnern, untersucht die Ressourcenallokation in dynamischen Projektumgebungen. Der Objektbereich ist fokussiert auf die Serviceeinheiten der Unternehmen. Die Ergebnisse der Studie zeigen, dass die beiden Unternehmen Alternativen zur traditionellen Top-Down Ressourcenallokation nutzen. Die als Hybrid- und Bottom-Up-Ansatz bezeichneten Alternativen zeichnen sich insbesondere in dynamischen Projektumgebungen durch einige Vorteile aus. Die Priorisierung der Aufgaben und die kurzfristige Reaktion auf Veränderungen und Verzögerungen werden als zentrale Herausforderungen und Erfolgsfaktoren herausgearbeitet.

Die Ergebnisse der Studie bieten Anknüpfungspunkte für die vorliegende Arbeit, da die Produktentwicklung ebenfalls ein dynamisches Projektumfeld ist, insbesondere mit Mehrprojektsituationen. Daher sollten die herausgearbeiteten Herausforderungen und Erfolgsfaktoren Berücksichtigung finden.[378]

Dynamic order acceptance and capacity planning in a stochastic multi-project environment with a bottleneck resource von MELCHIORS ET AL.

MELCHIORS ET AL. führen in ihrer Arbeit Untersuchungen dazu durch, inwiefern bereits bei der Auftragsannahme eine Kapazitätsplanung durchgeführt werden sollte. Dabei werden die dynamisch ankommenden Aufträge mit stochastischer Intervallzeit zwischen Aufträgen und stochastischer Projektdauer zur Bearbeitung der Aufträge modelliert. Die Kapazitätsplanung wird dabei für eine vorher bestimmte Engpassressource, im Anwendungsfall der Arbeit eine Maschine, durchgeführt. Als Ergebnisse werden für verschiedene Szenarios abgeleitet, welche Richtlinie zur Auftragsannahme jeweils am besten geeignet ist.

---

[377] Vgl. Turner (2013), A lean approach to Scheduling Systems

[378] Vgl. Momeni et al. (2018), Allocating human resources

Der Ansatz von MELCHIORS ET AL. versucht durch verbesserte Richtlinien bei der Auftragsannahme die Wirtschaftlichkeit für das Unternehmen zu verbessern. Während der Anwendungsfokus bei einer Maschine in der Fertigung liegt, können einige Gedanken auf die Produktentwicklung übertragen werden. Beispielsweise die Relevanz, die Engpassressource zu betrachten oder dass eine Auftragsablehnung zur Limitierung des Work-In-Progress aus wirtschaftlicher Sicht sinnvoll sein kann.[379]

Stochastic project management: multiple projects with multi-skilled human resource von FELBERBAUER ET AL.

FELBERBAUER ET AL. haben das Ziel eine verbesserte Projektplanung, die externe Kosten für die Bereitstellung zusätzlicher Ressourcen zu minimieren. Dazu erarbeiten sie ein Modell, das Ressourcen mit individuellen Kompetenzprofilen sowie deren verfügbare Kapazität berücksichtigt und Arbeitspakete mit unsicheren Bearbeitungsdauern vorsieht. Schließlich werden die Auswirkungen der Veränderung verschiedener Parameter, wie beispielsweise der Grad der Unsicherheit, die Anzahl paralleler Projekte oder die Anzahl an Kompetenzen je Ressource, auf die erwarteten externen Kosten betrachtet.

Der Ansatz von FELBERBAUER ET AL. berücksichtigt in der Modellierung viele Aspekte, die auch im Kontext der vorliegenden Arbeit relevant sind. Als Beispiel hierfür sei die Beeinflussung der Bearbeitungsdauer von Aktivitäten durch die Kompetenzen der Ressourcen genannt. Leider werden keinerlei Hinweise zur Ermittlung in der Praxis der benötigten Informationen und Parameter gegeben. Die Modellierung bietet jedoch eine gute Grundlage, obwohl sich die Zielbereiche stark unterscheiden.[380]

Ansätze zur Steuerung und Planung von Projektaktivitäten

Im nachfolgenden Unterkapitel sind Ansätze vorgestellt, die sich im Kern mit der Planung und Steuerung von Projekten auf der Ebene von Projektaktivitäten beschäftigen.

Resource capacity allocation and project portfolio planning in practice von HENDRIKS ET AL.

Die Studie von HENDRIKS ET AL. untersucht die praktische Umsetzung der Ressourcenallokation. Dabei analysieren die Autoren verschiedene Fallstudien, um herauszufinden, wie Unternehmen diese Konzepte in der realen Welt anwenden. Sie identifizieren fünf zentrale Elemente für das Management der Ressourcenallokation: Langzeitplanung, mittelfristige Planung, Kurzzeitplanung, Verbindungen zwischen diesen Plänen und Bewertung von Abweichungen zwischen Planung und Realwert. Als

[379] Vgl. Melchiors et al. (2018), Dynamic order acceptance

[380] Vgl. Felberbauer et al. (2019), Stochastic project management

Handlungsempfehlungen wird abgeleitet den Projektstreufaktor, der angibt auf wie viele Personen ein gewisses Arbeitspensum verteilt ist, zu minimieren und Ressourceneinsatzprofile, die Ressourcen in fünf unterschiedliche Kategorien mit unterschiedlichen Einsatzarten im Projekt zuordnen, zu erstellen.

Die Ergebnisse der Studie von HENDRIKS ET AL. heben hervor, dass eine Planung innerhalb von Einzelprojekten effizienter ist als eine globale Planung mehrerer Projekte. Dieses Ergebnis widerspricht der Auffassung der vorliegenden Arbeit und liegt möglicherweise darin begründet, dass zum Zeitpunkt der Studie im Jahr 1999 noch keine Softwareunterstützung bei der globalen Planung in Multiprojektumgebungen berücksichtigt wurde und der manuelle Aufwand sehr hoch ist. Der Artikel zeigt neben den Handlungsempfehlungen keine neuen Tools oder Methoden auf, sondern gibt lediglich einen Überblick über bewährte Praktiken.[381]

Projektsteuerung in der Produktentwicklung mittels Predictive Analytics von DÖLLE

DÖLLE entwickelt in seiner Dissertation eine Methodik zur Steuerung von Entwicklungsprojekten, die es ermöglicht, präventive Steuerungsmaßnahmen mit Hilfe von Predictive Analytics zu implementieren. Die Implementierung der Steuerungsmaßnahmen erfolgt auf Aktivitätenebene, weshalb Abweichungen in den Zieldimensionen Zeit, Kosten, und Qualität auf Aktivitätenebene mit Hilfe neuronaler Netze antizipiert werden.

Der Objektbereich liegt bei DÖLLE ebenfalls in der Produktentwicklung, jedoch werden die Implikationen von Mehrprojektumgebungen nicht betrachtet. Auch wenn eine ausführliche Beschreibung von Aktivitäten und deren Zieldimensionen im gleichen Objektbereich erfolgt, wurde diese mit einem anderen Ziel erstellt und bietet daher für die vorliegende Arbeit nur geringe Relevanz. Die abgeleiteten Handlungsmaßnahmen zur Steuerung der Projekte sind nicht auf die Ressourcenallokation fokussiert.[382]

Project management under uncertainty: A mixed approach using flexible resource management to exploit schedule flexibility von LIMA ET AL.

Die Arbeit von LIMA ET AL. zielt darauf ab Projektmanager*innen eine Entscheidungshilfe bereitzustellen, die in weitverbreitete Softwarelösung Microsoft Project integriert werden kann. Für Entscheidungen im Kontext der Verschiebung von Aktivitäten oder der Verfügbarkeit von Ressourcen und die jeweilige Auswirkung auf den Projektplan,

---

[381] Vgl. Hendriks et al. (1999), Human resource allocation

[382] Vgl. Dölle (2018), Projektsteuerung in der Produktentwicklung

implementieren sie Visualisierungen, die auf Basis des RCPSP mit flexiblem Ressourcenmanagement (RCPSP-FRM) beruhen. Dabei wird davon ausgegangen, dass nicht kritische Aktivitäten in einem gewissen Rahmen flexibel verschoben werden können. Außerdem wird eine reaktive Phase beschrieben, die in Folge von Projektplanabweichungen eine neue optimale Lösung berechnet.

Insgesamt bietet die Arbeit von LIMA ET AL. einen guten Bezug zur Praxis, indem eine Entscheidungsunterstützung als Plugin für eine weitverbreitete Projektmanagementsoftware entwickelt wird. Allerdings werden keine Mitarbeitenden mit unterschiedlichen Kompetenzen als individuelle Ressourcen betrachtet und die Entscheidungshilfe zur Steuerung der Projekte bezieht sich maßgeblich auf das Neuplanen nichtkritischer Aktivitäten unter Berücksichtigung der Kapazitätsgrenzen der Gesamtressourcenverfügbarkeit.[383]

Modelling, simulation and resource optimisation of complex development project by fusion of multiple-domain matrix and coloured Petri nets methods von TOPIC & JEVTIC

TOPIC & JEVTIC verbinden in ihrem Ansatz die Methoden einer Multiple-domain Matrix (MDM) mit einem Coloured Petri Netz (CPN) mit dem Ziel, die Planung und Steuerung von komplexen Projekten zu vereinfachen und somit die Projektbearbeitungsdauer zu reduzieren. In der MDM werden die Beziehungen zwischen den Aktivitäten als auch zwischen Ressourcen und Aktivitäten abgebildet. Es wird anschließend ein Vorgehen vorgestellt die MDM in CPN zu überführen, welche dann wiederum zur Simulation von Kosten, Qualität und Entwicklungszeit genutzt werden kann oder die Auswirkungen von Verzögerungen und Veränderungen transparent macht. In einem Beispiel ermitteln TOPIC & JEVTIC die optimale Teamgröße verschiedener Rollen auf Basis der Simulationen.

Der Ansatz von TOPIC & JEVTIC bietet eine in der Praxis umsetzbare Lösung zur Entscheidungsunterstützung im Projektmanagement. Es bietet jedoch keine direkte Unterstützung bei der Projektplanung, sondern befähigt einen Nutzer eher dazu, die Auswirkungen verschiedener Szenarien zu simulieren.[384]

Ansätze zur Optimierung der Ressourcenallokation im Projektmanagement

Das bereits in Kapitel 2.4 beschriebene Optimierungsproblem der ressourcenbeschränkten Projektplanung ist häufig betrachtetes Forschungsobjekt. In diesem Kapitel werden Ansätze vorgestellt, die auf jenem oder ähnlichen Optimierungsproblemen aufbauen und dabei vergleichbare Ziele verfolgen wie die vorliegende Arbeit. Explizit

[383] Vgl. Lima et al. (2019), Project management under uncertainty

[384] Vgl. Topic et al. (2019), Modelling, simulation, and resource optimisation

nicht betrachtet, werden Ansätze die sich maßgeblich mit der Weiterentwicklung von Lösungsalgorithmen beschäftigen, da der Fokus der vorliegenden Arbeit nicht auf der Entwicklung von Algorithmen liegt.

Weighted Multi-Skill Resources Project Scheduling von AL-ANZI ET AL.

Das Paper von AL-ANZI ET AL. beschäftigt sich mit der Optimierung der Projektplanung unter Berücksichtigung von Ressourcen mit mehreren Kompetenzen. Die Autoren entwickeln das Weighted Multi-Skill Resources Project Scheduling (WMSPSP) Modell, das auf dem Resource-Constrained Project Scheduling Problem (RCPSP) Modell aufbaut. Das WMSPSP-Modell erweitert das RCPSP-Modell um die Berücksichtigung von Ressourcen mit verschiedenen Fähigkeiten und einem Gewichtungsfaktor. Der Gewichtungsfaktor ermöglicht es auf Basis der Kompetenzen der Ressource nicht nur eine geeignet/ungeeignet-Logik aufzubauen, sondern unterschiedliche Bearbeitungsdauern für die Aktivitäten anzusetzen. Die Autoren zeigen, dass ihre Ansätze im Vergleich zu bestehenden Methoden Vorteile bieten und zu einer effizienteren Projektplanung führen können.

AL-ANZI ET AL. zeigen, dass durch die Berücksichtigung von gewichteten Ressourcen mit mehreren Fähigkeiten das Modell eine präzisere und realistischere Planung und Allokation der Ressourcen ermöglicht. Es ermöglicht eine optimale Nutzung der verfügbaren Ressourcen, um Engpässe zu minimieren und die Leistungsfähigkeit zu verbessern, ist dabei jedoch auf die Zeitperspektive begrenzt und berücksichtigt die Herausforderungen von Multiprojektumgebungen nicht. Es wird zudem nicht darauf eingegangen, wie die Gewichtungsfaktoren definiert sind und wie diese ermittelt werden können.[385]

Resource-constrained multi-project scheduling: Priority rule performance revisited von BROWNING & YASSINE

BROWING & YASSINE bewerten in ihrer Arbeit bestehende Priorisierungsregeln und -ansätze im Multiprojektmanagement. Dazu nutzen sie das bestehende RCPSP und untersuchen damit die Auswirkungen der Priorisierungsregeln auf die Zieldimensionen Projektverspätung und Portfolioverspätung. Die durchgeführten Simulationen und Experimente ermöglichen es, die Leistung der Prioritätsregeln genauer zu bewerten und verschiedene Szenarien und Parameter zu analysieren. Die Ergebnisse bieten eine verbesserte Grundlage für die Entscheidungsfindung im Multiprojektmanagement und zeigen vorteilhafte und nachteilhafte Anwendungen der Priorisierungsregeln auf.

---

[385] Vgl. Al-Anzi et al. (2010), Weighted Multi-Skill Resources

Durch die spezifische Betrachtung der Projektverspätung und der Portfolioverspätung tragen die Autoren zur Entwicklung von Konzepten und Methoden bei, die Unternehmen dabei unterstützen, ihre Projekte termingerecht abzuschließen und die gesamte Projektpipeline effizient zu verwalten. Im Fokus der Arbeit steht allerdings lediglich die Zeitdimension und auf den Einfluss der Ressourcen sowie von Kompetenzen in der Produktentwicklung wird nicht eingegangen.[386]

On the Multi-mode, Multi-skill Resource Constrained Project Scheduling Problem – A Software Application von SANTOS & TERESO

Das Ziel von SANTOS & TERESO ist die Entwicklung einer Softwareanwendung zur Lösung einer Variante des RCPSP. Das Multi-mode, Multi-skill Resource Constrained Project Scheduling Problem (MMMS-RCPSP) ist eine Erweiterung des RCPSP, bei dem zusätzlich zu den Ressourcenbeschränkungen auch verschiedene Fähigkeiten (Skills) der Ressourcen und die Möglichkeit des Wechsels zwischen verschiedenen Arbeitsmodi berücksichtigt werden. Im Ansatz wird sowohl eine Optimierung hinsichtlich der Bearbeitungsdauer als auch der Bearbeitungskosten betrachtet. Bei den Kosten werden zusätzliche Kosten durch Verspätung oder zusätzliche Umsätze durch vorzeitige Fertigstellung berücksichtigt. Die entwickelte Softwareanwendung ermöglicht es den Benutzern, Projekte, Ressourcen, Fähigkeiten und Arbeitsmodi zu definieren, Einschränkungen und Prioritäten festzulegen sowie Zeitpläne zu generieren und zu optimieren.

Die Umsetzung des Modells in einem Softwaretool zeigte die Praxisorientierung des Ansatzes von SANTOS & TERESO. Auch der Ansatz die Zieldimensionen Zeit und Kosten zu integrieren, indem Kosten für zeitliche Verzögerungen erhoben werden ist für die vorliegende Arbeit von Relevanz. Allerdings fehlen für einen direkten Einsatz in der Praxis die genaue Beschreibung der einzelnen Parameter sowie ein Vorgehen, diese in Unternehmen erheben zu können. So wird beispielsweise nicht beschrieben, wie die Verzögerungskosten ermittelt werden können oder wie die Zusammenhänge zwischen Kompetenzen der Ressourcen und der Bearbeitungsdauer abgeleitet werden können.[387]

Multi-project scheduling problem with human resources based on dynamic programming and staff time coefficient von CHEN ET AL.

Der Ansatz von CHEN ET AL. baut auf dem RCPSP in einer Multiprojektumgebung auf und hat das Ziel durch die Ermittlung eines Zeitkoeffizienten der Ressourcen für jede Aktivität die Planung zu verbessern. Die Berechnung der Zeitkoeffizienten basiert auf

[386] Vgl. Browning et al. (2010), Resource-constrained multi-project scheduling

[387] Vgl. Santos et al. (2011), On the Multi-mode multi-skill RCPSP

einem kubischen Modell zur Berechnung des Wertes einer Aktivität, wenn diese von einer bestimmten Ressource durchgeführt wird. Dazu werden jeder Aktivität erwartete Werte für Zeit, Kosten und Qualität im Sinne einer Anforderung zugeordnet. Im nächsten Schritt werden für jede Ressource zu jeder Aktivität Werte für Zeit, Kosten und Qualität zugeordnet, die zu erwarten sind, insofern diese Ressource diese Aktivität durchführt. Durch die drei Dimensionen ergibt sich ein kubisches Modell und das Verhältnis vom Produkt der drei Dimensionen für die erforderten Werte der Aktivität und der erwarteten Werte bei Bearbeitung durch eine Ressource entspricht dem Zeitkoeffizienten (siehe Abbildung 3-8). Dieser wird schließlich in Kombination mit der Verfügbarkeit und Arbeitszeiten der Mitarbeitenden berücksichtigt, um eine optimale Ressourcenverteilung und Projektplanung zu erreichen.

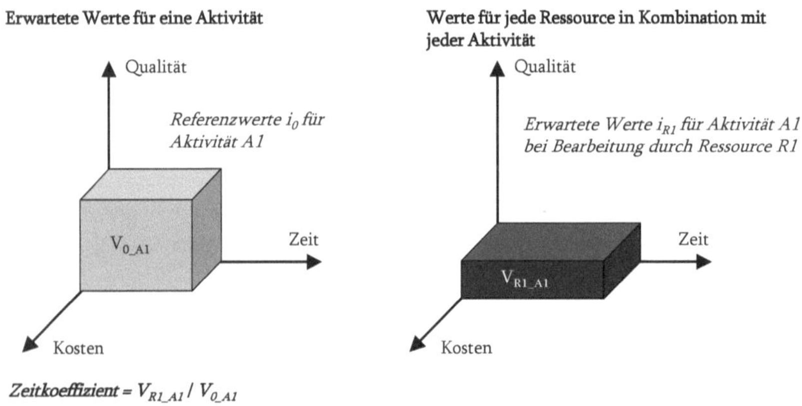

Abbildung 3-8 Berechnung der Zeitkoeffizienten nach CHEN ET AL.[388]

CHEN ET AL. beschreiben ein mathematisches Modell zur Berechnung eines Zeitkoeffizienten. Das dynamische Programmierungsverfahren und der Zeitkoeffizient erweitern bestehende Methoden rund um das Multi-Skill RCPSP und bieten eine mathematisch fundierte Lösung an. Die Parameter und Eingangsgrößen dieser Berechnung sind jedoch äußerst umfangreich und in der Praxis nahezu unmöglich zu erheben. Die Berechnung von Zeitkoeffizienten, der jeder Kombination von Aktivität und Ressource einen individuellen Koeffizienten zuweist, ist jedoch ein hoch relevanter Ansatzpunkt.[389]

[388] Vgl. Chen et al. (2014), Multi-project scheduling problem

[389] Vgl. Chen et al. (2014), Multi-project scheduling problem

Evaluation von Schedulingproblemen für die Projektplanung von Großprojekten am Beispiel des kerntechnischen Rückbaus von HÜBNER ET AL.

HÜBNER ET AL. untersuchen die Anwendung von Ansätzen zur Optimierung der Ressourcenallokation im Kontext der Projektplanung von Großprojekten, speziell im Bereich des kerntechnischen Rückbaus. Die Autoren analysieren verschiedene Planungsmethoden und -ansätze, die zur Optimierung der Ressourcenallokation eingesetzt werden können. Dabei betrachten sie insbesondere die Herausforderungen, die bei der Planung von Großprojekten auftreten, wie komplexe Abhängigkeiten zwischen Aufgaben, begrenzte Ressourcen und strenge Zeitvorgaben. Das Paper präsentiert Fallstudien aus dem Bereich des kerntechnischen Rückbaus, bei denen die Anwendbarkeit und Wirksamkeit verschiedener Ressourcenoptimierungsmethoden bewertet werden und schließlich eine angepasste Form des Multi-mode Resource Investment Problem with Tardiness Penalty (MRIPT) ausgewählt und angewendet wird.

Die Ausarbeitungen von HÜBNER ET AL. zeigen, dass neben dem RCPSP, je nach Anwendungsfall, auch weitere Optimierungsprobleme vielversprechende Lösungen anbieten. Insbesondere die unmittelbare Integration von Verzögerungskosten beim RIPT ist hierbei für die vorliegende Arbeit im Detail zu bewerten. Allerdings ist anzumerken, dass mit dem kerntechnischen Rückbau ein sehr spezifischer Anwendungsbereich betrachtet wurde, wodurch viele spezifische Aspekte des Multiprojektmanagements in der Produktentwicklung nicht berücksichtigt wurden.[390]

Modeling of the time-dependent multi-skilled RCPSP considering learning effect: An evolutionary solution approach von HOSSEINIAN ET AL.

Das Paper von HOSSEINIAN ET AL. beschäftigt sich mit der Modellierung des zeitabhängigen Multi-Skilled ressourcenbeschränkten Projektplanungsproblems (MSRCPSP/t) unter Berücksichtigung des Lerneffekts. Die Autoren gehen bei der Entwicklung ihres Modells in mehreren Schritten vor. Zunächst basieren sie auf dem klassischen RCPSP-Modell, das die Planung von Aufgaben mit begrenzten Ressourcen umfasst und ergänzen eine Zeitabhängigkeit in der Verfügbarkeit der Ressourcen. Anschließend erweitern sie dieses Modell um den Aspekt des Lerneffekts, der die Leistung der Ressourcen im Laufe der Zeit beeinflusst, indem Ressourcen Kompetenzen von anderen Ressourcen mit stärker ausgeprägten Kompetenzen erlernen können. Neben der Formulierung des Problems besteht ein wesentlicher Beitrag des Papers in der Vorstellung eines Lösungsansatzes, der auf Metaheuristiken basiert, um das erweiterte Modell zu lösen. Die

390 Vgl. Hübner et al. (2017), Evaluation von Schedulingproblemen

Autoren setzen verschiedene Metaheuristiken ein, um eine optimale Lösung für das Modell zu finden.

Das Paper von HOSSEINIAN ET AL. baut auf früheren Arbeiten zur Modellierung des Ressourcenbeschränkten Projektplanungsproblems (RCPSP) auf, erweitert das Modell jedoch insbesondere um den Aspekt des Lerneffekts. Obwohl das Paper speziell den Aspekt des Lerneffekts im multi-skilled RCPSP behandelt, werden keine Angaben dazu gemacht, wie die Kompetenzen und der Lerneffekt in der Praxis ermittelt werden können. Es bleibt daher ein theoretisches Paper, das lediglich aufzeigt, dass die Integration von Lerneffekten in die Projektplanung theoretisch möglich sind. Durch den Fokus auf den Lerneffekt beschreibt das Paper jedoch sehr umfangreich ein mathematisches Modell, wie der Kompetenzeinfluss auf die Bearbeitungsdauer der Aktivitäten berechnet werden kann.[391]

Model and Algorithm for Human Resource-Constrained R&D Program Scheduling Optimization von CHEN ET AL.

CHEN ET AL. beschreiben ein Modell und einen Algorithmus zur Optimierung der Terminplanung für Forschungs- und Entwicklungsprogramme unter Berücksichtigung von Ressourcenbeschränkungen. Das entwickelte Modell berücksichtigt die bereits vorgestellten Koeffizienten von menschlichen Ressourcen (siehe CHEN ET AL.[392]) sowie die Abhängigkeiten zwischen verschiedenen Aktivitäten in einem R&D-Programm. Das Ziel besteht darin, den Ressourceneinsatz zu optimieren und gleichzeitig die Projektdauer zu minimieren. Der Algorithmus nutzt eine Kombination aus genetischen Algorithmen und lokaler Suche, um eine optimale Lösung für das R&D-Programm zu finden. Dabei werden verschiedene genetische Operatoren wie Rekombination und Mutation verwendet, um die Lösungsqualität schrittweise zu verbessern.

Während der Ansatz von CHEN ET AL. einen guten Ansatz für die Modellierung des RCPSP in der Forschung und Entwicklung bietet und dabei die Kompetenzen der Ressourcen durch die Zeitkoeffizienten berücksichtigt, weichen insbesondere die getroffenen Annahmen, vom Verständnis der vorliegenden Arbeit ab. Beispielsweise die Annahme, dass die Kosten nur durch „nicht-erneuerbare" Ressourcen entstehen, die verbraucht werden. Damit sind explizit nicht die Personalkosten der Ressourcen gemeint, sondern es könnte beispielsweise Materialkosten umfassen. Darüber hinaus

---

391 Vgl. Hosseinian et al. (2019), Time-dependent multi-skilled RCPSP

392 Vgl. Chen et al. (2014), Multi-project scheduling problem

schreiben CHEN ET AL. zwar von einer realen Anwendung des Modells, dieses wird jedoch mit scheinbar zufällig gewählten Eingangsgrößen befüllt, ohne jeglichen Praxisbezug oder Erklärung zur Ermittlung der Werte.[393]

A multiobjective integrated multiproject scheduling and multiskilled workforce assignment model considering learning effect under uncertainty von HEMATIAN ET AL.

Der Ansatz von HEMATIAN ET AL. präsentiert ein RCPSP-Modell, das die integrierte Terminplanung von Multiprojekten und die Zuweisung von mehrfach qualifizierten Arbeitskräften unter Berücksichtigung des Lerneffekts und Unsicherheit behandelt. Das Modell wurde entwickelt, um eine optimale Lösung für die Terminplanung und Ressourcenallokation in einem unsicheren Umfeld zu finden. Das Vorgehen bei der Modellerstellung beinhaltet die Identifizierung der relevanten Projektattribute, Zielkriterien und Unsicherheiten. Die Unsicherheiten werden berücksichtigt indem die Bearbeitungsdauer einer Aktivität nicht nur von der zugewiesenen Ressource abhängig ist, sondern zusätzlich auf einer trapezförmigen Fuzzy-Funktion basiert. Je niedriger dabei das Konfidenzlevel ist, desto größer werden die Abweichungen von der geplanten Bearbeitungsdauer. Bei niedrigen Konfidenzlevel verlängert sich die Fertigstellungsdauer der Projekte dementsprechend.

Durch den Fuzzy-Ansatz sind insbesondere unsichere und volatile Entwicklungsumgebungen mit unvorhersehbaren Abweichungen in der Bearbeitungsdauer von Aktivitäten berücksichtigt. Es werden jedoch keine Angaben zur Ermittlung des Konfidenzlevels in der Praxis gemacht.[394]

A new algorithm for resource-constrained project scheduling with breadth and depth of skills von SNAUWAERT & VANHOUCKE

SNAUWAERT & VANHOUCKE haben das Ziel die optimale Zusammenstellung des Personals für ein vorliegendes Projektportfolio zu ermitteln. Dabei haben sie ein Forschungsdefizit darin erkannt, dass bestehende Ansätze selten von Personalressourcen mit multiplen Kompetenzen unterschiedlicher Ausprägung ausgehen. Um das zu adressieren wird das Konzept der „Breite“ und „Tiefe“ von Kompetenzen verwendet. Die „Breite“ beschreibt dabei, ob die Ressourcen über ein breites Spektrum von Fähigkeiten verfügen, während die "Tiefe" sich auf die Beherrschung bestimmter Fähigkeiten auf einem hohen Niveau bezieht. Die Simulationsergebnisse zeigen dabei, dass insbesondere bei vielen gleichzeitigen Projekten eine Belegschaft mit „breiten“ Kompetenzen vorteilhaft ist, da somit eine höhere Flexibilität realisiert wird.

---

[393] Vgl. Chen et al. (2019), Model and Algorithm for Human Resource-Constrained

[394] Vgl. Hematian et al. (2020), A multiobjective integrated multiproject scheduling

Durch diese genaue Berücksichtigung von Kompetenzen ermöglicht das Modell von SNAUWAERT & VANHOUCKE eine präzisere Ressourcenzuweisung. Dieser Ansatz ist besonders relevant für das Multiprojektmanagement in komplexen Umgebungen, in denen eine optimale Ressourcenallokation und -auslastung von entscheidender Bedeutung sind. Ein Vorgehen zur Quantifizierung des Einflusses der Kompetenzen auf die Bearbeitungsdauer wird allerdings nicht vorgestellt. In einem anderen Werk[395] der gleichen Autoren wird sogar hervorgehoben, dass es ihrem Kenntnisstand nach keinen Ansatz für die Quantifizierung des Einflusses der Kompetenzen auf die Bearbeitungszeit von Aktivitäten gibt.[396]

Multi-project scheduling problems with shared multi-skill resource constraints von HAROUNE ET AL.

HAROUNE ET AL. beschäftigen sich mit dem Personalressourceneinsatz in der Multiprojektumgebung aus einem gemeinsamen Ressourcenpool mit unterschiedlichen Kompetenzen. Das Hauptziel der Studie besteht darin, effiziente Planungsmodelle und -algorithmen zu entwickeln, die die begrenzte Verfügbarkeit von Ressourcen mit mehreren Kompetenzen berücksichtigen und gleichzeitig die Anforderungen mehrerer Projekte erfüllen. Dabei werden jeder Kombination aus Aktivität und Personalressource unterschiedliche Effektivitätswerte zugeordnet, welche die Bearbeitungsdauer der Aktivitäten beeinflussen.

Während der Grundgedanke, die Bearbeitungsdauer von Aktivitäten in Abhängigkeit von Kompetenzen zu bestimmen, vergleichbar zur vorliegenden Arbeit ist, wird bei diesem Ansatz der Schwerpunkt auf die Entwicklung von geeigneten Algorithmen zur Lösung des formulierten Optimierungsproblems gelegt. Eine Methodik zur Erhebung der Effektivitätswerte in der Praxis fehlt genauso wie eine Beschreibung und Validierung davon, wie sich die Bearbeitungsdauer einer Aktivität auf Basis der Kompetenzprofile der Personalressourcen verändert.[397]

3.3 Zusammenfassung und Positionierung der Arbeit

Nachdem relevante wissenschaftliche Ansätze mit Hilfe einer systematischen Literaturrecherche identifiziert wurden und anschließend die relevantesten im Kontext dieser Arbeit vorgestellt wurden, kann das Forschungsdefizit abgeleitet werden und die

[395] Vgl. Snauwaert et al. (2020), A new solution procedure

[396] Vgl. Snauwaert et al. (2021), A new algorithm for RCPSP

[397] Vgl. Haroune et al. (2021), Multi-project scheduling problems

vorliegende Arbeit positioniert werden. Dazu werden die relevanten Ansätze anhand der in Kapitel 3.2 beschriebenen Kriterien bewertet. Die Bewertung dient zur Zusammenfassung und Ableitung des Forschungsdefizits und ist in Abbildung 3-9 zusammengefasst.

Es kann festgestellt werden, dass in der wissenschaftlichen Literatur die Wichtigkeit des Ressourcenmanagements für die Zielerreichung von Projektzielen betont wird. Wie aus Abbildung 3-9 aber hervorgeht, erfüllt keines der bestehenden Werke alle für die vorliegende Arbeit relevanten Kriterien vollumfassend (siehe Durchschnittswerte je Ansatz, letzte Spalte in Abbildung 3-9). Aus den Erfüllungsgraden der einzelnen Kriterien (siehe Durchschnittswerte je Kriterium, letzte Zeile in Abbildung 3-9) geht hervor, dass in bestehenden Ansätzen zum Projektmanagement nur selten Personalressourcen und noch seltener deren Kompetenzen berücksichtigt werden. Insbesondere wie eine Ressource mit individuellem Kompetenzprofil die Bearbeitungszeit einer Aktivität beeinflusst, ist bislang wenig erforscht. Ein weiteres Defizit liegt in der Berücksichtigung von Verzögerungskosten bei der Planung und Steuerung im Projektmanagement, welche nur vereinzelt in Ansätzen im Kontext des Lean Thinking erwähnt werden. Weitere Defizite der bestehenden Forschung ergeben sich durch die Bewertung der Korrelation zwischen einzelnen Kriterien.

Legende

○ Kriterium nicht erfüllt
◔ Kriterium kaum erfüllt
◑ Kriterium teilweise erfüllt
◕ Kriterium größtenteils erfüllt
● Kriterium vollständig erfüllt
LH Lösungshypothese

		Objektbereich						Zielbereich					LH	
	Autor des Ansatzes	Fokus auf Multiprojektumgebung	Fokus auf Entwicklungsumgebung	Betrachtung von Personalressourcen	Betrachtung von Kompetenzen	Bewertung der Zieldimension Zeit	Bewertung der Zieldimension Kosten	Ermittlung von Verzögerungskosten	Bewertung des Kompetenzbedarfs von Aktivitäten	Ermittlung des Zusammenhangs von Kompetenzen und Bearbeitungsdauer	Verbesserung der übergreifenden Projektplanung	Entwicklung einer praxisorientierten Methodik	Einsatz von Optimierungsverfahren	Durchschnittswert des Ansatzes
I	ARNOLD & YÜCE (2013)	◔	◕	○	○	●	●	◕	○	○	◕	◕	○	◑
I	LYDEN (2014)	◑	●	○	○	●	●	◕	○	○	◑	◕	○	◑
I	MOREIRA (2017)	◕	●	○	○	●	●	◑	○	○	◑	◑	○	◑
I	MITTAL ET AL. (2019)	○	○	○	○	●	●	●	○	○	○	◕	○	◔
I	GOLJAN ET AL. (2021)	○	◕	○	○	●	●	●	○	○	◔	◕	○	◑
II	KRUMM ET AL. (2012)	○	◔	●	●	○	◔	○	○	○	◔	◑	○	◔
II	GOLDHAMMER ET AL. (2014)	○	○	●	◑	●	○	○	○	◑	○	○	○	◔
II	KORYTKOWSKI & MALACHOWSKI (2019)	◕	◑	●	●	◕	○	○	◕	●	◕	○	◕	◑
III	HINSCH (2013)	○	●	●	●	○	○	○	●	◔	○	●	○	◑
III	SCHUH ET AL. (2014)	○	●	○	◔	◑	◑	○	◔	○	○	◕	○	◔
III	KORTHALS (2014)	○	●	○	◑	◕	◕	○	◔	○	◔	◕	○	◔
III	LASSO ET AL. (2020)	○	●	○	○	◑	◔	○	○	◔	◔	◔	○	◔
IV	JOGLEKAR & FORD (2005)	◔	●	○	○	●	○	○	○	○	◔	○	○	◔
IV	TURNER (2013)	●	●	◔	○	●	○	○	○	○	◑	◔	○	◔
IV	MOMENI & MARTINSUO (2018)	◑	◔	◑	○	◔	◔	○	○	○	◔	◕	○	◔
IV	MELCHIORS ET AL. (2018)	●	○	○	○	◑	◕	◔	○	○	◑	◔	◑	◔
IV	FELBERBAUER ET AL. (2019)	●	◑	●	◑	◔	●	○	○	○	◑	◔	●	◑
V	HENDRIKS ET AL. (1999)	●	●	●	◔	◔	◔	○	○	○	◕	◕	○	◑
V	DÖLLE (2018)	○	●	○	○	●	●	○	○	○	◑	◑	○	◔
V	LIMA ET AL. (2019)	◑	◑	○	○	●	○	○	○	○	◕	●	◕	◑
V	TOPIC & JEVTIC (2019)	○	◕	●	○	◕	◕	○	○	○	◔	◕	○	◔
VI	AL-ANZI ET AL. (2010)	○	◕	●	◑	●	○	○	○	○	◑	○	●	◑
VI	BROWNING & YASSINE (2010)	●	◕	○	○	●	○	○	○	○	◑	◑	●	◑
VI	SANTOS & TERESO (2011)	○	◑	◑	◑	●	●	◔	○	○	◕	◑	●	◑
VI	CHEN ET AL. (2014)	●	◑	◕	◔	●	◑	○	◔	◔	◕	○	●	◑
VI	HÜBNER ET AL. (2017)	○	○	○	○	●	●	◑	○	○	●	●	●	◑
VI	HOSSEINIAN ET AL. (2019)	●	◕	●	●	●	◔	○	◑	◑	●	○	●	◕
VI	CHEN ET AL. (2019)	●	●	●	◑	●	◔	○	◔	◔	◕	○	●	◑
VI	HEMATIAN ET AL. (2020)	●	●	●	◕	●	◔	○	◔	◑	◕	○	●	◕
VI	SNAUWAERT & VANHOUCKE (2021)	●	●	●	●	●	○	○	◔	◔	◕	◔	●	◕
VI	HAROUNE ET AL. (2021)	●	●	●	◕	●	◔	○	◔	◑	◕	◔	●	◕
	Gesamtdurchschnitt	◑	◕	◑	◑	◕	◑	◔	◔	◔	◑	◑	◑	

Abbildung 3-9 Bewertung der relevanten bestehenden Ansätze

Die Ergebnisse der Korrelationsanalyse sind in Abbildung 3-10 zu sehen. Es wurde der Korrelationskoeffizient nach PEARSON berechnet, der sich für die Berechnung linearer Korrelationen eignet.[398] Dabei bedeutet eine negative Korrelation, dass bei steigender Bewertung des ersten Kriteriums die Bewertung des anderen Kriteriums abnimmt. Eine null bedeutet, dass es keinen Zusammenhang gibt und ein positiver Korrelationskoeffizient deutet auf einen gleichgerichteten linearen Zusammenhang hin. Man erkennt, dass insbesondere die Ermittlung von Verzögerungskosten bisher wenig mit anderen Betrachtungs- und Zielbereichen kombiniert wurde. Die Ermittlung des Einflusses der Kompetenzen einer Ressource auf die Bearbeitungsdauer einer zugewiesenen Aktivität wurde bisher weder im Kontext von Kostenermittlungen betrachtet, noch in eine praxisorientierte Methodik überführt. Auch das Einnehmen der Perspektive der Personalressourcen mit jeweiligen individuellen Kompetenzen ist bisher nicht in Kombination mit Zielen im Kontext Dimensionen Zeit und Kosten erfolgt.

Die vorliegende Arbeit stellt in ihrer Gesamtheit daher insbesondere aufgrund vorher kombinierter Teilbereiche und Methoden sowie deren Überführung in einen praxisorientierten Ansatz eine wissenschaftliche Neuheit dar. Ein Teilbereich, der einen zuvor wenig erforschten Forschungsbereich weiter erschließt ist die Bewertung der Bearbeitungsdauern von Aktivitäten in Abhängigkeit der Kompetenzen der zugewiesenen Ressource. Dadurch weist die vorliegende Arbeit ein T-Profil auf, wobei in der Horizontalen die Kombinatorik bestehender Methoden und Ansätze sowie deren Übertragung in die Praxis erforscht wird, während in der Vertikalen ein Teilbereich der Arbeit in einem bisher wenig erforschten Gebiet zur Steigerung des Grundlagenwissens und Erschließung von Zusammenhängen beiträgt.

---

[398] Vgl. Hatzinger et al. (2011), Einführung durch angewandte Statistik, S.276ff.

		Objektbereich						Zielbereich					LH
		Fokus auf Multiprojektumgebung	Fokus auf Entwicklungsumgebung	Betrachtung von Personalressourcen	Betrachtung von Kompetenzen	Bewertung der Zieldimension Zeit	Bewertung der Zieldimension Kosten	Ermittlung von Verzögerungskosten	Bewertung des Kompetenzbedarfs von Aktivitäten	Ermittlung des Zusammenhangs von Kompetenzen und Bearbeitungsdauer	Verbesserung der übergreifenden Projektplanung	Entwicklung einer praxisorientierten Methodik	Optimierungsverfahren
Objektbereich	Fokus auf Multiprojektumgebung	1,00											
Objektbereich	Fokus auf Entwicklungsumgebung	0,18	1,00										
Objektbereich	Betrachtung von Personalressourcen	0,30	0,02	1,00									
Objektbereich	Betrachtung von Kompetenzen	0,18	0,09	0,77	1,00								
Objektbereich	Bewertung der Zieldimension Zeit	0,11	0,11	-0,26	-0,24	1,00							
Objektbereich	Bewertung der Zieldimension Kosten	-0,27	-0,17	**-0,45**	-0,42	0,12	1,00						
Objektbereich	Ermittlung von Verzögerungskosten	-0,27	-0,23	**-0,51**	-0,42	0,30	0,68	1,00					
Zielbereich	Bewertung des Kompetenzbedarfs von Aktivitäten	0,13	0,23	0,44	0,70	-0,23	-0,36	-0,29	1,00				
Zielbereich	Ermittlung des Zusammenhangs von Kompetenzen und Bearbeitungsdauer	0,31	0,02	0,55	0,64	0,11	**-0,45**	-0,30	0,66	1,00			
Zielbereich	Verbesserung der übergreifenden Projektplanung	0,58	0,08	0,19	0,17	0,39	0,01	-0,08	0,04	0,25	1,00		
Zielbereich	Entwicklung einer praxisorientierten Methodik	**-0,45**	-0,08	**-0,45**	-0,37	-0,27	0,41	0,41	-0,11	**-0,56**	-0,23	1,00	
LH	Optimierungsverfahren	0,51	-0,10	0,39	0,40	0,32	-0,18	-0,27	0,18	0,35	0,71	-0,43	1,00

Legende

Art des Zusammenhangs	Hoher negativ linearer Zus.	Mittlerer negativ lin. Zus.	Kein linearer Zus.	Mittlerer positiv linearer Zus.	Hoher positiv linearer Zus.
Farbe					
Wertebereich	-1,00 bis -0,45	-0,44 bis -0,20	-0,19 bis 0,19	0,20 bis 0,44	0,45 bis 1,00

Beispielhafte Verteilung

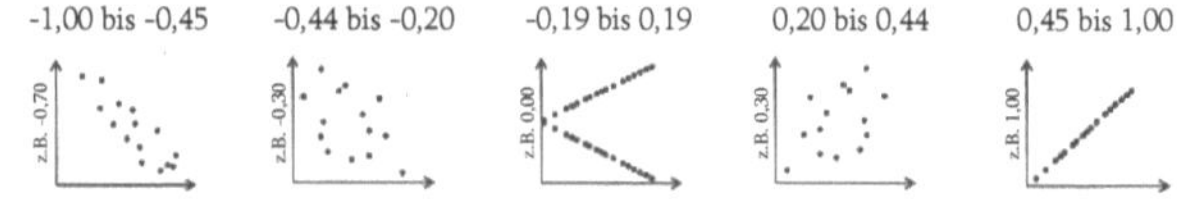

Abbildung 3-10 Korrelationsanalyse der Bewertung der verschiedenen Kriterien

Nachdem im Sinne der zugrundeliegenden Forschungsmethodik gezeigt wurde, dass für das eingangs beschriebene Problem keine adäquate Lösung besteht, können aus den bestehenden Ansätzen ebenfalls im Sinne der Forschungsmethodik die Anforderungen an die Lösung abgeleitet werden. Dabei werden bewährte Lösungen für Teilprobleme aufgegriffen und Defizite durch neue Lösungen adressiert. Diese werden in Tabelle 3-2 in Form von Anforderungen an die vorliegende Arbeit formuliert, welche die Anforderungen, die sich aus der Zielstellung der Arbeit ableiten, ergänzen. Es wurde dabei zwischen Muss-Anforderungen, die einen unmittelbaren Beitrag zur Zielerreichung der vorliegenden Arbeit liefern und Kann-Anforderungen, die einen indirekten Beitrag leisten oder angrenzende Bereiche betrachten, unterschieden.

Tabelle 3-2 Aus bestehenden Ansätzen abgeleitete Anforderungen an die vorliegende Arbeit

Beschreibung	Vielversprechender Ansatz	Defizit ersichtlich bei	Muss / Kann
Nutzen von Verzögerungskosten zur Integration der Zieldimensionen Zeit und Kosten	Mehrere, u.A.: ARNOLD & YÜCE	AL-ANZI ET AL.	Muss
Unternehmensunspezifische Berechnung der Verzögerungskosten		LYDEN	Muss
Berechnung der Verzögerungskosten je Projekt		ARNOLD & YÜCE; GOLJAN ET AL.	Muss
Nutzung eines Kompetenzmodells mit Ausprägungsstufen je Kompetenz	KRUMM ET AL., SNAUWAERT & VANHOUCKE		Muss
Personalressourceneinsatz auf Basis ihrer Kompetenzen	HINSCH	KRUMM ET AL.	Muss
Vorgehen zur Ermittlung des Zusammenhangs zwischen Kompetenz und Bearbeitungsdauer		Mehrere, u.A.: GOLDHAMMER ET AL.	Muss
Einsatz von Cluster-Algorithmus zur Erstellung generischer Aktivitätentypen	SCHUH ET AL.	LASSO ET AL.	Kann
Beschreibung von Aktivitäten durch Eigenschaften und Ausprägungen	SCHUH ET AL., KORTHALS		Muss
Berücksichtigung individueller Ressourcen		JOGLEKAR & FORD	Muss
Lean Prizipien berücksichtigen	TURNER		Kann
Aufgabenpriorisierung vornehmen		MOMENI & MARINSUO	Kann
Reaktion auf Veränderungen und Verzögerungen ermöglichen		MOMENI & MARINSUO	Muss
Flexibilität zur erfolgreichen Steuerung der Projekte berücksichtigen	LIMA ET AL.		Muss
Einsatz von Optimierungsmodellen zur Verbesserung der Projektplanung	Mehrere, u.A.: HOSSEINIAN ET AL.		Muss
Interdependenzen zwischen Projekten in Multiprojektumgebung berücksichtigen		AL-ANZI ET AL., CHEN ET AL.	Kann
Klare Definition aller Parameter und Beschreibung der praktischen Erhebung		AL-ANZI ET AL., SANTOS & TERESO,	Muss

Softwaredemonstrator	LIMA ET AL., SANTOS & TERESO	Kann
Berechnung von individuellen Koeffizienten für jede Allokation	CHEN ET AL.	Muss
Auswahl der geeigneten Optimierungsproblemklasse	HÜBNER ET AL.	Muss
Berücksichtigung von Unsicherheiten	HEMATIAN ET AL.	Muss

3.4 Vorstellung eigener Forschungsarbeiten im Kontext der Arbeit

Abschließend werden zur Vervollständigung der Darstellung des aktuellen Standes in Industrie und Forschung die eigenen forschungsbegleitenden Arbeiten des Autors im Kontext dieser Arbeit vorgestellt. Diese Arbeiten wurden in Form von wissenschaftliche Veröffentlichungen publiziert, wobei durch das jeweils erfolgte double-blind peer-review die wissenschaftliche Validität der Veröffentlichungen und somit auch der vorliegenden Arbeit sichergestellt ist.

1. *Concept for competency-based resource allocation in multi-project environments*[399]

In dieser Veröffentlichung wurde das Gesamtkonzept der vorliegenden Arbeit vorgestellt und die einzelnen Teilschritte beschrieben.

2. *Challenges and potentials in multi-project environments: a literature analysis on multi-project management*[400]

Die zweite Veröffentlichung beschreibt die Herausforderungen und Erfolgsfaktoren im Multiprojektmanagement basierend auf einer systematischen Literaturanalyse.

3. *Methodology to determine the cost of delay in projects to improve project prioritization*[401]

Diese Veröffentlichung beschreibt die Herleitung der Zielfunktion als Integration der Dimensionen Zeit und Kosten in einer Kostenfunktion mit Hilfe von Verzögerungskosten.

---

[399] Vgl. Riesener et al. (2021), Concept for competency-based resource allocation

[400] Vgl. Riesener et al. (2023), A literature analysis on success factors in multi-project management

[401] Vgl. Riesener et al. (2023), Methodology to Determine the Cost of Delay

4. *Framework for FAMD-based Identification of RCPSP-constraints for Improved Project Scheduling*[402]

Die nächste Veröffentlichung untersucht die datenbasierte Ableitung von Nebenbedingungen für das RCPSP.

5. *Improvement of personnel resources efficiency by aid of competency-oriented activity processing time assessment*[403]

In dieser Veröffentlichung wurde die Methode zur Berechnung der individuellen Bearbeitungsdauern der Aktivitäten in Abhängigkeit der zugewiesenen Ressource vorgestellt.

6. *Framework for Multi-Project Scheduling in Product Development based on available data (eingereicht auf der CIRP Design 2024)*

In dieser Veröffentlichung wurde die Überführung der relevanten Nebenbedingungen in eine neue Variante des Optimierungsproblems RCPSP beschrieben. Ein wichtiger Aspekt ist dabei die Datenverfügbarkeit in der Praxis zur Fokussierung auf Parameter, die in der Praxis messbar sind.

Abbildung 3-11 zeigt die Einordnung der eigenen forschungsbegleitenden Arbeiten mit Hilfe die beschriebenen Bewertungskriterien. Diese Übersicht hilft bei der Veranschaulichung, welche Teilaspekte in welcher Veröffentlichung behandelt wurden. Wie zu sehen ist, konnten durch die sechs Veröffentlichungen alle relevanten Teilaspekte betrachtet werden. Im Fokus der vorliegenden Arbeit ist die Überführung der Teilergebnisse in eine gesamtheitliche Methodik unter Berücksichtigung der erarbeiteten Praxis- und Theoriedefizite.

[402] Vgl. Riesener et al. (2022), Framework for FAMD-Based Identification of RCPSP-Constraints

[403] Vgl. Keuper et al. (2023), Improvement of Personnel Resources Efficiency

Legende
○ Kriterium nicht erfüllt
◔ Kriterium kaum erfüllt
◑ Kriterium teilweise erfüllt
◕ Kriterium größtenteils erfüllt
● Kriterium vollständig erfüllt
LH Lösungshypothese

		Objektbereich						Zielbereich					LH
Nr.	Eigener Ansatz	Fokus auf Multiprojektumgebung	Fokus auf Entwicklungsumgebung	Betrachtung von Personalressourcen	Betrachtung von Kompetenzen	Bewertung der Zieldimension Zeit	Bewertung der Zieldimension Kosten	Ermittlung von Verzögerungskosten	Bewertung des Kompetenzbedarfs von Aktivitäten	Ermittlung des Zusammenhangs von Kompetenzen und Bearbeitungsdauer	Verbesserung der übergreifenden Projektplanung	Entwicklung einer praxisorientierten Methodik	Einsatz von Optimierungsverfahren
I	RIESENER ET AL. (2021)	●	●	●	●	●	●	◑	◑	◑	◑	●	○
II	RIESENER ET AL. (2023)	●	●	●	◑	◑	◑	◑	○	○	●	●	○
III	RIESENER ET AL. (2023)	●	●	○	○	●	●	●	○	○	●	●	○
IV	RIESENER ET AL. (2022)	●	●	◕	◑	●	●	○	○	○	●	◑	◔
V	KEUPER ET AL. (2023)	◑	●	●	●	●	○	○	●	●	◑	●	○
VI	RIESENER ET AL. (voraussichtlich 2024)	◑	◑	◑	◑	●	●	○	○	○	●	●	●

Abbildung 3-11 Einordnung der eigenen forschungsbegleitenden Arbeiten

3.5 Zwischenfazit: Forschungsbedarf

Das dritte Kapitel hat die Analyse der Herausforderungen in der Praxis sowie die bestehende Forschungslandschaft und die darin existierenden Ansätze fokussiert. Zunächst wurden in Kapitel 3.1 erläutert, welche Herausforderungen sich in der Praxis im Ressourcenmanagement für Entwicklungsabteilungen mit vielen parallelen Projekten ergeben. Dabei konnte ein Anstieg der Projektarbeit in der Produktentwicklung bei einem gleichzeitigen Anstieg der verfehlten Projektziele beobachtet werden. Je komplexer die Multiprojektumgebung dabei wird, desto eklatanter werden die Defizite im Bereich der Priorisierung von Aktivitäten, der Ressourcenallokation und dem Umgang mit Ressourcenkonflikten zwischen Projekten. Der Grund liegt in einer unzureichenden Betrachtung der Engpassressourcen in der Produktentwicklung. Abhilfe könnte eine Berücksichtigung der Kompetenzen der Ressourcen im Zuge der Ressourcenallokation sein. Nachdem die Herausforderungen in der Praxis identifiziert werden konnten, wurden darauf aufbauend in Kapitel 3.2.1 Kriterien abgeleitet, die dazu dienen, die bestehende wissenschaftliche Ansätze auf Übereinstimmungen mit der Zielstellung der vorliegenden Arbeit zu überprüfen. Die Kriterien beschreiben den Objektbereich, den Zielbereich sowie die Lösungshypothese der vorliegenden Arbeit. Anschließend wurde in Kapitel 3.2.2 der Ansatz zur systematischen Literaturanalyse beschrieben, welche der vorliegenden Arbeit zugrunde liegt. Die Literaturanalyse wurde in Anlehnung an das verbreitete und etablierte PRISMA Verfahren konzipiert und durchgeführt. Eine erste Vorauswahl hat eine Menge von 666 wissenschaftlichen Werken ergeben, die durch weitere Auswahlverfahren auf schließlich 31 Werke reduziert werden konnten. In Kapitel 3.2.3 folgte die detaillierte Vorstellung dieser 31 Werke. Abschließend wurden diese in Kapitel 3.3 hinsichtlich ihrer Erfüllung der eingangs beschriebenen Kriterien bewertet. Hieraus konnte das Forschungsdefizit abgeleitet und beschrieben werden. Es wurde gezeigt, dass dies darin besteht, dass keine praxistaugliche Methodik existiert, die es Unternehmen ermöglich Optimierungsverfahren im Ressourcenmanagement von Multiprojektumgebungen einzusetzen. Darüber hinaus ist auffällig, dass der Einfluss der Kompetenzen von Ressourcen auf die Bearbeitungsdauer von Projektaktivitäten im Ressourcenmanagement unzureichend betrachtet wird. Die vorliegende Arbeit wurde aus diesem Grund so positioniert, dass sie die bestehenden wissenschaftlichen Lücken schließt und zur Lösung der Herausforderungen in der Praxis beiträgt. Die dazu zu erfüllenden Anforderungen an die Lösung, die sich aus der Literaturanalyse ergeben haben, wurden in Ergänzung zur Positionierung als Ergebnis des Kapitels 3.3 formuliert. Zum Abschluss wurden in Kapitel 3.4 die eigenen Vorarbeiten vorgestellt, welche Konzepte und Teilaspekte der vorliegenden Arbeit vorstellen. Diese Arbeiten wurden in Form von wissenschaftliche Veröffentlichungen mit Review-Prozess publiziert, wodurch die wissenschaftliche Validität der Veröffentlichungen und somit auch der vorliegenden Arbeit sichergestellt ist.

Das nachfolgende Kapitel 4 knüpft an die Positionierung der Arbeit im Kontext von Praxis- und Theoriedefizit an und konzipiert die zu erarbeitende Methodik.

4 Konzeption der Methodik

Die Kapitel bis zu diesem Punkt der Arbeit haben sich auf die Herleitung und Schärfung von Problem- und Zielstellung fokussiert. Dabei wurde in Kapitel 1 zunächst die Relevanz des Objektbereichs belegt (siehe Kapitel 1.1) und anschließend die Problemstellung in der industriellen Praxis beschrieben (siehe Kapitel 3.1). Daraus wurde die Zielstellung zur Adressierung des Praxisdefizits abgeleitet (siehe Kapitel 1.2). Anschließend wurden die wissenschaftlichen Grundlagen erörtert, die im Rahmen dieser Zielstellung von Relevanz sind (siehe Kapitel 2). In Kapitel 3 wurden bestehende wissenschaftliche Ansätze diskutiert, die in Objekt- oder Zielbereich Ähnlichkeiten zur vorliegenden Arbeit ausweisen. Dadurch konnte das Theoriedefizit beschrieben werden und Anforderungen an die Lösung aus wissenschaftlicher Sicht formuliert werden. Nachdem die Defizite in Praxis und Theorie hergeleitet sind und der Mehrwert der vorliegenden Arbeit somit bestätigt werden konnte, folgt im nachfolgenden Kapitel nun die Konzeption der Lösung und des zu entwickelnden Artefakts im Sinne der DSR.

Dazu wird zunächst die Zielstellung zusammengefasst (siehe Kapitel 4.1) und die Anforderungen an die Methodik konsolidiert (siehe Kapitel 4.2). In Kapitel 4.3 wird das Grobkonzept der Arbeit vorgestellt und dadurch ein Überblick über die Schritte zur Erreichung der Zielstellung beschrieben. Abschließend werden in Kapitel 4.4 die in den Teilschritten der Arbeit zu entwickelnden Artefakte beschrieben.

4.1 Zielbild der zu entwickelnden Methodik

Das übergeordnete Ziel der vorliegenden Arbeit ist die Verbesserung der Zielerreichung von Entwicklungsprojekten in Multiprojektumgebungen. In Übereinstimmung mit Praxis- und Theoriedefizit soll zur Zielerreichung eine kompetenzorientierte Ressourcenzuweisung erfolgen, die mit Hilfe von Optimierungsverfahren definiert wird. Dadurch können gleich mehrere Herausforderungen adressiert werden. Es können die vielen Abhängigkeiten zwischen den Projekten und die Auswirkungen der Ressourcenallokation auf andere Projekte betrachtet werden. Ab einer gewissen Anzahl von parallelen Projekten ist die Betrachtung des gesamten Projektportfolios also zielführender als die Planung und Analyse auf Einzelprojektebene.[404] Engpassressourcen (i.d.R. Fachexpert*innen) können identifiziert und entsprechend gesteuert werden[405], nach einer Abweichung kann auf einfache Art und Weise eine Neuplanung durchgeführt werden[406] und die Planungsgenauigkeit[407] kann gesteigert werden.

Die Zielstellung und die zu adressierenden Herausforderungen können anhand eines handlungsweisenden Zielbildes zusammengefasst werden (siehe Abbildung 4-1).

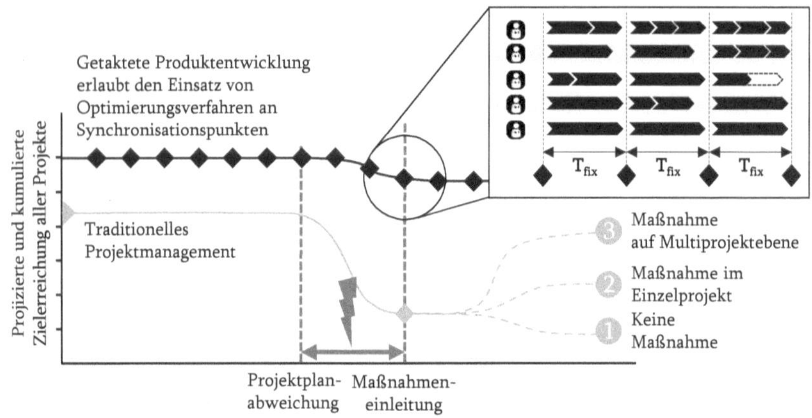

Abbildung 4-1 Zielbild für die zu erarbeitende Methodik

Darin ist die projizierte und kumulierte Projektzielerreichung aller Projekte in der Multiprojektumgebung auf der Y-Achse aufgetragen. Die Zielerreichung ist dabei in den Dimensionen Zeit und Kosten definiert. Entlang der X-Achse ist ein zeitlicher Verlauf dargestellt. In hellgrau ist ein typischer Verlauf der projizierten Zielerreichung mit traditionellen Projektmanagementmethoden zu sehen. Dabei wird bei einer initialen Projektplanung so geplant, dass die Ziele des Projektes erreicht und potenzielle Ressourcenkonflikte mit anderen Projekten aufgelöst werden.[408] Kommt es jedoch im Laufe der Projektbearbeitung in einem der Projekte zu einer Abweichung vom Plan, wird dieses Ereignis erst mit einer gewissen Latenz wahrgenommen, analysiert und

[404] Vgl. Schott et al. (2005), Strategisches Projektmanagement, S.112

[405] Vgl. Bünting et al. (2015), Lean Development im deutschen Maschinenbau, S.43

[406] Vgl. Alam et al. (2020), Agilität in Projekten, S.108

[407] Vgl. Strasser (2020), 7 wichtige Erfolgsfaktoren für Multiprojektmanagement, S.2

[408] Vgl. Müller (2006), Projekt-Priorisierung, S.2

schließlich eine Maßnahme eingeleitet (siehe Abbildung 4-2).[409] Durch diese Latenz ist die Wirksamkeit der Maßnahme reduziert. Darüber hinaus werden Maßnahmen häufig nur für das Projekt definiert, in welchem die Abweichung aufgetreten ist. Die Fehlannahme ist, dass nach dem Einleiten von Maßnahmen im verzögerten Projekt, das gesamte Projektportfolio wieder beherrscht wird.[410] Allerdings können Maßnahmen, die für ein Einzelprojekt getroffen werden wiederum negative Auswirkungen auf andere Projekte in der Multiprojektumgebung haben. Nur eine Maßnahme, die erneut alle laufenden Projekte und Ressourcen berücksichtigt, kann das Optimum für das Unternehmen erreichen.

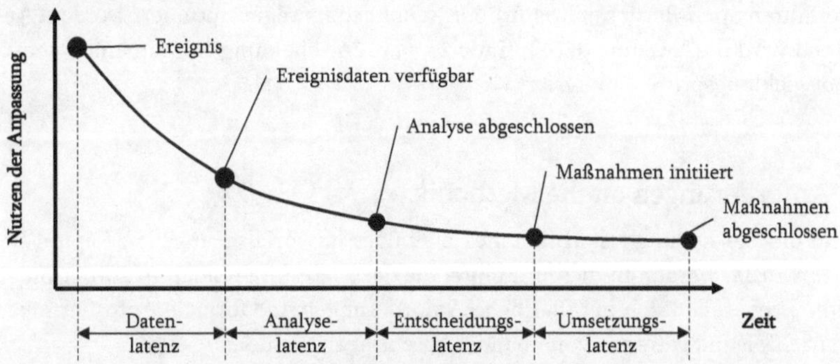

Abbildung 4-2 Latenz bis zur Maßnahme nach ZUR MÜHLEN & SHAPIRO[411] bzw. HACKATHORN[412]

Der in dieser Arbeit zu erarbeitende Ansatz verbessert die bestehende Situation in zwei Dimensionen. Einerseits kann die Planungsqualität eines Multiprojektplans bereits initial eine höhere projizierte Zielerreichung bieten. Das wird durch die Planung mit Hilfe von Optimierungsverfahren gewährleistet, die es ermöglichen, selbst komplexe Situationen, die Menschen nicht mehr überschauen können, zu planen. Außerdem bietet die kompetenzorientierte Ressourcenallokation das Potenzial, die vorhandenen Ressourcen besser einzusetzen und somit die Effizienz weiter zu steigern. Andererseits wird die Zielerreichung in Folge von Abweichungen verbessert. Die Unterstützung durch Optimierungsverfahren ermöglicht es, eine Neuplanung aufwandsarm und hochfrequent durchführen zu können, wodurch in Folge einer Abweichung schneller

[409] Vgl. zur Muehlen et al. (2015), Business Process Analytics, S.254

[410] Vgl. Müller et al. (2014), Mit zwei Regelprozessen zur agilen Projektorganisation, S.170

[411] Vgl. zur Muehlen et al. (2015), Business Process Analytics, S.254

[412] Vgl. Hackathorn (2003), Minimizing action distance, S.4

Maßnahmen ergriffen werden können, die zudem alle Projekte und Ressourcen berücksichtigen. Die Neuplanungseffizienz wird weiter gesteigert, indem angelehnt an Lean Prinzipien[413], Entwicklungstakte[414] eingeführt werden, die Synchronisationspunkte zur leichten Anpassung erzeugen.

Die Methodik der vorliegenden Arbeit umfasst dementsprechend die Ermittlung des Erfüllungsgrades der Projektziele in Bezug auf Kosten und Zeit als zentrale Zielfunktion. Die Eignung der Ressourcen für Projektaktivitäten auf Basis ihrer Kompetenzen sowie die daraus resultierenden Bearbeitungsdauern für Projektaktivitäten definieren zu betrachtende Nebenbedingungen. Die Zielfunktion soll mit Hilfe von Optimierungsverfahren unter Berücksichtigung der Nebenbedingungen optimiert werden. Anschließend wird die Nutzung der Optimierung als Entscheidungshilfe in einen getakteten Entwicklungsprozess integriert.

4.2 Anforderungen an die Methodik

Nachdem die Zielstellung mit Hilfe eines Zielbildes im vorangegangenen Kapitel beschrieben wurde, werden in diesem Kapitel die daraus resultierenden Anforderungen abgeleitet. Diese teilen sich in inhaltliche Anforderungen und formale Anforderungen auf, die nachfolgend getrennt voneinander beschrieben werden.

4.2.1 Inhaltliche Anforderungen

Um nachfolgend das Grobkonzept für die Entwicklung der Lösung und des Artefaktes abzuleiten müssen die inhaltlichen Anforderungen definiert werden. Die Anforderungen werden dabei aus den bereits in Kapitel 3.2 definierten Kriterien für Objekt- und Zielbereich, den in Kapitel 3.1 identifizierten Defiziten in der Praxis und den in Kapitel 3.3 identifizierten Defiziten in der Theorie abgeleitet.

Damit die entwickelte Methodik die größten Nutzenpotenziale realisieren kann, ist es notwendig den *Objektbereich* zu definieren. Dieser beschreibt dementsprechend den Anwendungsbereich, wo ein Einsatz der Methodik aufgrund der Rahmenbedingungen die maximale Effizienz und Effektivität bietet. Da die Methodik darauf ausgerichtet ist eine Entscheidungsunterstützung in komplexen Situationen bereitzustellen, ist der ideale Einsatzbereich eine Multiprojektumgebung mit vielen parallelen Projekten, die

[413] Vgl. Reinertsen (2009), The principles of product development flow, S.23

[414] Vgl. Rauhut (2011), Synchronisation von Entwicklungsprozessen, S.102ff.

auf den gleichen Ressourcenpool zurückgreifen. Da die betrachteten Ressourcen Personalressourcen sind, ist eine Umgebung wie die Produktentwicklung zu betrachten, wo die Personalressourcen die relevanteste Ressource darstellen. Darüber hinaus ist die Betrachtung der Kompetenzen notwendig, um weitere Nutzenpotenziale realisieren zu können.

Der *Zielbereich* umfasst die Verbesserung der Projektzielerreichung. Teilziele umfassen die Integration von Kosten- und Zeitdimension in eine gemeinsame Zielfunktion mit Hilfe von Verzögerungskosten, die Ermittlung von Zusammenhängen zwischen den Kompetenzen einer Ressource und der Bearbeitungsdauer einer Aktivität sowie der Umsetzung einer flexiblen Planung und Steuerung der Projekte.

Die *Defizite aus der Praxis* zeigen, dass insbesondere Engpassressourcen häufig zu Projektverzögerungen führen, diese jedoch selten explizit betrachtet werden. Zudem ist das Einleiten korrekter Maßnahmen in Folge einer Verzögerung, ohne dabei neue Ressourcenkonflikte zu verursachen, eine große Herausforderung. Außerdem werden in der Praxis die bestehenden Optimierungsverfahren aus der wissenschaftlichen Theorie nicht eingesetzt.

Die *Defizite aus der Theorie* wurden bereits in Kapitel 3.3 in Form von 20 Anforderungen an die vorliegende Arbeit definiert. Die relevantesten Themen sind dabei die Anwendbarkeit der theoretischen Modelle in der Praxis, die Berechnung der Auswirkungen von Kompetenzen auf die Bearbeitungsdauer einer zu bearbeitenden Aktivität sowie die allgemeingültige Berechnung von Verzögerungskosten.

Die damit definierten inhaltlichen Anforderungen werden in Abbildung 4-3 zusammengefasst.

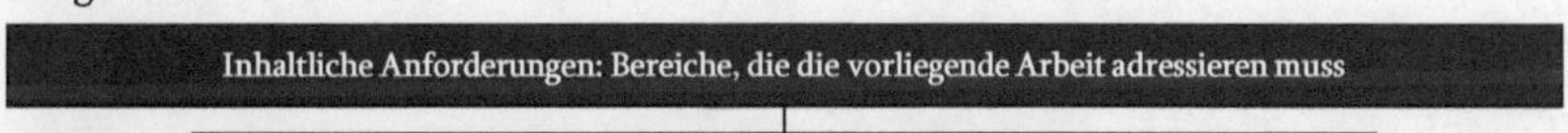

Abbildung 4-3 Inhaltliche Anforderungen an die Methodik

4.2.2 Formale Anforderungen

Neben den inhaltlichen Anforderungen stellen formale Anforderungen sicher, dass das im Sinne der DSR entwickelte Artefakt einer Evaluation standhält. Nach MARCH & SMITH kann das zu entwickelnde Artefakt vier Grundformen annehmen: Konstrukt, Modell, Methode oder Instanziierung.[415] In der vorliegende Arbeit werden Teilmodelle entwickelt und in einer übergreifenden Methodik miteinander verbunden. Nachfolgend werden die formalen Anforderungen aus den Definition für Modell und Methodik hergeleitet.

Modell – Nach PATZAK ist ein Modell eine Repräsentation eines realen Sachverhalts und dient in der Regel zur Vorhersage über das Verhalten eines Realsystems.[416] Dabei ist es zulässig das Realsystem im Modell vereinfacht abzubilden, wodurch ein Zielkonflikt zwischen der Reduktion des Aufwandes in der Modellbildung und der Aussagequalität des Modells entsteht.[417] Ein gutes Modell ist dabei nach PATZAK durch folgende Eigenschaften gekennzeichnet: Empirisch richtig (möglichst hohe Ähnlichkeit zum Realsystem), formal richtig (in sich widerspruchsfrei), produktiv (Fragestellungen beantwortend), handhabbar (leicht anzuwenden) und nicht aufwendig (günstig anzuwenden).[418] Nach STACHOWIAK weisen Modelle drei zentrale Eigenschaften auf, die sich mit der Sichtweise von PATZAK decken: Das Abbildungsmerkmal beschreibt Modelle als Abbildung bzw. Repräsentation eines Originalobjektes.[419] Das Verkürzungsmerkmal erlaubt die Reduktion der Attribute des Originalobjektes auf die für den Einsatzzweck relevanten.[420] Das pragmatische Merkmal besagt, dass die relevanten Attribute ausgewählt werden können, indem die Erstellung, Nutzung und der Zweck des Modells betrachtet wird.[421]

Methodik – Nach EHRLENSPIEL & MEERKAMM ist eine Methodik die „planmäßige Verfahrensweise zur Erreichung eines bestimmten Ziels nach einem Vorgehensplan unter Einschluss von Strategien, Methoden, Werkzeugen und Hilfsmitteln."[422] PEFFERS ET AL.

---

[415] Vgl. March et al. (1995), Design and natural science research, S.255

[416] Vgl. Patzak (1982), Systemtechnik, S.307

[417] Vgl. Patzak (1982), Systemtechnik, S.315

[418] Vgl. Patzak (1982), Systemtechnik, S.309f.

[419] Vgl. Stachowiak (1973), Allgemeine Modelltheorie, S.131

[420] Vgl. Stachowiak (1973), Allgemeine Modelltheorie, S.132

[421] Vgl. Stachowiak (1973), Allgemeine Modelltheorie, S.132f.

[422] Vgl. Ehrlenspiel et al. (2017), Integrierte Produktentwicklung, S.173

beschreiben eine Methodik als System von Prinzipien, Praktiken und Vorgehensweisen, die auf einen spezifischen Wissensbereich angewandt werden.[423] Den Sichtweisen ist gleich, dass eine Methodik ein Überbegriff ist und sich aus Teilschritten und einzelnen Methoden zusammensetzt.

Für die in der vorliegenden Arbeit relevanten Grundformen des Artefakts können schließlich die relevanten formalen Anforderungen in Anlehnung an die Arbeiten von MARCH & SMITH[424] und AIER & FISCHER[425] abgeleitet werden:

Nützlichkeit – Der Aspekt Nützlichkeit umfasst einerseits, dass das Artefakt seinen Zweck erfüllt, dieser Zweck ein relevantes Geschäftsproblem löst und dabei das Verhältnis von Aufwand und Nutzen des Artefaktes sinnvoll ist.[426]

Konsistenz – Die Konsistenz aus interner Perspektive bedeutet, dass das Artefakt und seine Elemente widerspruchsfrei und präzise definiert sind. Aus externer Perspektive soll das Artefakt auf bestehendem Wissen aufbauen und mit bestehenden Ansätzen in Zusammenhang gebracht werden.[427]

Übertragbarkeit – Die Übertragbarkeit der erarbeiteten Lösung wird sichergestellt, indem das Artefakt möglichst allgemeingültig und robust aufgebaut wird.[428] Ein breiter Objektbereich und Einsatzzweck sind daher zu forcieren.[429]

Einfachheit – Die entwickelten Artefakte sollen einfach verständlich[430] und damit auch leicht handhabbar sein.[431]

Bei entstehenden Zielkonflikten dieser vier grundlegenden formalen Anforderungen gilt es die Anforderung der Nützlichkeit in den Vordergrund zu stellen. Dementsprechend soll die Entwicklung der Modelle und der Methodik in einem sinnvollen Nutzen-Aufwandverhältnis stehen, wodurch während der Erarbeitung unter Umständen Kompromisse, beispielsweise zwischen Einfachheit und Übertragbarkeit, getroffen werden müssen.

---

[423] Vgl. Peffers et al. (2007), A design science research methodology, S.5

[424] Vgl. March et al. (1995), Design and natural science research

[425] Vgl. Aier et al. (2011), Criteria of progress for information systems

[426] Vgl. Aier et al. (2011), Criteria of progress for information systems, S.158

[427] Vgl. Aier et al. (2011), Criteria of progress for information systems, S.158

[428] Vgl. March et al. (1995), Design and natural science research, S.261

[429] Vgl. Aier et al. (2011), Criteria of progress for information systems, S.158

[430] Vgl. March et al. (1995), Design and natural science research, S.261

[431] Vgl. Aier et al. (2011), Criteria of progress for information systems, S.159

Damit sind neben den inhaltlichen Anforderungen auch die formal strukturellen Anforderungen an die vorliegende Arbeit aufgenommen und beschrieben. Nachfolgend wird darauf aufbauend das Konzept hergeleitet.

4.3 Grobkonzept der zu entwickelnden Methodik

Dieser Abschnitt bildet den Schwerpunkt des vierten Kapitels und beschreibt das Grobkonzept der vorliegenden Arbeit. Dabei bilden die bereits in Kapitel 1.2 vorgestellten Teilforschungsfragen der Arbeit die Grundlage zur Aufteilung der Arbeit in fünf Methodenschritte. Da die Lösungshypothese die Anwendung von Optimierungsverfahren beinhaltet, lassen sich die fünf Schritte auch den prinzipiellen Bereichen eines allgemeinen Optimierungsmodells zuordnen (siehe Abbildung 4-4).[432]

Elemente eines Optimierungsmodells	Minimiere/maximiere Zielfunktion…	… unter den Randbedingungen …	… mit Hilfe des Lösungsalgorithmus.
Schritte der Methodik	Schritt 1: Zielfunktion	Schritt 2 - 4: Randbedingungen	Schritt 5: Lösung und Interpretation

Abbildung 4-4 Elemente eines Optimierungsmodells

Das übergeordnete Ziel der Arbeit ist die Verbesserung der Zielerreichung von Entwicklungsprojekten durch eine optimierte Ressourcenzuordnung. Zunächst gilt es also die Zielfunktion in dem Sinne zu definieren, dass diese die Projekteziele, die durch eine veränderte Ressourcenzuordnung beeinflusst werden können, umfasst. Dabei sollen insbesondere die Kosten, die durch den Einsatz unterschiedlicher Ressourcen entstehen sowie die Termineinhaltung betrachtet werden. Mit Hilfe von Verzögerungskosten lassen sich die zeitlichen Ziele ebenfalls in Kosten überführen, wodurch das Optimierungsmodell auf eine Zieldimension und dementsprechende Zielfunktion reduziert wird (Schritt 1; siehe Kapitel 4.3.1).

Anschließend werden die Nebenbedingungen hergeleitet. Hierbei geht aus den inhaltlichen Anforderungen hervor, dass ein besonderes Augenmerk auf Engpassressourcen gelegt werden muss. Außerdem soll der Einfluss der Kompetenzen einer zugewiesenen Ressource auf die Bearbeitungsdauer der Aktivität berücksichtigt werden. Um diese beiden Anforderungen abbilden zu können, ist es notwendig die Kompetenzprofile der Ressourcen zu erzeugen. Die werden mit Hilfe eines Kompetenzmodells abgebildet, welches die relevanten Kompetenzen in unterschiedlichen Ausprägungsstufen beschreibt und den Ressourcen zuweist (Schritt 2; siehe Kapitel 4.3.2).

[432] Vgl. Koop et al. (2018), Lineare Optimierung, S.13

Neben den Kompetenzen, die die Ressourcen bereitstellen können, muss außerdem betrachtet werden, welche Kompetenzen verschiedene Aufgaben der Entwicklungsprojekte erfordern. Dazu werden die Aktivitäten mit Hilfe von verschiedenen Merkmalen beschrieben (Schritt 3; siehe Kapitel 4.3.3).

Schließlich soll ermittelt werden, wie der Fit zwischen Kompetenzbereitstellung der Ressource und Kompetenzanforderung der Aktivität die Bearbeitungsdauer der Aktivität beeinflusst, um die Planungsqualität in der Ressourcenzuordnung verbessern zu können. Dazu gilt es ein Vorgehen zu entwickeln, welches eine entsprechende Bewertung ermöglicht und das Zusammenhangswissen, welches häufig implizit existiert zu explizieren und zu dokumentieren (Schritt 4; siehe Kapitel 4.3.4).

Abschließend werden die Zielfunktion sowie die im Kontext von Ressourcen, Aktivitäten und Bearbeitungsdauer ermittelten Nebenbedingungen mit weiteren bereits definierten Nebenbedingungen des RCPSP kombiniert und zu einem Optimierungsproblem zusammengefügt. Die Lösung dieses Optimierungsproblems soll anschließend als Entscheidungsunterstützung in der Ressourcenzuordnung eingesetzt werden (Schritt 5; siehe Kapitel 4.3.5).

Die Zusammenhänge der Methodenschritte (MS) sind in Abbildung 4-5 nochmal gesamtheitlich dargestellt.

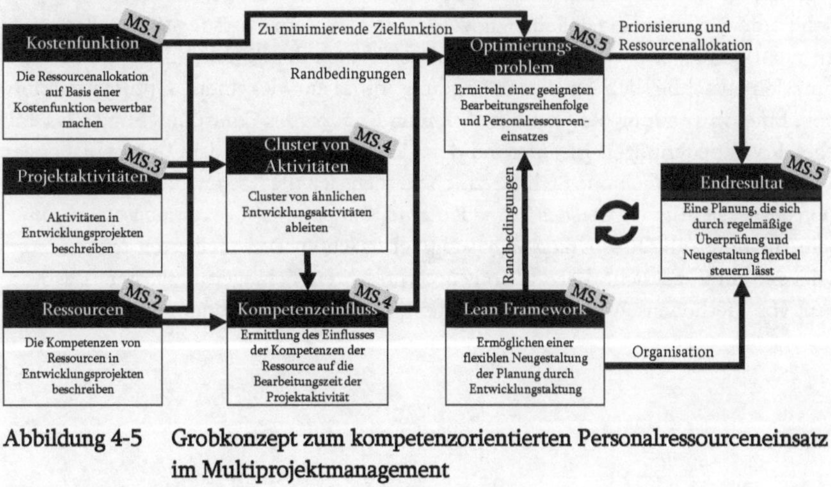

Abbildung 4-5 Grobkonzept zum kompetenzorientierten Personalressourceneinsatz im Multiprojektmanagement

4.3.1 Ableitung einer Zielfunktion der Projektzielerreichung im Kontext des Ressourcenmanagements

Für den Aufbau eines Optimierungsmodells benötigt es eine zu optimierende Zielfunktion. Die Zielfunktion wird aus der übergeordneten Zielstellung der zu entwickelnden Methodik abgeleitet. Darin ist das Ziel, die Zielerreichung von Entwicklungsprojekten zu verbessern, beschrieben. Die Zielerreichung kann dabei nach dem magischen Dreieck des Projektmanagements in die Dimensionen Zeit, Kosten und Qualität aufgeteilt werden.[433] Unter der Annahme, dass die Qualität der Projekte immer den geforderten Anforderungen entsprechen muss und dementsprechend solange Zeit und Kosten investiert werden müssen, bis diese Anforderungen erfüllt sind (siehe Leistungsfixierte Parameterausrichtung[434] in Kapitel 2.2.3), lässt sich die Zielerreichung auf die beiden Dimensionen Zeit und Kosten reduzieren. Optimierungsprobleme mit einer Zieldimension und damit einer Zielfunktion sind wesentlich einfacher zu bearbeiten als mit mehreren Zielfunktionen, aufgrund der Eindeutigkeit der Lösung.[435] Daher besteht weiterhin das Ziel, die beiden verbleibenden Dimensionen in einer Funktion zu vereinen. Ein geeignetes Mittel hierzu können die Verzögerungskosten darstellen, da diese eine Möglichkeit bieten in Abhängigkeit der zeitlichen Projektverzögerung Kosten zu beziffern. Weiterhin sollen in der Zielfunktion nur diejenigen Kosten zu berücksichtigt werden, die durch eine veränderte Ressourcenzuweisung beeinflusst werden können. Kosten, die unabhängig von der Ressourcenzuweisung sind, sollen explizit nicht betrachtet werden. Daraus ergibt sich auch die Einschränkung der Kostenfunktion ausschließlich für die Anwendung im zu entwickelnden Optimierungsmodell. Eine Anwendung der Kostenfunktion im Kontext des Controllings und tatsächlicher Kostenrechnungen ist aufgrund der Modellbildung und damit einhergehenden Vereinfachungen nicht möglich. Letztlich werden sich die Kosten, die in der Zielfunktion berücksichtigt werden aus folgenden zwei Komponenten zusammensetzen: Einerseits die durch die Ressourcenzuweisung verursachten Personalkosten und andererseits der durch zeitliche Verzögerungen verursachten Verzögerungskosten. Das Konzept von Methodenschritt 1 ist in Abbildung 4-6 nochmals zusammengefasst.

---

[433] Vgl. Fiedler (2020), Controlling von Projekten, S.6

[434] Vgl. Burghardt (2002), Projektmanagement, S.37f.

[435] Vgl. Hollstein (2023), Multikriterielle Optimierungsprobleme, S.57

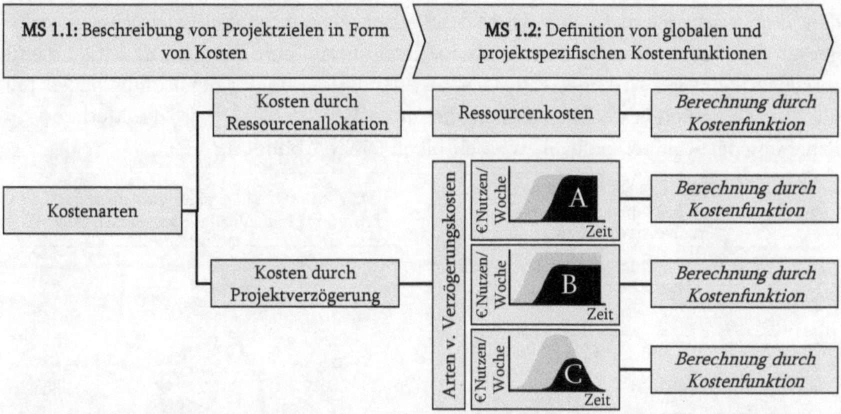

Abbildung 4-6 Grobkonzepts des ersten Methodenschritts

Das Ziel von Methodenschritt eins lässt sich in folgendem Teilziel zusammenfassen:

Teilziel 1: Erarbeitung eines Modells zur Ermittlung und Beschreibung von Projektzielen, die durch den Personalressourceneinsatz beeinflussbar sind, sodass diese als Zielfunktion für ein Optimierungsverfahren herangezogen werden können.

4.3.2 Kompetenzbasierte Beschreibung von Personalressourcen in Entwicklungsprojekten

Nachdem die Zielfunktion definiert ist, beginnt im zweiten Methodenschritt die Modellierung der Nebenbedingungen. Dazu sollen zunächst die Kompetenzprofile der Ressourcen ermittelt werden. Die Beschreibung der Kompetenzen von Personal ist ein in der wissenschaftlichen Literatur bereits umfangreich betrachtetes Themengebiet. Die Zielstellung für diesen Methodenschritt liegt daher in der Synthese bestehender Ansätze für die Anwendung im Kontext dieser Arbeit. Dies erfolgt, indem ein Vorgehen entwickelt wird, welches es bei der Anwendung der Methodik ermöglicht, die relevanten Kompetenzen für die eigenen Entwicklungsprojekte zu identifizieren und zu operationalisieren. Als Hilfsmittel zur Identifikation relevanter Kompetenzen soll ein Katalog an relevanten Kompetenzen im Bereich der Produktentwicklung physischer Produkte bereitgestellt werden. Die Operationalisierung muss unternehmensspezifisch erfolgen, weshalb lediglich das Vorgehen hierzu entwickelt wird. Darin sollen jeder Kompetenz verschiedene Kompetenzlevel zugeordnet werden. Diese Kompetenzlevel sollen mit Hilfe von Wissenselementen und Fertigkeiten beschrieben werden. Eine Ressource muss über das in den Wissenselementen definierte Wissen verfügen und die beschriebenen Fertigkeiten aufweisen, um eine Kompetenz auf dem entsprechenden Level zu beherrschen. Neben der Beschreibung der Kompetenzen mit Hilfe von Kompetenzsteckbriefen, angelehnt an DIN 16234-1[436], ist die Methode zur Erhebung der Kompetenzlevel zu beschreiben (siehe Abbildung 4-7).

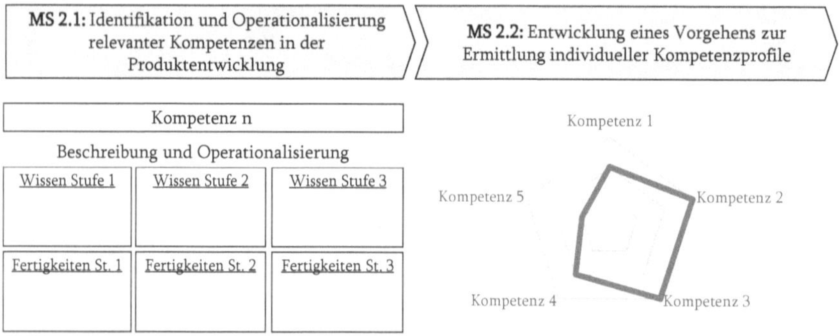

Abbildung 4-7 Grobkonzept des zweiten Methodenschritts

Das Ziel für Methodenschritt zwei lautet daher wie folgt:

Teilziel 2: Erarbeitung eines Modells zur Beschreibung und Operationalisierung der Kompetenzen von Personalressourcen im Kontext der Produktentwicklung.

4.3.3 Beschreibung von Aktivitäten in Entwicklungsprojekten hinsichtlich Ihrer kompetenzorientierten Eigenschaften

Neben der Beschreibung der Kompetenzen der Ressourcen ist es auch notwendig den Kompetenzbedarf der Aktivitäten zu ermitteln. Dazu sollen im dritten Methodenschritt die Aktivitäten der Entwicklungsprojekte genauer betrachtet werden. Zunächst sollen analytisch-deduktiv aus bestehenden Ansätzen und Modellen in der wissenschaftlichen Literatur generische Aktivitäten abgeleitet werden. Ergänzt wird die Sammlung der generischen Aktivitäten durch empirisch-induktiv abgeleitete Aktivitäten aus den realen Fallstudien in der Industrie sowie strukturierten Experteninterviews. Diese generischen Aktivitäten dienen in einem zweiten Schritt dazu, Eigenschaften der Aktivitäten abzuleiten. Dabei werden diejenigen Eigenschaften ermittelt, welche einen Einfluss auf den Kompetenzbedarf haben. Demnach wird die Prämisse

[436] Vgl. DIN EN 16234-1 (2016), e-Kompetenz-Rahmen, S.18

getroffen, dass Aktivitäten, die gleiche oder ähnliche Ausprägungen der kompetenzbedarfsrelevanten Eigenschaften aufweisen, auch die gleichen oder ähnliche Anforderungen an die zur Durchführung notwendigen Kompetenzen stellen. Die Beschreibung soll mit Hilfe einer Morphologie, bestehend aus den Eigenschaften und ihren Ausprägungen erfolgen. Das Detaillevel der Morphologie ist dabei so zu wählen, dass möglichst viele der generischen Aktivitäten durch eine einzigartige Kombination der Eigenschaftsausprägungen beschrieben werden können. Um dies sicherzustellen, sollte die Anzahl der Kombinationsmöglichkeiten der Ausprägungen in der Morphologie deutlich größer sein als die Anzahl der generischen Aktivitäten. In Abbildung 4-8 ist das Grobkonzept für den dritten Methodenschritt nochmal zusammengefasst.

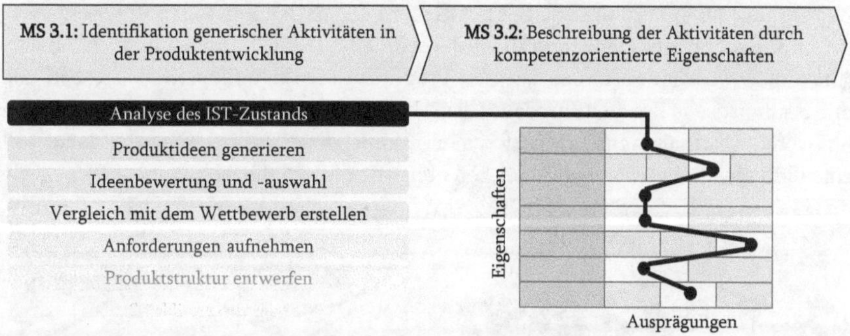

Abbildung 4-8 Grobkonzept des dritten Methodenschritts

Die Zielstellung des dritten Methodenschrittes lässt sich wie folgt zusammenfassen:

Teilziel 3: Erarbeitung eines Modells zur kompetenzbasierten Beschreibung von Projektaktivitäten in Entwicklungsprojekten.

4.3.4 Ermittlung von ressourcenindividuellen Bearbeitungsdauern von Aktivitäten

Nachdem sowohl die Kompetenzen der Ressourcen als auch die Eigenschaften der Aktivitäten beschrieben sind, erfolgt im vierten Schritt die Ermittlung der jeweiligen Zusammenhänge und ihrer Auswirkung auf die Bearbeitungsdauer der Aktivitäten. Mit Hilfe dieser Zusammenhänge soll es möglich sein für jede Ressource mit einem individuellen Kompetenzprofil eine individuelle Bearbeitungsdauer für jede beliebige Projektaktivität berechnen zu können. Um die Zusammenhänge besser ermitteln zu können, werden zunächst die generischen Aktivitäten aus dem vorherigen Methodenschritt durch ein Clustering in Gruppen mit ähnlichen Eigenschaften und dementsprechend ähnlichen Kompetenzbedarfen unterteilt. Als nächstes sollen die Wirkbeziehungen zwischen den Kompetenzen und den Clustern von Aktivitäten in Bezug auf die Bearbeitungsdauer untersucht werden. Zunächst muss dafür analysiert werden, welche Arten von Wirkzusammenhängen es zwischen den Kompetenzen und der Bearbeitungsdauer der Aktivtäten-Cluster geben kann. Die unterschiedlichen Arten können in Form von Nomogrammen beschrieben werden, die den Zusammenhang zwischen Kompetenzausprägung und Bearbeitungsdauer qualitativ darstellen. Anschließend soll ein Vorgehen entwickelt werden, dass die Anwender*innen der Methodik dazu befähigt, die im Anwendungsfall relevanten Kompetenzen bezüglich ihres Wirkzusammenhangs auf die Bearbeitungsdauer der Aktivitäten-Cluster zu bestimmen. Zur Berechnung der erwarteten Bearbeitungsdauern der Aktivitäten sollen Prognosewerte im Sinne der „Project Evaluation Review Technique" (PERT) (siehe Kapitel 2.2.2) aufgenommen werden. Basierend auf den Prognosen für die optimistische, realistische und pessimistische Bearbeitungsdauer der Aktivitäten sowie den aufgenommenen qualitativen Wirkzusammenhängen zwischen Kompetenzen und Bearbeitungsdauer soll eine individuelle Bearbeitungsdauer berechnet werden (siehe Abbildung 4-9).

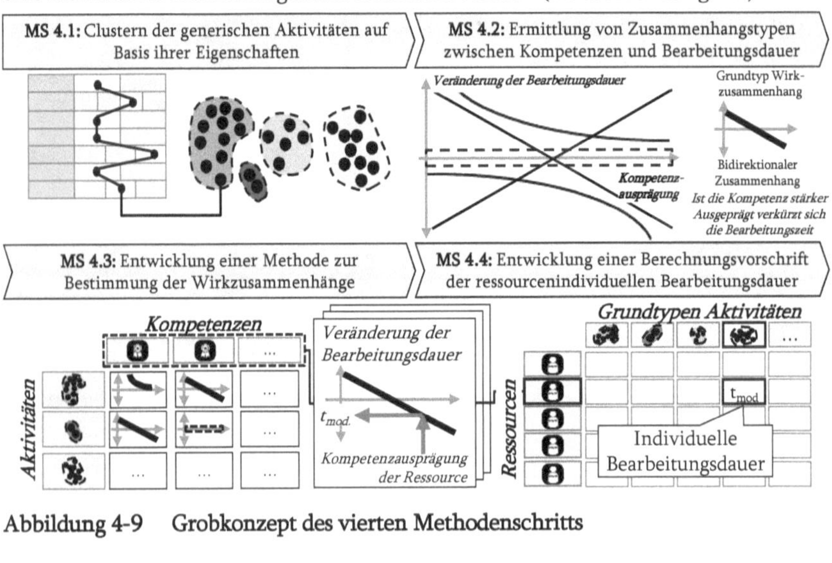

Abbildung 4-9 Grobkonzept des vierten Methodenschritts

Die Zielstellung des vierten Methodenschrittes lässt sich demnach zusammenfassen zu:

Teilziel 4: Erarbeitung eines Modells zur Erklärung der Wirkzusammenhänge zwischen den Kompetenzen einer Personalressource und der Bearbeitungsdauer einer Projektaktivität sowie zur Berechnung der ressourcenindividuellen Bearbeitungsdauer einer Projektaktivität.

4.3.5 Entscheidungsunterstützung für den Personalressourceneinsatz mit Hilfe von Optimierungsverfahren

Der letzte Methodenschritt umfasst die Integration der Zielfunktion aus dem ersten Methodenschritt sowie die Modellierung der Kompetenzbeeinflussung der Bearbeitungsdauer als Nebenbedingung aus den Methodenschritten zwei bis vier. Damit das Optimierungsmodell in einem dynamischen Umfeld gewinnbringend eingesetzt werden kann, muss es in der Lage sein in der Multiprojektumgebung auf kurzfristige Veränderungen zu reagieren. Dies soll durch die Integration von Lean Prinzipien gewährleistet werden. Kernelement ist die Taktung der Produktentwicklung.[437] Durch die Taktung entstehen Nebenbedingungen für die Projektplanung. So müssen beispielsweise die Aktivitäten aller Personalressourcen zum Ende eines Taktes abgeschlossen sein, um eine theoretische Neuplanung zu ermöglichen. Dementsprechend ist ein erster Schritt die auf Lean Prinzipien basierende Entwicklungsumgebung zu beschreiben, in welcher die entwickelte Methodik eingesetzt werden kann. Anschließend sollen sowohl die daraus resultierenden als auch weitere notwendige Nebenbedingungen in einem Optimierungsproblem formuliert werden. Da der Fokus im Rahmen dieser Arbeit nicht auf der Entwicklung von Algorithmen liegt, soll in diesem Arbeitsschritt die Auswahl eines bereits bestehenden geeigneten Algorithmus zur Lösung des Optimierungsproblems erfolgen. Zuletzt kann auf Basis der Interpretation der Ergebnisse der Optimierung eine Entscheidungsunterstützung für das Multiprojektmanagement ermöglicht werden. Eine wichtige Eigenschaft der Ergebnisse des Optimierungsverfahrens ist, dass diese qualitativ zu bewerten sind und dazu dienen sollen, Entscheidungsunterstützung anzubieten. Ein exemplarisches Ergebnis wäre z.B., dass nach einer Abweichung vom initialen Projektplan untersucht wird, ob das Verschieben von Kapazitäten oder Prioritäten dabei hilft, die Zielerreichung des entsprechenden Projekts wieder zu ermöglichen, ohne dabei andere Projekte zu kompromittieren. Dazu werden Kennzahlen (z.B. die Veränderung der Verzögerungskosten, die durchschnittliche Auslastung der Personalressourcen oder die Anzahl verspäteter Projekte) identifiziert, die in der Anwendung der Methodik dabei unterstützen, über die Notwendigkeit für

[437] Vgl. Rauhut (2011), Synchronisation von Entwicklungsprozessen, S.102ff.

eine Neuplanung zu entscheiden, mögliche Handlungsalternativen zu bewerten und die Güte des automatisch geplanten Personalressourceneinsatzes zu überprüfen. Das Konzept für diesen Methodenschritt ist in Abbildung 4-10 zusammengefasst.

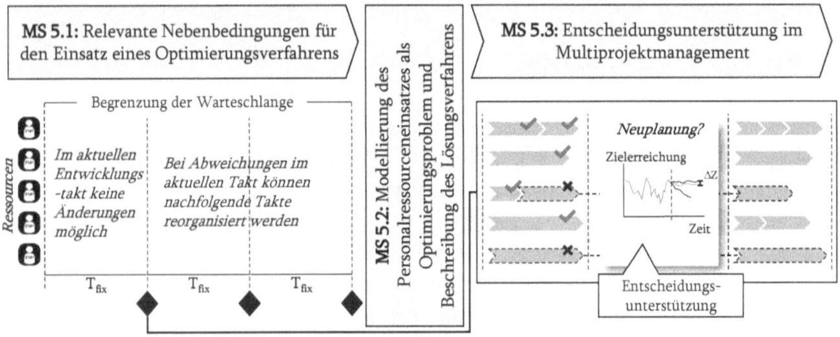

Abbildung 4-10 Grobkonzept des fünften Methodenschritts

Die Zielstellung des fünften Methodenschrittes lässt sich demnach zusammenfassen zu:

Teilziel 5: Erarbeitung eines Modells zur Entscheidungsunterstützung in der Planung und Steuerung von Entwicklungsprojekten zur Verbesserung der Projektzielerreichung mit Hilfe von Optimierungsverfahren.

4.4 Ableitung von zu entwickelnden Artefakten

Im Zentrum der Forschungsmethodik DSR, die dieser Arbeit zugrunde liegt, steht die Entwicklung von Artefakten zur Lösung der identifizierten Probleme. Aus diesem Grund werden aus den zuvor beschriebenen Teilzielen für die einzelnen Schritte der Methodik die zu entwickelnden Artefakte abgeleitet.

Für die übergeordnete Zielstellung, die Verbesserung der Projektzielerreichung durch kompetenzbasierte Planung und Steuerung des Personalressourceneinsatzes in Entwicklungsprojekten mittels Optimierungsverfahren (siehe Kapitel 1.2), besteht das zu entwickelnde Artefakt in der resultierenden Methodik, die bei Anwendung ebendiese Zielstellung realisiert. Zur Konzeption der Methodik wurde diese in einzelne Schritte gegliedert, welche nun ihrerseits Teilziele besitzen und zu der Erreichung dieser Teilziele sind abermals Artefakte zu entwickeln. Abbildung 4-11 zeigt die aus der zu entwickelnden Methodik abgeleiteten Artefakte der Teilschritte.

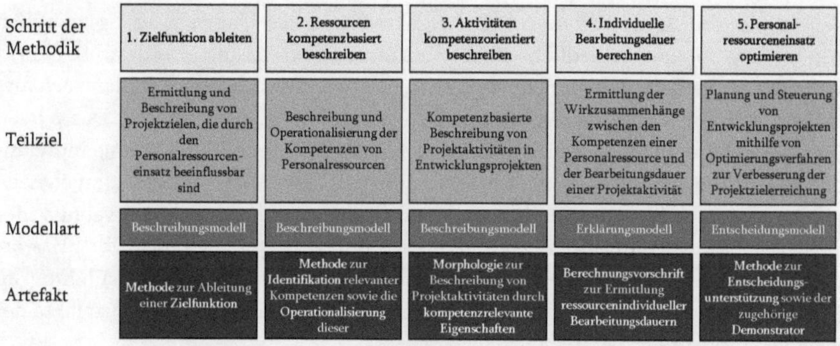

Abbildung 4-11 Ableitung der zu entwickelnden Artefakte in den Schritten der Methodik

Bei der Entwicklung der jeweiligen Artefakte ist zusätzlich die Anforderung zu beachten, dass es möglich sein muss diese in den weiteren Schritten der Methodik wieder aufgreifen zu können. Das ist notwendig, damit sich am Ende das übergeordnete Ziel der vorliegenden Arbeit erreichen lässt, indem die Teilergebnisse der jeweiligen Schritte miteinander kombiniert werden.

4.5 Zwischenfazit: Konzeption der Methodik

In Kapitel 4 erfolgte die Erstellung des Konzepts zur Adressierung der in den vorherigen Kapiteln hergeleiteten Praxis- und Theoriedefizite. Dazu wurde in Kapitel 4.1 zunächst die Zielstellung nochmals zusammengefasst und mit Hilfe eines Zielbildes konkretisiert. In Kapitel 4.2 wurden anschließend die inhaltlichen und formalen Anforderungen definiert. Die inhaltlichen Anforderungen wurden dabei aus Objekt- und Zielbereich dieser Arbeit sowie aus dem Praxis- und Theoriedefizit abgeleitet. Die formalen Anforderungen ergeben sich aus der Forschungsmethodik sowie aufgrund des Typs des zu entwickelnden Artefakts in dieser Arbeit. Nachdem die Anforderungen dargestellt wurden, folgte in Kapitel 4.3 die eigentliche Konzepterstellung. Dazu wurde die zu entwickelnde Gesamtmethodik in fünf Teilschritte unterteilt. Im ersten Schritt erfolgt die Ableitung einer Zielfunktion, die die durch das Ressourcenmanagement beeinflussbaren Ziele der Entwicklungsprojekte, in eine Kostenfunktion überführt, die es schließlich zu minimieren gilt. In Schritt zwei werden die Kompetenzen der Ressourcen betrachtet und ein Vorgehen definiert, welches die Operationalisierung der Kompetenzen und die anschließende Zuweisung verschiedener Ausprägungsstufen der Kompetenzen zu den Ressourcen ermöglicht. Schritt drei beinhaltet die Ermittlung der relevanten Eigenschaften von Projektaktivitäten zur Unterscheidung zwischen Aktivitäten, die unterschiedliche Kompetenzen zur Bearbeitung erfordern. In Schritt vier werden dann die Zusammenhänge zwischen den Kompetenzen und den verschiedenen Arten von Aktivitäten in Bezug auf die Bearbeitungsdauer ermittelt. Das Wissen über diese Zusammenhänge ermöglicht es schließlich für jede Aktivität eine individuelle Bearbeitungsdauer zu berechnen, die abhängig davon ist, welche Kompetenzen eine zugewiesene Ressource besitzt. Im letzten Schritt werden dann die Ergebnisse der vorherigen Schritte aufgenommen und in ein Optimierungsmodell überführt. Das Ergebnis der Optimierung liefert eine Hilfestellung für die Entscheidungsfindung im Multiprojektmanagement. Abschließend wurden die zu entwickelnden Artefakte der jeweiligen Schritte in Kapitel 4.4 abgeleitet.

5 Detaillierung der Methodik

Im vorherigen Kapitel wurde das Grobkonzept entwickelt, welches in diesem Kapitel detailliert wird. Das Ergebnis ist die Methodik zum kompetenzorientierten Personalressourceneinsatz in Multiprojektumgebungen. Der Aufbau des fünften Kapitels orientiert sich dabei an den fünf Methodenschritten, die in Kapitel 4.3 erarbeitet wurden und in Abbildung 5-1 nochmals zusammengefasst sind.

Kapitel	Methodenschritt
Kap 5.1	MS 1.1: Beschreibung von Projektzielen in Form von Kosten
	MS 1.2: Definition von globalen und projektspezifischen Kostenfunktionen
Kap 5.2	MS 2.1: Identifikation und Operationalisierung relevanter Kompetenzen in der Produktentwicklung
	MS 2.2: Entwicklung eines Vorgehens zur Ermittlung individueller Kompetenzprofile
Kap 5.3	MS 3.1: Identifikation generischer Aktivitäten in der Produktentwicklung
	MS 3.2: Beschreibung der Aktivitäten durch kompetenzorientierte Eigenschaften
Kapitel 5.4	MS 4.1: Clustern der generischen Aktivitäten auf Basis ihrer Eigenschaften
	MS 4.2: Ermittlung von Zusammenhangstypen zwischen Kompetenzen und Bearbeitungsdauer der Aktivitäten
	MS 4.3: Entwicklung einer Methode zur Bestimmung der Wirkzusammenhänge
	MS 4.4: Entwicklung einer Berechnungsvorschrift der ressourcenindividuellen Bearbeitungsdauer
Kapitel 5.5	MS 5.1: Beschreibung relevanter Nebenbedingungen für den Einsatz eines Optimierungsverfahrens
	MS 5.2: Modellierung des Personalressourceneinsatzes als Optimierungsproblem und Beschreibung des Lösungsverfahrens
	MS 5.3: Entscheidungsunterstützung im Multiprojektmanagement

Abbildung 5-1 Übersicht der Einzelschritte der Methodik

Im ersten Teilkapitel werden die Zieldimensionen für Entwicklungsprojekte beschrieben und abgeleitet, welche Aspekte direkt durch den Ressourceneinsatz beeinflusst werden können. Diese werden in einer Zielfunktion zusammengeführt, sodass eine Optimierung der Zielerreichung ermöglicht wird (Kapitel 5.1). Im zweiten Schritt werden die Ressourcen hinsichtlich ihrer Kompetenzen beschrieben. Dazu wird zunächst ein Kompetenzmodell erstellt und anschließend die individuellen Kompetenzprofile der Ressourcen ermittelt (Kapitel 5.2). Im dritten Schritt werden die Aktivitäten der Entwicklungsprojekte betrachtet und mit Hilfe von Eigenschaften und Ausprägungen beschrieben, die maßgeblich für die benötigten Kompetenzen zur Durchführung der Aktivität sind (Kapitel 5.3). Darauf aufbauend können die Zusammenhänge zwischen dem Kompetenzprofil einer Ressource und der Bearbeitungsdauer einer Aktivität bestimmt werden (Kapitel 5.4). Schließlich werden die abgeleitete Zielfunktion sowie die ermittelten Zusammenhänge zwischen Ressourcen und Aktivitäten als Nebenbedingungen in ein Optimierungsproblem überführt. Durch die Lösung des Optimierungsproblems kann eine Entscheidungsunterstützung für die Ressourcenplanung in Multiprojektumgebungen realisiert werden (Kapitel 5.5). Abschließend soll die Gesamtmethodik in Kapitel 5.6 zusammengefasst werden.

5.1 Ableitung einer Zielfunktion der Projektzielerreichung im Kontext des Ressourcenmanagements

Im ersten Schritt werden die Projektziele, die durch den Personalressourceneinsatz beeinflussbar sind, ermittelt und beschrieben. Einen Überblick über das Ziel, die Teilforschungsfrage (TFF), die Methodenschritte sowie das resultierende Artefakt sind in Abbildung 5-2 zusammengefasst.

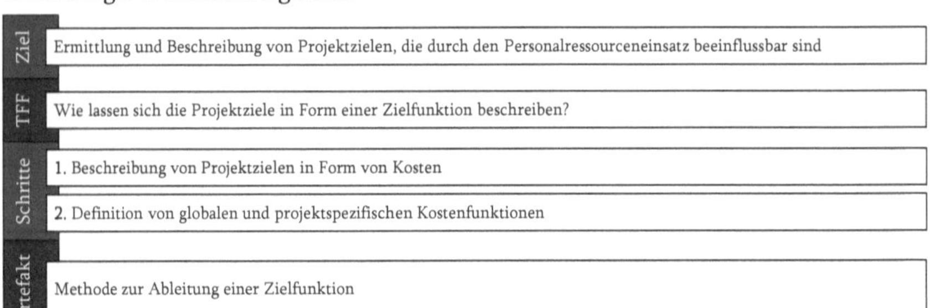

Abbildung 5-2 Übersicht des ersten Methodenschritts zur Ableitung einer Zielfunktion der Projektzielerreichung im Ressourcenmanagement

In Teilkapitel 5.1.1 werden zunächst die Projektziele untersucht und auf ihre Relevanz im Kontext der Ressourcenallokation geprüft. Anschließend werden die relevanten Zieldimensionen in einer Zielfunktion zusammengefasst (Kapitel 5.1.2).

5.1.1 Beschreibung von Projektzielen in Form von Kosten

Als erster Teilschritt zur Ableitung einer Zielfunktion für die Optimierung des Personalressourceneinsatzes in Multiprojektumgebungen ist es notwendig, zu identifizieren, welche Projektziele im Rahmen der Optimierung des Ressourcenmanagements beeinflusst werden können und somit überhaupt von Relevanz sind. Diese können dann im nächsten Schritt funktional beschrieben werden und als Zielfunktion für ein Optimierungsproblem herangezogen werden. Dazu wird als Erstes definiert, wo die Grenzen des Untersuchungsbereichs liegen, um anschließend darin die entsprechenden relevanten Zieldimensionen zu identifizieren.

Abgrenzung des Untersuchungsbereichs

Grundlegend werden die Ziele von Projekten und damit auch von Entwicklungsprojekten häufig in die Zieldimensionen Leistung, Kosten und Zeit strukturiert (siehe Kapitel 2.2.3). Dementsprechend kann der Untersuchungsbereich der vorliegenden Arbeit zunächst diese Dimensionen betrachten. In den jeweiligen Dimensionen gilt es zu untersuchen, welche Teilbereiche direkt vom Ressourceneinsatz beeinflusst werden können. Außerdem müssen sich die Ziele für die Verwendung in einem Optimierungsproblem eindeutig quantifizieren lassen. Nachfolgend werden Projektziele in den Dimensionen Leistung, Kosten und Qualität näher untersucht.

Leistung – Unter der Zieldimension Leistung ist das Projektergebnis zu verstehen, beispielsweise in Form von Umfang und Qualität. Die Herausforderung in der Dimension Leistung ist, dass diese nicht eindeutig zu beziffern und zu quantifizieren ist.[438] BURGHARDT schlägt vor, die Leistung in unterschiedlicher Qualität zu operationalisieren, wodurch eine Leistung in „guter“ oder „schlechter“ Qualität erbracht werden kann.[439] In vielen Quellen wird daher auch nur von Qualität anstatt von Leistung gesprochen. BURGHARDT definiert die Qualität eines Projektes als die Erfüllung der Anforderungen von Kunden.[440] DÖLLE definiert die Qualität in einem Entwicklungsprojekt auf Ebene der Aktivitäten dadurch, welchen Beitrag diese Aktivität zur Reduzierung der Unsicherheit in Bezug auf das Erfüllen von Anforderungen leistet.[441] Aber auch die Qualität als Maßgröße der Leistung ist in der Praxis nicht direkt messbar.[442] Einen Lösungsansatz bietet der Qualitäts-Performance-Index (QPI) von PAQUIN ET AL.,

---

[438] Vgl. Burghardt (2002), Projektmanagement, S.39

[439] Vgl. Burghardt (2002), Projektmanagement, S.39

[440] Vgl. Burghardt (2002), Projektmanagement, S.39

[441] Vgl. Dölle (2018), Projektsteuerung in der Produktentwicklung, S.129

[442] Vgl. Dölle (2018), Projektsteuerung in der Produktentwicklung, S.129

welcher angibt, zu welchem Grad Kundenanforderungen erfüllt sind. Bei einem Wert von über 100% liegt eine Übererfüllung der Anforderungen, bei einem Wert von unter 100% liegt keine ausreichende Erfüllung der Anforderungen vor.[443] Aber auch wenn dieser Ansatz die Bewertung von Qualität vereinfacht, so basiert er letztlich auf subjektiven Einschätzungen darüber, wie gewisse Kriterien und Anforderungen erfüllt werden. Wegen dieser Eigenschaften wird die Dimension Leistung im weiteren Verlauf der Arbeit nicht weiter betrachtet. Im Detail liegt der Grund einerseits daran, dass die beiden maßgeblichen Kriterien für die Inklusion in die Betrachtung nicht erfüllt werden, da die Zieldimension für den Einsatz als Zielfunktion in einem Optimierungsproblem quantifizierbar sein muss, und andererseits kann der Einfluss der Ressourcen auf die Dimension Leistung mit Hilfe von Prämissen auf die Dimension Zeit zurückgeführt werden. Es ist einleuchtend, dass die Kompetenzen einer Ressource einen direkten Einfluss auf die Qualität der durchgeführten Aktivität haben. Die benötigte Prämisse besagt jedoch, dass eine Aktivität immer so lange ausgeführt wird, bis die erreichte Qualität den Anforderungen entspricht. Das bedeutet also, dass eine Ressource mit einem besser geeigneten Kompetenzprofil für eine Aktivität diese in der gleichen Qualität abschließt, wie eine Ressource mit einem weniger geeigneten Kompetenzprofil. Die Ressource mit dem besser geeigneten Kompetenzprofil erreicht die Erfüllung der Qualitätsanforderung jedoch viel schneller. Die Prämisse basiert auf dem leistungsfixierten Vorgehen, welches bereits in Kapitel 2.2.3 vorgestellt wurde. BURGHARDT legitimiert diese Annahme indem er beschreibt, dass eine Übererfüllung von Anforderungen vom Kunden bzw. vom Markt nicht honoriert werden, weshalb dies zu vermeiden sei.[444] Gleichzeitig ist eine Untererfüllung der Anforderungen aufgrund von Reklamationen ebenfalls nicht anzustreben.[445]

Zeit – Die Zieldimension Zeit beschreibt die Terminziele des Projektes, dies umfasst den Fertigstellungstermin des Projekts sowie bestimmte Zwischentermine.[446] Auf Betrachtungsebene der Aktivitäten beschreibt die Dimension Zeit die Gesamtdauer, die ein Projekt unter Berücksichtigung der Vorgänger-Nachfolger-Beziehungen der Aktivitäten zur Durchführung benötigt.[447] In der zuvor festgelegten leistungsfixierten Projektmanagement-Vorgehensweise sind die Terminziele und insbesondere der Fertig-

[443] Vgl. Paquin et al. (2000), Assessing and controlling the quality of a project, S.92

[444] Vgl. Burghardt (2002), Projektmanagement, S.39

[445] Vgl. Burghardt (2002), Projektmanagement, S.39

[446] Vgl. Fiedler (2020), Controlling von Projekten, S.6

[447] Vgl. Dölle (2018), Projektsteuerung in der Produktentwicklung, S.126

stellungstermin des Projektes davon abhängig, ob die an das Projekt gestellten Anforderungen bereits erreicht wurden. Ist dies der Fall, kann ein Projekt auch vorzeitig beendet werden. Reicht die Qualität der Ergebnisse am Ende des vereinbarten Projektzeitraums noch nicht aus, muss eine Verschiebung des Fertigstellungszeitpunktes erfolgen.[448] Die Dimension Zeit liegt im Untersuchungsbereich, da die Zielerreichung eindeutig quantifiziert werden kann, bspw. durch die Termineinhaltung und die Abweichung einer vereinbarten Terminschiene. Gleichzeitig kann durch die Ressourcenallokation unmittelbarer Einfluss auf die Zielerreichung genommen werden, beispielsweise indem einem Projekt mehr Ressourcen zur Verfügung gestellt werden, wodurch sich die Dauer von Projekten und Aktivitäten in der Regel reduzieren.

Kosten – Die Kostenziele von Projekten beschreiben, welche Kosten zur Erreichung der Leistungs- und Zeitziele maximal eingesetzt werden können.[449] Die Kosten umfassen in der Produktentwicklung die Arbeitsleistung von Personalressourcen, also die Bearbeitungszeit multipliziert mit dem Stundensatz der Ressource, sowie Materialkosten bspw. für Arbeitsmittel und Prototypen.[450] Analog zur Dimension Zeit kann auch die Dimension Kosten genutzt werden, um in einem Projekt Steuerungsmaßnahmen umzusetzen. Lässt sich beispielsweise absehen, dass die geforderte Leistung eines Projektes zum vereinbarten Termin nicht erreicht werden kann, ist es neben einer Terminverschiebung auch möglich, durch den Einsatz zusätzlicher Ressourcen die Leistungsziele des Projektes in der vorgegebenen Zeit zu erreichen.[451] Die zusätzlich eingesetzten Ressourcen sorgen jedoch auch für steigende Kosten, wodurch die Kostenziele möglicherweise nicht mehr erreicht werden können. Die Dimension Kosten ist darüber aber auch direkt mit dem Ressourcenmanagement verbunden, welches durch die Menge und Art von zugewiesenen Ressourcen die Kosten eines Projektes direkt beeinflussen kann.

Festlegung der betrachteten Projektziele

Nachdem die drei grundlegenden Zieldimensionen beschrieben wurden, gilt es im nächsten Schritt zu definieren, welche Aspekte in der jeweiligen Dimension für die vorliegende Arbeit zu berücksichtigen sind. Die Dimension Leistung bzw. Qualität wurde dabei bereits im vorangegangenen Abschnitt als Fixgröße definiert. Die Ziele in der Dimension Zeit lassen sich maßgeblich auf den geplanten Fertigstellungszeitpunkt

[448] Vgl. Burghardt (2002), Projektmanagement, S.37f.

[449] Vgl. Kuster et al. (2019), Handbuch Projektmanagement, S.93

[450] Vgl. Dölle (2018), Projektsteuerung in der Produktentwicklung, S.127

[451] Vgl. Zirkler et al. (2019), Projektcontrolling, S.5

eines Projektes zurückführen. Dieser steht zudem in direkter Abhängigkeit mit den zugewiesenen Ressourcen und muss somit betrachtet werden. In der Dimension Kosten können die Kosten, die durch den Personalressourceneinsatz entstehen, direkt durch die Zuweisung der Ressourcen beeinflusst werden und müssen somit berücksichtigt werden. Kosten, die durch Material, Infrastruktur oder Fremdleistungen entstehen, sind nicht direkt davon abhängig, wie der Personalressourceneinsatz gestaltet ist. Es wäre lediglich vorstellbar, dass zusätzliche Personalressourcen durch einen externen Dienstleister bereitgestellt werden. Da dieser Sonderfall jedoch im geplanten Modell als eine Form von Personalkosten abgebildet werden kann, kann an dieser Stelle festgelegt werden, dass lediglich Personalkosten in der Kostendimension berücksichtigt werden.

Im Projektmanagement können Zielkonflikte und alternative Lösungswege zwischen den Dimensionen Kosten und Zeit auftreten. Wenn beispielsweise absehbar ist, dass die vereinbarte Leistung in der vorgegebenen Zeit nicht erzielt werden kann. Die Handlungsoptionen umfassen dann einerseits die Anpassung des Fertigstellungstermins des Projektes oder andererseits das Bereitstellen zusätzlicher Ressourcen, um das Projekt in der vorgesehenen Zeit mit der gewünschten Leistung fertigzustellen. Um die Handlungsoptionen gegeneinander abzuwägen, braucht es eine einheitliche Bewertungsmetrik. In der vorliegenden Arbeit sollen die in Kapitel 2.3.2 vorgestellten Verzögerungskosten genutzt werden, um beide prinzipiellen Handlungsalternativen miteinander zu vergleichen. Dabei wird davon ausgegangen, dass eine Terminverschiebung der Projektfertigstellung einerseits während der zusätzlichen Projektdauer zu weiteren Ressourcenkosten führt und andererseits nach dem initialen Überschreiten der ursprünglichen Deadline ein Kostensprung (bspw. Vertragsstrafen) anfällt und zusätzlich weitere Verzögerungskosten in Abhängigkeit der Länge der Verzögerung (bspw. Opportunitätskosten) anfallen. Abbildung 5-3 zeigt eine qualitative Gegenüberstellung der beiden Handlungsoptionen in Bezug auf die gemeinsame Bewertungsmetrik Kosten. Die erste Handlungsoption (siehe Abbildung 5-3 links) der Projektsteuerung sieht vor, dass der Fertigstellungszeitpunkt des in Verzug geratenen Projekts verschoben wird. Hierdurch entstehen keine zusätzlichen Personalkosten je Zeiteinheit, jedoch fallen die Personalkosten über einen längeren Zeitraum an. Zusätzlich entstehen Verzögerungskosten durch das Reißen der ursprünglich festgelegten Deadline einerseits sprunghaft bei Erreichen der Deadline, andererseits laufend mit fortschreitender Verzögerung. Bei der zweiten Handlungsoption (siehe Abbildung 5-3 rechts) werden dem Projekt zusätzliche Personalressourcen zur Verfügung gestellt. Auf diese

Weise kann der ursprüngliche Soll Fertigstellungstermin eingehalten werden, gleichzeitig entstehen durch die zusätzlichen Personalressourcen höhere Personalkostenaufwände.

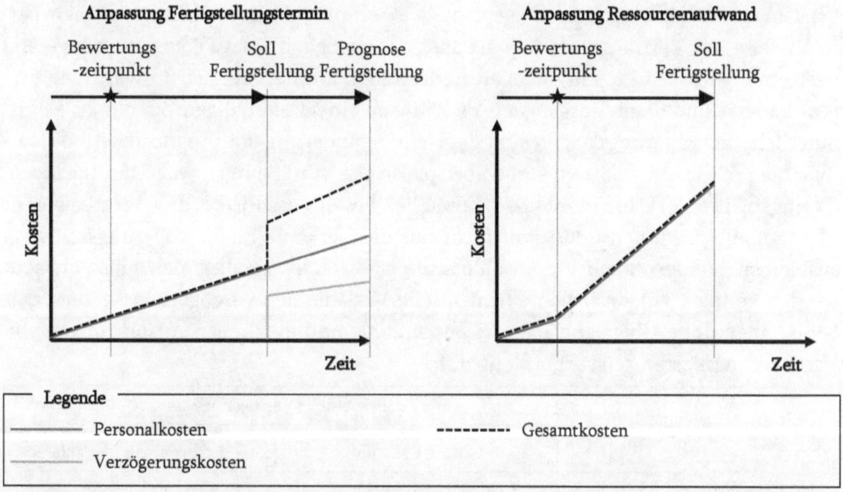

Abbildung 5-3 Kostenvergleich zweier Steuerungsoptionen im Projektmanagement

Nachdem die zu betrachtenden Aspekte in den relevanten Zieldimensionen festgelegt wurden, müssen diese im nächsten Schritt quantifiziert werden.

5.1.2 Definition von globalen und projektspezifischen Kostenfunktionen

Im zweiten Teil des ersten Methodenschritts erfolgt das methodische Ableiten einer Kostenfunktion als Zielfunktion für das Ressourcenmanagement in Multiprojektumgebungen. Wie im vorangegangen Abschnitt beschrieben, sollen dabei die Verzögerungskosten und die Ressourcenkosten berücksichtigt werden. Das Ziel ist es, einen methodischen Ansatz zu präsentieren mit dem die Zielfunktion für beliebige Projekte abgeleitet werden kann. Dazu werden die Verzögerungskosten und Ressourcenkosten zunächst im Detail beschrieben und schließlich relevante Zusammenhänge in Form von Formeln und Parametern definiert. Diese werden dann in einer gesamtheitlichen Zielfunktion zusammengefasst.

Verzögerungskosten

Wie bereits erwähnt, setzen sich Verzögerungskosten aus einem Fixkostensprung und kontinuierlichen Kosten zusammen.[452] Der Fixkostensprung tritt in der Regel nach Überschreiten der ursprünglich geplanten Deadline auf. Dabei handelt es sich beispielsweise um Vertragsstrafen. Es ist aber auch möglich, dass Fixkostensprünge erst nach einer gewissen Projektverzögerung auftreten. Ein Beispiel hierfür wäre eine verpasste Messe und damit entgangene Verkäufe zu einem einmaligen Zeitpunkt. Kontinuierliche Verzögerungskosten sind die Nettoveränderung der prognostizierten Bruttomarge pro Woche.[453] Sie entstehen beispielsweise durch entgangene Marktchancen, da eingeplante Verkäufe ausbleiben. Zusätzlich besteht das Risiko, dass Wettbewerber Marktanteile gewinnen und somit nicht nur die Verkäufe im Verzögerungszeitraum ausbleiben, sondern auch im Anschluss die erwarteten Absatzzahlen nicht erreicht werden können, wodurch sich exponentielle Verläufe der Verzögerungskosten ergeben können. Eine Übersicht über die Bestandteile und möglichen Ausprägungen von Verzögerungskosten zeigt Abbildung 5-4.

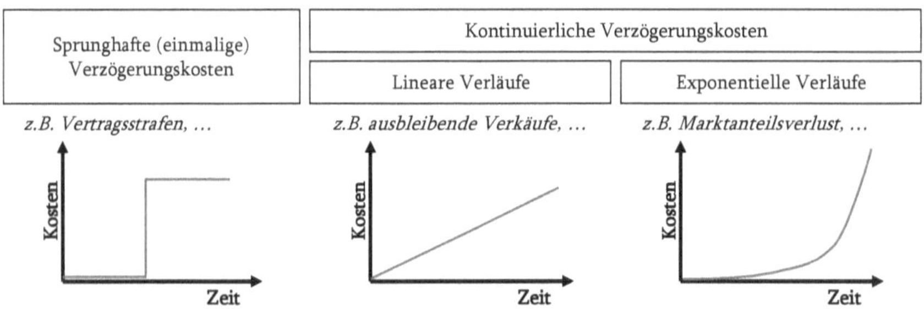

Abbildung 5-4 Bestandteile von Verzögerungskosten nach PFEFFER[454]

Die kontinuierlichen Verzögerungskosten können je nach Art des Projektes unterschiedliche Ursachen haben und müssen dementsprechend anders berechnet werden. Aus diesem Grund gilt es zunächst die Art des Projektes zu unterscheiden. ARNOLD & YÜCE nutzen dazu das „Four buckets"-Modell, welches besagt, dass jedes Projekt in mindestens einen von vier Töpfen einzahlt:[455]

---

[452] Vgl. Pfeffer (2017), Lean Project Management, S.7

[453] Vgl. Moreira (2017), Prioritizing with Cost of Delay, S.140

[454] Vgl. Pfeffer (2017), Lean Project Management, S.7

[455] Vgl. Arnold et al. (2013), Black Swan Farming, S.105

Umsatz steigern – Ziel des Projektes ist es, die Verkaufszahlen zu steigern und neue Kunden zu gewinnen. Häufig handelt es sich dabei um Projekte, die neue Produkte, Features oder Dienstleistungen entwickeln.[456]

Umsatz sichern – Auch in diesem Fall werden häufig neue Produkte oder Leistungen entwickelt, jedoch mit dem Ziel die aktuelle Position am Markt zu halten. Projekte dieser Kategorie sind häufig von Wettbewerbsaktivitäten ausgelöst und defensiver angelegt.[457]

Kosten reduzieren – Das Ziel der Projekte in dieser Kategorie ist die unmittelbare Kostenreduktion. Typische Beispiele sind Automatisierungsprojekte oder Personal- und Reisekosten zu reduzieren.[458]

Kosten vermeiden – Bei Projekten dieser Kategorie geht es ebenfalls um die Kostenreduktion, jedoch nicht akut, sondern vorausschauend. Ein typisches Beispiel wäre die Sicherstellung der Einhaltung neuer gesetzlicher Auflagen, welche ansonsten in Strafzahlungen endet.[459]

Nachdem die grundlegende Projektart dadurch beschrieben ist, dass definiert wurde, welche Vorteile für das Unternehmen durch das Projekt entstehen, wird im nächsten Schritt betrachtet, welche zeitlichen Verläufe bei der Realisierung dieser Vorteile zu beobachten sind. In der Literatur werden diese zeitlichen Verläufe häufig „Urgency profiles" genannt.[460] Abbildung 5-5 zeigt die unterschiedlichen Verläufe.

Kurzer Lebenszyklus, reduzierter Spitzenwert – Zur Realisierung der Vorteile gibt es nur ein kurzes überschaubares Fenster. Ein später Eintritt sorgt gleichzeitig für einen reduzierten Spitzenwert. Häufig ist dieser Mechanismus in dynamischen Märkten wie beispielsweise dem Konsumgütermarkt anzutreffen.[461]

Langer Lebenszyklus, Spitzenwert unbeeinflusst – In diesem Fall entstehen die Verzögerungskosten nur durch den späteren Eintritt. Der Spitzenwert Nutzen/Zeit kann jedoch uneingeschränkt erreicht werden. Hierbei handelt es sich häufig um Kosteneinsparungsprojekte.[462]

[456] Vgl. Moreira (2017), Prioritizing with Cost of Delay, S.140

[457] Vgl. Arnold et al. (2013), Black Swan Farming, S.105

[458] Vgl. Pfeffer (2017), Lean Project Management, S.4f.

[459] Vgl. Moreira (2017), Prioritizing with Cost of Delay, S.141

[460] Vgl. Arnold et al. (2013), Black Swan Farming, S.108

[461] Vgl. Arnold et al. (2013), Black Swan Farming, S.108

[462] Vgl. Arnold et al. (2013), Black Swan Farming, S.108

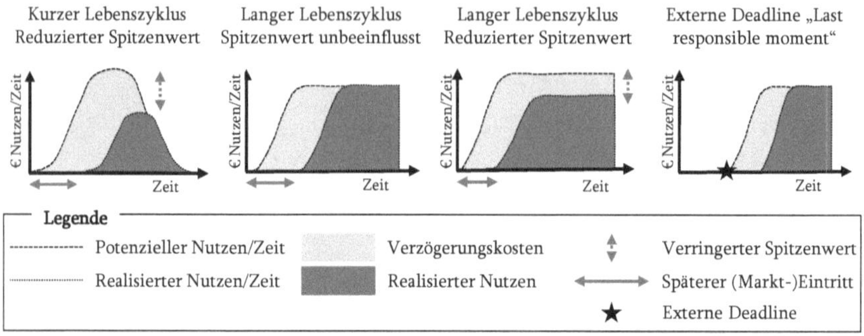

Abbildung 5-5 Mögliche zeitliche Verläufe von Verzögerungskosten nach ARNOLD & YÜCE[463]

Langer Lebenszyklus, reduzierter Spitzenwert – In diesem Fall ist es durch den späten Eintritt nicht mehr möglich, den Spitzenwert zu erreichen. Dies kommt beispielsweise vor, wenn durch einen verspäteten Markteintritt ein Wettbewerber einen Marktanteil gewinnen konnte und dadurch die prognostizierten Absatzzahlen nicht erreicht werden können.[464]

Externe Deadline – Hierbei handelt es sich um Projekte, deren Verzögerung bis zu einem gewissen Zeitpunkt keine negativen Auswirkungen haben. Beispielsweise neue Regularien, die erst ab einem gewissen Stichtag zu Strafzahlungen führen.[465]

Damit sind Verzögerungskosten mit Hilfe von drei maßgebenden Merkmalen beschrieben. Die drei Merkmale sowie einige Beispiele sind in Tabelle 5-1 zusammengefasst.

Tabelle 5-1 Merkmale und Ausprägungen von Verzögerungskosten im Überblick

Merkmal	Ausprägungen	Beispiele
Sprunghafter Anstieg	Nicht vorhanden	-
	Zur Deadline	Vertragsstrafen
	Nach Deadline/Mehrfach	Einmalige Events (z.B. verpasste Messen)

[463] Vgl. Arnold et al. (2013), Black Swan Farming, S.108

[464] Vgl. Arnold et al. (2013), Black Swan Farming, S.108

[465] Vgl. Arnold et al. (2013), Black Swan Farming, S.108

Projekttyp	Umsatz steigern	Neue Kunden, neue Leistungen für bestehende Kunden
	Umsatz sichern	Reaktion auf Wettbewerberaktivitäten
	Kosten reduzieren	Automatisierung, Personalkosten
	Kosten vermeiden	Vorbereitung auf Gesetzesänderung
Zeitlicher Verlauf	Kurzer Lebenszyklus, reduzierter Spitzenwert	Marktchancen durch Modetrends
	Langer Lebenszyklus, Spitzenwert unbeeinflusst	Einsparungsmaßnahmen
	Langer Lebenszyklus, reduzierter Spitzenwert	Produktstart im Markt mit Wettbewerbern
	Externe Deadline	Gesetzliche Strafzahlungen

Mit Hilfe der dargestellten Merkmale lassen sich Verzögerungskosten grundsätzlich beschreiben. Neben den Verzögerungskosten sind die Ressourcenkosten die zweite Kostenart, die im Kontext der Ressourcenzuweisung betrachtet werden muss.

Ressourcenkosten

Bei den Ressourcenkosten handelt es sich um die Kosten, die durch den Ressourcenverbrauch der Projekte entstehen. Wie bereits zuvor festgelegt, liegt der Fokus dieser Arbeit dabei auf den Personalressourcen. Dementsprechend handelt es sich bei den zu berücksichtigenden Ressourcenkosten um die Personalkosten in einem Projekt. Diese werden berechnet, indem der Arbeitsaufwand in Arbeitsstunden einer Ressource für ein Projekt ermittelt wird und mit dem Stundensatz der jeweiligen Ressource multipliziert wird.

Häufig ist es möglich bei nicht ausreichenden Kapazitäten Entwicklungsdienstleistungen in Anspruch zu nehmen. Sollte dies durch eine Arbeitnehmerüberlassung erfolgen, kann die entsprechend extern bezogene Ressource auf die gleiche Art in den Ressourcenkosten berücksichtigt werden.

Die Ressourcenkosten bilden gemeinsam mit den Verzögerungskosten die Grundlage für die Formulierung einer Kostenzielfunktion im Ressourcenmanagement.

Relevante Parameter und finale Zielkostenfunktion

Nachdem die Verzögerungs- und Ressourcenkosten beschrieben wurden, erfolgt als nächstes die Zusammensetzung der finalen Zielfunktion sowie die Benennung der relevanten Parameter. Wie bereits beschrieben, können die durch die Ressourcenzuweisung beeinflussbaren Projektziele durch eine Kostenfunktion bestehend aus Verzögerungskosten und Ressourcenkosten ausgedrückt werden (siehe Formel 5.1).

$$PK = CoD + RK \tag{5.1}$$

PK:	Betrachtete Projektkosten
CoD:	Verzögerungskosten
RK:	Ressourcenkosten

Die Verzögerungskosten werden in sprunghafte und kontinuierliche Kosten unterschieden (siehe Formel 5.2).

$$CoD = CoD_S + CoD_K \tag{5.2}$$

CoD_S:	Sprunghafte Verzögerungskosten
CoD_K:	Kontinuierliche Verzögerungskosten

Die sprunghaften Kosten können schließlich unmittelbar nach Überschreiten der Deadline auftreten oder mit einer gewissen Verzögerung $t_{fks,i}$ (siehe Formel 5.3). Die Höhe der Kosten FKS_i muss für jeden Kostensprung separat abgeschätzt werden.

$$CoD_S = FKS_1 \cdot x_{fks,1} + FKS_2 \cdot x_{fks,2} + \dots$$
$$\text{mit } x_{fks,i} = \begin{cases} 1 \text{ wenn } t_d > t_{fks,i} \\ 0 \text{ wenn } t_d < t_{fks,i} \end{cases} \tag{5.3}$$

FKS_i:	Sprunghafte Verzögerungskosten i
$x_{fks,i}$:	Entscheidungsvariable zur Berücksichtigung von FKS_i
t_d:	Zeitliche Verzögerung im Projekt gegenüber Deadline
$t_{fks,i}$:	Zeitpunkt zu dem die Verzögerungskosten FKS_i anfallen

Die kontinuierlichen Verzögerungskosten sind abhängig von Projekttyp und zeitlichem Verlauf (siehe Tabelle 5-1). Dabei definiert der zeitliche Verlauf, welche prinzipielle Form der Berechnungsformel gewählt wird (siehe Abbildung 5-6). Für den Verlauf *kurzer Lebenszyklus mit reduziertem Spitzenwert* müssen die Verläufe von original erwartetem Nutzen $N_{or}(t)$ und angepasstem erwartetem Nutzen $N_{ad}(t)$ bekannt sein, um die Verzögerungskosten als Differenz zwischen den beiden Verläufen zwischen Start des Lebenszyklus t_0 und Ende des Lebenszyklus t_E zu berechnen. Für den zeitlichen Verlauf bei einem langen Lebenszyklus werden die Verzögerungskosten berechnet indem die Verzögerungsdauer t_d mit dem erwarteten maximalen Nutzen/Zeiteinheit N_{max} multipliziert wird. Wenn zusätzlich auch der Spitzenwert von Nutzen/Zeiteinheit reduziert ist, muss die Reduktion des Spitzenwertes ΔN mit dem erwarteten

Lebenszyklus des Ergebnisses des Projektes (z.B. eines Produktes) t_{LZ} multipliziert werden und zu den Verzögerungskosten hinzugerechnet werden. Bei dem Vorhandensein einer externen Deadline muss berücksichtigt werden, bis zu welchem Zeitpunkt t_{lr}, das Projekt noch beendet werden kann ohne negative Konsequenzen zu befürchten.

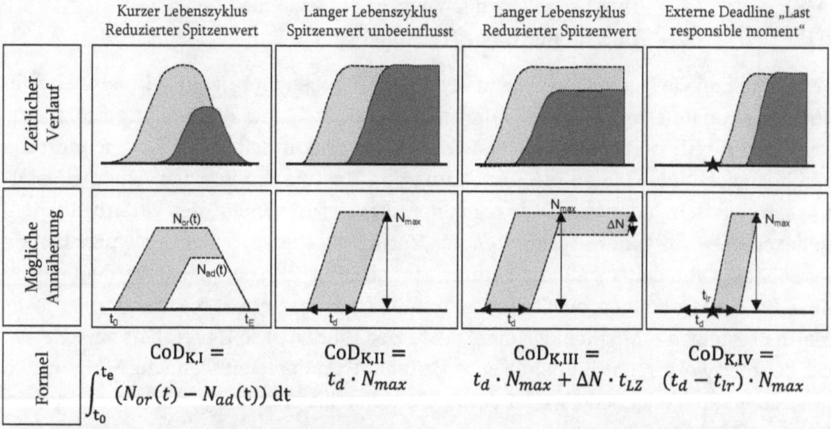

Abbildung 5-6 Berechnungsformeln je zeitlichem Verlauf kontinuierlicher Verzögerungskosten

Neben dem zeitlichen Verlauf ist der Projekttyp für die kontinuierlichen Verzögerungskosten maßgeblich. Der Projekttyp beeinflusst den bereits erwähnten Nutzen/Zeiteinheit (siehe Tabelle 5-2).

Tabelle 5-2 Nutzen je Projekttyp

Projekttyp	Nutzen
Umsatz steigern	Zusätzlich generierter Umsatz (z.B. zusätzliche Verkäufe)
Umsatz sichern	Verhinderter Umsatzverlust (z.B. Halten von Kunden)
Kosten reduzieren	Geringere Kostenverursachung (z.B. Herstellkostenreduktion)
Kosten vermeiden	Verhinderte Kosten (z.B. Strafzahlungen vorbeugen)

Der Nutzen/Zeiteinheit setzt sich dabei zusammen aus einem Nutzenanteil der rein zeitbezogenen ist und einem Nutzenanteil der abhängig von der Anzahl an Output-Einheiten ist (siehe Formel 5.4). Es wird explizit nicht von Nutzen pro Jahr gesprochen, da auch eine andere Zeiteinheit z.B. Tage gewählt werden kann.

$$N_{max} = N_t + \frac{\text{Einheiten}}{\text{Zeiteinheit}} \cdot (\text{VKP-HK}) \quad 5.4$$

N_{max}:	Maximaler Gesamtnutzen je Zeiteinheit
N_t:	Zeitabhängiger Nutzenanteil
VKP:	Durchschnittlicher Verkaufspreis je Einheit
HK:	Durchschnittliche Herstellkosten je Einheit

Der zeitabhängige Nutzenanteil kann bei umsatzbezogenem Nutzen beispielsweise ein jährlicher Kapitelertrag sein, der durch ein Projekt, welches die Zahlungsrückstände der Kunden reduziert, gesteigert werden könnte.[466] Auf Seiten der Kosten kann der zeitabhängige Nutzenanteil die Einsparung von Energie durch einen neuen Herstellungsprozess sein oder die Reduktion von Arbeitsaufwänden der Mitarbeitenden, wodurch diese für andere Tätigkeiten zur Verfügung stehen.[467] Für den Nutzenanteil, der abhängig von der Anzahl der Output-Einheiten ist, also beispielsweise dem Absatz eines Produktes, können die Stellhebel unmittelbar aus Formel 5.4 entnommen werden. Es besteht die Möglichkeit die Anzahl der Einheiten je Zeiteinheit zu steigern, also beispielsweise mehr Einheiten zu verkaufen.[468] Andererseits kann die Marge durch einen höheren Verkaufspreis oder geringere Herstellkosten je Einheit verbessert werden.

Es ist wichtig zu betonen, dass ein Projekt nicht zwingend nur einem Projekttyp zugeordnet sein muss. Es kann auch Projekte geben, die sowohl den Umsatz steigern als auch Kosten senken.[469] Die Ermittlung der finalen kontinuierlichen Verzögerungskosten eines Projektes erfolgen schließlich durch Aufsummieren der Verzögerungskosten in den vier Kategorien der Projekttypen (siehe Formel 5.5). Die Berechnung der einzelnen Verzögerungskostentypen erfolgt anhand des jeweiligen zeitlichen Verlaufs und dementsprechend mit Hilfe der Formeln für $CoD_{K,I}$, $CoD_{K,II}$, $CoD_{K,III}$ und $CoD_{K,IV}$ aus Abbildung 5-6.

$$CoD_K = CoD_{USt} + CoD_{USi} + CoD_{KRe} + CoD_{KVe} \quad 5.5$$

CoD_{USt}:	Verzögerungskosten durch verzögerte Umsatzsteigerung
CoD_{USi}:	Verzögerungskosten durch verzögerte Umsatzsicherung

466 Vgl. Arnold et al. (2013), Black Swan Farming, S.108

467 Vgl. Arnold et al. (2013), Black Swan Farming, S.108

468 Vgl. Moreira (2017), Prioritizing with Cost of Delay, S.142

469 Vgl. Arnold et al. (2013), Black Swan Farming, S.108

CoD_{KRe}: Verzögerungskosten durch verzögerte Kostenreduktion
CoD_{KVe}: Verzögerungskosten durch verzögerte Kostenvermeidung

Zur Berechnung der Gesamtkosten für ein Projekt fehlen damit entsprechend Formel 5.1 nur noch die Ressourcenkosten. Die betrachteten Ressourcenkosten sollen dabei nur die umgelegten Personalkosten umfassen, die durch die Allokation von Mitarbeitenden zu einem Projekt für dieses Projekt entstehen. Sie können mit Hilfe von Formel 5.6 berechnet werden.

$$RK = \sum_{i=1}^{R} AZ_i \cdot SS_i \qquad 5.6$$

AZ_i: Arbeitszeit der Ressource i im betrachteten Projekt in h
SS_i: Stundensatz der Ressource i
R: Anzahl der theoretisch verfügbaren Ressourcen

Zur Gesamtkostenoptimierung müssen letztlich die betrachteten Projektkosten aller Projekte aufsummiert werden, wodurch die finale Zielfunktion definiert wird (siehe Formel 5.7):

$$GPK = \sum_{i=1}^{P} PK_i \qquad 5.7$$

GPK: Gesamtprojektkosten
PK_i: Projektkosten des Projektes i
P: Anzahl der betrachteten Projekte

5.1.3 Zusammenfassung der Ableitung einer Zielfunktion

Das Ziel des ersten Methodenschrittes war die Entwicklung eines Vorgehens zur Quantifizierung der relevanten Projektziele im Kontext von Ressourcenzuweisungen. Als Ergebnis sollte dabei eine Zielfunktion entstehen, die im Rahmen eines Optimierungsproblems optimiert werden kann.

Dazu wurde zunächst beschrieben, welche Zieldimensionen existieren und anschließend wurden die relevanten Ziele jeder Zieldimension beschrieben. Es wurde ein leistungsfixiertes Vorgehen festgelegt. Das bedeutet, dass die vorab in Anforderungen oder Lastenheften definierte Leistung der Projekte als fix definiert wird und im Zuge von Steuerungsmaßnahmen nicht angepasst werden darf. Freiheitsgrade in der Projektsteuerung werden damit auf die Dimensionen Zeit und Kosten begrenzt. Mit Hilfe von Verzögerungskosten konnten die Ziele in der Dimension Zeit in die Dimension Kosten überführt werden, wodurch eine eindeutige Zielfunktion möglich ist und kein multikriterielles Optimierungsproblem gelöst werden muss.

Schließlich wurde beschrieben, wie die relevanten Kosten für Projekte erhoben werden können. Es wurden Verzögerungskosten und Ressourcenkosten betrachtet. Insbesondere die Verzögerungskosten mussten auf Grund ihrer geringen Verbreitung in Theorie und Praxis detailliert beschrieben werden. Die identifizierten Arten der Verzögerungskosten sowie alle weiteren relevanten Zusammenhänge wurden mit Formeln beschrieben, sodass eine Berechnung der Kosten im Kontext einer Ressourcenzuweisung ermöglicht wird.

5.2 Kompetenzbasierte Beschreibung von Personalressourcen in Entwicklungsprojekten

Im zweiten Schritt werden die Personalressourcen im Kontext von Entwicklungsprojekten beschrieben. Ziel ist es die Kompetenzen der Ressourcen zu operationalisieren, um es zu ermöglichen, basierend auf den Kompetenzen Entscheidungen bei der Ressourcenzuweisung treffen zu können. Abbildung 5-7 zeigt die Zielstellung, die Teilforschungsfrage, die Arbeitsschritte sowie das resultierende Artefakt des zweiten Methodenschrittes der vorliegenden Arbeit.

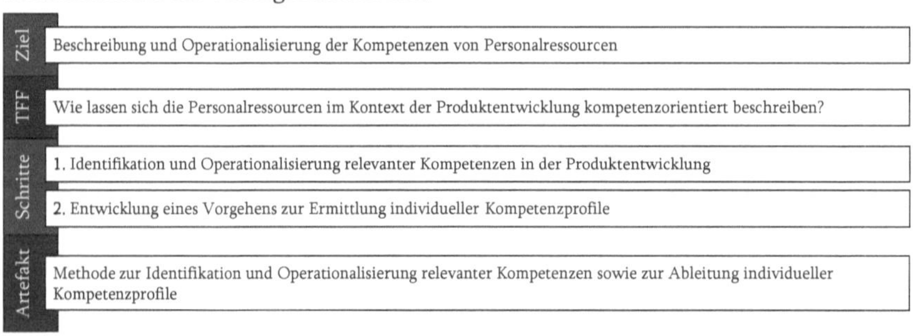

Abbildung 5-7 Übersicht des zweiten Methodenschritts zur Identifikation und Operationalisierung relevanter Kompetenzen

In Teilkapitel 5.2.1 werden zunächst die relevanten Kompetenzen für die Produktentwicklung beschrieben und anschließend operationalisiert. Anschließend erfolgt in Teilkapitel 5.2.2 die Entwicklung eines Vorgehens um die Kompetenzen je individueller Ressource beurteilen zu können.

5.2.1 Identifikation und Operationalisierung relevanter Kompetenzen in der Produktentwicklung

Der erste Teilschritt dient der Identifikation und Operationalisierung von Kompetenzen. Daher wird als Erstes eine Liste möglicher relevanter Kompetenzen im Kontext der Produktentwicklung aus verschiedenen Quellen ermittelt. Anschließend folgt die Beschreibung einer Methode zur Operationalisierung der relevanten Kompetenzen.

Identifikation von Kompetenzen in der Produktentwicklung

Aufgrund der großen Unterschiede zwischen unterschiedlichen Unternehmen ist es nicht sinnvoll, eine starre Liste mit relevanten Kompetenzen herzuleiten. Stattdessen wird nachfolgend ein Vorgehen zur Identifikation der relevanten Kompetenzen vorgestellt, welches auch bei Anwendung in der Praxis durchgeführt werden kann. Nichtsdestotrotz ist es hilfreich auf einer Vorarbeit aufbauen zu können, weshalb in diesem Kapitel mit Hilfe des vorgestellten Vorgehens eine Liste an Kompetenzen als Grundlage hergeleitet wird. Die eindeutige Empfehlung lautet jedoch, für jeden Anwendungsfall eine eigene individuelle Liste relevanter Kompetenzen zu erstellen.

Die prinzipiellen Schritte des Vorgehens sind auch Abbildung 5-8 zu entnehmen. Als erstes wird eine Longlist von Kompetenzen erstellt. Dazu können Kompetenzen aus geeigneten Quellen gesammelt werden. Als Quellen kommen in Frage:

- *Rahmenwerke und Übersichten von Kompetenzen aus der Fachliteratur*
- *Eigene und externe Stellenausschreibungen im gleichen Umfeld*
- *Bestehende unternehmensinterne Kompetenzmodelle*

Eine Reihe passender Werke der Fachliteratur, welche Listen und Übersichten von Kompetenzen führen, sind unter anderem: ALBERS ET AL.[470], BUNDESMINISTERIUM FÜR BILDUNG UND FORSCHUNG[471], LESLIE[472], NORTH ET AL.[473], SMITH & SMARKUSKY[474], oder HENNING & ISENHARDT[475]. Auch das e-Kompetenz-Rahmenwerk aus der DIN EN 16234-1 ist ein geeignetes Nachschlagewerk für Kompetenzen aus dem Bereich der Informations- und Kommunikationstechnologie.[476] Für die Aufnahme einer

[470] Vgl. Albers et al. (2009), Vermittlung von Schlüsselqualifikationen, S.516

[471] Vgl. BMBF (2013), Handbuch zum Deutschen Qualifikationsrahmen, S.17ff.

[472] Vgl. Leslie (2016), Engineering Competency Model, S.1

[473] Vgl. North et al. (2018), Was ist Kompetenz, S.73

[474] Vgl. Smith et al. (2005), Competency matrices for peer assessment, S.157

[475] Vgl. Henning et al. (2009), Überfachliche Kompetenzanforderungen, S.31

[476] Vgl. DIN EN 16234-1 (2016), e-Kompetenz-Rahmen, S.15

Kompetenzen in die Longlist müssen die Kompetenzen zunächst lediglich dem Kriterium genügen, dass es sich dabei um Kompetenzen nach der Definition aus Kapitel 2.3.3 handelt. Wissen, Fertigkeiten und Qualifikationen werden an dieser Stelle demnach ausgeschlossen.

Nachdem die Longlist von Kompetenzen erstellt wurde, folgt anschließend die Konsolidierung und Überführung in eine Shortlist. Dazu werden zunächst die Duplikate aus den verschiedenen Quellen entfernt und anschließend ähnliche Kompetenzen zusammengefasst. In einem Plausibilitätscheck wird abgefragt, ob die entsprechende Kompetenz für die Produktentwicklung im spezifischen Anwendungsfall relevant ist. Die Relevanz kann dabei anhand der folgenden Kriterien bewertet werden:

- *Das Vorhandensein oder nicht Vorhandensein der Kompetenz hat einen direkten Einfluss auf die Einsatzmöglichkeiten einer Personalressource in der Produktentwicklung (z.B. Konstruieren)*
- *Die Kompetenz hat einen direkten Einfluss auf die Geschwindigkeit oder die Ergebnisqualität mit der eine Tätigkeit in der Produktentwicklung durchgeführt werden kann (z.B. Zeitmanagement)*
- *Bei der Kompetenz handelt es sich nicht um eine Kompetenz die den grundlegenden Umgang zwischen Menschen in sozialen Gefügen oder die grundlegende Befähigung für eine Erwerbstätigkeit beschreibt (z.B. Kritikfähigkeit oder Lese-/Schreibfähigkeit)*

Anschließend erfolgt die finale Auswahl durch einen paarweisen Vergleich. Beim paarweisen Vergleich werden immer zwei Kompetenzen miteinander verglichen und überprüft, welche für die Ressourcenzuweisung in der Produktentwicklung die relevantere Kompetenz ist. Die zugrundeliegende Frage für den Paarweisen vergleich lautet:

- *Ist Kompetenz A für die Einsatzmöglichkeiten einer Ressource in der Produktentwicklung sowie die zu erwartenden Ergebnisse einer durch die Ressource durchgeführten Tätigkeit in der Produktentwicklung wichtiger als Kompetenz B*

Aus dem paarweisen Vergleich ergibt sich eine Reihenfolge bezüglich der Relevanz der Kompetenzen. Abschließend ist eine sinnvolle Größe der Menge an betrachteten Kompetenzen zu wählen. Häufig liegt diese zwischen 10 und 40 Kompetenzen.[477]

---

[477] Vgl. Erpenbeck et al. (2013), Kompetenzmodelle von Unternehmen, S.17

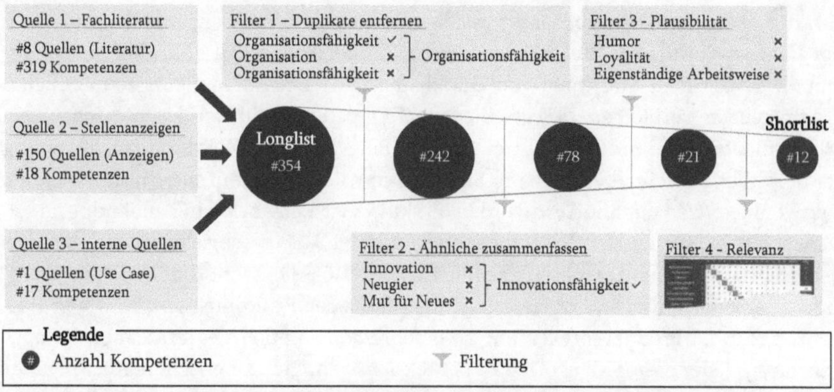

Abbildung 5-8 Vorgehen zur Identifikation relevanter Kompetenzen

Im Beispiel wurden aus den drei Typen von Quellen insgesamt 354 Kompetenzen ermittelt (vollständige Liste im Anhang). Die meisten Kompetenzen stammen dabei aus der Fachliteratur, da in dieser bereits Aggregationen und Listen von Kompetenzen erstellt wurden. Zusätzlich wurden als Stichprobe 150 Stellenanzeigen aus dem Kontext der Produktentwicklung untersucht. Bei fast allen Anzeigen wurden spezifische Anforderungen bezüglich Qualifikation, Methoden, Tools und Erfahrungen sowie Fach- und Grundwissen gestellt. Abbildung 5-9 zeigt eine Analyse der am häufigsten genannten Kompetenzen, die der Definition von Kompetenzen in Kapitel 2.3.3 entsprechen und nicht nur Wissenselemente oder spezifische Qualifizierungen sind.

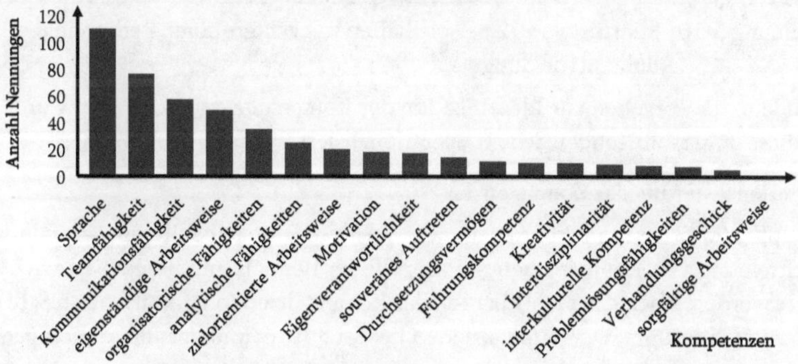

Abbildung 5-9 Analyse genannter Kompetenzen in Stellenanzeigen aus dem Bereich der Produktentwicklung

Für den dritten Quellentyp, bereits bestehende interne Kompetenzmodelle, wurde ein im Internet veröffentlichtes Beispiel für ein Kompetenzmodell von Rheinmetall genutzt.[478] Nach dem Entfernen von Duplikaten und dem Zusammenfassen ähnlicher Kompetenzen verbleiben 71 verschiedene Kompetenzen in der Liste. Nach einem Plausibilitätscheck und der Beurteilung der Relevanz für die Ressourcenzuweisung kann schließlich eine beispielhafte Shortlist von 12 Kompetenzen ermittelt werden. Die Kompetenzen der Shortlist wurden direkt in vier Kategorien in Anlehnung an ERPENBECK ET AL. strukturiert.[479] Wie bereits in Kapitel 2.3.3 beschrieben ist sich die wissenschaftliche Literatur weitestgehend einig, dass sich diese vier Kategorien dazu eignen Kompetenzen zu strukturieren. Um ein umfassendes Kompetenzprofil von Ressourcen für die Produktentwicklung zu beschreiben empfiehlt es sich daher, Kompetenzen aus jeder dieser Kategorien zu berücksichtigen. Eine Übersicht der beispielhaften Kompetenzen und deren Einordnung in die vier Kategorien ist in Abbildung 5-10 zu sehen.

Personale Kompetenzen
- Analytisches Denken
- Strategisches Denken
- Kreatives Denken
- Ganzheitliches Denken

Aktivitäts- und umsetzungsorientierte Kompetenzen
- Wissensmanagement
- Zeitmanagement
- Organisationsfähigkeit

Fachlich-methodische Kompetenzen
- Technisches Konzipieren
- Konstruieren
- Programmieren

Sozial-kommunikative Kompetenzen
- Teamfähigkeit
- Kommunikationsfähigkeit

Abbildung 5-10 Shortlist von 12 beispielhaften relevanten Kompetenzen in der Produktentwicklung

Nachdem das Vorgehen zur Identifikation der Kompetenzen beschrieben wurde müssen diese im nachfolgenden Schritt operationalisiert werden.

Operationalisierung der Kompetenzen

In Kapitel 2.3.3 wurde beschrieben, dass ein Kompetenzmodell eine Sammlung und Beschreibung von Kompetenzen umfasst, die im Betrachtungsbereich als wichtig erachtet werden. Nach der Identifikation der Kompetenzen folgt im nächsten Schritt die Operationalisierung. Operationalisierte, beobachtbare und messbare Kompetenzen

[478] Vgl. Thomas Batsching (2015), Kompetenzmodelle - Beispiele

[479] Vgl. Erpenbeck et al. (2017), Handbuch Kompetenzmessung, S.XXIV

sind für ein in der Praxis anwendbares Kompetenzmodell Grundvoraussetzung.[480] Nach KRUMM ET AL. besteht ein Kompetenzmodell aus einer Oberflächenstruktur und einer Tiefenstruktur.[481] Die Oberflächenstruktur wird von Kompetenzclustern und darin enthaltenen Kompetenzen gebildet, während die Tiefenstruktur die jeweiligen Kompetenzen mit Hilfe von Eigenschaften und Verhaltensweisen genauer beschreibt.[482] Die Oberflächenstruktur wurde dabei bereits im vorangegangenen Abschnitt beschrieben. Die Tiefenstruktur definiert Verhaltensweisen und Eigenschaften in unterschiedlichen Ausprägungen, wodurch Einsteiger und Experten in jeder Kompetenz unterschieden werden können. Die Unterscheidung von Leistungsniveaus innerhalb der Kompetenzen ist dabei eine häufig gewählte Möglichkeit, wie beispielsweise KURUBA[483], RODRIGUEZ ET AL.[484], oder das BUNDESMINISTERIUM FÜR BILDUNG UND FORSCHUNG[485] belegen. Eine konkrete Möglichkeit dieser Operationalisierung und des Messbarmachens zeigt die DIN EN 16234-1 mit dem e-Kompetenz-Rahmen. Darin werden jeder Kompetenz Leistungsniveaus zugeordnet, welche durch Wissenselemente und Fertigkeiten beschrieben werden.[486] Eine ähnliche Abstufung nimmt NORTH ET AL. vor, indem er Kenner*in, Könner*in und Expert*in in den Bereichen Wissen und Erfahrungen, Komplexität der Aufgabenstellung, Selbstständigkeit in der Handlung und Reflexionsfähigkeit unterscheidet (siehe Abbildung 5-11).[487]

---

[480] Vgl. Krumm et al. (2012), Kompetenzmodelle, S.72

[481] Vgl. Krumm et al. (2012), Kompetenzmodelle, S.12

[482] Vgl. Krumm et al. (2012), Kompetenzmodelle, S.67

[483] Vgl. Kuruba (2019), Role Competency Matrix, S.77

[484] Vgl. Rodriguez et al. (2002), Developing competency models, S.315

[485] Vgl. BMBF (2013), Handbuch zum Deutschen Qualifikationsrahmen, S.17ff.

[486] Vgl. DIN EN 16234-1 (2016), e-Kompetenz-Rahmen, S.12

[487] Vgl. North et al. (2018), Was ist Kompetenz, S.79ff.

Leistungsniveaus in der Kompetenzbewertung

Stufe 1 (A1)	Stufe 2 (A2)	Stufe 3 (B1)	Stufe 4 (B2)	Stufe 5 (C1)	Stufe 6 (C2)
Ich verfüge über Grundkenntnisse.	Ich verfüge über Grundkenntnisse und eigene Erfahrungen.	Ich verfüge über differenzierte Kenntnisse und Erfahrungswissen.	Ich verfüge über differenzierte Kenntnisse und ein vielfältiges Erfahrungswissen	Ich verfüge über ein breites und tiefes Fachwissen und über Erfahrungen aus unterschiedlichen Kontexten.	Zusätzlich zu C1, kann ich dieses Wissen aufbereiten und anderen Personen zur Verfügung stellen
Ich kann einfache, konkrete Aufgaben und Problemstellungen in einer mir vertrauten Situation …	Ich kann auch etwas komplexere konkrete Aufgaben und Problemstellungen in einer mir vertrauten Situation …	Ich kann alltägliche Standardsituationen mittlerer Komplexität aus meinem Umfeld …	Ich kann im eigenen Umfeld komplexere, auch neue und noch nicht vertraute Situationen …	Ich kann auch in anspruchsvollen Situationen in einem für mich neuen und ungewohnten Umfeld …	Zusätzlich zu C1, kann ich diese Situationen auch unter Belastung und Stress …
… unter Anleitung oder mit Unterstützung ausführen/lösen.	… mit guter Vorbereitung selbstständig ausführen/lösen.	… selbstständig bewältigen und ohne große Vorbereitung lösen. Ich habe ein Repertoire von Handlungsmöglichkeiten.	… selbstständig, flexibel und ohne Vorbereitung bewältigen. Meine Handlungsmöglichkeiten kann ich variieren und gegebenen Anforderungen anpassen.	… Aufgaben- und Problemstellungen selbstständig und adäquat bearbeiten und lösen. Ich kann Aufgaben/ Situationen redefinieren und eigene Lösungswege entwickeln.	… adäquat bewältigen. Ich kann innerhalb einer Führungs- und Projektaufgabe Ziele formulieren und Aufgaben zur Erreichung definieren.
Ich kann meine Handlungen beurteilen und im Rahmen der Vorgaben optimieren.		Ich kann meine Handlungen reflektieren und beurteilen und daraus Maßnahmen für eine Optimierung ableiten.		Ich kann meine Handlungen reflektieren, Fehler und Fehlverhalten erkennen und für die Erweiterung, Differenzierung und Optimierung meiner Handlungsmöglichkeiten nutzen.	

Legende

- Wissen/ Verstehen, Erfahrungen
- Komplexität der Aufgabenstellung
- Selbstständigkeit in der Handlung/ Selbststeuerung
- Reflexionsfähigkeit

Abbildung 5-11 Bewertung von Kompetenzen nach NORTH ET AL.[488] in Anlehnung an SIEBER-SUTER & KLEEB-FISCHER[489]

Anlehnend an dieses verbreitete Vorgehen zur Operationalisierung von Kompetenzen wird die in Abbildung 5-12 gezeigte Kompetenz-Steckbrief-Vorlage vorgeschlagen. Damit kann eine Kompetenz in unterschiedliche Leistungsniveaus aufgeteilt werden und jedes Leistungsniveau durch Wissenselemente und Verhaltensweisen bzw. Fertigkeiten beschrieben werden.

[488] Vgl. North et al. (2018), Was ist Kompetenz, S.79ff.

[489] Vgl. Sieber–Suter et al. (2010), Portfolio-Persönliches Kompetenzmanagement

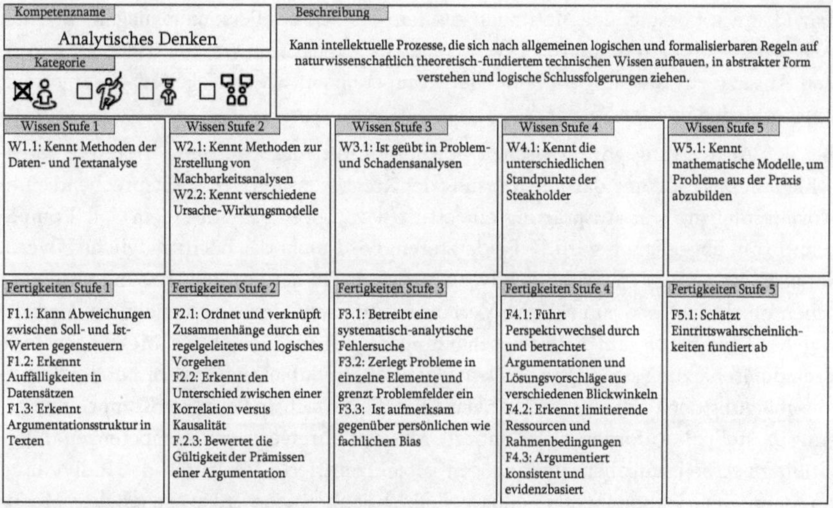

Abbildung 5-12 Kompetenz-Steckbrief-Vorlage

Mit Hilfe dieser Steckbrief-Vorlage wurden für die beispielhaften 12 Kompetenzen des vorangegangenen Abschnitts jeweils Steckbriefe erstellt und als Grundlage für die Anwendung im spezifischen Anwendungsfall und Demonstration im Anhang A.2 beigefügt.

5.2.2 Entwicklung eines Vorgehens zur Ermittlung individueller Kompetenzprofile

Im nächsten Schritt erfolgt die Beurteilung der individuellen Ressourcen zur Ermittlung der Kompetenzprofile. Die zugrundeliegende Frage lautet, wie man die entsprechenden Leistungsniveaus in den relevanten Kompetenzen für jede Ressource ermitteln kann. Durch die Operationalisierung der Kompetenzen im vorangegangenen Abschnitt wurde die Grundlage für eine objektive Beurteilung gelegt. Nun muss durch ein geeignetes Vorgehen zur Ermittlung der Kompetenzprofile weiterhin sichergestellt sein, dass die Beurteilung möglichst objektiv erfolgen kann.[490] Die Anforderung lautet daher, dass unterschiedliche Assessoren in der Beurteilung der Kompetenzen der Ressourcen zu vergleichbaren Ergebnissen kommen müssen.

[490] Vgl. Erpenbeck et al. (2017), Handbuch Kompetenzmessung, S.27

Dazu kann auf bestehende Methoden aus dem Bereich des Personalmanagements, den Arbeitswissenschaften und der Psychologie zurückgegriffen werden. Nach FINK können Ansätze zur Messung individueller Kompetenzen, wie in Tabelle 5-3 dargestellt, unterschieden werden.[491]

Bei der Auswertung wird zwischen normorientiert und kriteriumsorientiert unterschieden. Das bedeutet, dass die Messung der Kompetenz entweder entsprechend einer Normierung in ihrer Ausprägung eingestuft wird oder aber mit einem Soll-Kompetenz-Profil abgeglichen wird.[492] Bei letzterem wird nicht das höchstmögliche Niveau, sondern das am besten passende Niveau anvisiert. Bei der Art der Messung wird zwischen objektiven und subjektiven Verfahren unterschieden. Die subjektiven Verfahren basieren häufig auf Selbsteinschätzungen, während objektive Messungen eine Fremdeinschätzung benötigen.[493] Dem Nachteil der Subjektivität steht bei der Selbsteinschätzung der Vorteil gegenüber, dass dies die einfachste Form der Kompetenzmessung darstellt.[494] Anforderungsorientierte Messverfahren erfassen Kompetenzen in Relation zu Arbeitsaufgaben, wohingegen subjektzentrierte Verfahren das Individuum und seine Entwicklung in den Fokus stellen.[495] Schließlich wird zwischen dem Modus unterschieden, indem differenziert wird, ob eine Eigenschaft, eine Verhaltensweise oder eine Leistung diagnostiziert wird.[496] Die für die vorliegende Arbeit relevanten Ausprägungen zur Messung von Kompetenz sind in Tabelle 5-3 fett markiert.

Tabelle 5-3 Unterscheidung von Ansätzen zur Kompetenzmessung nach FINK[497]

Kriterium	Ausprägung		
Auswertung	**normorientiert**		kriteriumsorientiert
Art der Messung	subjektiv		**objektiv**
Fokus	subjektzentriert		**anforderungsorientiert**
Modus	**Eigenschaftsdiagnostik**	**Verhaltensdiagnostik**	Ergebnisdiagnostik

In der Praxis haben sich vier Typen von Kompetenz-Assessments etabliert, welche sich zur Feststellung unterschiedlicher Objektbereiche eignen (siehe Tabelle 5-4).[498] Da die

[491] Vgl. Fink (2013), Das Zusammenspiel von Kompetenz und Performanz, S.80

[492] Vgl. Fink (2013), Das Zusammenspiel von Kompetenz und Performanz, S.78

[493] Vgl. Fink (2013), Das Zusammenspiel von Kompetenz und Performanz, S.79

[494] Vgl. North et al. (2018), Was ist Kompetenz, S.91

[495] Vgl. Fink (2013), Das Zusammenspiel von Kompetenz und Performanz, S.79

[496] Vgl. Fink (2013), Das Zusammenspiel von Kompetenz und Performanz, S.79

[497] Vgl. Fink (2013), Das Zusammenspiel von Kompetenz und Performanz, S.80

[498] Vgl. Palan (2003), Competency management, S.69ff.

Kompetenzen im Rahmen der vorliegenden Arbeit durch Fähigkeiten und Wissenselemente operationalisiert wurden (siehe Abbildung 5-12), eignen sich in diesem Kontext insbesondere die Assessmenttypen „Bewertung“ und „Test“. Eine Bewertung kann dabei durch die betroffene Person selbst (Selbsteinschätzung), durch Vorgesetzte, Expertengremien oder per 360-Grad-Review, welches Vorgesetzte, Peer-Gruppen, Unterstellte und die Person selbst inkludiert, erfolgen.[499] Tests können insbesondere Wissen und Fähigkeiten abprüfen.[500] Das Wissen wird beispielsweise durch Fachfragen überprüft, während Fähigkeit in einer Testumgebung unter Beweis gestellt werden müssen. Auch die weitverbreiteten Assessment Center sind eine Form des Testens, welches sogar mehr als nur Wissen und Fähigkeiten überprüft.[501]

Tabelle 5-4 Assessmenttypen für verschiedene Messobjekte nach PALAN[502]

Messobjekt	Typen von Kompetenz-Assessments			
	Bewertungen	Interviews	Beobachtung	Test
Fähigkeiten	Ja	Nein	Ja	Ja
Wissen	Ja	Nein	Nein	Ja
Werte	Ja	Ja	Ja	Ja
Eigenschaften	Ja	Ja	Ja	Ja
Motive	Ja	Ja	Ja	Ja

Damit sind einige grundlegende Ansätze zur Ermittlung der individuellen Kompetenzprofile beschrieben. Detaillierte Beschreibungen konkreter Methoden werden beispielsweise im Werk von ERPENBECK ET AL. vorgestellt, welches sich auf die Zusammenstellung von Kompetenzmessverfahren fokussiert.[503]

Das Endergebnis nach der Erhebung der Kompetenzen einer Ressource ist ein individuelles Kompetenzprofil. Darin ist festgehalten, welche Kompetenz die entsprechende Ressource auf welchem Leistungsniveau aufweist. Analog zum Kompetenzsteckbrief (siehe Abbildung 5-12) werden je Kompetenz Wissen und Fertigkeiten ermittelt. Das Leistungsniveau der Kompetenz entspricht letztlich der niedrigeren Stufe der beiden Einschätzungen. Die Kompetenzprofile können um weitere für die Projektbesetzung relevante Informationen ergänzt werden, beispielsweise die verfügbare Kapazität für

[499] Vgl. Palan (2003), Competency management, S.70f.

[500] Vgl. Palan (2003), Competency management, S.74

[501] Vgl. Palan (2003), Competency management, S.74

[502] Vgl. Palan (2003), Competency management, S.69ff.

[503] Vgl. Erpenbeck et al. (2017), Handbuch Kompetenzmessung, S.29

Projektaktivitäten. Ein schematisches individuelles Kompetenzprofil einer Ressource ist in Abbildung 5-13 dargestellt.

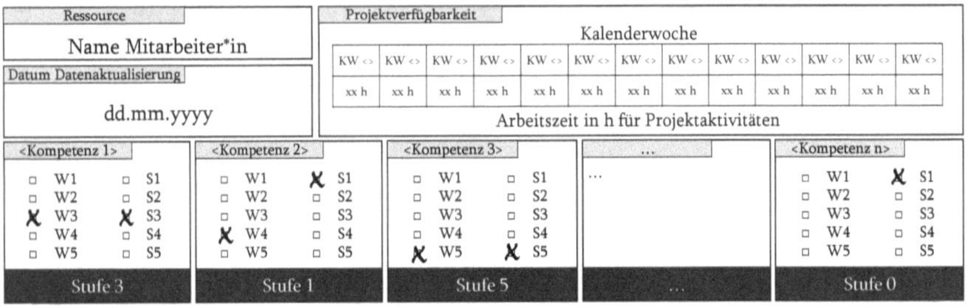

Abbildung 5-13 Kompetenzprofil einer Personalressource

5.2.3 Zusammenfassung der kompetenzbasierten Beschreibung von Personalressourcen

Im zweiten Methodenschritt wurde das Ziel verfolgt die Kompetenzen von Ressourcen im Kontext der Produktentwicklung zu beschreiben, um dadurch in der Lage zu sein, individuelle Kompetenzprofile für jede Ressource erstellen zu können.

Um das Ziel zu erreichen, wurde zunächst ein Vorgehen beschrieben, wie relevante Kompetenzen im Kontext der Produktentwicklung identifiziert werden können. Basierend auf verschiedenen Quellen wurde zunächst eine Longlist erstellt, welche durch verschiedene Filterschritte zu einer Shortlist wurde, die zwischen 10 und 40 Kompetenzen umfassen sollte. Diese Kompetenzen müssen anschließend operationalisiert werden. Dazu wurde in fünf unterschiedlichen Leistungsniveaus beschrieben, welche Wissenselemente und welche Fertigkeiten eine Ressource besitzen muss, damit die Kompetenz auf dem jeweiligen Leistungsniveau attestiert werden kann. Schließlich wurde beschrieben mit welchen grundlegenden Ansätzen die Leistungsniveaus der Ressourcen ermittelt werden können und welche Methoden zur Kompetenzmessung zur Verfügung stehen.

5.3 Beschreibung von Aktivitäten in Entwicklungsprojekten hinsichtlich ihrer kompetenzorientierten Eigenschaften

Der dritte Methodenschritt hat das Ziel die Aktivitäten in Entwicklungsprojekten hinsichtlich ihrer kompetenzorientierten Eigenschaften zu beschreiben. Nachdem aus vorherigem Kapitel bekannt ist, welche Kompetenzen von den Ressourcen zur Verfügung gestellt werden, folgt in diesem Kapitel die Beschreibung von Aktivitäten, um einen Abgleich zwischen benötigten und verfügbaren Kompetenzen zu ermöglichen. Die Zielstellung, die zugehörige Teilforschungsfrage, die durchzuführenden Schritte und das entstehende Artefakt sind in Abbildung 5-14 zusammengefasst.

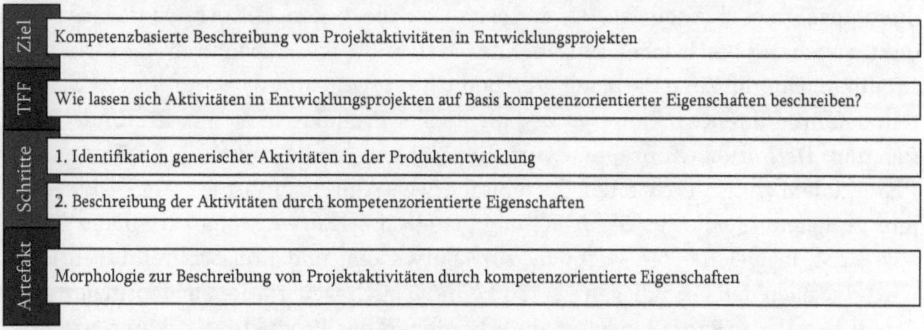

Abbildung 5-14 Übersicht des dritten Methodenschritts zur Beschreibung von Projektaktivitäten durch kompetenzorientierte Eigenschaften

Zunächst werden im ersten Teilkapitel 5.3.1 generische Aktivitäten in der Produktentwicklung identifiziert. Die ermittelten Aktivitäten werden dann genutzt, um im nächsten Teilkapitel 5.3.2 Eigenschaften abzuleiten, die es ermöglichen, zwischen Aktivitäten zu unterscheiden, die zur Durchführung unterschiedliche Kompetenzen benötigt werden.

5.3.1 Identifikation generischer Aktivitäten in der Produktentwicklung

Zunächst werden generische Aktivitäten in der Produktentwicklung gesammelt, welche im nachfolgenden Schritt dazu genutzt werden können, die relevanten Eigenschaften zu ermitteln, die zur kompetenzorientierten Beschreibung der Aktivitäten notwendig sind. Die Identifikation der Aktivitäten erfolgt analytisch-deduktiv aus bestehenden Modellen und Rahmenwerken aus der wissenschaftlichen Literatur zur Strukturierung der Produktentwicklung sowie empirisch-induktiv durch Praxisbeispiele aus dem Umfeld des Autors, sowie durch vom Autor betreute Abschlussarbeiten und Experteninterviews. Bei der Sammlung von Aktivitäten aus der Praxis ist darauf zu achten, dass diese ein ausreichendes Abstraktionsniveau besitzen, um nicht nur im spezifischen Anwendungsfall relevant zu sein. Aus den verschiedenen genannten Quellen wird schließlich eine konsolidierte Liste von generischen Aktivitäten erstellt.

Die erste betrachtete Quelle ist die wissenschaftliche Literatur. Hierzu wurden insbesondere Grundlagenwerke für die Produktentwicklung berücksichtigt, da diese durch ihre allgemeingültige und strukturierende Herangehensweise die Aktivitäten in der Produktentwicklung auf dem gesuchten generischen Niveau beschreiben. Die betrachteten Grundlagenwerke werden nachfolgen kurz vorgestellt. FELDHUSEN & GROTE haben das Werk von PAHL & BEITZ neu aufgelegt und liefern in ihrem Grundlagenwerk eine Übersicht über bestehende Ansätze zur generischen Beschreibung der Produktentstehung.[504] Auch ULRICH & EPPINGER habe generische Aktivitäten der Produktentstehung beschrieben und in einer Matrix-Struktur, die durch die Phasen der Produktentstehung und die beteiligten Bereiche aufgespannt wird, verortet.[505] ULLMAN teilt den Produktentwicklungsprozess physischer Produkte in die Phasen Entdeckung, Planung, Definition, Konzeptentwurf, Entwicklung und Betreuung auf. Er nennt je Phase zudem einige Aktivitäten, die typischerweise durchgeführt werden.[506] Eine weitere geeignete Quelle für die Ableitung generischer Entwicklungsaktivitäten ist die VDI 2221, in welcher die Methodik zum Entwickeln und Konstruieren beschrieben wird.[507] Neben den Grundlagenwerken konnten auch Dissertationen identifiziert werden, die in ihren Partialmodellen die Aktivitäten der Produktentwicklung beschreiben. Einer dieser Ansätze ist der Ansatz von HINSCH, der die Aufgaben der Konstruktion aus einer Reihe von Interviews mit Expert*innen aus der Industrie ermittelt.[508] KANTELBERG führt eine vergleichbare Analyse wie in der vorliegenden Arbeit durch, in welcher er bestehende Ansätze zur Identifikation generischer Aktivitäten analysiert. Auch wenn die Analyse mit einem anderen Ziel erstellt wurde, können die 50 identifizierten generischen Aktivitäten in die Longlist übernommen werden.[509]

Neben den genannten wissenschaftlichen Quellen werden zwei Fallstudien aus den Projekterfahrungen des Autors berücksichtigt. Im ersten Projekt bei einem Maschinenhersteller ging darum, die Aufwandabschätzung für die Ressourcenplanung in der Entwicklung zu verbessern. Dazu wurden verschiedene Projekttypen unterschieden und für jeden Projekttyp generische Aktivitäten beschrieben. Darauf aufbauend wurde ein neuer Prozess für die Planung von Kapazitäten hinsichtlich des anstehenden Projektportfolios definiert. Die abgeleiteten generischen Maßnahmen können im Rahmen dieser Arbeit wiederverwendet werden. Das zweite Projekt umfasste die Prozess- bzw.

---

[504] Vgl. Feldhusen et al. (2013), Pahl/Beitz Konstruktionslehre, S.23

[505] Vgl. Ulrich et al. (2012), Product design and development, S.14

[506] Vgl. Ullman (2010), The mechanical design process, S.81ff.

[507] Vgl. VDI 2221-1 (2019), Entwicklung technischer Produkte, S.31

[508] Vgl. Hinsch (2013), Konzept eines Entscheidungsmodells zur Aufgabenzuordnung, S.50f.

[509] Vgl. Kantelberg (2018), Gestaltung agiler Entwicklungsprozesse, S.127

Komplexitätskostenanalyse eines Anlagenbauers. Bei der Prozesskostenanalyse werden alle Prozesse die üblicherweise in den Gemeinkosten verrechnet werden und dabei häufig auch die Entwicklungsprozesse verursachungsgerecht einzelnen Produkten zugeordnet. Die Prozesse die im Rahmen dieser Analyse untersucht wurden bieten eine sehr gute Basis für die Ableitung von generischen Aktivitäten in der Produktentwicklung. Durch die Kombination der wissenschaftlichen und industriellen Quellen konnten insgesamt 323 generische Aktivitäten in der Produktentwicklung identifiziert werden, welche durch eine Konsolidierung, in der Aktivitäten, die sich nur durch die Benennung unterscheiden, zusammengefasst wurden, auf 197 reduziert werden (siehe Anhang A.3).

5.3.2 Beschreibung der Aktivitäten durch kompetenzorientierte Eigenschaften

Als nächstes werden die Aktivitäten in der Produktentwicklung durch Eigenschaften beschrieben. Dabei werden jedoch nur diejenigen Eigenschaften berücksichtigt, die einen maßgeblichen Einfluss auf die Kompetenzen haben, die zur Durchführung der Aktivität notwendig sind. Die ausgewählten Eigenschaften werden schließlich mit Hilfe der zuvor ermittelten generischen Aktivitäten validiert.

Identifikation kompetenzorientierter Eigenschaften zur Beschreibung der Aktivitäten

Zunächst werden bestehende Beschreibungen, Eigenschafts- und Merkmalsdefinitionen von Aktivitäten der Produktentwicklung untersucht und eine Longlist erstellt. Analog zum Vorgehen aus Kapitel 5.2.1 wird diese Longlist aus bestehenden wissenschaftlichen Ansätzen generiert und anschließend durch verschiedene Filterstufen auf eine Shortlist reduziert. Insgesamt wurden aus 14 wissenschaftlichen Quellen (u.A. DÖLLE[510], KANTELBERG[511], KORTHALS[512], RAUHUT[513] oder HINSCH[514]) 96 Eigenschaften von Aktivitäten in der Produktentwicklung abgeleitet. Ergänzend wurden aus zwei Interviews mit Expert*innen aus dem Projektmanagement 14 weitere Eigenschaften zur Liste hinzugefügt. Eine vollständige Liste befindet sich im Anhang A.4. Die Übersicht des Vorgehens zur Ermittlung der relevanten Eigenschaften ist in Abbildung 5-15 zu sehen. Die Plausibilisierung erfolgt in diesem Fall anhand folgender Kriterien:

---

510 Vgl. Dölle (2018), Projektsteuerung in der Produktentwicklung

511 Vgl. Kantelberg (2018), Gestaltung agiler Entwicklungsprozesse

512 Vgl. Korthals (2014), Wertstromanalyse in der Produktentwicklung

513 Vgl. Rauhut (2011), Synchronisation von Entwicklungsprozessen

514 Vgl. Hinsch (2013), Konzept eines Entscheidungsmodells zur Aufgabenzuordnung

- *Eine andere Ausprägung der entsprechenden Eigenschaft führt dazu, dass Kompetenzen zur Bearbeitung der Aktivität in einem anderen Maße benötigt werden*
- *Die gleiche Ressource kann die entsprechende Aktivität bei Veränderung der Eigenschaft nicht mehr in der gleichen Geschwindigkeit oder Ergebnisgüte durchführen*

Im Vergleich zum Vorgehen in Kapitel 5.2.1 erfolgt in der letzten Filterstufe kein paarweiser Vergleich zur Identifikation der relevantesten Eigenschaften, sondern es erfolgt eine Priorisierung der Eigenschaften mit Hilfe der zuvor abgeleiteten generischen Aktivitäten in der Produktentwicklung.

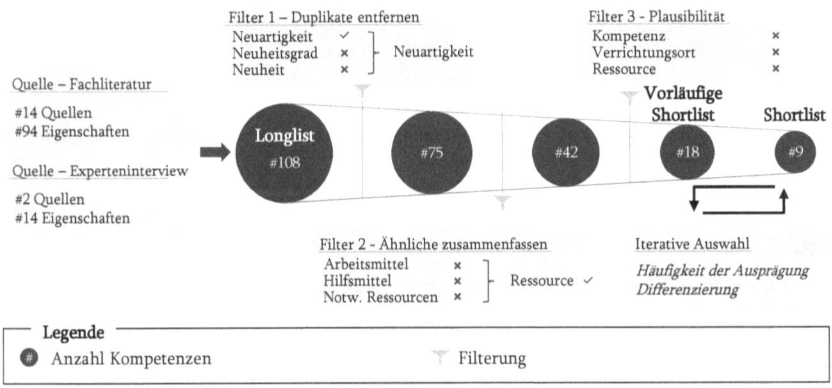

Abbildung 5-15 Vorgehen zur Identifikation relevanter Eigenschaften von Aktivitäten

Dazu werden die Eigenschaften der „vorläufigen Shortlist" zunächst mit Hilfe von Ausprägungen genauer beschrieben. Zur Ableitung der Ausprägungen werden die Quellen, in welchen die Eigenschaft oder ähnliche Eigenschaften beschrieben wurden, untersucht und mit den Erfahrungen des Autors aus der Praxis abgeglichen. Das Resultat ist ein morphologischer Kasten mit den Eigenschaften der vorläufigen Shortlist und dazugehörigen Ausprägungen. Dieser morphologische Kasten wird nun genutzt, um alle gesammelten generischen Aktivitäten zu beschreiben. Dazu wird für jede Aktivität zu jeder Eigenschaft die Ausprägung ausgewählt, welche die Aktivität am besten beschreibt. Im nächsten Schritt erfolgt eine Auswertung der beschriebenen Aktivitäten, um zu bestimmen, welche Eigenschaften einen maßgeblichen Beitrag zur Differenzierung zwischen den Aktivitäten beitragen. Es wird untersucht, mit welcher Häufigkeit die verschiedenen Ausprägungen zur Beschreibung der Aktivitäten genutzt wurden.

Eigenschaften, bei denen ein Großteil der beschriebenen Aktivitäten beispielsweise durch eine einzige Ausprägung beschrieben werden, tragen nicht zur Differenzierung der Aktivitäten bei und müssen nicht weiter betrachtet werden. In Abbildung 5-16 sind die 18 Eigenschaften der vorläufigen Shortlist mit ihren bis zu 5 Ausprägungen zu sehen.

Phase des PEP	Frühe Planung	Konzept-entwicklung	Gestaltung & Optimierung	Produktions-anlauf	Unterstützend
Neuartigkeit Objektbereich	Unbekannt	Teilweise bekannt	Bekannt		
Häufigkeit der Aktivität	Einmalig (im Projekt)	Sporadisch	Regelmäßig geringe Frequenz	Regelmäßig hohe Frequenz	
Interdependenz	Unabhängig	Einzelne Abhängigkeiten	Viele Abhängigkeiten	Unübersichtliche Abhängigkeiten	
Strukturiert-heitsgrad	Alle Schritte vorgegeben	Grobe Struktur vorgegeben	Nur Zielstellung vorgegeben		
Standard-isierungsgrad	Explorativ	Methodisch strukturiert	Standardisiert		
Methoden-einsatz	Kreation	Synthese	Analyse	Bewertung & Entscheidung	Management
Einsatz von IT Systemen	Nicht notwendig	Geringer Umfang	Mittlerer Umfang	Großer Umfang	
Art der Zusammenarbeit	Keine/ lose Zusammenarbeit	Regelmäßige Synchronisation	Enge Zusammenarbeit		
Variabilität in Durchführung	Vorgehen immer gleich	Kleine Abweichungen	Große Abweichungen	Vorgehen immer anders	
Unsicherheit in Durchführung	Schwer planbar	Teilweise planbar	Gut planbar		
Komplexitäts-grad	Gering	Mittel	Hoch		
Nähe zum Kunden	Keine Kontaktpunkte	Wenige Kontaktpunkte	Zahlreiche Kontaktpunkte		
Intern/ Extern ausgerichtet	Nach außen ge-richtete Aktivität	Gemischte Ausrichtung	Nach innen ge-richtete Aktivität		
Fachliche Tiefe Mechanik	Nicht notwendig	Geringer Tiefgang	Mittlerer Tiefgang	Großer Tiefgang	
Fachliche Tiefe Elektronik	Nicht notwendig	Geringer Tiefgang	Mittlerer Tiefgang	Großer Tiefgang	
Fachliche Tiefe Informatik	Nicht notwendig	Geringer Tiefgang	Mittlerer Tiefgang	Großer Tiefgang	
Fachliche Tiefe Operations	Nicht notwendig	Geringer Tiefgang	Mittlerer Tiefgang	Großer Tiefgang	

Legende

- Eigenschaft der Aktivität
- Ausprägung der Eigenschaft
- Anteil der generischen 197 konsolidierten Aktivitäten, die durch diese Eigenschafts-ausprägung beschrieben wurden *(hier: 50%)*

Abbildung 5-16 Vorläufige Morphologie zur Beschreibung generischer Aktivitäten

Außerdem markiert ist der Anteil der konsolidierten generischen Aktivitäten, die durch eine Ausprägung beschrieben wurden. Jeder generischen Aktivität wurde für jede Eigenschaft eine Ausprägung zugewiesen. Mehrfachauswahl von Ausprägungen oder das Überspringen einer Eigenschaft ist nicht zulässig. Eine detaillierte Beschreibung der Eigenschaften und Ausprägungen erfolgt nach der Reduktion der vorläufigen Shortlist in die finale Shortlist.

Außerdem wird untersucht, durch welche Kombination von Eigenschaften sich möglichst vielfältige, voneinander unterscheidende Ausprägungskombinationen zur Beschreibung der Aktivitäten ergeben. Geprüft wurde dies indem alle 197 beschriebenen Aktivitäten durch möglichst wenige Eigenschaften differenzierbar beschrieben werden. Die Kombination der Ausprägungen je Eigenschaft kann in einer Baumdarstellung visualisiert werden (siehe Abbildung 5-17). Bildlich gesprochen ist es das Ziel, dass sich der Baum möglichst früh öffnet (siehe Abbildung 5-17 rechte Seite). Dies würde bedeuten, dass die ersten Eigenschaften bereits maßgeblich die Differenzierung der generischen Aktivitäten bedingen. Letztlich wurden die Eigenschaften solange in ihrer Reihenfolge angepasst, bis es möglich war mit nur 9 Eigenschaften >90% der generischen Aktivität mit einer eindeutigen Ausprägungskombination zu beschreiben. Der vollständige Baum ist in Anhang A.5 zu sehen.

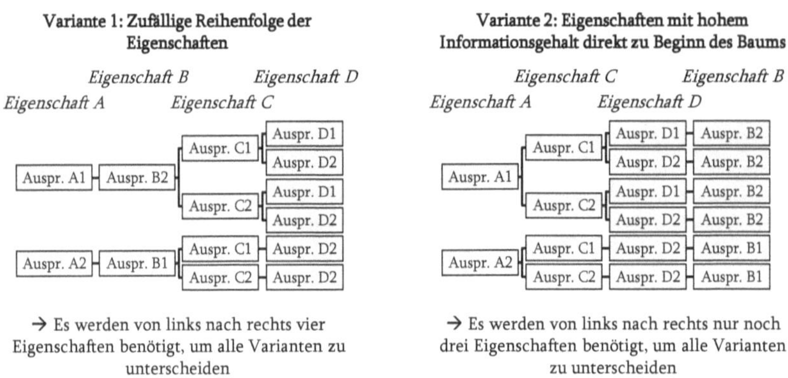

Abbildung 5-17 Vorgehen zur Identifikation der differenzierenden Eigenschaften

Mit Hilfe dieses Vorgehens konnte die vorläufige Shortlist um weitere Eigenschaften reduziert werden und die finale Shortlist wurde definiert. Durch die Sammlung generischer Aktivitäten der Produktentwicklung aus unterschiedlichsten Quellen ist zudem sichergestellt, dass nahezu alle Bereiche und ihre zugehörigen Aktivitäten berücksichtigt sind und durch die Eigenschaften repräsentiert sind.

Kompetenzorientierte Beschreibung von Aktivitäten

Das finale Beschreibungsmodell in Form eines morphologischen Kastens ist in Abbildung 5-18 zu sehen. Dabei wurden die Eigenschaften in drei Dimensionen unterteilt, eine Ausführungsdimension, eine Kontextdimension und eine Inhaltsdimension.

Die Ausrührungsdimension beschreibt dabei, welche Eigenschaften die Aktivität in ihrer Durchführung beschreiben. Die Kontextdimension beschreibt, wie die Aktivität innerhalb eines Projektes verortet ist und die Inhaltsdimension beschreibt welche fachlichen Umfänge die Aktivität beinhaltet.

Nachfolgend werden die einzelnen Eigenschaften des Beschreibungsmodells kurz erläutert.

Dimension	Eigenschaft					
Ausführungs-dimension	Methoden-einsatz	Kreation	Synthese	Analyse	Bewertung & Entscheidung	Management
	Variabilität in Durchführung	Vorgehen immer gleich	Kleine Abweichungen	Große Abweichungen	Vorgehen immer anders	
	Inter-dependenzen	Unabhängig	Einzelne Abhängigkeiten	Viele Abhängigkeiten	Unübersichtliche Abhängigkeiten	
	Neuartigkeit Objektbereich	Unbekannt	Teilweise bekannt	Bekannt		
Kontext-dimension	Phase des PEP	Frühe Planung	Konzept-entwicklung	Gestaltung & Optimierung	Produktions-anlauf	Unterstützend
	Intern/ Extern ausgerichtet	Nach außen gerichtete Aktivität	Gemischte Ausrichtung	Nach innen gerichtete Aktivität		
Inhalts-dimension	Fachliche Tiefe Mechanik	Nicht notwendig	Geringer Tiefgang	Mittlerer Tiefgang	Großer Tiefgang	
	Fachliche Tiefe Elektronik	Nicht notwendig	Geringer Tiefgang	Mittlerer Tiefgang	Großer Tiefgang	
	Fachliche Tiefe Informatik	Nicht notwendig	Geringer Tiefgang	Mittlerer Tiefgang	Großer Tiefgang	

Abbildung 5-18 Exemplarisches kompetenzorientiertes Beschreibungsmodell für Aktivitäten in der Produktentwicklung

Methodeneinsatz – Durch die Art und Weise des Methodeneinsatzes können Aktivitäten unterschieden werden. Während bei einigen Aktivitäten CAD-Systeme genutzt werden, werden für andere Aktivitäten Checklisten benötigt oder es werden Nutzwertanalysen durchgeführt.[515] Da der Methodeneinsatz auf dieser Detailebene jedoch zu viele verschiedene Möglichkeiten bietet, werden in Anlehnung an die VDI 2221[516]

[515] Vgl. Schuh et al. (2014), Systematic waste elimination, S.393

[516] Vgl. VDI 2221-1 (2019), Entwicklung technischer Produkte, S.17

und GRUNWALD[517] fünf verschiedene Kategorien gebildet: Kreation, Synthese, Analyse, Bewertung und Entscheidung sowie Management. Die Abgrenzung der fünf Kategorien ist in Anlehnung an KORTHALS in Abbildung 5-19 nochmals definiert.[518]

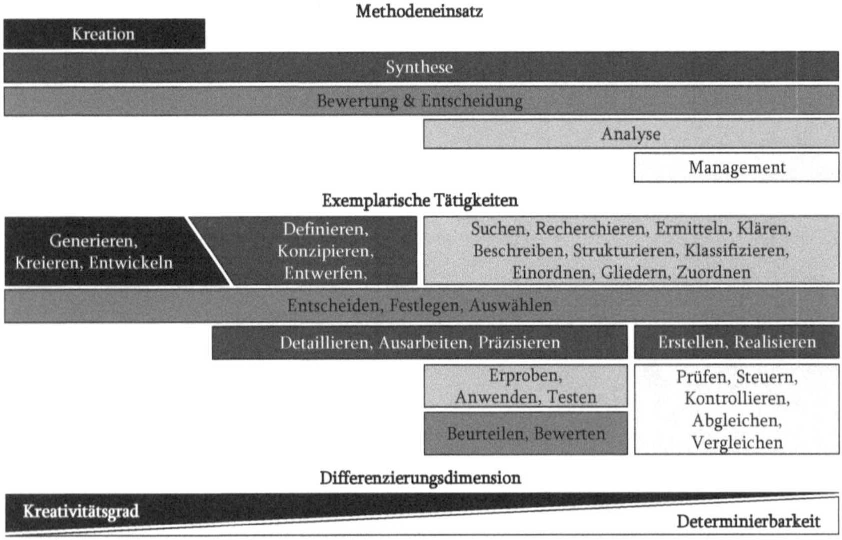

Abbildung 5-19 Unterscheidung des Methodeneinsatzes in Anlehnung an KORTHALS[519]

Variabilität in der Durchführung – Die Variabilität drückt aus, wie sich die tatsächliche Durchführung der Aktivität von einer ursprünglichen Planung unterscheiden kann, bzw. welche Änderungen auftreten können.[520] In der Literatur wird dabei oft von der Häufigkeit, Intensität, Irregularität und Geschwindigkeit von Änderungen gesprochen.[521] In der vorliegenden Arbeit wird unterschieden, ob das Vorgehen immer gleich ist, kleine oder große Abweichungen vom Standard vorliegen oder das Vorgehen immer anders ist. Von einer kleinen Abweichung wird ausgegangen, wenn in einer der

[517] Vgl. Grunwald (2002), Methode zur Anwendung der flexiblen integrierten Produktentwicklung, S.90

[518] Vgl. Korthals (2014), Wertstromanalyse in der Produktentwicklung, S.183

[519] Vgl. Korthals (2014), Wertstromanalyse in der Produktentwicklung, S.183

[520] Vgl. Hinsch (2013), Konzept eines Entscheidungsmodells zur Aufgabenzuordnung, S.71f.

[521] Vgl. Schmelzer (1992), Organisation und Controlling von Produktentwicklungen, S.17 & Herzwurm (2000), Aufgaben und Instrumente der Produktentwicklung, S.32

obengenannten vier Dimensionen eine Veränderung gegenüber den bekannten Durchführungen vorliegt. Betrifft die Veränderung mehrere dieser Dimensionen kann von einer großen Abweichung ausgegangen werden.

Interdependenz – Die Komplexität einer Aktivität wird neben der Anzahl und möglichen Zuständen einzelner Elemente insbesondere durch die Anzahl und Verschiedenartigkeit der Beziehungen beschrieben.[522] Während der erste Teil bereits durch die Eigenschaft der Variabilität adressiert ist, wird der zweite Teil durch die Interdependenz beschrieben. Die Interdependenz beschreibt dabei die Abhängigkeit der Durchführung der Aktivität von anderen vor- oder nachgelagerten Aktivitäten, Personen oder Teams.[523] Dabei kann eine Aktivität einerseits komplett unabhängig sein. Andererseits können verschieden starke Interdependenzen vorliegen. Dabei wird unterschieden, ob wenige oder viele Abhängigkeiten vorliegen, diese aber zu jedem Zeitpunkt bekannt sind oder ob sogar so viele und veränderliche Interdependenzen vorliegen, sodass diese als „unübersichtlich" beschrieben werden können.

Neuartigkeit des Objektbereichs – Die Neuartigkeit bezieht sich auf den Objektbereich der Aktivität und beschreibt dabei, inwiefern Zielstellung, Vorgehen, das betrachtete Objekt selbst oder das Umfeld bekannt oder unbekannt sind.[524] Erfahrungsgemäß existieren bei bekannten, bereits mehrmals durchgeführten Aktivitäten klare Vorgaben.[525] Bei Aktivitäten, die bereits für ein anderes Objekt im gleichen Umfeld oder für ein neues Objekt in einem bekannten Umfeld durchgeführt wurden, existieren Teillösungen. Für Aktivitäten im Unbekannten ist es erforderlich neue Methoden und Vorgehensweisen zu entwickeln.[526]

Phase des Produktentstehungsprozesses – Nahezu jedes Beschreibungsmodell der Produktentwicklung strukturiert die einzelnen Aktivitäten der Produktentwicklung in verschiedene Phasen. Es ist daher naheliegend dieses verbreitete Strukturierungselement als Eigenschaft zu nutzen. In Anlehnung an FELDHUSEN & GROTE[527], ULRICH & EPPINGER[528] sowie die in der VDI 2221 – BLATT 2 genannten Beispiele[529] werden für das exemplarische Beschreibungsmodell aus Abbildung 5-18 fünf Phasen unterschieden:

[522] Vgl. Paulukuhn (2005), Typologisierung von Entwicklungsprojekten, S.23

[523] Vgl. Hinsch (2013), Konzept eines Entscheidungsmodells zur Aufgabenzuordnung, S.73

[524] Vgl. Paulukuhn (2005), Typologisierung von Entwicklungsprojekten, S.23

[525] Vgl. Schmelzer (1992), Organisation und Controlling von Produktentwicklungen, S.15

[526] Vgl. Hinsch (2013), Konzept eines Entscheidungsmodells zur Aufgabenzuordnung, S.71

[527] Vgl. Feldhusen et al. (2013), Pahl/Beitz Konstruktionslehre, S.23

[528] Vgl. Ulrich et al. (2012), Product design and development, S.14

[529] Vgl. VDI 2221-2 (2019), Gestaltung individueller Produktentwicklungsprozesse, S.20ff.

Frühe Planung, Konzeptentwicklung, Gestalten & Optimieren, Produktionsanlauf sowie Unterstützende Aktivitäten. In der frühen Planung werden die Ziele festgelegt, Voruntersuchungen durchgeführt und die Aufgabenstellung präzisiert. In der Konzeptphase werden erste Lösungen erarbeitet und miteinander verglichen. Sobald eine Lösungsalternative festgelegt wurde, wird diese gestaltet und optimiert. Nachdem dies erfolgt ist, muss der Produktionsanlauf geplant und gesteuert werden. Außerdem können zu jedem Zeitpunkt unterstützende Aktivitäten wie beispielsweise Projektmanagementaufgaben notwendig sein.

Intern oder extern ausgerichtet – Die Eigenschaft, einer Aktivität nach intern oder extern ausgerichtet zu sein, definiert, ob bei der Durchführung nur interne oder auch externe Stakeholder beteiligt sind und Informationen aus internen oder externen Systemen berücksichtigt werden müssen. Mögliche externe Stakeholder sind die Kunden[530], Zulieferer oder auch Prüfstellen für Zertifizierungen. Eine Aktivität kann gleichzeitig relevant für internen und externen Stakeholder sein, daher ist auch eine Mischform möglich und als Ausprägung definiert.

Fachliche Tiefe – Ein weiterer wichtiger Aspekt in der Unterscheidung von Aktivitäten ist deren inhaltlicher Schwerpunkt.[531] Dieser letzte Teil ist jedoch sehr unternehmensspezifisch und muss daher im jeweiligen Anwendungsfall stets individuell definiert werden.[532] Im Beispiel wurden die drei Teildisziplinen für mechatronische Produkte gewählt. Die Eigenschaft beschreibt dabei, ob die Aktivität nur grundsätzlich mit dem Fachbereich zu tun hat oder tiefgreifende Aspekte des Fachbereichs umfasst. Dementsprechend muss auch die Kompetenz der durchführenden Ressource im jeweiligen Themenbereich ausgeprägt sein. Geringer Tiefgang bedeutet, dass das notwenige Wissen durch Grundlagen in der Ausbildung aufgebaut werden kann oder durch gezielte kurze Schulungen aufgebaut werden kann. Ein mittlerer Tiefgang setzt eine umfangreichere Auseinandersetzung mit dem Fachgebiet voraus, welcher durch mehrere Schulungen oder Vertiefungen in der Ausbildung erreicht werden kann. Bei einem großen Tiefgang muss die komplette Ausbildung auf das entsprechende Fachgebiet ausgerichtet sein.

Anwendung des kompetenzorientierten Beschreibungsmodells von Aktivitäten

Das vorgestellte Beschreibungsmodell aus Abbildung 5-18 zeigt exemplarisch, wie Projektaktivitäten mit kompetenzorientierten Eigenschaften beschrieben werden können.

---

[530] Vgl. Paulukuhn (2005), Typologisierung von Entwicklungsprojekten, S.25

[531] Vgl. Hinsch (2013), Konzept eines Entscheidungsmodells zur Aufgabenzuordnung, S.73f.

[532] Vgl. Hinsch (2013), Konzept eines Entscheidungsmodells zur Aufgabenzuordnung, S.73f.

Im spezifischen Anwendungsfall gilt es zu überprüfen, welche der Eigenschaften aus Durchführungs- und Kontextdimension übernommen werden können oder ob Anpassungen notwendig sind. Die Eigenschaften in der fachlichen Dimension sollten in jedem Fall anwendungsfallspezifisch definiert werden. Um im Anwendungsfall ein geeignetes Beschreibungsmodell für die Aktivitäten abzuleiten, kann mit dem gleichen Vorgehen wie oben beschrieben eine Anpassung erfolgen. Der Mehrwert eines solchen Beschreibungsmodells in der Anwendung liegt in der vereinfachten Ermittlung der benötigten Kompetenzen. Während die Beschreibung von notwendigen, vorteilhaften oder nachteiligen Kompetenzen für jede einzelne Aktivität sehr herausfordernd und subjektiv wäre, kann mit Hilfe des Beschreibungsmodells eine einfachere und objektivere Beschreibung erfolgen. Dies basiert auf der Prämisse, dass Aktivitäten, die ähnliche kompetenzorientierte Eigenschaften aufweisen auch ähnliche Kompetenzen erfordern.

5.3.3 Zusammenfassung der Ableitung von kompetenzorientierten Eigenschaften von Aktivitäten in der Produktentwicklung

Im dritten Methodenschritt wurden die Aktivitäten beschrieben, nachdem zuvor bereits die Kompetenzen der Ressourcen beschrieben wurden. Die Beschreibung der Aktivitäten erfolgte mit Hilfe von Eigenschaften und Ausprägungen dieser Eigenschaften. Die Beschreibung der Aktivitäten sollte es ermöglichen, Aktivitäten mit gleichen oder ähnlichen Kompetenzbedarfen zu identifizieren. Aus diesem Grund müssen die ausgewählten Eigenschaften einen maßgeblichen Einfluss auf die zur Durchführung der Aktivität notwendigen Kompetenzen haben.

Um das zu erreichen, wurden als erstes generische Aktivitäten in der Produktentwicklung gesammelt. Mit Hilfe verschiedener Quellen aus der Literatur sowie Beispielen aus der Industrie konnte eine umfangreiche Liste von Aktivitäten in der Produktentwicklung ermittelt werden. Diese ermöglichte es zu prüfen, mit Hilfe welcher Eigenschaften sich die Aktivitäten unterscheiden lassen. Dazu wurden zunächst bestehende Eigenschaften aus Beschreibungen und Modellen von Aktivitäten aus der wissenschaftlichen Literatur abgeleitet. Nach ersten Filterschritten wurden die verbleibenden relevanten Eigenschaften schließlich genutzt, um die gesammelten Aktivitäten zu beschreiben. Dadurch war es möglich zu untersuchen, welche der Eigenschaften einen Mehrwert zur Unterscheidung der Aktivitäten liefern, wodurch die finale Liste relevanter Eigenschaften abgeleitet wurde. Diese verbleibenden Eigenschaften wurden durch Ausprägungen operationalisiert und in einem morphologischen Kasten als Beschreibungsmodell zusammengefasst.

5.4 Ermittlung von ressourcenindividuellen Bearbeitungsdauern von Aktivitäten

Schritt vier der Methodik baut auf den vorherigen Schritten auf und stellt die Zusammenhänge zwischen Ressourcen und Aktivitäten her. Das Ziel ist es, für jede Ressource mit ihrem individuellen Kompetenzprofil ermitteln zu können, wie lange diese zur Bearbeitung einer Aktivität mit einem individuellen Satz an Eigenschaften und Eigenschaftsausprägungen benötigt. Die Zielstellung, die zugehörige Teilforschungsfrage, die durchzuführenden Schritte und das entstehende Artefakt sind in Abbildung 5-20 zusammengefasst.

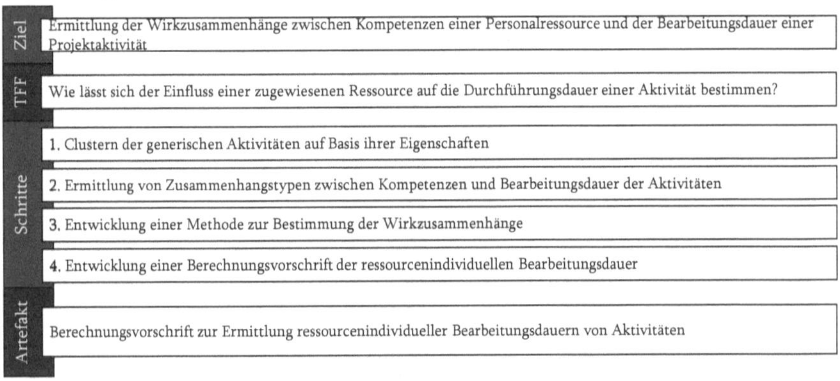

Abbildung 5-20 Übersicht des vierten Methodenschritts zur Ermittlung der ressourcenindividuellen Bearbeitungsdauer einer Aktivität

Zunächst werden in Teilkapitel 5.4.1 die Aktivitäten auf Basis ihrer Eigenschaften zu Gruppen geclustert, um die Aufwände zur Ermittlung der Zusammenhänge in der Praxis zu reduzieren. Anschließend werden grundlegende Zusammenhangstypen abgeleitet, die beschreiben, wie die Ausprägung einer Kompetenz die Bearbeitungsdauer der Aktivität beeinflusst (Teilkapitel 5.4.2). In Teilkapitel 5.4.3 wird ein Vorgehen beschrieben, welches es ermöglicht, die zuvor festgelegten Zusammenhangstypen den einzelnen Beziehungen zuzuordnen. Darauf kann schließlich ein Berechnungsverfahren beschrieben werden, das für jede Kombination von Kompetenzprofil und Aktivität eine individuelle Bearbeitungsdauer in Abhängigkeit der Übereinstimmung von Kompetenzbereitstellung und Kompetenzbedarf ermitteln kann (Teilkapitel 5.4.4).

5.4.1 Clustern der generischen Aktivitäten auf Basis ihrer Eigenschaften

Um die Aufwände und die Bewertbarkeit der Zusammenhänge zwischen Kompetenzen und Aktivitäten zu vereinfachen, werden die Aktivitäten in einem ersten Schritt geclustert. Dies wird basierend auf dem in Kapitel 5.3.2 vorgestellten Beschreibungsmodell durchgeführt. Eine gängige Methode zur Bildung von Clustern ist es, Objekte durch Vektoren zu beschreiben und die Ähnlichkeiten bzw. Distanzen zwischen den Objekten zu berechnen. Anschließend können verschiedene Fusionierungsalgorithmen die Objekte auf Basis dieser Ähnlichkeiten bzw. Distanzen zu Clustern zusammenführen.[533]

Für den ersten Schritt, das Abbilden der Aktivitäten als Vektoren wurde eine Skala zur Überführung der Ausprägungen in Vektoreneinträge definiert. Dies ist notwendig, um auszudrücken, dass sich manche Ausprägungen ähnlicher sind als andere. In Abbildung 5-21 ist die Überführung einer Aktivität in einen Vektor mit Hilfe des Beschreibungsmodells und der eingeführten Skala zu sehen.

Die normierte Skala ist dabei so zu interpretieren, dass die Werte 0 und 1 als Gegensätze verstanden werden können. Das bedeutet, dass eine Eigenschaftsausprägung, die den Wert 0 hat, ein komplett anderes Kompetenzprofil bei der durchführenden Ressource erfordert, als eine Eigenschaftsausprägung mit dem Wert 1. Bei der Beurteilung ist darauf zu achten, inwiefern sich die zur Durchführung relevanten, also benötigten, vorteilhaften und nachteiligen, Kompetenzen verändern. Die Stärke der Veränderung korreliert dabei mit dem Delta der relevanten Leistungsniveaus (vgl. Kapitel 5.2.1) in der jeweiligen Kompetenz. Die Skala wird daher zusammenfassend wie folgt beschrieben:

- *Deltawert 1,0: Mehrere Kompetenzen unterscheiden sich grundlegend.*
- *Deltawert 0,5: Eine Kompetenz unterscheidet sich grundlegend oder mehrere Kompetenzen unterscheiden sich stark.*
- *Deltawert 0,3: Eine Kompetenz unterscheidet sich stark und mehrere Kompetenzen unterscheiden sich geringfügig.*
- *Deltawert 0,2 Eine Kompetenz unterscheidet sich stark oder mehrere Kompetenzen unterscheiden sich geringfügig.*

---

[533] Vgl. Backhaus et al. (2015), Fortgeschrittene Multivariate Analysemethoden, S.456

- *Deltawert 0,1 Eine Kompetenz unterscheidet sich geringfügig*
- *Deltawert 0,05 Keine Veränderung in den Kompetenzen spürbar*

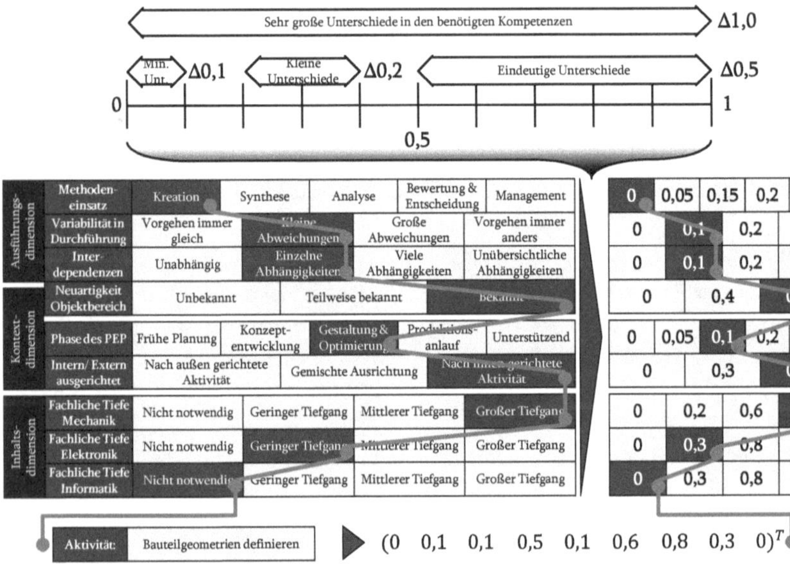

Abbildung 5-21 Darstellung der Aktivitäten in Vektorenform

Nachdem alle Aktivitäten in Vektoren umgewandelt wurden, werden die quadratischen euklidischen Distanzen zwischen den Vektoren als Distanzmaß bestimmt (siehe Formel 5.8).

$$d(p,q) = \sqrt{\sum_{i=1}^{n} (q_i - p_i)^2} \quad (5.8)$$

$d(p,q)$:	Distanz zwischen zwei n-Dimensionalen Punkten p & q
n:	Anzahl an Dimensionen
q_i, p_i:	Eintrag i im Ortsvektor der Punkte p bzw. q

Als Algorithmus zur Erzeugung der Cluster wird das hierarchische Cluster-Verfahren nach der Ward-Methode verwendet. Dieser eignet sich für eine große Anzahl an Elementen und Clustern, baut auf der zuvor bestimmten euklidischen Distanz auf und bietet im Vergleich zu anderen Clusterverfahren bei der erwarteten Art der Verteilung der Elemente gute Ergebnisse.[534] Bei einem hierarchischen Cluster-Verfahren werden die einzelnen Objekte nach und nach zu Clustern agglomeriert. Dabei wird die Summe der quadratischen Distanzmaße zwischen allen Elementen eines Clusters gebildet und versucht zu minimieren. Hierarchische Cluster-Verfahren können in einem Dendrogramm dargestellt werden, welches die Fusionierung der Elemente und Cluster visualisiert (siehe Abbildung 5-22). In der Abbildung steigt die Heterogenität innerhalb eines Clusters von links nach rechts an. Ausgedrückt ist dies durch die Summe der Distanzmaße innerhalb eines Clusters. Je größer die zulässigen Abstände sind, desto weniger Cluster ergeben sich.

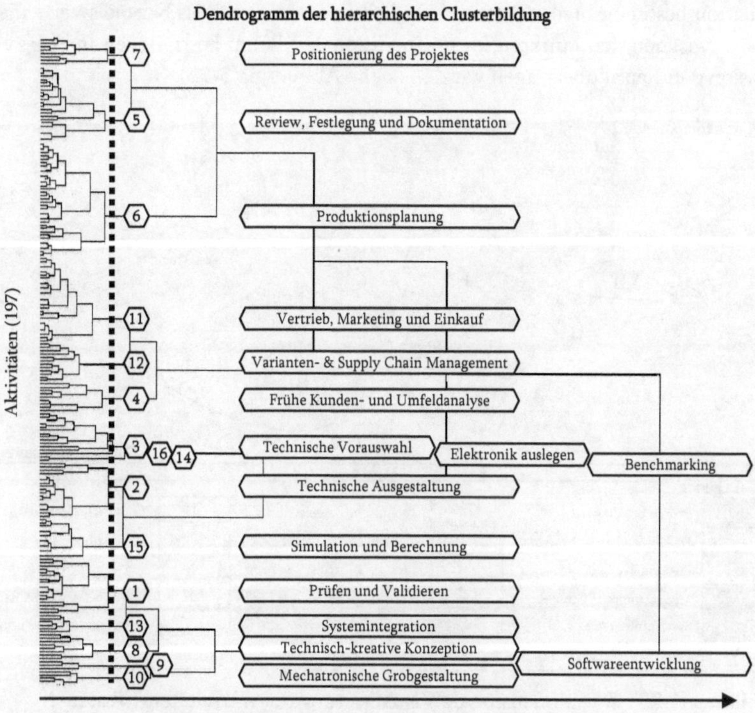

Abbildung 5-22 Dendrogramm des hierarchischen Clusterings der Aktivitäten

---

[534] Vgl. scikit-learn developers (2023), Clustering

Für die vorliegenden Aktivitäten ist die Anzahl von 16 Clustern ein angemessener Kompromiss zwischen Vereinfachung bzw. Zusammenfassung und Interpretierbarkeit der sich ergebenden Cluster. Die Cluster werden anschließend entsprechend ihrer zugeordneten Aktivitäten interpretiert und mit Überschriften versehen (siehe Abbildung 5-22).

Mit Hilfe einer Principal Component Analysis (PCA) ist es möglich die n-Dimensionen der Vektoren, die die Aktivitäten repräsentieren, auf zwei Dimensionen (die sogenannten Hauptkomponenten) zu reduzieren.[535] Dabei werden diese zwei Dimensionen so aus den ursprünglichen n-Dimensionen zusammengesetzt, dass möglichst viel Information bestehen bleibt.[536] In diesem Fall bedeutet das, dass beispielsweise die Abstände zwischen den Punkten im n-dimensionalen Raum bestmöglich in den zweidimensionalen Raum übertragen werden (siehe Abbildung 5-23).

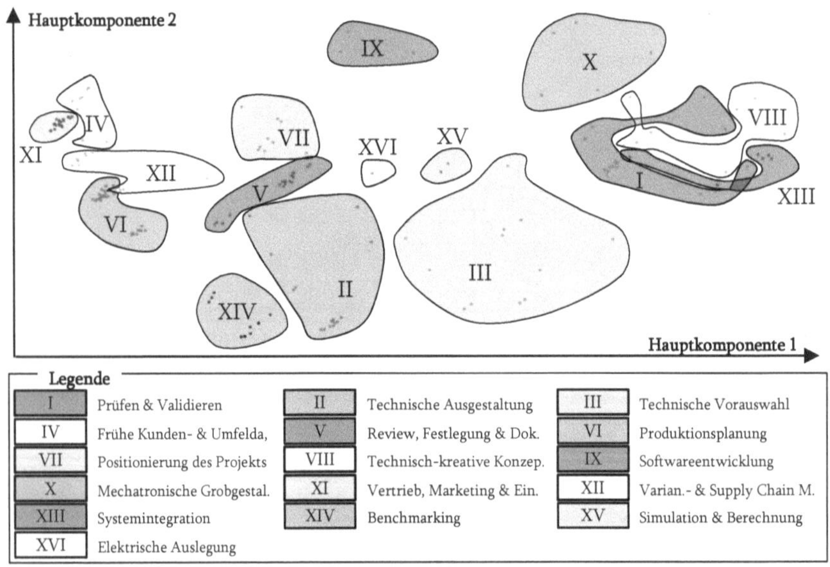

Abbildung 5-23 Zweidimensionale Visualisierung der Aktivitäten-Cluster

[535] Vgl. Backhaus et al. (2018), Multivariate Analysemethoden, S.392

[536] Vgl. Riesener et al. (2022), Framework for FAMD-Based Identification of RCPSP-Constraints, S.254

Für die Durchführung der Clusteranalyse sowie die Erstellung der zugehörigen Visualisierungen wurde das Scikit-Learn Machine Learning in Python-Toolkit verwendet.[537]

Die hier gezeigte Abbildung der Aktivitäten in Vektoren und die anschließende Clusteranalyse beschreibt das Vorgehen, nach welchem auch im spezifischen Anwendungsfall vorgegangen wird. Die gezeigten Verfahren sind dabei sowohl bei abweichenden Beschreibungsmodellen als auch abweichenden Aktivitäten anwendbar.

5.4.2 Ermittlung von Zusammenhangstypen zwischen Kompetenzen und Aktivitätenbearbeitungsdauer

Das übergeordnete Ziel des vierten Methodenschrittes ist die Ermittlung von Zusammenhängen zwischen Kompetenzprofilen der Ressourcen und den Aktivitäten sowie die Auswirkungen auf die Bearbeitungsdauer. Nachdem die Aktivitäten im vorherigen Schritt zu Clustern zusammengefasst wurden, um die Ermittlung der Zusammenhänge zu vereinfachen, wird im nächsten Schritt definiert, welche Typen von möglichen Zusammenhängen existieren und wie diese beschrieben werden können.

Zu diesem Zweck wird zunächst ermittelt, in welcher Weise der Ausprägungsgrad einer Kompetenz Einfluss auf die Bearbeitungszeit einer Tätigkeit hat. Anhand von Experteninterviews wurden verschiedene Arten von Zusammenhängen identifiziert.[538]

Für verschiedene Aktivitäten und Aufgaben bestehen Anforderungen an die Kompetenzen der durchführenden Ressource. Eine Person, die beispielsweise eine technische Zeichnung erstellen muss, sollte ein Grundverständnis für Maschinenelemente besitzen und räumliches Vorstellungsvermögen aufweisen. Ist das Verständnis für Maschinenelemente durch langjährige Berufserfahrung stärker ausgeprägt, kann die entsprechende Aktivität schneller durchgeführt werden, wohingegen Studierende, die bisher nur die Theorie kennengelernt haben wesentlich länger für ein vergleichbares Ergebnis benötigen würden. Wenn es nun nicht nur um das Erstellen einer Zeichnung geht, sondern um die komplette mechanische Auslegung eines kritischen Bauteils ist dieser Zusammenhang noch stärker und nur, wenn die Kompetenz Maschinenelemente maximal ausgeprägt ist, ist die Person in der Lage die Aktivität in der vorgesehenen Zeit zu absolvieren, jegliche Abweichung davon führt zu einem starken Anstieg der Bearbeitungsdauer, weil entsprechendes Wissen erst aufgebaut werden muss. Kompetenzen können auch gegenläufig wirken, sodass eine höhere Ausprägung einer Kompetenz die Bearbeitung einer Aktivität verlängert. Ein Beispiel hierfür wären Kompetenzen

[537] Vgl. Fabian Pedregosa et al. (2011), Scikit-learn: Machine Learning, S.2826ff.

[538] Vgl. Keuper et al. (2023), Improvement of Personnel Resources Efficiency, S.722

wie Detailverliebtheit oder Perfektionismus. Während diese Kompetenzen für sicherheitsrelevante Berechnung zwingend notwendig sind, sorgen sie bei Aktivitäten zur Abschätzung oder Grobplanung dafür, dass es länger dauert bis ein Ergebnis vorliegt. Zwingend notwendig ist dabei ein wichtiges Schlagwort, es gibt Aktivitäten für die ist das Vorhandensein einer Kompetenz auf einem gewissen Leistungsniveau eine notwendige Voraussetzung. Außerdem kann es Kompetenzen geben, deren Fehlen nicht zu einer Verlangsamung der Durchführung führt, die jedoch hilfreich sind, da sie auf höheren Leistungsniveaus zu einer Beschleunigung der Aufgabe führen. Ein Beispiel wäre ein typisches Kompetenzprofil eines Ingenieurs / einer Ingenieurin, der in einer Aktivität für eine Vielzahl von Bauteilen eine Festigkeitsberechnung durchführen muss. Die geplante Dauer der Aktivität sieht vor, dass jedes Bauteil separat berechnet wird. Wenn der Ingenieur / die Ingenieurin zusätzlich über die Kompetenz Programmieren verfügt, könnte dies dazu führen, dass nicht jedes Bauteil einzeln berechnet wird sondern ein parametrisiertes Berechnungsmodell programmiert wird, welches die Gesamtdauer für die Aktivität deutlich reduzieren würde. Und letztlich gibt es noch Kompetenzen, deren Ausprägung gar keinen Einfluss auf die Bearbeitungsdauer einer Aktivität haben. Ob man in der Lage ist eine FEM-Simulation durchzuführen wird die Bearbeitungsdauer der Aktivität Kundenbedürfnisse ermitteln weder positiv noch negativ beeinflussen.

Die beschriebenen Zusammenhänge lassen sich zu sechs Typen von Zusammenhängen zusammenfassen (siehe Abbildung 5-24):[539]

1. *Basiskompetenz: Diese Kompetenz muss auf maximalem Niveau sein, um die geplante Bearbeitungszeit der Tätigkeit zu erfüllen. Je größer die Abweichung vom maximalen Kompetenzniveau, desto größer ist die Verlangsamung der Aktivität.*
2. *Bidirektionale Kompetenz: Diese Kompetenz kann die Ausführung einer Tätigkeit beschleunigen, wenn ein hohes Kompetenzniveau vorhanden ist, und kann sie verlangsamen, wenn ein niedriges Kompetenzniveau vorhanden ist.*
3. *Optionale Kompetenz: Diese Kompetenz führt nicht zu einer Verlangsamung, wenn sie nicht vorhanden ist, kann die Tätigkeit aber beschleunigen, je stärker sie ausgeprägt ist.*
4. *Unwesentliche Kompetenz: Das Vorhandensein oder Fehlen dieser Kompetenz hat keinen Einfluss auf die Prozesszeit.*
5. *Gegenläufige Kompetenz: Die Kompetenz wirkt in umgekehrter Richtung. Eine höhere Ausprägung dieser Kompetenz führt zu einer Verlangsamung der Tätigkeit.*

[539] Vgl. Keuper et al. (2023), Improvement of Personnel Resources Efficiency, S.722

6. *Notwendige Kompetenz: Diese Kompetenz muss auf einem zu definierenden Mindestniveau vorhanden sein, damit die entsprechende Aktivität überhaupt ausgeführt werden kann.*

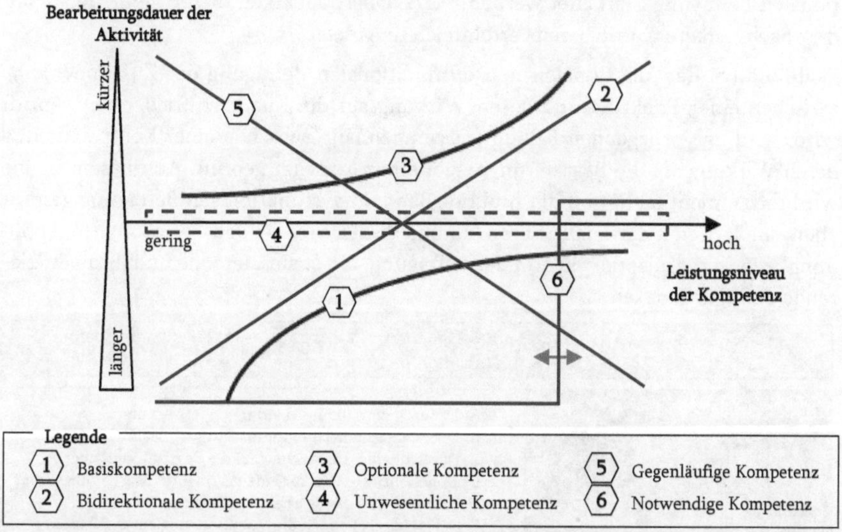

Abbildung 5-24 Zusammenhangstypen zwischen Leistungsniveau einer Kompetenz und der Bearbeitungsdauer einer Aktivität

Die unterschiedlichen Typen sind in Form von Nomogrammen beschrieben, die den Zusammenhang zwischen Kompetenzausprägung und Bearbeitungsdauer qualitativ darstellen. Eine genauere Betrachtung dieser Zusammenhangstypen zeigt, dass sie sich sehr ähnlich verhalten wie die Attribute und die Kundenzufriedenheit im Kano-Modell.[540]

5.4.3 Entwicklung einer Methode zur Bestimmung der Wirkzusammenhänge

Im nächsten Schritt müssen die Zusammenhangstypen den einzelnen Zusammenhängen zwischen Kompetenz und Aktivitäten-Cluster zugewiesen werden. Es muss ein Vorgehen entwickelt werden, dass in der Anwendung der Methodik dazu befähigt, die im Anwendungsfall relevanten Kompetenzen bezüglich ihres Wirkzusammenhangs auf die Bearbeitungsdauer der Aktivitäten-Cluster zu bestimmen. Wie zum Ende des

[540] Vgl. Kano et al. (1984), Attractive Quality and Must-Be Quality, S.147ff.

vorherigen Teilkapitels festgestellt wurde, ähneln die Grundtypen der Wirkzusammenhänge dem Kano-Modell. Daher kann die Bestimmung der Wirkzusammenhänge in Anlehnung an das Kano-Modell mit dem Werkzeug der funktionalen und dysfunktionalen Befragung gearbeitet werden.[541] Die Übertragbarkeit dieser Methode auf andere Sachverhalte wurde bereits erfolgreich umgesetzt.[542]

Während bei der funktionalen und dysfunktionalen Befragung der Zusammenhang zwischen einer Funktion und deren Wirkung auf die Kundenzufriedenheit geprüft wird, wird im vorliegenden Fall der Zusammenhang zwischen einer Kompetenz und deren Wirkung auf die Bearbeitungsdauer einer Aktivität geprüft. Aus diesem Grund wird fortan nicht mehr von der funktionalen und dysfunktionalen Befragung gesprochen, sondern von der qualifizierenden und disqualifizierenden Befragung. In Abbildung 5-25 ist die adaptierte Form der Befragung, die qualifizierende und disqualifizierende Befragung zu sehen.

Auswirkung der *<Kompetenz>* auf die Bearbeitungsdauer einer Aktivität des Clusters *<Aktivitäten-Cluster>*	
Qualifizierende Befragung: Welchen Effekt auf die Bearbeitungsdauer einer Aktivität aus dem Bereich *<Aktivitäten-Cluster>* hat es, wenn die *<Kompetenz>* bei der durchführenden Ressource **auf hohem Leistungsniveau** vorliegt?	□ A: Dadurch wird die Bearbeitungsdauer verkürzt □ B: Es besteht Potenzial für eine verkürzte Bearbeitungsdauer □ C: Das hat keine Auswirkung auf die Bearbeitungsdauer □ D: Es besteht Potenzial für eine verlängerte Bearbeitungsdauer □ E: Dadurch wird die Bearbeitungsdauer verlängert □ F: Das ist überhaupt erst die Voraussetzung zur Bearbeitung
Disqualifizierende Befragung: Welchen Effekt auf die Bearbeitungsdauer einer Aktivität aus dem Bereich *<Aktivitäten-Cluster>* hat es, wenn die *<Kompetenz>* bei der durchführenden Ressource **nicht** vorliegt?	□ A: Dadurch wird die Bearbeitungsdauer verkürzt □ B: Es besteht Potenzial für eine verkürzte Bearbeitungsdauer □ C: Das hat keine Auswirkung auf die Bearbeitungsdauer □ D: Es besteht Potenzial für eine verlängerte Bearbeitungsdauer □ E: Dadurch wird die Bearbeitungsdauer verlängert □ F: Die Bearbeitung darf unter keinen Umständen erfolgen

Abbildung 5-25 Qualifizierende und disqualifizierende Befragung in Anlehnung an SAUERWEIN[543] und BAILOM[544]

[541] Vgl. Sauerwein (2000), Das Kano-Modell der Kundenzufriedenheit, S.37 & Bailom et al. (1996), Das Kano-Modell der Kundenzufriedenheit, S.120

[542] Vgl. Schlößer (2020), Auslegung prototypischer Produktinkremente, S.150

[543] Vgl. Sauerwein (2000), Das Kano-Modell der Kundenzufriedenheit, S.37

[544] Vgl. Bailom et al. (1996), Das Kano-Modell der Kundenzufriedenheit, S.120

Die gezeigte Befragung bezieht sich, wie der Abbildung 5-25 zu entnehmen ist, auf einen einzelnen Zusammenhang zwischen Kompetenz und Aktivitäten-Cluster. Demnach ist die Befragung entsprechend häufig durchzuführen. Für die im Rahmen dieser Arbeit vorgestellten Beispiele sind dies 192 Befragungen (12 Kompetenzen multipliziert mit 16 Aktivitäten-Clustern). Entsprechend der Antworten in den jeweiligen Einzelfragen kann schließlich einer der Grundtypen von Wirkzusammenhängen der Beziehung zwischen Kompetenz und Aktivitäten-Cluster zugeordnet werden. Zur Auswertung kann die Matrix aus Abbildung 5-26 herangezogen werden, welche in Anlehnung an KANO[545], SAUERWEIN[546] und SCHLÖßER[547] erstellt wurde.

Auswirkung der *<Kompetenz>* auf die Bearbeitungsdauer einer Aktivität des Clusters *<Aktivitäten-Cluster>*

Qualifizierende Befragung	Disqualifizierende Befragung: A	B	C	D	E	F*
A: Dadurch wird die Bearbeitungsdauer deutlich verkürzt	X	X	3	2	2	6
B: Die Bearbeitung erfolgt möglicherweise etwas schneller	5	X	4	1	1	6
C: Das hat keine Auswirkung auf die Bearbeitungsdauer	5	4	4	4	1	6
D: Das könnte zu kleineren Schwierigkeiten führen	5	5	4	X	1	X
E: Das wird die Bearbeitung definitiv deutlich verzögern	5	5	5	X	X	X
F: Das ist überhaupt erst die Voraussetzung zur Bearbeitung	X	X	6	6	6	6

Legende

1	Basiskompetenz	3	Optionale Kompetenz	5	Gegenläufige Kompetenz
2	Bidirektionale Kompetenz	4	Unwesentliche Kompetenz	6	Notwendige Kompetenz
X	Widerspruch	F*	Antwortmöglichkeit F ist in den Befragungen unterschiedlich		

Abbildung 5-26 Auswertungsmatrix für den Wirkzusammenhang zwischen Kompetenz und Bearbeitungsdauer einer Aktivität eines Aktivitäten-Clusters in Anlehnung an SAUERWEIN[548] und SCHLÖßER[549]

---

545 Vgl. Kano et al. (1984), Attractive Quality and Must-Be Quality, S.147ff.

546 Vgl. Sauerwein (2000), Das Kano-Modell der Kundenzufriedenheit, S.38

547 Vgl. Schlößer (2020), Auslegung prototypischer Produktinkremente, S.152

548 Vgl. Sauerwein (2000), Das Kano-Modell der Kundenzufriedenheit, S.38

549 Vgl. Schlößer (2020), Auslegung prototypischer Produktinkremente, S.152

Zur Demonstration der qualifizierenden und disqualifizierenden Befragung wurden einige beispielhafte Zusammenhänge in Abbildung 5-27 aufgezeigt. Auf der linken Seite ist der Zusammenhang zwischen der Kompetenz *Konstruktion* und dem Aktivitäten-Cluster *technische Ausgestaltung* im Fokus. Ein hohes Leistungsniveau in der Kompetenz *Konstruktion* kann für eine deutliche Beschleunigung von Aktivitäten aus dem Cluster *technische Ausgestaltung* führen (Antwortmöglichkeit A). Ist die Kompetenz nicht vorhanden, kann dies zu Schwierigkeiten bei der Bearbeitung von Aktivitäten aus diesem Cluster führen (Antwortmöglichkeit D). Anhand der Auswertungsmatrix ergibt sich der Zusammenhangstyp „Bidirektionale Kompetenz". Im Beispiel auf der rechten Seite ist der Zusammenhang zwischen der Kompetenz *Kommunikationsfähigkeit* und dem gleichen Aktivitäten-Cluster betrachtet. Ein hohes Leistungsniveau in der Kompetenz *Kommunikationsfähigkeit* kann möglicherweise für eine Beschleunigung mancher Aktivitäten aus dem Cluster *technische Ausgestaltung* führen (Antwortmöglichkeit B). Ist die Kompetenz nicht vorhanden, beeinflusst dies die meisten Aktivitäten im Cluster nicht (Antwortmöglichkeit C). Anhand der Auswertungsmatrix ergibt sich der Zusammenhangstyp „Unwesentliche Kompetenz".

Auswirkung der Kompetenz *Konstruktion* auf die Bearbeitungsdauer einer Aktivität des Clusters *Technische Ausgestaltung*

Qualifizierende Befr. \ Disqualifizierende Befr.	A	B	C	**D**	E	F*
A	X	X	3	**2**	2	6
B	5	X	4	1	1	6
C	5	4	4	4	1	6
D	5	5	4	X	1	X
E	5	5	5	X	X	X
F	X	X	6	6	6	6

Auswirkung der Kompetenz *Kommunikationsfähigkeit* auf die Bearbeitungsdauer einer Aktivität des Clusters *Technische Ausgestaltung*

Qualifizierende Befr. \ Disqualifizierende Befr.	A	B	**C**	D	E	F*
A	X	X	3	2	2	6
B	5	X	**4**	1	1	6
C	5	4	4	4	1	6
D	5	5	4	X	1	X
E	5	5	5	X	X	X
F	X	X	6	6	6	6

Legende

1	Basiskompetenz	3	Optionale Kompetenz	5	Gegenläufige Kompetenz
2	Bidirektionale Kompetenz	4	Unwesentliche Kompetenz	6	Notwendige Kompetenz
X	Widerspruch	F*	Antwortmöglichkeit F ist in den Befragungen unterschiedlich		

Abbildung 5-27 Exemplarische Bewertung von zwei Zusammenhängen

Für die exemplarischen Kompetenzen und Aktivitäten-Cluster aus den vorherigen Kapiteln wurde eine vollständige Bewertung vorgenommen. Während die vollständige

Bewertung im Anhang zu finden ist (siehe Anhang A.6), zeigt Abbildung 5-28 einen exemplarischen Ausschnitt aus der Bewertung.

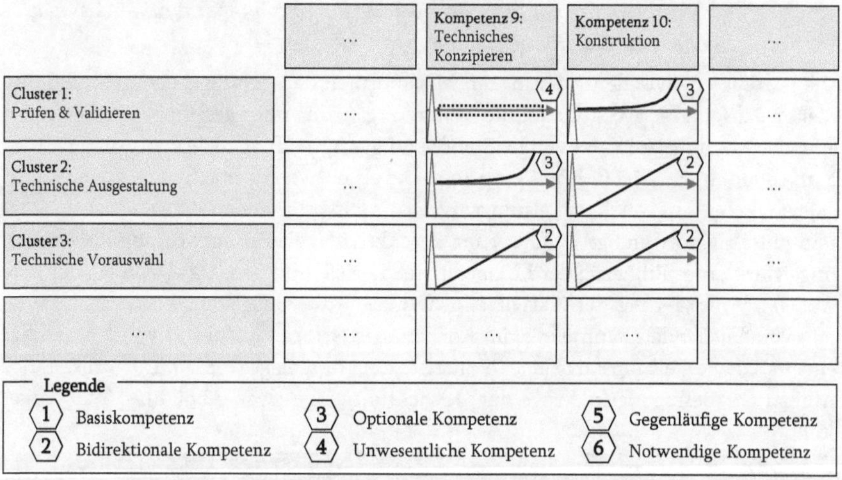

Abbildung 5-28 Exemplarische Bewertung der Zusammenhänge durch Nomogramme

Um den Wirkzusammenhang zwischen dem Kompetenzprofil einer Ressource und der Bearbeitungsdauer einer Aktivität eines Aktivität-Clusters vollständig beschreiben zu können, benötigt es neben der bis hierhin beschriebenen Form des Zusammenhangs einzelner Kompetenzen auch die relative Gewichtung der Kompetenzen untereinander. Daher muss bei der Befragung je Aktivitäten-Cluster noch eine Gewichtungsfrage ergänzt werden. Dabei wird Einfluss der Leistungsniveaus der Kompetenz auf die Bearbeitungsdauerveränderung bewertet. Die höchste, mittlere und niedrigste Stufe der fünfstufigen Skala werden nachfolgend kurz erläutert:

- *Sehr groß – Der Einfluss ist sehr groß wenn die Bearbeitungsdauer der Aktivität maßgeblich von der Ausprägung des Leistungsniveaus dieser Kompetenz abhängig ist. (z. B. Kompetenz Konstruieren für die Aktivität Bauteilgeometrie festlegen)*
- *Mittel – Ein mittlerer Einfluss liegt vor, wenn die Bearbeitungsdauerveränderung nur bei großen Unterschieden in den Leistungsniveaus der Kompetenz auftritt (z. B. Kompetenz Kommunikationsfähigkeit für die Aktivität technisches Konzipieren)*

- *Sehr gering – Der Einfluss ist sehr gering, wenn die Ausprägung des Leistungsniveaus dieser Kompetenz keine messbare Veränderung auf die Bearbeitungsdauer hat (z. B. Kompetenz Programmieren für die Aktivität technische Zeichnung erstellen)*

Die jeweiligen Zwischenstufen bieten Mischformen der sie umgebenden Stufen und dienen der feineren Abstufung. Eine weitere Ergänzung muss abgefragt werden, wenn eine der Kompetenzen als zwingend notwendig eingestuft wird (Antwortmöglichkeit F in Abbildung 5-25). Für jede Kompetenz, die als notwendig erachtet wird, muss festgelegt werden, auf welchem Leistungsniveau die entsprechende Kompetenz ausgeprägt sein muss als notwendige Anforderung der Aktivität. Die Beantwortung dieser Teilfrage kann unter Einbezug der Kompetenzsteckbriefe erfolgen. Da es sich bei der notwenigen Anforderung der Aktivität in der Regel um eine Fähigkeit oder ein Wissenselement handelt kann dieses im Kompetenzsteckbrief lokalisiert werden und das entsprechende Leistungsniveau als Voraussetzung festgelegt werden. Der vollständige Aufbau der Befragung inklusive der Gewichtungsfrage ist in Abbildung 5-29 dargestellt.

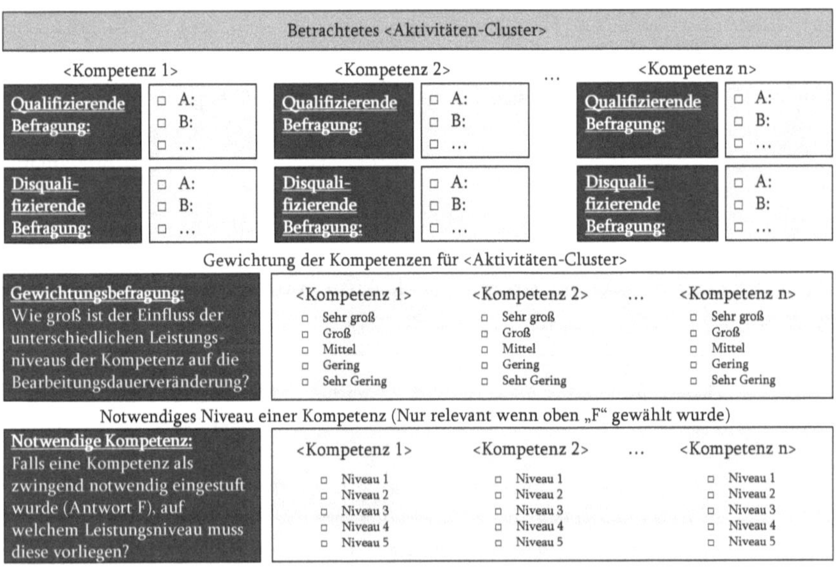

Abbildung 5-29 Vollständige Befragung zu einem Aktivitäten-Cluster

Mit diesen Informationen ist der Zusammenhang zwischen Kompetenzprofil einer Ressource und Bearbeitungsdauer einer Aktivität aus einem Aktivitäten-Cluster beschrieben, wodurch im nächsten Schritt ressourcenindividuelle Bearbeitungsdauern berechnet werden können.

5.4.4 Entwicklung einer Berechnungsvorschrift der ressourcenindividuellen Bearbeitungsdauer

Mit der Beschreibung der Zusammenhänge aus dem vorherigen Teilkapitel ist nun eine Berechnung der ressourcenindividuellen Bearbeitungsdauer möglich. Neben den beschriebenen Zusammenhängen ist die Ressource mit ihrem individuellen Kompetenzprofil und eine Aktivität mit ihren beschriebenen Eigenschaften sowie eine Abschätzung der Bearbeitungsdauer notwendig. Abbildung 5-30 fasst die Beziehungen zwischen den einzelnen Elementen zusammen. Auf der rechten Seite sind vier Quadranten zu sehen. Der Quadrant oben links beinhaltet alle ressourcenindividuellen Bearbeitungsdauern für jede Kombination von Ressource und Aktivität, dies ist auch das Ergebnis der Berechnung. Im Quadranten oben rechts wird jeder Ressource ihre Kompetenzausprägung zu den relevanten Kompetenzen zugeordnet, dies entspricht dem Input aus Kapitel 5.2.2. Im Quadranten unten rechts sind die Auswirkungen der Kompetenzen auf die Bearbeitungsdauer je Aktivitäten-Cluster hinterlegt, dies entspricht dem Input aus Kapitel 5.4.3. Im letzten Quadranten unten links sind die jeweiligen Aktivitäten den Aktivitäten-Clustern zugeordnet, dies baut auf dem Input aus Kapitel 5.3.2 und 5.4.1 auf. Um die individuelle Bearbeitungsdauer einer Ressource für eine Aktivität zu ermitteln, muss einerseits geprüft werden, in welchem Aktivitäten-Cluster die Aktivität zuzuordnen ist. Andererseits muss eine Berechnung erfolgen, die berücksichtigt auf welcher Stufe die Ressource die relevanten Kompetenzen ausgeprägt hat und wie sich die Kompetenzausprägung auf die Bearbeitungsdauer einer Aktivität im relevanten Cluster auswirkt. Das Ergebnis im Quadranten oben links lässt sich also durch die Kombination der drei anderen Quadranten ermitteln.

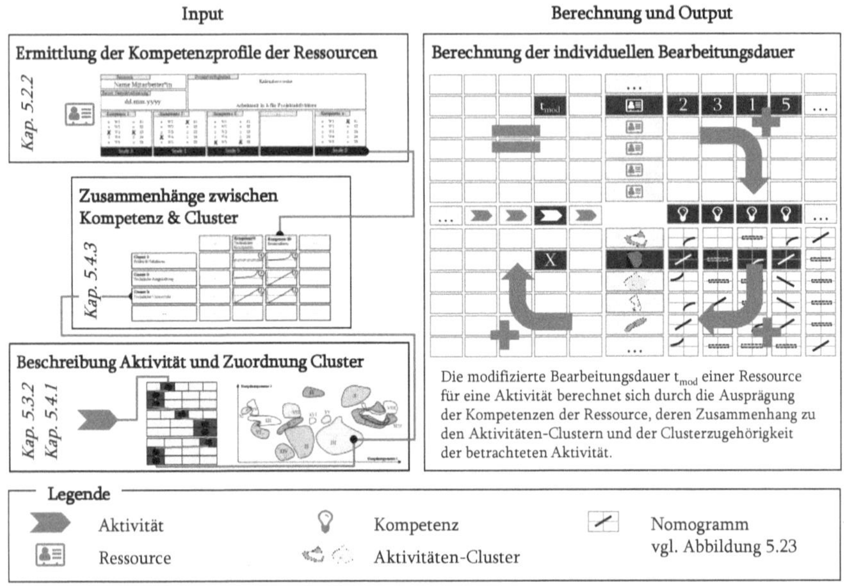

Abbildung 5-30 Zusammenhang der einzelnen Wirkbeziehungen zur Berechnung einer ressourcenindividuellen Bearbeitungsdauer einer Aktivität

Um dabei von einer qualitativen Bewertung (Bearbeitungsdauer verkürzt sich bzw. verlängert sich) zu einer quantitativen Bewertung zu gelangen, müssen die in Abbildung 5-30 dargestellten Zusammenhänge mit der Abschätzung der geplanten Bearbeitungsdauer der jeweiligen Aktivitäten verknüpft werden. Dazu kann die bereits in Kapitel 2.2.2 vorgestellte Program Evaluation Review Technique (PERT) eingesetzt werden. Bei der PERT werden optimistische, realistische und pessimistische Schätzungen zur Planung der Bearbeitungsdauer abgegeben. Dies kann mit den zuvor beschriebenen Zusammenhängen kombiniert werden, indem eine Verkürzung der Bearbeitungsdauer diese näher an die optimistische Schätzung verschiebt, während eine Verlängerung der Bearbeitungsdauer diese näher an die pessimistische Schätzung verschiebt. Die Berechnung erfolgt entsprechend der in Abbildung 5-31 dargestellten Formel.

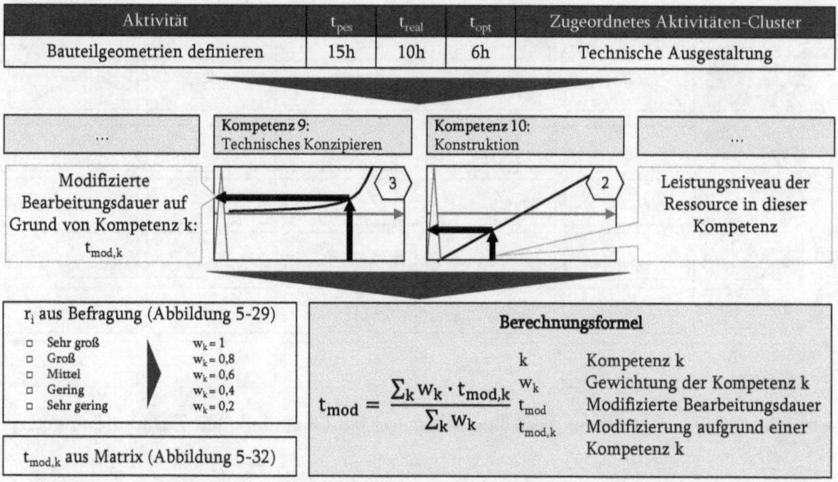

Abbildung 5-31 Beschreibung der Berechnung der individuell modifizierten Bearbeitungsdauer

Für die Berechnung der Beeinflussung der Bearbeitungsdauer in Abhängigkeit des Zusammenhangstyps und der Kompetenzausprägungen sind die Berechnungsvorschriften in Abbildung 5-32 gezeigt. Dabei ist festzustellen, dass nur fünf der sechs zuvor festgelegten Zusammenhangstypen (siehe Abbildung 5-24) dargestellt sind. Der Grund dafür ist, dass bei Zusammenhangstyp sechs keine Beeinflussung der Bearbeitungsdauer betrachtet wird, sondern vorab überprüft wird, ob die entsprechende Ressource die Kompetenz auf dem geforderten Niveau besitzt. Ist dies der Fall, folgt die Berechnung der Bearbeitungsdauer auf Basis der weiteren Kompetenzen. Ist dies nicht der Fall, wird die modifizierte Bearbeitungsdauer auf ∞ bzw. einen extrem hohen Wert gesetzt, damit der Optimierungsalgorithmus die entsprechende Ressource für diese Aktivität nicht in Erwägung zieht.

Zusammenhangstyp

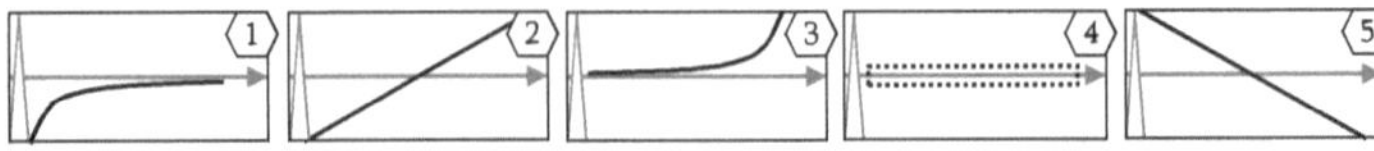

Kompetenzausprägung

Wert für $t_{mod,i}$	1	2	3	4	5
Leistungsniveau 1	t_{pes}	t_{pes}	t_{real}	t_{real}	t_{pes}
Leistungsniveau 2	$\frac{1}{2}(t_{pes}+t_{real})$	$\frac{1}{2}(t_{pes}+t_{real})$	$\frac{1}{8}(7\cdot t_{real}+t_{opt})$	t_{real}	$\frac{1}{2}(t_{real}+t_{opt})$
Leistungsniveau 3	$\frac{1}{4}(t_{pes}+3\cdot t_{real})$	t_{real}	$\frac{1}{4}(3\cdot t_{real}+t_{opt})$	t_{real}	t_{real}
Leistungsniveau 4	$\frac{1}{8}(t_{pes}+7\cdot t_{real})$	$\frac{1}{2}(t_{real}+t_{opt})$	$\frac{1}{2}(t_{real}+t_{opt})$	t_{real}	$\frac{1}{2}(t_{pes}+t_{real})$
Leistungsniveau 5	t_{real}	t_{opt}	t_{opt}	t_{real}	t_{pes}

Abbildung 5-32 Berechnung der Beeinflussung bei verschiedenen Zusammenhangstypen

Damit sind alle notwendigen Informationen zur Berechnung der ressourcenindividuellen Bearbeitungsdauer für beliebige Aktivitäten in Abhängigkeit der Kompetenzen der Ressource vorhanden. Damit kann eine Matrix erstellt werden mit den Aktivitäten auf der einen Achse und den Ressourcen auf der anderen Achse. Für jede Kombination kann die individuell modifizierte Bearbeitungsdauer berechnet werden.

Die Berechnung kann an einem Beispiel nochmals veranschaulicht werden. Die bereits in Abbildung 5-31 erwähnte Aktivität „Bauteilgeometrie definieren" gehört zum Cluster „Technische Ausgestaltung". Im Sinne der PERT wurden optimistische, realistische und pessimistische Bearbeitungsdauerschätzungen von Expert*innen abgegeben. Für das Demonstrationsbeispiel werden die Kompetenzen „Konstruieren", „Analytisches Denken", „Teamfähigkeit" und „Technisches Konzipieren" betrachtet. Mit Hilfe der qualifizierenden und disqualifizierenden Befragung konnten die Zusammenhangstypen zwischen den Kompetenzen und dem Aktivitäten-Cluster ermittelt werden. Für die individuellen Leistungsniveaus einer Beispielressource in den vier Kompetenzen kann nun die individuelle Bearbeitungsdauer berechnet werden. Die vollständige Berechnung ist in Abbildung 5-33 dargestellt.

Aktivität	t_{pes}	t_{real}	t_{opt}	Zugeordnetes Aktivitäten-Cluster
Bauteilgeometrien definieren	15h	10h	6h	Technische Ausgestaltung

Kompetenzen	Gewichtung	Zusammenhang zum Aktivitäten-Cluster „Technische Ausgestaltung“	Leistungsniveau der Beispielressource
1: Konstruieren	Sehr groß	Bidirektionale Kompetenz [2]	Niveau 4
2: Analytisches Denken	Mittel	Basis Kompetenz [1]	Niveau 3
3: Teamfähigkeit	Sehr Gering	Unwesentliche Kompetenz [4]	Niveau 1
4: Technisches Konzipieren	Gering	Optionale Kompetenz [3]	Niveau 2

Berechnungsformel

$$t_{mod} = \frac{w_1 \cdot {}^1/_2 \cdot (t_{real} + t_{opt}) + w_2 \cdot {}^1/_4 \cdot (t_{pess} + 3 \cdot t_{real}) + w_3 \cdot t_{real} + w_4 \cdot {}^1/_8 \cdot (7 \cdot t_{real} + t_{opt})}{w_1 + w_2 + w_3 + w_4}$$

$$t_{mod} = \frac{1{,}0 \cdot 0{,}5 \cdot (10h + 6h) + 0{,}6 \cdot 0{,}25 \cdot (15h + 3 \cdot 10h) + 0{,}2 \cdot 10h + 0{,}4 \cdot 0{,}125 \cdot (7 \cdot 10h + 6h)}{1{,}0 + 0{,}6 + 0{,}2 + 0{,}4}$$

$$t_{mod} = 9{,}34\ h$$

Abbildung 5-33 Beispielberechnung einer individuellen Bearbeitungsdauer

5.4.5 Zusammenfassung der Ermittlung ressourcenindividueller Bearbeitungsdauern

Im vierten Methodenschritt wurden alle relevanten Zusammenhänge ermittelt, um das Ziel zu erreichen, für jede Kombination von Ressource und Aktivität eine individuelle Bearbeitungsdauer berechnen zu können. Die Berechnung berücksichtigt dabei die Leistungsniveaus auf denen verschiedene Ressourcen ihre Kompetenzen ausgeprägt haben, die Eigenschaften der Aktivitäten durch deren Zugehörigkeit in einem Aktivitäten-Cluster mit Aktivitäten ähnlicher Eigenschaften sowie den Wirkzusammenhang zwischen Kompetenzen und Bearbeitungsdauer.

Um die Berechnung zu ermöglichen, wurden die zuvor gesammelten generischen Aktivitäten mit Hilfe eines hierarchischen Cluster-Verfahrens zu Clustern von Aktivitäten mit ähnlichen Eigenschaften zusammengefasst. Die Annahme, die dieser Vereinfachung zugrunde liegt ist, dass Aktivitäten mit ähnlichen Eigenschaften auch ähnliche Kompetenzen in der Bearbeitung erfordern. Anschließend wurden Grundtypen von Zusammenhängen zwischen Kompetenzausprägung und Bearbeitungsdauer definiert. Dabei wurden sechs Grundtypen in Anlehnung an das Kano-Modell entwickelt. Mit Hilfe dieser Grundtypen kann schließlich der Wirkzusammenhang zwischen jeder

Kompetenz und jedem Aktivitäten-Cluster bestimmt werden. Dazu wurde die qualifizierende und disqualifizierende Befragung beschrieben, die die Zuordnung eines Grundtyps unterstützt. Im letzten Schritt wurde aufbauend auf den vorherigen Schritten eine Berechnungsvorschrift aufgestellt, die es ermöglicht, die verschiedenen individuell modifizierten Bearbeitungsdauern zu berechnen. Das Ergebnis ist eine Matrix, in der für jede Kombination von Ressource und Aktivität ein Eintrag existiert mit einer individuellen Bearbeitungsdauer, für den Fall, dass genau diese Ressource diese Aktivität durchführt. Dieser Methodenschritt bildet gemeinsam mit den vorigen Methodenschritten schließlich die Grundlage für das Aufstellen und Lösen des Optimierungsproblems im nachfolgenden Kapitel.

5.5 Entscheidungsunterstützung für den Personalressourceneinsatz mit Hilfe von Optimierungsverfahren

In den bisherigen vier Teilmodellen wurden die Zielfunktion sowie die für die Beschreibung von Rahmenbedingungen notwenigen Zusammenhänge hergeleitet. Im fünften Methodenschritt ist das Ziel die Projektplanung und -steuerung mit Hilfe eines Optimierungsverfahrens zu unterstützen. Die Zielstellung, die zugehörige Teilforschungsfrage, die durchzuführenden Schritte und das entstehende Artefakt sind in Abbildung 5-34 zusammengefasst.

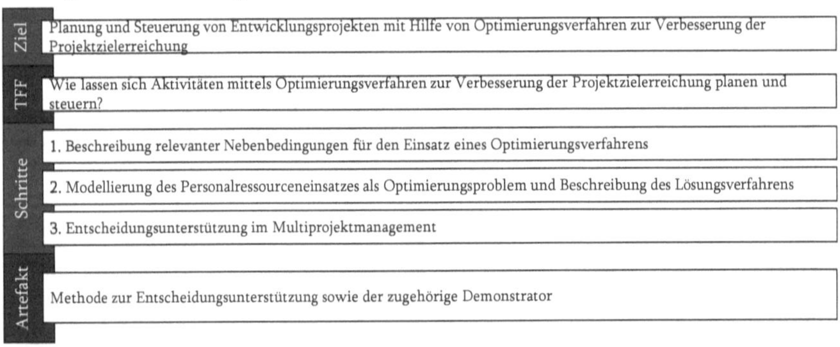

Abbildung 5-34 Übersicht des fünften Methodenschritts zum Einsatz von Optimierungsverfahren und zur Entscheidungsunterstützung

Zunächst werden in Teilkapitel 5.5.1 weitere relevante Nebenbedingungen für das Optimierungsmodell beschrieben. Anschließend kann das Optimierungsmodell mit Hilfe der Inhalte von Kapitel 5.1 bis 5.4 sowie Kapitel 5.5.1 beschrieben werden. Außerdem wird das zur Lösung des Optimierungsmodells notwendige Lösungsverfahren beschrieben (siehe Teilkapitel 5.5.2). Zum Abschluss werden die Ergebnisse des Optimierungsverfahrens genutzt, um die Entscheidungsunterstützung im Multiprojektmanagement ableiten zu können (siehe Teilkapitel 5.5.3).

5.5.1 Relevante Nebenbedingungen für den Einsatz eines Optimierungsverfahrens

An dieser Stelle werden die für das Optimierungsverfahren relevanten Nebenbedingungen beschrieben und abgeleitet, wie die Lean Prinzipien durch die Taktung der Entwicklung im Kontext des Multiprojektmanagements adressiert werden können.

Lean Prinzip durch Taktung der Entwicklung

Die Optimierung wird in einen Entwicklungsprozess nach den Prinzipien von Lean Development eingebettet, welcher durch eine Taktung gekennzeichnet ist.[550] Der Entwicklungstakt schafft Intervalle, in denen Aktivitäten abgeschlossen werden müssen und erlaubt die Möglichkeit, Ressourcen am Ende eines Intervalls bei Bedarf neu zu planen. Dies vereinfacht die Anwendbarkeit, da die Abweichung vom Plan in jedem Takt identifiziert werden kann und am Ende eines Taktes vorab definierte Möglichkeiten bestehen, die Ressourcenzuweisung zu optimieren. Dies muss in Balance stehen, zu möglichen Effizienzverlusten, die dadurch entstehen, dass eine Ressource von ihrem aktuellen Projekt abgezogen wird und in einem anderen Projekt eingesetzt wird. Bei diesem Wechsel erfolgt eine Neueinarbeitung in den Kontext des anderen Projektes, das Team muss erst wieder kennengelernt werden und eine neue Vertrauensbasis geschaffen werden.

Neben der Schaffung von Synchronisationspunkten erlaubt die Taktung ein regelmäßiges Review. Dabei kann geprüft werden, inwiefern die Planungszeiten mit den tatsächlichen Bearbeitungszeiten der Aktivitäten übereinstimmen. Bei regelmäßiger Abweichung können die zugrundeliegenden Parameter zur ressourcenindividuellen Berechnung der Bearbeitungsdauer justiert werden (siehe Kapitel 5.4.4). Damit trägt die Taktung auch zum Lean Prinzip der kontinuierlichen Verbesserung bei.[551]

Das gesamte vorgestellte Konzept der vorliegenden Arbeit ist darüber hinaus darauf ausgerichtet, einen möglichst idealen Fluss der Projektaktivitäten zu erreichen und Stillstandszeiten und Verzögerungen bestmöglich zu reduzieren. Dementsprechend wird auch das Lean Prinzip „Flow“ adressiert.[552]

---

[550] Vgl. Rauhut (2011), Synchronisation von Entwicklungsprozessen, S.102ff.

[551] Vgl. Schuh et al. (2021), Sustainable Innovation, S.10

[552] Vgl. Oppenheim et al. (2011), Lean Enablers for Systems Engineering, S.33

Die Zielstellung des Optimierungsmodells Kosten für den Ressourceneinsatz sowie für Projektverzögerungen zu minimieren sorgt für eine bessere Nutzung der verfügbaren Ressourcen. Durch den kompetenzorientieren Ansatz werden die Ressourcen zudem häufiger für Aktivitäten eingesetzt, die von ihren Kompetenzen profitieren. Die Kombination dieser beiden Aspekte adressiert das Lean Prinzip der Minimierung von Verschwendung.[553]

Weitere relevante Nebenbedingungen

Neben der Taktung der Entwicklung gilt es weitere Nebenbedingungen bei der Modellierung des Optimierungsproblems zu berücksichtigen. Diese sind nachfolgend beschrieben:

Vorgänger-, Nachfolgerbeziehungen – Häufig existiert in Projekten eine Vorgänger- und Nachfolgerbeziehung zwischen Aktivitäten. Das bedeutet, dass einige Aktivitäten erst durchgeführt werden können, wenn zuvor andere Aktivitäten abgeschlossen wurden. So kann beispielsweise die Aktivität *technische Zeichnungen erstellen* erst erfolgen, nachdem zuvor die Aktivitäten *Bauteilgeometrie festlegen* und *Toleranzkonzept erarbeiten* durchgeführt wurden.

Maximale Anzahl gleichzeitiger Projekte – Mit einer Einschränkung, wie vielen Projekten eine Ressource gleichzeitig zugeordnet sein kann, kann dafür gesorgt werden, dass Mitarbeitende nicht ständig zwischen Projekten wechseln müssen, sondern als Teil des Projektteams in einer beschränkten Anzahl von Projekten arbeiten, bis diese Projekte abgeschlossen sind. Ein Aufweichen dieser Regelung wäre möglich, indem die Ressource unter Aufwendung von Transferkosten (durch Neueinarbeitung u.Ä.) zwischen Projekten transferiert wird.

Anzahl gleichzeitig durchgeführter Aktivitäten – Über diese Einschränkung wird festgelegt, wie viele Aktivitäten eine Ressource zur gleichen Zeit bearbeiten kann. Auch wenn in der Realität vielfaches Multitasking theoretisch möglich ist, bietet es sich an, die Anzahl der gleichzeitig durchgeführten Aktivitäten durch eine Ressource zu beschränken, um die Komplexität des Optimierungsproblems deutlich zu reduzieren (siehe Kapitel 5.5.2). Davon ausgehend, dass viele Aktivitäten Vorgänger- und Nachfolgerbeziehungen besitzen, ist die sequentielle Aufgabenbearbeitung ohnehin förderlich gegenüber einem Multitaskingansatz (siehe Abbildung 5-35). Zudem bestätigen wissenschaftliche Studien die höhere Effizienz einer sequentiellen Bearbeitung von

[553] Vgl. Oppenheim et al. (2011), Lean Enablers for Systems Engineering, S.33

Aufgaben gegenüber dem Multitasking.[554] Die AMERICAN PSYCHOLOGICAL ASSOCIATION geht sogar von Effizienzverlusten beim Multitasking von bis zu 40% aus.[555]

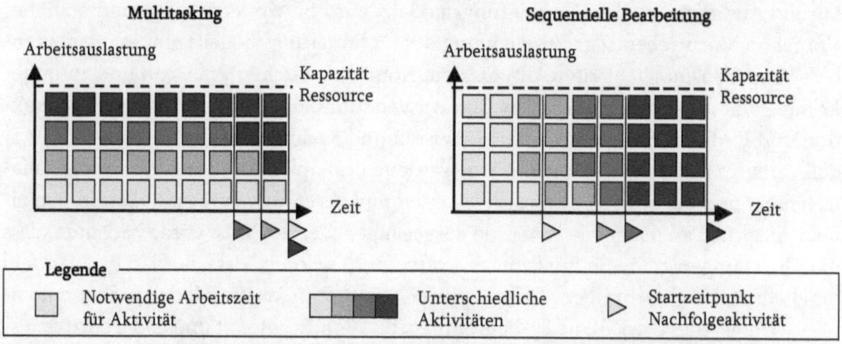

Abbildung 5-35 Visualisierung des Vorteils der sequentiellen Bearbeitung von Aktivitäten

Auf bereits im Verlauf der vorherigen Kapitel aufgezeigten relevanten Parameter (z.B. Kapazität einer Ressource für Projekttätigkeiten (siehe Kapitel 5.2.2)) wird an dieser Stelle nicht erneut eingegangen. Wodurch an dieser Stelle alle relevanten Informationen für die Modellierung des Optimierungsproblems vorliegen.

5.5.2 Modellierung des Personalressourceneinsatzes als Optimierungsproblem und Beschreibung des Lösungsverfahrens

Nachdem alle relevanten Ziele und Nebenbedingungen bekannt sind, können in diesem Abschnitt die notwendigen mathematischen Zusammenhänge zur Modellierung des Optimierungsproblems beschrieben werden.

Mathematisches Modell

Der Aufbau eines mathematischen Modells für die Optimierung ist meist gleich und wird daher auch gerne als Optimierungsmodell bezeichnet. Ein Optimierungsmodell zeichnet sich durch ein Optimierungskriterium, die Entscheidungsvariablen und die zusätzlichen Beschränkungen in Form von Nebenbedingungen aus. Das Optimierungskriterium wird dabei als Funktion (Zielfunktion) dargestellt, dessen kleinster oder größter Wert als Optimum zu berechnen ist und in der die Entscheidungsvariablen

---

[554] Vgl. Fryrear (2021), Der hohe Preis des Multitasking

[555] Vgl. American Psychological Association (2006), Multitasking: Switching costs

beinhaltet sind. Die Beschränkungen werden durch (Un-)Gleichungen an die Entscheidungsvariablen geknüpft und limitieren dadurch den Lösungsraum.[556]

Für die Ausarbeitung des Optimierungsmodells wird im weiteren ein grundsätzliches Vorgehen beschrieben. Zur Entwicklung des Optimierungsmodells gibt es meist mehrere Vorgehensmöglichkeiten, die aus dem Konflikt zwischen Präzision und zu hoher Komplexität entstehen. Im spezifischen Anwendungsfall muss zwischen der Abstraktion und Einfachheit gegenüber der Präzision und Komplexität des Optimierungsmodells eine passende Balance gefunden werden. Prinzipiell kann im Multiprojektmanagement und bei der Planung von Projekten und deren Ressourcenallokation von einem Anspruch an maximale Präzision ausgegangen werden. Das würde bedeuten, dass die Gleichungen und Zielfunktionen so definiert werden, dass sie das Problemfeld möglichst genau beschreiben. Dabei ist jedoch zu prüfen, ob das Modell nicht zu komplex wird. Ist dies der Fall, muss die Komplexität iterativ gesenkt und dadurch zwangsläufig ein Modell gefunden werden, welches lösbar ist. Das entwickelte Optimierungsmodell soll als Verifizierung der Umsetzbarkeit des übergeordneten Konzepts genutzt werden, daher steht hierbei die Lösbarkeit und Einfachheit im Vordergrund. Mit dem Entwerfen des mathematischen Modells wird nun die wichtigste Phase einer Optimierung durchlaufen. Angefangen wird mit der Aufstellung der Entscheidungsvariablen, Mengen und Parameter, anschließend wird die Zielfunktion mit diesen beschrieben und im letzten Teil werden die Nebenbedingungen aufgebaut.

Entscheidungsvariablen, Mengen und Parameter

Entscheidungsvariablen sind die Variablen, die in der Optimierung die Freiheitsgrade darstellen. Diese Variablen können durch den Optimierungsalgorithmus solange verändert werden, bis eine optimale Lösung vorliegt. Die für das beispielhafte Optimierungsmodell relevanten Entscheidungsvariablen sind in Tabelle 5-5 benannt und klassifiziert.

Tabelle 5-5 Entscheidungsvariablen im beispielhaften Optimierungsmodell

Zeichen	Beschreibung	Typ
$x_{a,r,t}$	Entscheidung, ob eine Aktivität a von Ressource r in Zeitfenster t durchgeführt wird oder nicht	Binär
dl_p	Information, ob die Deadline von Projekt p für den Abschluss aller Aktivitäten überschritten wurde oder nicht	Binär
$y_{p,r}$	Entscheidung, ob eine Ressource r in Projekt p zugeteilt wird oder nicht	Binär

556 Vgl. Jarre et al. (2019), Optimierung, S.1f.

$oa_{p,t}$	Information, ob das Projekt p in Zeitfenster t noch offene Aktivitäten hat oder nicht	Binär
$b_{r,t}$	Information, ob die Ressource r in Zeitfenster t eine Aktivität ausführt oder nicht	Binär

Neben Entscheidungsvariablen werden im Optimierungsmodell Mengen benötigt, deren Beschreibung Tabelle 5-6 entnommen werden kann.

Tabelle 5-6 Relevante Mengen im beispielhaften Optimierungsmodell

Zeichen	Beschreibung
P	Menge an Projekten
A	Menge an Aktivitäten, wobei die Untermenge A_p die Aktivitäten umfasst, die zu einem Projekt p gehören
R	Menge an Ressourcen
T	Anzahl an definierten Zeitintervallen

Neben den Entscheidungsvariablen und den Mengen werden zur vollständigen Beschreibung des Optimierungsmodells weitere Parameter benötigt (siehe Tabelle 5-7).

Tabelle 5-7 Beschreibung der Parameter im beispielhaften Optimierungsmodell

Zeichen	Beschreibung
COD_S	Sprunghafte Verzögerungskosten für ein verspätetes Projekt p
COD_K	Kontinuierliche Verzögerungskosten pro Zeiteinheit für ein verspätetes Projekt p
RK_r	Kostensatz einer Ressource r in €/h
UF_r	Umrechnungsfaktor zwischen Zeiteinheiten des Optimierungsmodells in Stunden für die jeweilige Ressource r
FT_p	Deadline des Projektes p
$tA_{r,a}$	Individuelle Durchführungsdauer der Ressource r für Aktivität a (in Zeiteinheiten gemäß Definition von t und T)
maxp	Festlegung der maximalen Anzahl an Projekten, in denen eine Ressource zugeordnet werden kann
NF_a	Nachfolgeaktivität der Aktivität a
EAK	Kostensatz für die Einarbeitung auf einem neuen Projekt
SP	Abstand der Synchronisationspunkte in Zeiteinheiten

Zielfunktion

Nachdem die grundlegenden Variablen beschrieben wurden, erfolgt im nächsten Schritt die Beschreibung der Zielfunktion. Die der Zielfunktion zugrundeliegende Logik ist bereits in Kapitel 5.1.2 beschrieben. An dieser Stelle erfolgt demnach nur noch die Übersetzung in die mathematische Formulierung für das Optimierungsmodell (Formel 5.9).

$$\min \sum_{t\in T}\sum_{p\in P} oa_{p,t}\cdot COD_K + \sum_{t\in T} dl_p\cdot COD_S + \sum_{t\in T}\sum_{r\in R}\sum_{t\in T} x_{a,r,t}\cdot RK_r\cdot UF_r \qquad 5.9$$

Nebenbedingungen

Die relevanten Nebenbedingungen sind in Formel 5.10 bis 5.20 zu sehen. Einige davon sind von allgemeinen Formulierungen des RCPSP abgeleitet, andere bilden die im Rahmen dieser Arbeit neu erarbeiteten Zusammenhänge ab. Nachfolgend ist die mathematische Beschreibung der Nebenbedingungen zu finden.

Formel 5.10 stellt sicher, dass jede Aktivität im Zeitverlauf nur ein einziges Mal gestartet bzw. durchgeführt wird.

$$\sum_{t\in T}\sum_{r\in R} x_{a,r,t} = 1 \qquad \forall a\in A \qquad 5.10$$

Mit Formel 5.11 wird festgelegt, dass Aktivitäten Vorgänger haben, die abgeschlossen sein müssen, bevor die Aktivität gestartet werden kann. Dafür wird geprüft, ob die Vorgängeraktivität bis zum betrachteten Zeitpunkt t von einer Ressource gestartet und abgeschlossen wurde. Da $x_{a,r,t}$ nur den Startzeitpunkt einer Aktivität angibt, muss dafür der Zeitraum T‘ gebildet werden, der sich bis zu dem Zeitpunkt erstreckt, zu dem die Vorgängeraktivität hätte gestartet werden müssen, damit die Nachfolgeraktivität zum Zeitpunkt t gestartet werden kann.

$$\sum_{t^*=0}^{T'}\sum_{r\in R} x_{a^*,r,t^*} \geq \sum_{r\in R} x_{a,r,t} \quad \text{mit } T'=t-tA_{r,a^*} \qquad a^*=NF_a \quad \forall a\in A,\ \forall t\in T \qquad 5.11$$

Formel 5.12 stellt die Bedingung auf, dass jede Ressource zu jedem Zeitpunkt nur eine Aktivität starten kann.

$$\sum_{a\in A} x_{a,r,t} \leq 1 \qquad \forall r\in R,\ \forall t\in T \qquad 5.12$$

Diese Bedingung reicht jedoch noch nicht aus um sicherzustellen, dass jede Ressource zu jeder Zeit nur eine Aktivität bearbeitet. Dazu werden die Formeln 5.13 und 5.14 benötigt. Formel 5.13 setzt für die Bearbeitungsdauer einer Aktivität die Belegungsvariable der Ressource auf 1.

$$x_{a,r,t} \cdot tA_{r,a} \leq \sum_{t^{*}=t}^{T''} b_{r,t^{*}} \quad \text{mit} \quad T'' = t + tA_{r,a} \qquad \forall r \in R, \forall t \in T \quad \forall a \in A \qquad 5.13$$

Formel 5.14 lässt den Start einer neuen Aktivität nur zu, wenn die Belegungsvariable wieder null ist.

$$\sum_{a \in A} x_{a,r,t} + b_{r,t} \leq 1 \qquad \forall r \in R, \forall t \in T \qquad 5.14$$

Neben der Einschränkung nur einer gleichzeitig durchzuführenden Aktivität je Ressource, soll die Anzahl der Projekte, in denen eine Ressource eingesetzt wird, begrenzt werden. Damit wird der Tatsache Rechnung getragen, dass beim Einsatz einer Ressource in einem neuen Projekt Verluste durch Einarbeitungszeit entstehen würden. Eine Möglichkeit besteht darin die maximale Anzahl an Projekten, in denen eine Ressource eingesetzt werden kann, zu begrenzen. Dazu können Formel 5.15 und Formel 5.16 als Nebenbedingungen genutzt werden.

$$\sum_{p \in P} y_{r,p} \leq maxp \qquad \forall r \in R \qquad 5.15$$

Mit Formel 5.16 wird beschrieben, dass $x_{a,r,t}$ nur auf eins gesetzt werden kann, wenn auch $y_{r,p}$ ungleich null ist. Die Verwendung von M^a beruht dabei auf der sogenannten Big-M Methode zur Linearisierung der Nebenbedingung.[557]

$$\sum_{t \in T} \sum_{a \in A_p} x_{a,r,t} \leq y_{r,p} \cdot M^a \qquad \forall r \in R \qquad 5.16$$

Eine andere Möglichkeit wäre, den Wechsel einer Ressource von einem Projekt zu einem anderen Projekt mit Kosten zu belegen. In der Realität wäre eine Einarbeitung mit einem Zeitverlust verbunden. Dies wäre jedoch nur äußerst komplex abbildbar. Daher kann über die Erhebung von zusätzlichen Kosten die Einarbeitungszeit indirekt betrachtet werden. In der Realität würde dies bedeuten, dass die Einarbeitung nicht durch die zur Verfügung stehende Kapazität für die Projektarbeit erfolgt, sondern von der Verfügbarkeit für eine Linientätigkeit (i.S. einer Matrixorganisation) abgezogen

[557] Vgl. Kallrath (2013), Gemischt-ganzzahlige Optimierung, S.318f.

wird. Die entstehenden Einarbeitungskosten (siehe Formel 5.17) müssten dann dem Term der zu minimierenden Zielfunktion ergänzt werden. Der Parameter maxp müsste dabei auf P festgelegt werden.

$$\sum_{p \in P} \sum_{r \in R} y_{r,p} \cdot EAK \tag{5.17}$$

Formel 5.18 wird benötigt, um den Zusammenhang zwischen den Entscheidungsvariablen $x_{a,r,t}$ und dl_p zu beschreiben. Die Entscheidungsvariable $x_{a,r,t}$ beschreibt den Startzeitpunkt der Aktivitäten. Zur Ermittlung, ob die Deadline eines Projektes eingehalten wurde, ist also der Startzeitpunkt der letzten Aktivität in diesem Projekt zuzüglich der Bearbeitungsdauer dieser Aktivität relevant. Dazu wird ein Zeitraum T^* bestimmt, der der Projektdeadline FT_p abzüglich der Durchführungsdauer der letzten Aktivität im Projekt $tA_{r,a}$ entspricht. Das bedeutet, dass die letzte Aktivität im Zeitraum T^* gestartet werden muss, da sonst die Deadline nicht eingehalten wird. Die Laufvariable t^* startet zum Zeitpunkt 0 und läuft bis zum Zeitpunkt T^*.

$$A_p - \sum_{a \in A_p} \sum_{r \in R} \sum_{t^*=0}^{T^*} x_{a,r,t^*} \leq M^a \cdot dl_p \text{ mit } T^* = FT_p - tA_{r,a} \qquad \forall p \in P \tag{5.18}$$

Für verspätete Projekte fallen kontinuierliche Verzögerungskosten an. Diese werden mit Hilfe der Entscheidungsvariable $oa_{p,t}$ berechnet, welche mit Hilfe von Formel 5.19 mit der Entscheidungsvariable $x_{a,r,t}$ verknüpft wird. Dabei werden für alle Projekte die Zeiteinheiten t nach der Deadline betrachtet. Ansonsten ist die Logik analog zu Formel 5.18 aufgebaut. Dementsprechend wird die Entscheidungsvariable $oa_{p,t}$ null, wenn zu diesem Zeitpunkt t alle Aktivitäten des Projektes abgeschlossen sind. Die Laufvariable t^* endet dabei aber nicht bei T^*, sondern betrachtet den Zeitraum T‘, welcher zu dem Zeitpunkt endet, wo der späteste Zeitpunkt für den Startzeitpunkt einer Aktivität läge, um das Projekt bis zum Zeitpunkt t abgeschlossen zu haben.

$$A_p - \sum_{a \in A_p} \sum_{r \in R} \sum_{t^*=0}^{T'} x_{a,r,t^*} \leq M^a \cdot oa_{p,t} \text{ mit } T' = t - tA_{r,a} \qquad \begin{array}{l} \forall p \in P \\ \forall t \in [FT_p+1, \ldots .] \end{array} \tag{5.19}$$

Schließlich sollen die angesprochenen Synchronisationspunkte realisiert werden. Dazu werden Zeitpunkte definiert, zu denen alle Aktivitäten abgeschlossen sein müssen. Das bedeutet, dass keine Aktivität gestartet werden darf, wenn diese nicht bis zum nächsten Synchronisationspunkt abgeschlossen werden kann. Diese Nebenbedingung wird mit Hilfe von Formel 5.20 realisiert. Hier kann $x_{a,r,t}$ nur auf 1 gesetzt werden, wenn der verfügbare Zeitraum T^{**} bis zum nächsten Synchronisationspunkt größer ist als die Dauer der zu bearbeitenden Aktivität $tA_{r,a}$. Der Term t div SP bezeichnet die Division mit Rest (Das Ergebnis von 7 div 2 wäre beispielsweise 3).

$$x_{a,r,t} \leq \frac{T^{**}}{tA_{r,a}} \text{ mit } T^{**} = (1+(t \text{ div } SP)) \cdot SP - t \qquad \forall a \in A \quad \forall r \in R \quad \forall t \in T \qquad 5.20$$

Damit sind alle zuvor genannten Nebenbedingungen in ein mathematisches Modell überführt. Der nächste Schritt sieht die Ermittlung aller benötigten Eingabeparameter vor.

Eingabeparameter $tA_{r,a}$ und UF_r

Neben Zielfunktion und Nebenbedingungen müssen dem Optimierungsmodell einige Eingabeparameter übergeben werden. Diese sind in Tabelle 5-7 zu sehen. Hierbei nimmt die individuelle Bearbeitungsdauer für eine Aktivität in Abhängigkeit der zugewiesenen Ressource $tA_{r,a}$ eine Sonderstellung ein. Da diese Eingabeparameter zunächst in das richtige Format gebracht werden müssen. Mit Hilfe des Vorgehens aus Kapitel 5.4 lässt sich für jede Kombination aus Ressource und Aktivität eine individuelle Bearbeitungsdauer der Aktivität berechnen. Dieses Ergebnis wird üblicherweise in der Einheit Arbeitsstunden oder Arbeitstage vorliegen. Wenn die Einheit Arbeitstage gewählt wurde, wird dabei von Vollzeitarbeitstagen ausgegangen. Häufig, insbesondere in Unternehmen mit Matrixorganisation, haben die Ressourcen jedoch nur einen begrenzten Anteil ihres Tages für Projekttätigkeiten zur Verfügung. Aus diesem Grund benötigt jede Ressource einen Umrechnungsfaktor UF_r, um die Bearbeitungsdauer von der Einheit Vollzeitarbeitstage oder Arbeitsstunden in Kalendertage umzurechnen. Dies ist notwendig, damit das Optimierungsmodell weiß, an welchem Tag eine Aktivität abgeschlossen ist und die Nachfolgeaktivität folgen kann. Steht eine Ressource beispielsweise nur 50% ihrer Arbeitszeit für Projekttätigkeiten zur Verfügung wäre der Umrechnungsfaktor von Vollzeitarbeitstagen in Kalendertage 0,5. Indem die Vollzeitarbeitstage durch den Umrechnungsfaktor geteilt werden, wird die benötigte Anzahl an Kalendertagen für die Durchführung der Aktivität ermittelt. Bei der Umrechnung von Arbeitsstunden zu Kalendertagen wäre der Umrechnungsfaktor 4, da die Ressource an jedem Kalendertag durchschnittlich 4 Stunden für Projekttätigkeiten zur Verfügung steht. Eine Aktivität die 20 Stunden Bearbeitungszeit hätte, bräuchte somit 5 Kalendertage bis sie abgeschlossen ist. Der Eingabeparameter $tA_{r,a}$ wird dementsprechend als individuelle Bearbeitungsdauer in Kalendertage in Abhängigkeit der Verfügbarkeit der Ressource übergeben. Der Umrechnungsfaktor UF_r wird zusätzlich benötigt, um die Ressourcenkosten zu berechnen. Der Kostensatz einer Ressource wird üblicherweise ebenfalls in € pro Arbeitstag bzw. Arbeitsstunde angegeben, weshalb der Umrechnungsfaktor benötigt wird um von der Ressourcenbeanspruchung in Kalendertagen wieder in Arbeitstage bzw. Arbeitsstunden zurückzurechnen.

Optimierungsproblem erstellen

Aus den zuvor mathematisch beschriebenen Nebenbedingungen und der Zielfunktion kann mit Hilfe des Python-Packages Pyomo eine Instanz des Optimierungsproblems erstellt werden. Dabei werden die aufgestellten Nebenbedingungen in einer Schleife für alle angegebenen Parameter durchlaufen. Selbst für kleine Probleminstanzen entstehen dabei große Mengen an Nebenbedingungen. Für ein Basis-Beispiel wurden 5 Projekte mit 13 Aktivitäten und 5 Ressourcen in einem Zeitraum von 40 Kalendertagen berechnet. Die Anzahl der Nebenbedingungen beläuft sich dabei auf 6116 und die Anzahl der Variablen beträgt 4430. Durch die zuvor beschriebene Formulierung lässt sich ein lineares Optimierungsmodell aufstellen. Das bedeutet, dass es möglich ist eine optimale Lösung zu berechnen. Nichtsdestotrotz steigt die Komplexität mit steigender Anzahl an Aktivitäten, Ressourcen sowie mit der Größe des betrachteten Zeitraums, weshalb es bei großen Probleminstanzen zu langen Rechenzeiten kommen kann.

Solver

Die auf diese Weise erstellte Probleminstanz lässt sich anschließend an einen Solver übergeben und lösen. Für die vorliegende Arbeit wurde der Solver Gurobi eingesetzt, welcher nach eigener Aussage effizienter optimale Lösungen berechnet als vergleichbare Lösungen von CPLEX oder Knitro.[558] Auch in einem durchgeführten Benchmarking von MITTELMANN schneidet Gurobi gut ab.[559] Nachdem das Optimierungsproblem von einem Solver gelöst wurde, kann mit Hilfe der Auswertung der Entscheidungsvariable $x_{a,r,t}$ das Ergebnis interpretiert werden. Diese Entscheidungsvariable zeigt, welche Aktivität zu welchem Zeitpunkt von welcher Ressource gestartet wurde. In Kombination mit $tA_{r,a}$ lässt sich somit der optimale Projektplan ableiten (siehe Abbildung 5-36). Dieser lässt sich sowohl aktivitätenorientiert als auch ressourcenorientiert darstellen.

---

[558] Vgl. Gurobi Optimization (2023), Gurobi Optimizer

[559] Vgl. Mittelmann (2020), Benchmarking Optimization Software

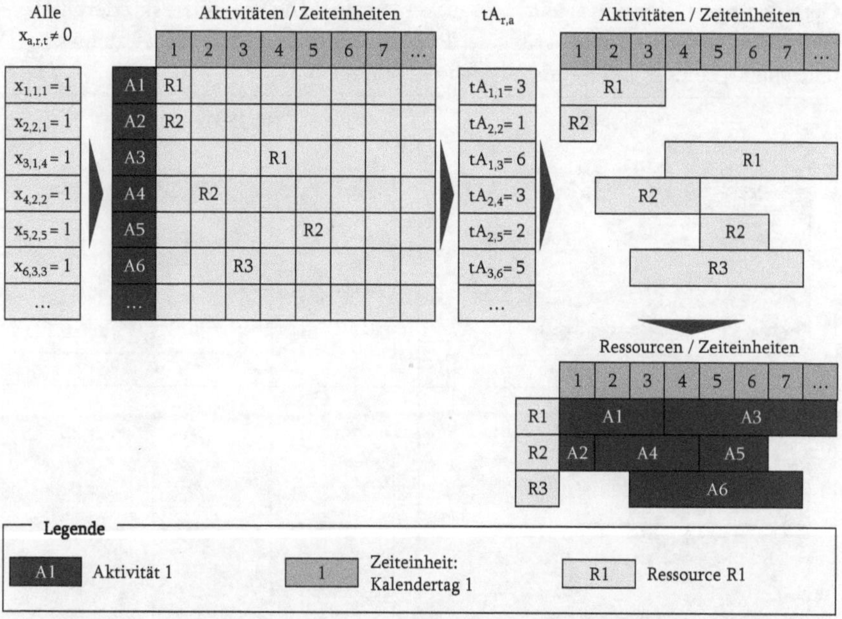

Abbildung 5-36 Interpretation des Optimierungsergebnisses mit Hilfe von Entscheidungsvariable $x_{a,r,t}$ und Bearbeitungsdauer $tA_{r,a}$

Dementsprechend ist es mit Hilfe des Optimierungsmodells möglich den optimalen Projektplan zur Minimierung der Verzögerungs- und Ressourcenkosten zu erstellen. In der Praxis ist vor einer unmittelbaren Umsetzung des vom Algorithmus vorgeschlagenen Projektplans zunächst abzusehen, viel mehr sollte dieser als Entscheidungsunterstützung angesehen werden und sollte geprüft und interpretiert werden. Im nächsten Teilkapitel werden dazu Interpretationshilfen gegeben.

5.5.3 Interpretationshilfe zu den Optimierungsergebnissen

Der im vorherigen Kapitel erstellte optimale Projektplan kann im letzten Schritt dazu genutzt werden eine Entscheidungsunterstützung im Multiprojektmanagement anzubieten. Der Projektplan selbst stellt dabei eine erste Handlungsempfehlung dar. Im optimalen Projektplan wird eine Ressourcenzuteilung zu Projekten und zu Aktivitäten sowie eine Arbeitsreihenfolge, in der die Aktivitäten bearbeitet werden sollen, empfohlen. Doch auch darüberhinausgehende Handlungsempfehlungen lassen sich aus den

Optimierungsergebnissen ableiten. Dazu werden mögliche Ergebnisse skizziert und erläutert, wie sich eine Verbesserung des Projektplans erzielen lässt. Es werden vier potenzielle Ergebnisse unterschieden (siehe Abbildung 5-37).

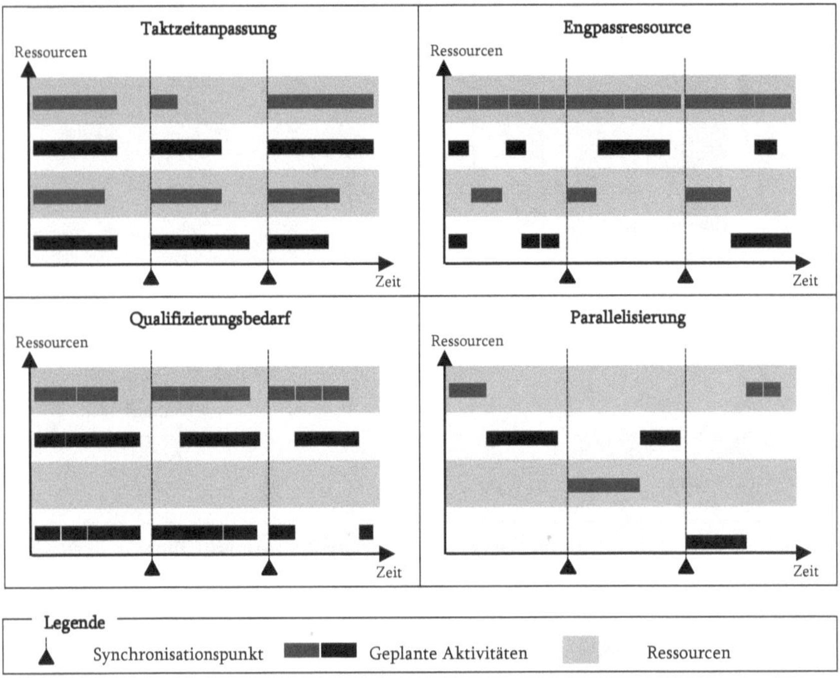

Abbildung 5-37 Mögliche Ergebnisse zur Entscheidungsunterstützung

Interpretationshilfe für Variante „Taktzeitanpassung" – In Ergebnisvariante 1 ist zu sehen, dass in jedem Entwicklungstakt, also der Zeit zwischen zwei Synchronisationspunkten, nur eine Aktivität ausgeführt wird. Auffällig ist dabei, dass die Ressourcen viel freie Kapazität am Ende eines Entwicklungstaktes haben, welche nicht mehr genutzt werden kann. Stellt sich im Projektplan nach der Optimierung ein solches Bild ein, sollten die Synchronisationspunkte in einem größeren Abstand voneinander geplant werden, also die Taktzeit verlängert werden. Alternativ könnten die Aktivitäten in kleinere Aktivitäten, die weniger Zeit beanspruchen aufgeteilt werden.

Interpretationshilfe für Variante „Engpassressource" – In Variante zwei ist zu sehen, dass eine Ressource wesentlich stärker ausgelastet ist als alle anderen Ressourcen. Der Grund hierfür liegt entweder in einem sehr geringen Kostensatz für die Ressource oder einem Kompetenzprofil, welches sich positiv auf eine Vielzahl von Aktivitäten auswirkt und diese schneller abgeschlossen werden können. In jedem Fall stellt diese Ressource jedoch einen Engpass dar, der durch die hohe Auslastung dafür sorgt, dass Aktivitäten gegebenenfalls von weniger geeigneten Ressourcen durchgeführt werden müssen, wodurch Verspätungen und zusätzliche Kosten entstehen können. In einer solchen Situation sollte kurzfristig geprüft werden, ob die betroffene Ressource mehr Zeit für Projekttätigkeiten zur Verfügung gestellt bekommen kann. Langfristig sollten die anderen Ressourcen so weitergebildet werden, dass sich ihr Kompetenzprofil in die Richtung der Engpassressource entwickelt. Die Neueinstellung von Personal oder das Zukaufen von Kapazität durch einen Dienstleister mit dem gefragten Kompetenzprofil würde eine weitere Maßnahme darstellen.

Interpretationshilfe für Variante „Qualifizierungsbedarf" – Die dritte Variante enthält eine Ressource, die keine Aktivitäten bearbeitet und damit im direkten Gegensatz zur Engpassressource aus Variante 2 steht. Es handelt sich um eine Ressource, die entweder zu teuer ist oder das falsche Kompetenzprofil für die vorliegenden Aktivitäten aufweist. Ein weiterer Grund könnte sein, dass anstehende Projekte nur sehr geringe Verzögerungskosten aufweisen und es sich daher lohnt, auf Ressourcen mit einem niedrigeren Kostensatz zu warten. Als Maßnahme kann hierbei abgeleitet werden, dass die nicht genutzte Ressource für Projekttätigkeiten nicht weiter benötigt wird. Alternativ könnte diese Ressource die freie Zeit für Schulungen nutzen, um dadurch die Eignung zur Durchführung der Aktivitäten zu steigern. Es müsste zudem geprüft werden, ob die richtigen Projekte ausgewählt und bearbeitet werden. Möglicherweise gibt es rentablere Projekte, was sich in größeren Verzögerungskosten äußern würde, wodurch der Einsatz der betroffenen Ressource wieder wirtschaftlich sinnvoll wird.

Interpretationshilfe für Variante „Parallelisierung" – In dieser Variante ist zu sehen, dass über alle Ressourcen hinweg immer nur eine Aktivität gleichzeitig bearbeitet wird. Dieses Bild kann sich insbesondere auch innerhalb von Einzelprojekten wiederfinden. Der Grund ist eine zu starke Einschränkung der Parallelisierung der Aktivitäten durch zu viele Vorgänger- und Nachfolgerbeziehungen. Die Maßnahme wäre es daher zu prüfen, inwiefern Aktivitäten parallelisiert werden können oder eine Aktivität in mehrere Aktivitäten aufgeteilt werden kann, sodass diese Teilaktivitäten dann parallelisiert werden können.

In der Praxis werden immer Mischformen der vier gezeigten Ergebnisvarianten vorliegen. Die Maßnahmen und Entscheidungen können daher vielfältig sein und möglicherweise kann erst durch eine Kombination der einzelnen Maßnahmen das Ergebnis signifikant verbessert werden. Ein konkretes Beispiel wird in Kapitel 6 genauer beschrieben.

Einsatz im operativen Ressourcenmanagement

Nachdem die Interpretation der Ergebnisse erfolgen kann, soll abschließend beschrieben werden, wie die vorgestellte Methodik im operativen Ressourcenmanagement eingesetzt werden sollte. Voraussetzung für den Einsatz ist die Erarbeitung der notwendigen grundlegenden Informationen und Zusammenhänge wie in Kapitel 5.1 bis 5.4 beschrieben sowie die Taktung der Produktentwicklung wie in Kapitel 5.5.1 beschrieben. Die erneute Berechnung der Optimierung ist dabei zu jedem Synchronisationspunkt mit aktualisierten Informationen durchzuführen. Die zu aktualisierenden Informationen beinhalten den Status durchzuführender Aktivitäten, da es im Laufe von Projekten häufiger zu Abweichungen kommt, wenn Aktivitäten länger als geplant bearbeitet werden müssen oder, wenn während der Projektabarbeitung neue notwendige Aktivitäten entstehen. Außerdem müssen die Verfügbarkeiten der Ressourcen mit dem aktuellen Krankenstand und Urlaubsplanungen abgeglichen werden, sowie neue und nicht mehr zur Verfügung stehende Ressourcen aktualisiert werden. Aus den Optimierungsergebnissen jedes Synchronisationspunktes lassen sich anschließend die Entscheidungen und Maßnahmen in der Ressourcenallokation umsetzen. Dabei wird explizit darauf hingewiesen, dass die Ergebnisse der Optimierung lediglich als Entscheidungsunterstützung dienen und nicht ohne Hinterfragen in die Umsetzung gebracht werden sollten. Wird beispielsweise eine komplette Ressourcenneuzuweisung vorgeschlagen, wobei nahezu jede Ressource einem neuen Projekt zugewiesen wird, gilt es diese tiefgreifende Maßnahme kritisch zu hinterfragen. Nur bei einer deutlichen Reduktion der Kosten und Bearbeitungsdauer sollte eine solche Maßnahme ergriffen werden. Der Optimierungsalgorithmus würde dies aber bereits bei kleinsten Verbesserungspotenzialen vorschlagen.

Außerdem sollte in regelmäßigen Abständen, jedoch nicht zwingend zu jedem Synchronisationspunkt, die Verzögerungskosten neu berechnet werden. Auch wiederkehrende Abweichungen zwischen Planung und Durchführung sollten kontinuierlich beobachtet und ausgewertet werden, damit die Muster dahinter aufgedeckt werden. Auf diese Art und Weise kann die Informationsbasis der grundlegenden Informationen und Zusammenhänge, die im Rahmen der Methodik dieser Arbeit initial ermittelt werden, im zeitlichen Verlauf weiter verfeinert und präzisiert werden.

Die Einbindung der Elemente dieser Arbeit in das operative Ressourcenmanagement ist in Abbildung 5-38 zusammenfassend dargestellt.

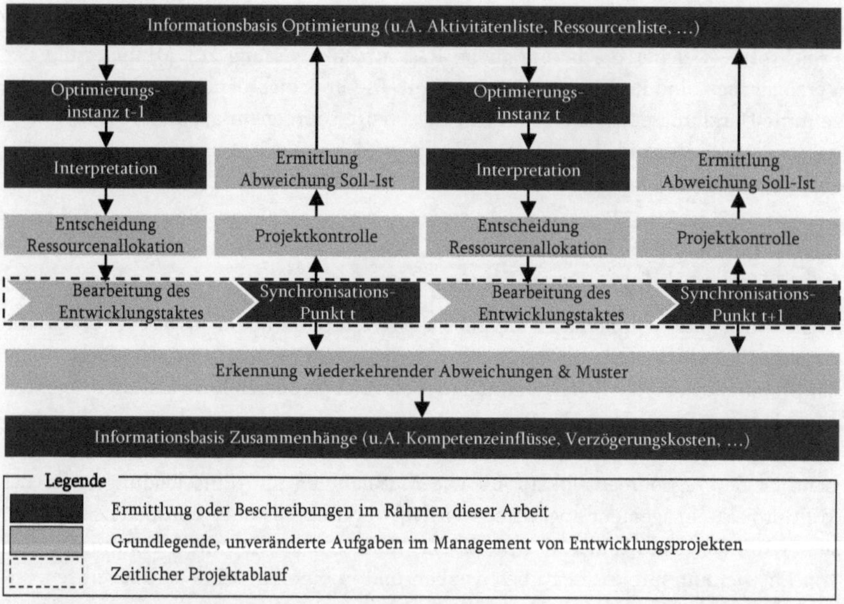

Abbildung 5-38 Einbindung der Ergebnisse dieser Arbeit in das operative Ressourcenmanagement

5.5.4 Zusammenfassung der Entscheidungsunterstützung für den Personalressourceneinsatz mit Hilfe von Optimierungsverfahren

Im finalen Methodenschritt wurde auf Basis der vorherigen Schritte und unter Einbezug weiterer definierter Randbedingungen ein Optimierungsmodell entwickelt. Durch die Lösung des Optimierungsmodells konnte eine Entscheidungsunterstützung für den Personalressourceneinsatz in Multiprojektumgebungen angeboten werden. Das Optimierungsmodell basiert dabei auf einer mathematischen Formulierung für die auf Verzögerungskosten und Ressourcenkosten basierenden Zielfunktion. Außerdem wurden Nebenbedingungen formuliert, die beispielsweise die zeitgleiche Bearbeitung von mehreren Aktivitäten einschränken, die Vorgänger- und Nachfolgerbeziehungen regeln oder die Einhaltung der Entwicklungstakte durch Synchronisationspunkte sicherstellen. Bei der Formulierung von Zielfunktion und Nebenbedingungen wurde darauf geachtet, dass sich das entstehende Optimierungsproblem als lineares Optimierungsproblem klassifizieren lässt. Die mathematische Formulierung kann genutzt werden, um eine Probleminstanz des Optimierungsmodells zu erzeugen. Diese kann aufgrund der Linearität optimal gelöst werden. Die Interpretation der Ergebnisse führt zu einem Projektplan, welcher die bestmögliche Ressourcenzuweisung zur Minimierung der Verzögerungs- und Ressourcenkosten enthält. Dieser Projektplan stellt gleichzeitig die zentrale Handlungsempfehlung für den Personalressourceneinsatz dar. Weitere Maßnahmen und Entscheidungen lassen sich aus typischen Varianten, wie der Projektplan aussehen kann, ableiten.

5.6 Zwischenfazit: Detaillierung der Methodik

In diesem Kapitel wurde die in Kapitel 4 vorgestellte Methodik ausgearbeitet und die einzelnen Methodenschritte im Detail beschrieben. Die übergeordnete Zielstellung der Methodik ist es, die Zielerreichung in mehreren parallelen Entwicklungsprojekten zu verbessern. Dazu wurde der Personalressourceneinsatz als zentraler Stellhebel identifiziert und mit Hilfe der erarbeiteten Methodik kann ein idealer Projektplan hinsichtlich der Ressourcenallokation sowie Maßnahmen und Entscheidungen für das Multiprojektmanagement abgeleitet werden, wodurch das übergeordnete Ziel adressiert wird. Der erste Schritt der Methodik sieht vor die relevanten Zieldimensionen von Entwicklungsprojekten zu beschreiben und in eine Funktion zu überführen, sodass die Zielerreichung mit Hilfe von Optimierungsverfahren verbessert werden kann. Dabei wurden insbesondere die Dimensionen Zeit und Kosten berücksichtig. Indem die zeitliche Dimension durch Verzögerungskosten ebenfalls in die Dimension Kosten überführt werden konnte, ergibt sich eine einheitliche Zielfunktion. Die folgenden beiden Schritte der Methodik befassen sich mit der Beschreibung der Personalressourcen sowie der Projekte und ihrer Aktivitäten. Die Personalressourcen werden durch Kompetenzen und verschiedene Leistungsniveaus in diesen Kompetenzen charakterisiert, wodurch individuelle Kompetenzprofile entstehen. Die Projektaktivitäten werden mit Hilfe von Eigenschaften und verschiedenen Eigenschaftsausprägungen beschrieben. Dabei wurden nur Eigenschaften berücksichtigt, die einen direkten Einfluss auf die Kompetenzen haben, die zur Durchführung dieser Aktivität notwendig sind. Im vierten Schritt wurden schließlich die Wirkzusammenhänge zwischen den Ressourcen mit ihren individuellen Kompetenzprofilen und den Projektaktivitäten mit ihren individuellen Eigenschaften ermittelt. Zur Vereinfachung der Ermittlung der Zusammenhänge wurden die Projektaktivitäten in Cluster mit Aktivitäten ähnlicher Eigenschaften zusammengefasst. Anschließend wurde eine Methode vorgestellt, wie zunächst der Wirkzusammenhang zwischen Kompetenz und Aktivitätencluster ermittelt werden kann und anschließend eine darauf aufbauende Berechnungsvorschrift abgeleitet, die die Berechnung einer individuellen Bearbeitungsdauer für eine Aktivität, in Abhängigkeit der zugewiesenen Ressource und ihrer Kompetenzen, ermöglicht. Im abschließenden Schritt wurde die Zielfunktion mit den Zusammenhängen zwischen Ressource und Aktivität sowie weitren Nebenbedingungen in ein Optimierungsproblem überführt. Die Lösung des Optimierungsproblems erlaubt die Ableitung eines idealen Projektplans sowie weitere Maßnahmen für das Multiprojektmanagement.

Damit ist der dritte Schritt im Rahmen der Forschungsmethodik, die Entwicklung eines Artefakts erfolgreich abgeschlossen. Das Artefakt ist die Methodik zur Entscheidungsunterstützung des Personalressourceneinsatzes in Multiprojektumgebungen mit Hilfe von Optimierungsverfahren zur Verbesserung der globalen Projektzielerreichung.

6 Validierung und kritische Reflexion

In diesem Kapitel erfolgen die Schritte, die in der Forschungsmethodik mit Demonstration und Evaluation beschrieben sind. Demonstration bedeutet, dass das entwickelte Artefakt, also die in Kapitel 5 beschriebene Methodik, zunächst an einem realen Anwendungsfall erprobt wird. Das Anwendungsbeispiel stammt dabei aus den Erfahrungen, die der Autor der Arbeit im Rahmen wissenschaftlicher und praktischer Tätigkeiten gesammelt hat. Der praktische Anwendungsfall wurde anonymisiert und an einigen Stellen etwas angepasst zur Abbildung eines repräsentativen Anwendungsfalls für die vorliegende Arbeit. Nach der Demonstration im Anwendungsfall erfolgt die Evaluation, in welcher die Anwendung des Artefaktes bewertet wird. Für eine objektive Bewertung werden in diesem Schritt weitere Expert*innen aus der Industrie hinzugezogen, die die Anwendung des Artefakts am zuvor genannten Beispiel bewerten und kritisch reflektieren. Die kritische Reflexion dient dabei einerseits der Validierung der vorgestellten Methodik und andererseits der Ableitung weiterer Forschungs- und Entwicklungsbedarfe, welche im abschließenden Kapitel 7 näher erläutert werden.

6.1 Ausgangssituation Fallbeispiel

Die Demonstration der Methodik erfolgt an einem Beispiel der Rennsport AG. Die Rennsport AG ist ein Unternehmen, welches Rennfahrzeuge entwickelt und mit diesen an Motorsport-Wettbewerben teilnimmt. Die Entwicklungsabteilung der Rennsport AG besteht aus 20 hochmotivierten jungen Ingenieur*innen mit unterschiedlichem fachlichem Hintergrund. Das Entwicklungsteam muss jede Saison eine neue Fahrzeuggeneration entwickeln, um mit dieser an den Rennen der neuen Saison teilzunehmen. Zur erfolgreichen Umsetzung einer neuen Fahrzeuggeneration sind verschiedene Projekte notwendig, die von der Erarbeitung des Gesamtfahrzeugkonzepts bis zur Auslegung von Aerodynamik-Bauteilen reichen. Die Saison startet im Mai und geht bis Dezember, in dieser Zeit finden Wettbewerbe in regelmäßigen Abständen statt. Einnahmen erzielt die Rennsport AG durch Platzierungsprämien in den Wettbewerben und Sponsoreneinnahmen, die zum Teil ebenfalls an ein erfolgreiches Abschneiden in den Wettbewerben gekoppelt sind.

Eine große Herausforderung im Entwicklungsteam ist die Verteilung der Projekte und Aufgaben auf die 20 Entwickler*innen. Die meisten Projekte müssen bis zum Saisonstart abgeschlossen sein, wodurch sehr viele Projekte und Aufgaben parallel bearbeitet werden müssen. Aktuell sind 21 Projekte zu bearbeiten. Nach dem Start der Saison im Mai muss sich ein Teil der Entwicklung bereits um die neue Fahrzeuggeneration für die kommende Saison kümmern, während der Rest bei der Durchführung der Wettbewerbe unterstützt und die Betreuung des aktuellen Fahrzeugs übernimmt. Dementsprechend sind die meisten Projekte mit einem Abschluss im Mai eingeplant. Alle Entwickler*innen zeichnen sich durch ein individuelles Kompetenzprofil aus, wodurch der Einsatz dieser die Durchführung der jeweiligen Projekte maßgeblich beeinflusst.

In der aktuellen Planung der Rennsport AG nach der kritischen Pfad Methode wurde nur berücksichtigt, mit wie viel Arbeitszeit die einzelnen Aktivitäten in den Projekten abgeschätzt wurden und in welcher Beziehung diese zueinanderstehen (z.B. Vorgänger). Nach dieser Planung wird aktuell in drei wichtigen Projekten die Deadline um 2, 9 bzw. 14 Wochen überschritten. Das Gefühl des Projektmanagements ist jedoch, dass es einige Aktivitäten gibt, die man mit den richtigen Leuten schneller durchführen könnte, um die Projekte vielleicht doch noch innerhalb der Deadline abzuschließen. Unklar ist dabei aber, ob die entsprechenden Personen aus ihren bisherigen Projekten einfach abgezogen werden können ohne dieses Projekt dann zu verzögern.

Die in dieser Arbeit vorgeschlagene Methodik bietet daher das richtige Werkzeug, dem Entwicklungsteam der Rennsport AG eine Entscheidungsunterstützung für die Ressourcenallokation in einer Multiprojektumgebung zu bieten.

6.2 Anwendung der Methodik im Fallbeispiel

Im Folgenden werden die notwendigen Schritte zur Anwendung der Methodik beschrieben. Dies dient einerseits zur Demonstration der erarbeiteten Methodik und kann andererseits als Leitfaden für die Anwendung in der Praxis dienen.

6.2.1 Aufnahme des Projektportfolios

Zunächst werden die bestehenden Projekte mit ihren Aktivitäten und weiteren Eigenschaften aufgenommen. Wie bereits erwähnt, sieht sich die Rennsport AG 21 anstehenden Projekten für das kommende Jahr gegenüber. Für jedes Projekt ist eine Deadline fixiert und die Aufgabenstellung der Projekte ist in konkrete Aktivitäten heruntergebrochen. Ein Projekt umfasst dabei zwischen einer und 14 Aktivitäten. Neben der Deadline und den Aktivitäten jedes Projektes müssen die Verzögerungskosten jedes Projektes ermittelt werden.

Für drei der Projekte existieren Fixkostensprünge bei Überschreiten der Deadline. Die beiden Projekte *Unterboden Vorentwicklung* und *Heckflügel Vorentwicklung* bereiten das jeweilige Aerodynamik-Bauteil auf einen Test im Windkanal vor. Die Termine für den Windkanal sind dabei bereits seit geraumer Zeit fixiert und die Kosten dafür werden von einem Sponsor übernommen. Wenn in einem der Projekte die definierte Deadline nicht eingehalten wird, kann der gesponserte Windkanal-Termin nicht wahrgenommen werden. Aus technischen Gründen ist auf einen Test im Windkanal aber nicht zu verzichten, wodurch ein neuer Termin gebucht werden müsste und aus den Mitteln der Rennsport AG bezahlt werden müsste. Ähnlich verhält es sich mit dem Projekt *Fahrwerkskinematik*, welches darin endet einen Versuchsträger auf einem Fahrdynamikprüfstand, dem sogenannten Seven Post Shaker Rig, zu testen. Auch hier würden Extrakosten für einen neuen Termin anfallen, sollte sich das Projekt verzögern.

Zur Berechnung der kontinuierlichen Verzögerungskosten müssen die Auswirkungen eines verzögerten Projektes betrachtet werden. Verspätet sich eines der Entwicklungsprojekte steht ein Teilumfang des Rennfahrzeugs nicht zu Saisonbeginn zur Verfügung. Dadurch ist die Performance des Fahrzeugs schlechter und die Wahrscheinlichkeit gute Platzierungen und damit Platzierungs- und Sponsorenprämien einzufahren niedriger. Mit Hilfe eines Rundenzeitsimulationsprogramms kann die Auswirkung veränderter Parameter des Fahrzeugs, also beispielsweise die Nutzung einer bestehenden, schlechteren Lösung bis die Neuentwicklung zur Verfügung steht, auf die Rundenzeit und damit das wahrscheinliche Abschneiden im Wettbewerb berechnet werden. Die kontinuierlichen Verzögerungskosten umfassen also den Betrag, der pro Wettbewerb an Prämien verloren geht auf Basis einer verschlechterten Fahrzeugperformance. Der entsprechende Zusammenhang ist in Abbildung 6-1 visualisiert.

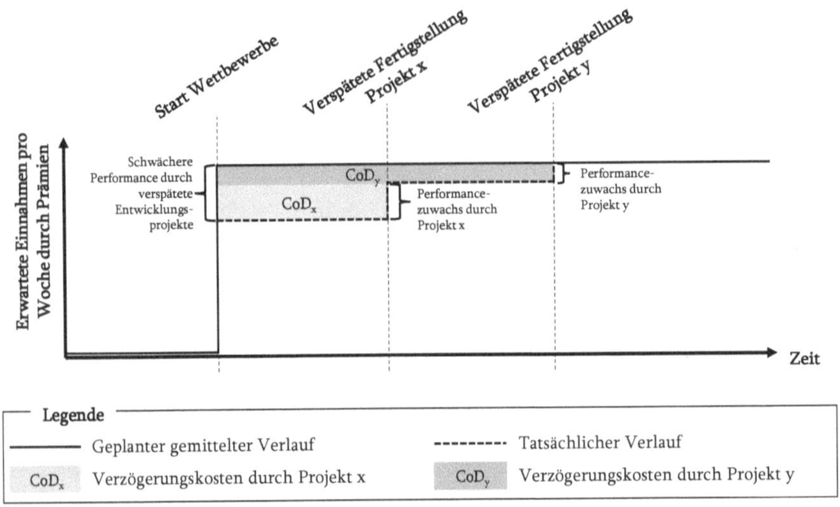

Abbildung 6-1 Berechnung der Verzögerungskosten im Anwendungsbeispiel

Damit sind alle relevanten Informationen der Projekte zusammengetragen und in Tabelle 6-1 zusammengefasst. Die Projekte deren Deadlines nach aktueller Planung nicht eingehalten werden, sind mit einem „!“ markiert.

Tabelle 6-1 Betrachtete Projekte im Anwendungsbeispiel

ID	Projekt	Deadline [KW]	Anzahl Akt.	Fertig in KW laut krit. Pfad	Fixe CoD	Laufende CoD
1	Unterboden Vorentwicklung	14	6	11	2,5Mio €	200T €
2	Heckflügel Vorentwicklung	14	6	9	2,5Mio €	200T €
3	Unterbodenkonstruktion	23	5	18	-	200T €
4	Heckflügelkonstruktion	23	5	15	-	100T €
5	Kühlsystem	23	8	14	-	50T €
6	Torque Vecturing	23	4	16	-	300T €
7	Fahrwerkskinematik	14	5	12	1,0Mio €	300T €
8	Lenkung	23	7	25 !	-	50T €
9	Fahrwerkskonstruktion	19	10	33 !	-	300T €
10	Betriebsstrategie	32	4	18	-	200T €
11	Antriebsstrang	19	14	28 !	-	250T €
12	Fahrzeugsetup Mai	23	1	17	-	100T €

13	Fahrzeugsetup Jun	27	1	21	-	100T €
14	Fahrzeugsetup Jul	32	1	24	-	100T €
15	Fahrzeugsetup Aug	36	1	27	-	100T €
16	Fahrzeugsetup Sep	40	1	30	-	100T €
17	Fahrzeugsetup Okt	46	1	33	-	100T €
18	Fahrzeugsetup Nov	50	1	36	-	100T €
19	Außenhaut	23	7	19	-	200T €
20	Telematik	19	4	10	-	200T €
21	Fahrzeugkonzept Folgesaison	53	6	25	-	800T €

Nachdem alle Projekte beschrieben sind, folgt im nächsten Schritt die Beschreibung der Aktivitäten der jeweiligen Projekte. Insgesamt umfassen die 21 Projekte 98 Aktivitäten. Ein Ausschnitt der Informationen, die zu jeder Aktivität aufgenommen werden, ist in Tabelle 6-2 zu sehen, die vollständige Liste in Anhang A.7. Neben der Zugehörigkeit zu einem Projekt, sind Informationen über die erwartete Bearbeitungsdauer in Arbeitstagen nach der PERT (t_{opt}, t_{real} und t_{pess}, siehe Kapitel 5.4.4), Vorgänger-Aktivitäten sowie die Zugehörigkeit zu einem Aktivitäten-Cluster enthalten.

Tabelle 6-2 Ausschnitt der Projektaktivitäten im Anwendungsbeispiel

ID	Aktivität	Projekt ID	t_{opt}	t_{real}	t_{pess}	Vorgänger ID	Cluster ID
37	Optimieren der Fahrwerks-Kenngrößen	7	5	15	45	36	7
38	Ableiten einer Kinematik zur Realisierung der Kenngrößen	7	5	15	45	36	12
39	Lastfälle simulieren und Fahrwerkskräfte ermitteln	7	9	25	75	38	7
…	…	…	…	…	…	…	…
48	Feder-Dämpfer-System konzipieren	9	8	15	38	38	12
49	Bremssystem konzipieren	9	8	20	68	38	6
50	Aufhängung konzipieren	9	8	20	68	38	6

Zur Ermittlung des Aktivitäten-Clusters erfolgt zunächst die Beschreibung der Aktivitäten mit Hilfe von Eigenschaften und Ausprägungen. Die Eigenschaften, die zur Beschreibung der Aktivitäten genutzt werden, orientieren sich an den vorgeschlagenen Eigenschaften aus Kapitel 5.3.2. Einige Eigenschaften wurden dabei entfernt, adaptiert oder ergänzt. So wurde beispielsweise die Eigenschaften *Neuartigkeit* und *Intern/Extern ausgerichtet* entfernt, da eine Entwicklungsabteilung im Motorsport sich tendenziell immer mit neuartigen Technologien beschäftigt und die Aktivitäten alle intern ausgerichtet sind, da es keine Kunden im eigentlichen Sinne gibt. Die Eigenschaften *Methodeneinsatz* und *Phase des PEP* wurden um einzelne Ausprägungen bereinigt. Hinzugekommen sind die Eigenschaften der *fachlichen Tiefe Aerodynamik* und der *fachlichen Tiefe Fahrzeugdynamik* als zwei zentrale Wissensbereiche im Motorsport. Die genutzten Eigenschaften und Ausprägungen zur Beschreibung der Aktivitäten im Anwendungsbeispiel sind in Abbildung 6-2 dargestellt. Die Skala für die Überführung der Eigenschaftsausprägungen in Vektoren, als erster Schritt des Cluster-Verfahrens ist ebenfalls dargestellt.

Dimension	Eigenschaft	Ausprägung 1	Ausprägung 2	Ausprägung 3	Ausprägung 4	Wert 1	Wert 2	Wert 3	Wert 4
Ausführungs-dimension	Methoden-einsatz	Kreation	Synthese	Auswahl	Analyse	0	0,1	0,2	0,5
Ausführungs-dimension	Abweichung zur Vorsaison	Identisch	Minimale Abweichungen	Große Abweichungen	Komplett neu	0	0,1	0,2	0,5
Ausführungs-dimension	Inter-dependenzen	Unabhängig	Einzelne Abhängigkeiten	Viele Abhängigkeiten	Unübersichtliche Abhängigkeiten	0	0,1	0,2	0,4
Kon. dim.	Phase des PEP	Frühe Planung	Konzeptentwicklung	Detaillierungsphase		0	0,2	0,4	
Inhaltsdimension	Fachliche Tiefe Elektronik	Nicht notwendig	Geringer Tiefgang	Mittlerer Tiefgang	Großer Tiefgang	0	0,3	0,8	1
Inhaltsdimension	Fachliche Tiefe Informatik	Nicht notwendig	Geringer Tiefgang	Mittlerer Tiefgang	Großer Tiefgang	0	0,3	0,8	1
Inhaltsdimension	Fachliche Tiefe Mechanik	Nicht notwendig	Geringer Tiefgang	Mittlerer Tiefgang	Großer Tiefgang	0	0,2	0,6	0,8
Inhaltsdimension	Fachliche Tiefe Aerodynamik	Nicht notwendig	Geringer Tiefgang	Mittlerer Tiefgang	Großer Tiefgang	0	0,2	0,5	0,7
Inhaltsdimension	Fachliche Tiefe Fahrzeugdyn.	Nicht notwendig	Geringer Tiefgang	Mittlerer Tiefgang	Großer Tiefgang	0	0,3	0,7	0,9

Abbildung 6-2 Relevante Eigenschaften von Aktivitäten im Anwendungsbeispiel

Mit Hilfe des in Kapitel 5.4.1 beschriebenen Cluster-Verfahrens werden anschließend die relevanten Cluster für die Aktivitäten im Anwendungsbeispiel erstellt. Die Anzahl von 13 Clustern wurde mit Hilfe des ebenfalls bereits in Kapitel 5.4.1 beschriebenen Dendrogramms festgelegt. Das Dendrogramm ist in Abbildung 6-3 zu sehen.

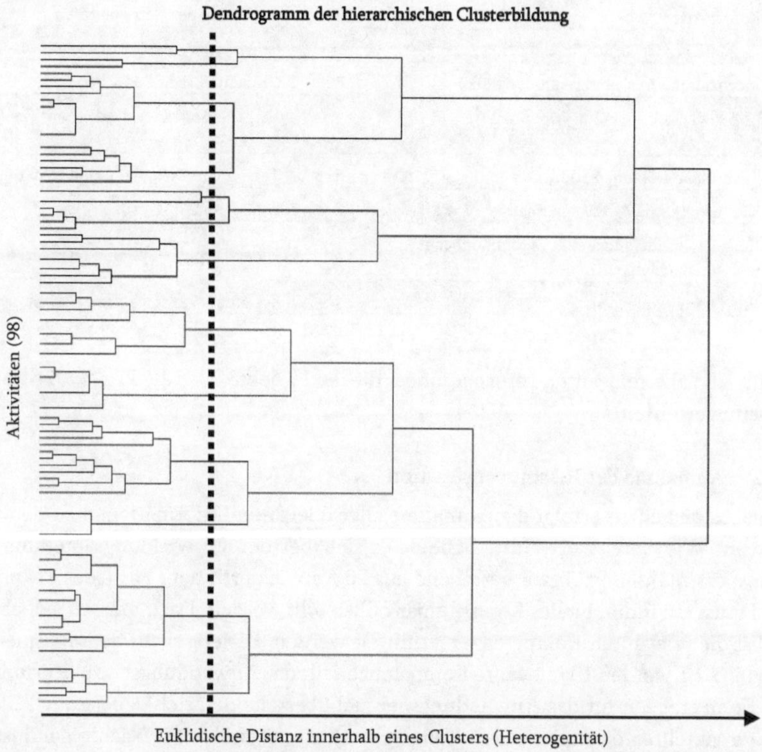

Abbildung 6-3 Dendrogramm der Aktivitäten-Cluster im Anwendungsbeispiel

Ein Auszug des Ergebnisses des Cluster-Verfahrens mit der Benennung der Cluster und der Anzahl der Aktivitäten in jedem Cluster ist in Tabelle 6-3 zu sehen.

Tabelle 6-3 Aktivitäten-Cluster im Anwendungsbeispiel

ID	Cluster	Anzahl Aktivitäten	Beispielaktivität
1	Regelungssystem entwickeln	3	Motorenansteuerung entwickeln
2	Strömungstechnische Auslegung Aerodynamik	11	Strömungssimulation durchführen
3	Auslegung Elektronik	8	Batterieauswahl treffen
4	Gesamtfahrzeugkonzept entwickeln	2	Folgesaisonkonzept Gesamtfahrzeug
5	Festlegung von Anforderungen und Konzepten physischer Bauteile	12	Festlegung Kühlsystem Topologie

6	Konstruktion	17	Auslegung der Getriebestufen
7	Gesamtfahrzeugverhalten analysieren	11	Fahrzeugsetup
8	Mechanische Auslegung Aerodynamik	8	Grobentwurf Außenhaut
9	Absicherung der mechanischen Bauteile	7	Festigkeitsberechnung der Fahrwerks-bauteile
10	Technische Dokumentation	5	Technische Dokumentation Heckflügel
11	Vorentwicklung Fahrzeugverhalten	2	Folgesaisonkonzept Aerodynamik
12	Konzeptentscheidungen im Zusammenhang mit Fahrzeugdynamik	6	Feder-Dämpfer-System konzipieren
13	Programmieraufgaben	4	Systemintegration Telematiksensoren

Damit sind alle relevanten Informationen, die die Projekte oder die Projektaktivitäten betreffen ermittelt.

6.2.2 Aufnahme der Ressourcensituation

Im nächsten Schritt erfolgt die Aufnahme aller relevanten Informationen zu den Ressourcen. Wie bereits erwähnt, handelt es sich bei der Entwicklungsabteilung der Rennsport AG um ein Team bestehend aus 20 Entwickler*innen. Für jedes Teammitglied muss ein individuelles Kompetenzprofil erstellt werden. Dazu müssen jedoch zunächst die relevanten Kompetenzen ermittelt werden. Basierend auf dem Beispiel aus Kapitel 5.2.1 werden 13 relevante Kompetenzen für das Anwendungsbeispiel ermittelt. Die Kompetenzen für das Anwendungsbeispiel überscheiden sich dabei zum Teil mit den vorgestellten exemplarischen Kompetenzen aus Kapitel 5.2.1. Nachfolgend ist die Liste der relevanten Kompetenzen für das Anwendungsbeispiel mit der Information, ob es sich um eine neue Kompetenz handelt oder ob diese bereits in den Kompetenzen aus Kapitel 5.2.1 enthalten war:

- *Analytischen Denken (übernommen)*
- *Kreatives Denken (übernommen)*
- *Ganzheitliches Denken (übernommen)*
- *Methodisches Vorgehen (neu)*
- *Zeitmanagement (übernommen)*
- *Technisches Konzipieren (übernommen)*
- *Konstruieren (angepasst)*
- *Technische Simulation (neu)*

- *Auslegung elektrischer Hardware (neu)*
- *Programmieren (übernommen)*
- *Auslegung Aerodynamik (neu)*
- *Teamfähigkeit (übernommen)*
- *Kommunikationsfähigkeit (übernommen)*

Für diese Kompetenzen werden anschließend Leistungsniveaus mit Hilfe von Wissens- und Fertigkeitselementen definiert und in einem Kompetenzsteckbrief zusammengefasst. Abbildung 6-4 zeigt den Kompetenzsteckbrief für die Kompetenz Konstruieren, die Kompetenzsteckbriefe der weiteren Kompetenzen, welche nicht aus Anhang A.2 übernommen wurden, sind im Anhang A.8 zu finden.

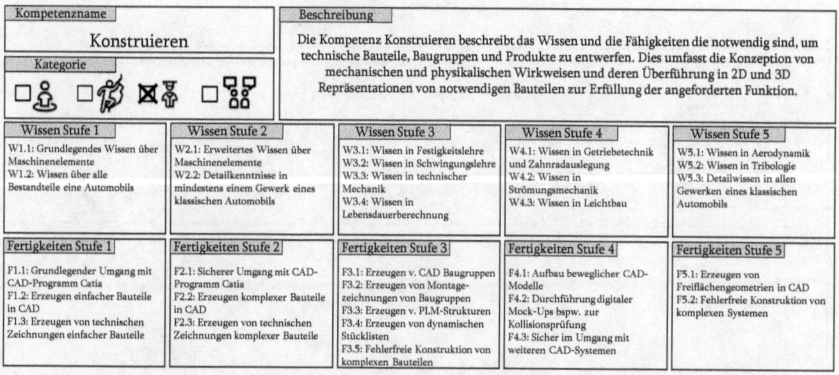

Abbildung 6-4 Beispielhafter Kompetenzsteckbrief im Anwendungsbeispiel

Mit Hilfe der Kompetenzsteckbriefe können anschließend, wie in Kapitel 5.2.2 beschrieben, die individuellen Kompetenzprofile der Entwickler*innen ermittelt werden. Das Ergebnis ist in Abbildung 6-5 dargestellt und umfasst ein Netzdiagramm für jede*n Entwickler*in des 20-köpfigen Entwicklungsteams der Rennsport AG.

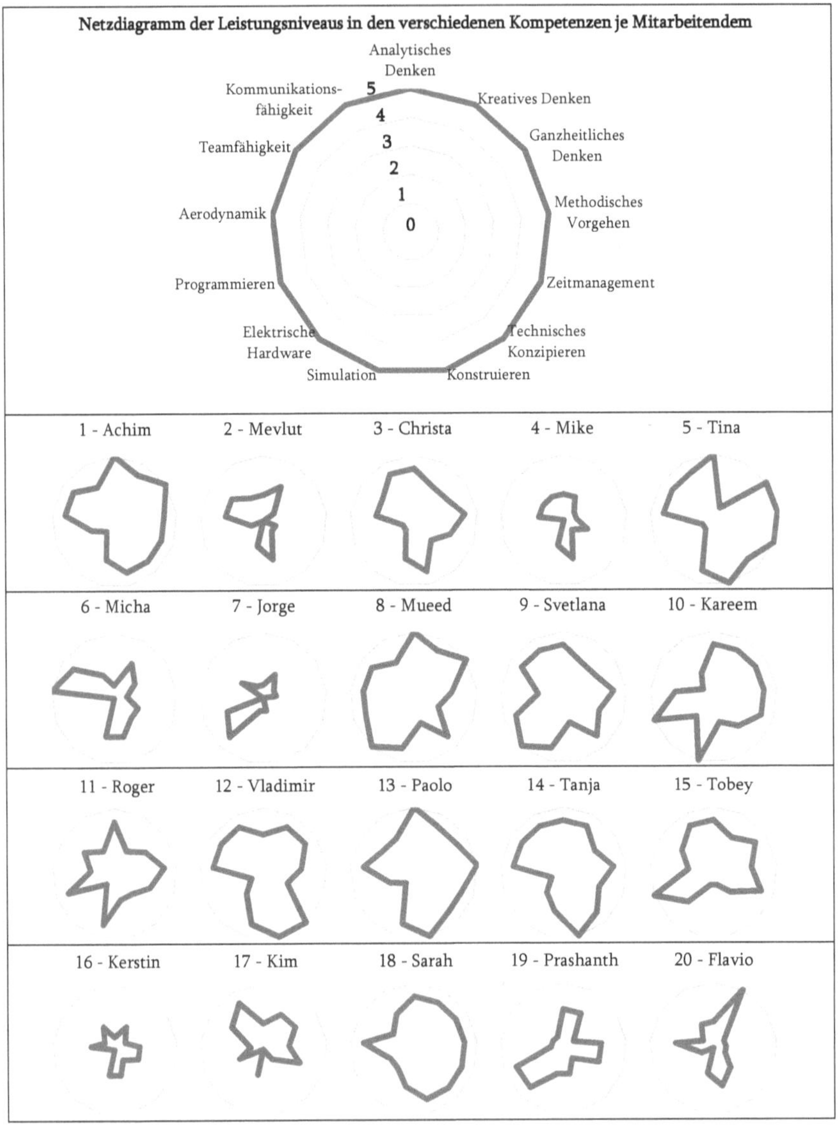

Abbildung 6-5 Individuelle Kompetenzprofile im Anwendungsbeispiel

Neben den individuellen Kompetenzprofilen werden noch die Informationen über Ressourcenverfügbarkeit und die Ressourcenkosten benötigt. Hierbei handelt es sich in der Rennsport AG um einen Sonderfall, da alle Entwickler*innen zu 100% an ihrer Entwicklungsaufgabe in ihren aktuellen Projekten arbeiten können. Außerdem gibt es in der Rennsport AG keine Linientätigkeiten, sodass der Ressourcenverbrauch im Projekt nicht mit den Ressourcenkosten korreliert. Die Ressourcenkosten sind stattdessen konstant und nicht benötigte Ressourcen für Entwicklungstätigkeiten kümmern sich um die Betreuung der aktuellen Rennfahrzeuge. Das bedeutet auch, dass in der Zielfunktion der Term zur Berechnung der Ressourcenkosten entfallen kann.

6.2.3 Aufnahme von Wirkzusammenhängen zwischen Kompetenzen und Aktivitäten

Im letzten Schritt vor der Optimierung müssen die Zusammenhänge zwischen den Kompetenzen und den Aktivitäten-Clustern bestimmt werden (siehe Kapitel 5.4.3). Mit Hilfe dieser Zusammenhänge kann dann eine individuelle Bearbeitungsdauer der Aktivitäten in Abhängigkeit der zugewiesenen Ressource berechnet werden (siehe Kapitel 5.4.4).

Zur Ermittlung der Zusammenhänge wird die in der Arbeit vorgeschlagene Methode der qualifizierenden und disqualifizierenden Befragung genutzt. Außerdem werden Gewichtungsfaktoren für die einzelnen Kompetenzen erhoben. Die Befragung erfolgt für jedes Aktivitäten-Cluster separat. Ein Beispiel ist in Abbildung 6-6 zu sehen, die vollständigen Zusammenhänge werden in Anhang A.9 vorgestellt.

Für das Cluster *Absicherung der mechanischen Bauteile* wurde dabei festgelegt, dass die Kompetenz *technische Simulation* auf Niveau 4 eine Grundvoraussetzung zur Bearbeitung der Aktivitäten dieses Cluster ist. Der Grund dafür ist, dass mit der Absicherung der Bauteile, beispielsweise der Festigkeitsberechnung, sichergestellt wird, dass das entwickelte Fahrzeug für Fahrer*innen, Crew-Mitglieder und das Publikum den höchsten Sicherheitsstandards entspricht und ein technisches Versagen ausgeschlossen werden kann. Die Kompetenz *Konstruieren* kann sich als hilfreich erweisen, da viele Wissenselemente dieser Kompetenz dabei helfen, die Simulations- und Berechnungsergebnisse zu plausibilisieren oder schnelle Überschlagsrechnungen anstellen zu können. Dementsprechend kann sie die Bearbeitungsdauer verkürzen, wenn sie hoch ausgeprägt ist, ist gleichzeitig aber nicht zwingend notwendig, da bei einem streng methodischen Vorgehen auch ohne dieses Wissen entsprechende Berechnungen und Simulationen möglich sind, daher wirkt sich die Abwesenheit dieser Kompetenz nicht negativ auf die Bearbeitungsdauer aus.

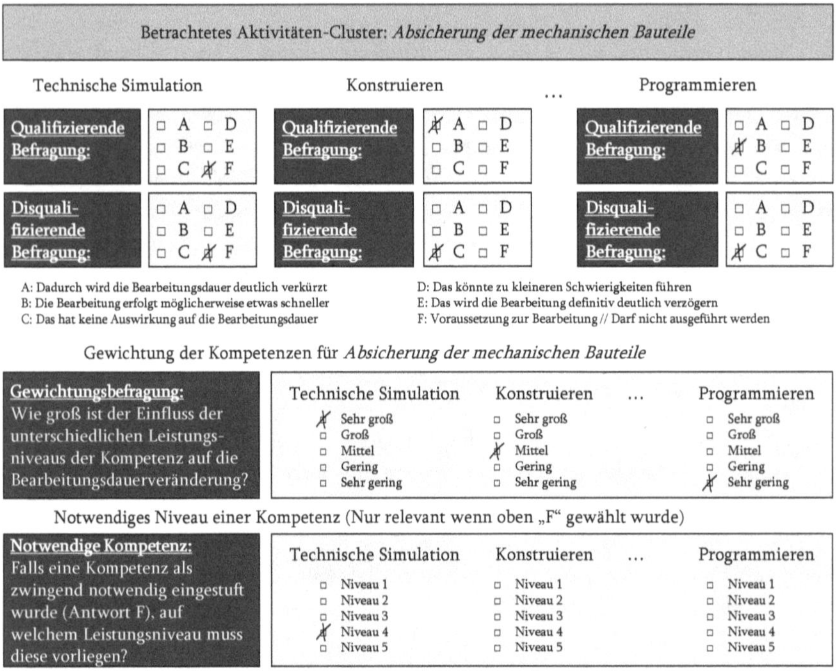

Abbildung 6-6 Bewertung des Zusammenhangs zwischen Kompetenzen und Aktivitäten-Cluster im Anwendungsbeispiel

Mit Hilfe der so ermittelten Zusammenhänge und der bereits aufgenommenen Bearbeitungsdauerschätzungen nach der PERT, kann im nächsten Schritt eine individuelle Bearbeitungsdauer für jede Kombination von Aktivität und Ressource berechnet werden. Das genaue Vorgehen dazu ist in Kapitel 5.4.4 beschrieben, ein Ergebnisauszug ist in Tabelle 6-4 zu sehen und die vollständigen Ergebnisse befinden sich in Anhang A.10.

Tabelle 6-4 Auszug aus den individuellen Bearbeitungsdauern jeder Aktivität in Kombination mit jeder Ressource im Anwendungsbeispiel

Ressource/ Aktivität	Simulation des thermischen Systems	Konstruktion mechanischer Bauteile des Kühlsystems	Programmierung der Regelung des Kühlsystems
Mike	8 AW	4 AW	6 AW
Tina	5 AW	2 AW	5 AW
Micha	5 AW	4 AW	6 AW

Zu beachten ist hierbei, dass die Bearbeitungsdauern direkt von Arbeitstagen in Arbeitswochen umgerechnet und immer auf die nächste Ganzzahl gerundet wurden. Dies ist eine Maßnahme zur Reduktion des Rechenaufwandes in der folgenden Optimierung, da weniger Zeiteinheiten betrachtet werden müssen (251 Arbeitstage gegenüber 53 Arbeitswochen im Jahr).

Die Berechnung der individuellen Bearbeitungsdauern ist der letzte Schritt zur Vorbereitung der Optimierung und der Ableitung der Ressourcenallokation und des Projektplans.

6.2.4 Ableitung von Entscheidungen und Maßnahmen

Zur Ableitung von Handlungsempfehlungen muss zunächst das Optimierungsproblem aufgestellt und gelöst werden. Hierzu werden die in Kapitel 5.5.2 beschriebenen Nebenbedingungen und die Zielfunktion genutzt. Als relevante Parameter wurden die Zeiteinheit als Arbeitswochen definiert, der Abstand der Synchronisationspunkte auf 12 Wochen festgelegt, Aktivitäten die in Vorgänger- und Nachfolgerbeziehung stehen haben eine Zeiteinheit Puffer zueinander und die maximale Anzahl an Projekten, in denen eine Ressource mitwirken kann, wurde auf fünf begrenzt. Die wichtigsten Daten zur aufgestellten Instanz des Optimierungsproblems sind nachfolgend gelistet:

- *Anzahl Projekte: 21*
- *Anzahl Ressourcen: 20*
- *Anzahl Aktivitäten: 98*
- *Anzahl Zielfunktionen: 1*
- *Anzahl Nebenbedingungen: 245.265*
- *Anzahl Variablen: 239.301*
- *Berechnungsdauer: 65 Sekunden*
- *Abbruchkriterium: Optimale Lösung berechnet*
- *Wert der Zielfunktion für die optimale Lösung: 1.500.000 €*

Wie zu erkennen ist, konnte das Optimierungsproblem gelöst werden und die Gesamtverzögerungskosten liegen bei 1,5 Millionen €. Damit ist diese Lösung deutlich besser als die zu Beginn beschriebene bisherige Planung der Rennsport AG mit Hilfe der kritischen Pfad Methode, welche mit den drei verzögerten Projekten auf einen Betrag von 6,55 Millionen € Verzögerungskosten gekommen ist. Zur besseren Interpretierbarkeit der Lösung des Optimierungsproblems wird die Entscheidungsvariable über den Start einer Aktivität a zum Zeitpunkt t durch Ressource r $x_{a,r,t}$ in Kombination mit den individuellen Bearbeitungsdauern einer Ressource r für eine Aktivität a $tA_{r,a}$ genutzt, um einen Projektplan im gängigen Gantt-Chart-Format aufzubereiten (siehe Abbildung 6-7).

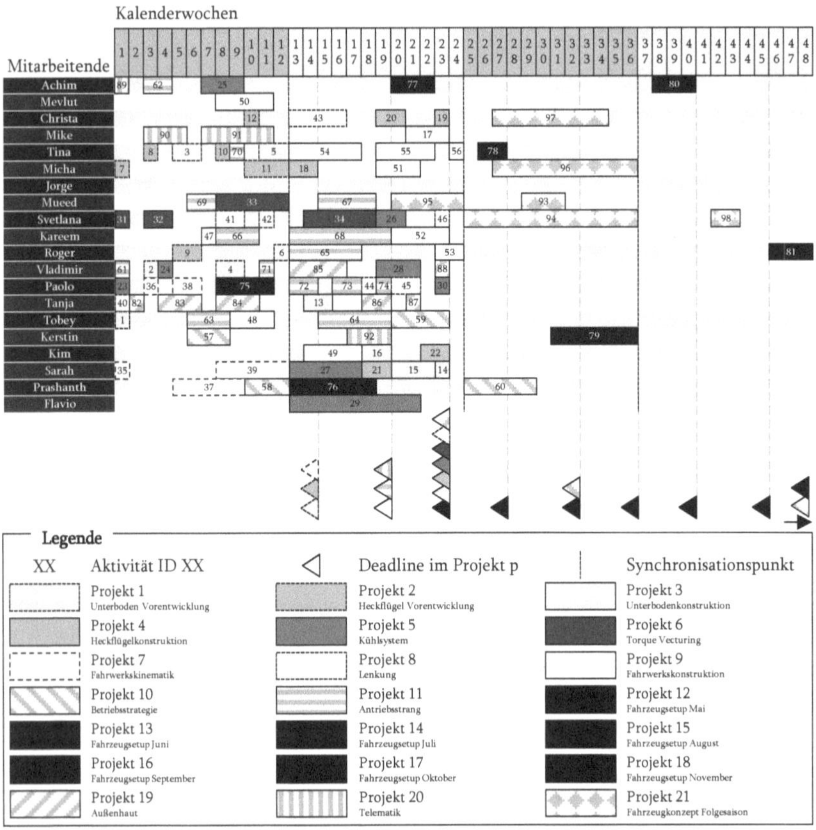

Abbildung 6-7 Projektplan als Ergebnis der Optimierung im Anwendungsbeispiel

Im Projektplan ist sofort ersichtlich, durch welches Projekt die 1,5 Mio. € Verzögerungskosten entstehen. Es ist zu sehen, dass Aktivität 52 und 53 von *Kareem* und *Roger* nach der Deadline für das zugehörige Projekt 9 *Fahrwerkskonstruktion* durchgeführt werden. Erst mit dem Abschluss von Aktivität 53 in KW 24 ist das Projekt beendet und damit 5 Wochen nach eigentlicher Deadline. Mit einem Verzögerungskostensatz von 300.000 € pro Woche Verzögerung ergeben sich die 1,5 Mio. € Gesamtergebnis. Alle anderen Projekte werden in der vorgesehenen Deadline bearbeitet. Der in der Optimierung entstandene Projektplan ist die Basis für die Entscheidungsunterstützung, indem er eine Ressourcenallokation der Entwickler*innen auf die Projekte und Aktivitäten empfiehlt und zudem die Reihenfolge, in welcher die entsprechenden Aktivitäten bearbeitet werden sollten, damit unter Berücksichtigung der Vorgänger- und Nachfolgerbeziehungen die entsprechenden Projektdeadlines eingehalten werden können.

Durch die Interpretation des Projektplan lassen sich einige weitere Maßnahmen ableiten. Es ist zu sehen, dass einige Entwickler (*Mevlut*, *Jorge* und *Flavio*) nur eine oder gar keine Aktivität durchführen. Das bedeutet, dass diese Entwickler Kompetenzprofile aufweisen, welche nicht gut zu den Entwicklungsprojekten der Rennsport AG passen. Es könnte daher ratsam sein diese Entwickler in eine andere Abteilung zu transferieren, wo ihre Stärken besser zum Tragen kommen oder ihre verfügbare Zeit in ihre Weiterbildung investieren. Bei der Betrachtung der Teammitglieder, die eine hohe Auslastung aufweisen (siehe Abbildung 6-8) und viele verschiedene Aktivitäten durchführen (z.B. *Tina*, *Vladimir*, *Paolo* oder *Tanja*), kann ein Rückschluss auf hilfreiche Kompetenzprofile gezogen werden.

Abbildung 6-8 Auslastung des Entwicklungsteams im Anwendungsbeispiel

Es könnte daher aus einem Abgleich der hilfreichen Kompetenzprofile mit den Profilen der weniger genutzten Ressourcen im Sinne einer Gap-Analyse ein individueller Weiterbildungsplan erstellt werden. Durch die Definition der Wissens- und Fertigkeitselemente in den Kompetenzsteckbriefen ist zudem klar ersichtlich, welches Wissen vermittelt und welche Fertigkeiten gelehrt werden müssen.

Eine weitere Erkenntnis aus dem Projektplan ist, dass die Ressourcen in den ersten zwei Entwicklungstakten nur zu 48% ausgelastet sind. Das bedeutet, dass die Projektdeadline nicht aufgrund einer Überlastung verpasst wird, sondern aufgrund eines kritischen Pfades innerhalb der Abfolge der Aktivitäten (35-36-38-50-54-55-56). Eine mögliche Maßnahme könnte daher sein, wo sinnvoll, die Aktivitäten in kleinere Arbeitspakete aufzuteilen und durch die stärkere Fragmentierung eine bessere Verteilung auf mehrere Ressourcen zu ermöglichen. Eine andere Möglichkeit wäre auf die Puffer zwischen aufeinander aufbauenden Aktivitäten zu verzichten.

Aufgrund der moderaten Auslastung wäre zudem eine Verkleinerung des Entwicklungsteams denkbar. Prinzipiell ist es jedoch zu vermeiden, eine Auslastung oberhalb der 70-80% zu erreichen, da bei einer vollen Auslastung jede kleinste Störung des Systems zu großen Verzögerungen führt.

Eine weitere Beobachtung ist, dass es sehr viele Aktivitäten in der Größenordnung von 1 bis 3 Wochen Durchführungszeit gibt. Es könnte daher überlegt werden, ob eine präzisere Planung auf Tagesbasis und somit eine höhere Auflösung in der Planung sinnvoll sein könnte. Auch die Abstände der Synchronisationspunkte erscheinen zunächst groß, können jedoch nur angepasst werden, wenn auch die Aktivitäten mit großer Dauer aus Projekt 21 Fahrzeugkonzept Folgesaison in kleinere Aktivitäten zerlegt werden.

Die Entscheidungsempfehlungen und Maßnahmen für die Rennsport AG im Anwendungsbeispiel sind abschließend nochmals zusammengefasst:

- *Ressourcenallokation gemäß Projektplan in Abbildung 6-7*
- *Reihenfolge in der Bearbeitung der Aktivitäten gemäß Projektplan in Abbildung 6-7*
- *Weiterbildung von Mevlut, Jorge und Flavio*
- *Weiterbildungsplan für Mevlut, Jorge und Flavio aus der Gap-Analyse zu den Kompetenzprofilen von Tina, Vladimir, Paolo oder Tanja ableiten*
- *Aufteilen und Parallelisieren der Aktivitäten auf dem kritischen Pfad oder Entfall des Puffers im kritischen Pfad*
- *Entwicklungsteam verkleinern, um Auslastung auf ca. 70-80% zu heben*
- *Frequenz Synchronisationspunkte erhöhen und Aktivitäten mit hoher Dauer stärker fragmentieren*

Damit konnte erfolgreich demonstriert werden, wie die erarbeitete Methodik in der Praxis angewendet werden kann und welche Entscheidungsunterstützung daraus entsteht.

6.2.5 Erweiterung des Fallbeispiels

Zur vollständigen Validierung der Methodik wurde das vorliegende praktische Fallbeispiel erweitert, um den Ressourcenkostenaspekt der Zielfunktion ebenfalls zu berücksichtigen. Dazu benötigt es die Prämisse, dass die Rennsport AG eine enge Kooperation mit einem Serienfahrzeughersteller pflegt und nicht genutzte Personalressourcen an den Serienfahrzeughersteller verliehen werden können. Die entsprechenden Kostensätze zu denen die Ressourcen verliehen werden können sind in Tabelle 6-5 hinterlegt. Gleichzeitig wurde zur Demonstration einer angespannteren Ressourcensituation die Anzahl der Entwicklungsingenieur*innen auf von 20 auf 12 reduziert (siehe Tabelle 6-5).

Tabelle 6-5 In der Erweiterung des Fallbeispiels genutzte Ressourcenkosten

Name	Stufe	Tagessatz	Name	Stufe	Tagessatz
Achim	Senior Engineer	700 €	Jorge	Junior Engineer	500 €
Mevlut	Engineer	600 €	Mueed	Team Lead	800 €
Christa	Senior Engineer	700 €	Svetlana	Engineer	600 €
Mike	Engineer	600 €	Kareem	Engineer	600 €
Tina	Team Lead	800 €	Roger	Junior Engineer	500 €
Micha	Engineer	600 €	Vladimir	Senior Engineer	700 €

Zur Lösung des Optimierungsproblems werden die beschriebenen Kostensätze zur Berücksichtigung der Personalkosten in die Kostenberechnung mitaufgenommen. Arbeitet eine Ressource für die Rennsport AG wird ihr entsprechender Kostensatz berücksichtigt, arbeitet sie an keiner Aktivität für die Rennsport AG kann sie an den Serienfahrzeughersteller verliehen werden und verursacht keine Kosten.

Durch die Berücksichtigung der Ressourcenkosten verändert sich das Ergebnis des Optimierungsproblems wie folgt:

- *Anzahl Projekte: 21*
- *Anzahl Ressourcen: 12*
- *Anzahl Aktivitäten: 98*
- *Anzahl Zielfunktionen: 1*
- *Anzahl Nebenbedingungen: 149.569*
- *Anzahl Variablen: 144.093*
- *Berechnungsdauer: 368 Sekunden*
- *Abbruchkriterium: Optimale Lösung berechnet*

- *Wert der Zielfunktion für die optimale Lösung: 3.115.500 €*

Trotz der geringeren Anzahl an Variablen und Nebenbedingungen, durch die reduzierte Anzahl an Ressourcen, benötigt der Optimierungsalgorithmus deutlich länger zur Berechnung der Lösung. Dies lässt auf eine schwierigere Optimierungsaufgabe schließen. Das Ergebnis des erweiterten Fallbeispiels wurde mit Hilfe des gleichen Vorgehens wie bei Abbildung 6-7 in ein Gantt-Chart überführt und ist in Abbildung 6-9 dargestellt.

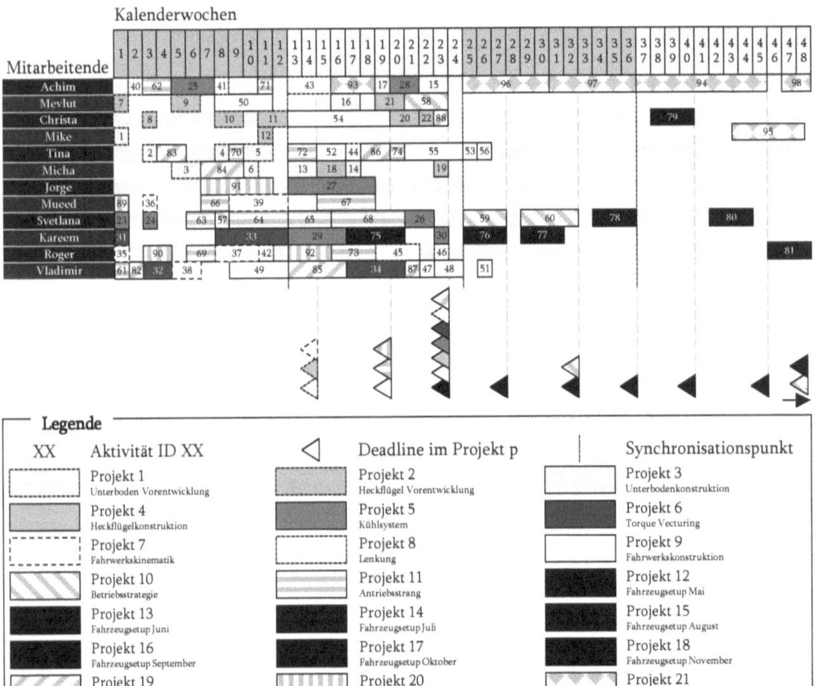

Abbildung 6-9 Projektplan als Ergebnis der Optimierung im erweiterten Anwendungsbeispiel

Der Wert der Kostenfunktion setzt sich in diesem Fall aus 2,1 Mio. € durch sieben Wochen Verzögerung im Projekt 9, 250T € durch eine Woche Verzögerung in Projekt 11 und 765.500 € an Ressourcenkosten zusammen. Durch die Berücksichtigung der

Ressourcenkosten ergeben sich Verschiebungen in der Projektzuweisung und die Entscheidungsempfehlungen und Maßnahmen für die Rennsport AG würden sich wie folgt ableiten:

- *Ressourcenallokation gemäß Projektplan in Abbildung 6-9*
- *Reihenfolge in der Bearbeitung der Aktivitäten gemäß Projektplan in Abbildung 6-9*
- *Mike und Jorge werden aktuell wenig ausgelastet, weil ihre Qualifikation in keinem guten Verhältnis zum Kostensatz stehen. Weiterbildungsmaßnahmen für Mike und Jorge sind zu empfehlen*
- *Weiterbildungsplan aus der Gap-Analyse zu den Kompetenzprofilen von Tina, Vladimir, Svetlana oder Achim ableiten*
- *Aufteilen und Parallelisieren der Aktivitäten auf dem kritischen Pfad oder Entfall des Puffers im kritischen Pfad, insbesondere für Projekte 9 und 11*
- *Frequenz Synchronisationspunkte erhöhen und Aktivitäten mit hoher Dauer stärker fragmentieren*

Durch die Erweiterung des Fallbeispiels konnte demonstriert werden, wie sich die Berücksichtigung der Ressourcenkosten und die Reduktion der verfügbaren Ressourcen auf das Ergebnis auswirken.

6.3 Kritische Reflexion und Evaluation der Anwendungserfahrung

Nach der erfolgreichen Demonstration der Methodik im Anwendungsbeispiel folgt gemäß der Forschungsmethodik die Evaluation der Anwendung. Die Evaluation erfolgt im Sinne einer kritischen Reflexion. Dazu wird überprüft, inwiefern die in Kapitel 4.2 aufgestellten Anforderungen an die Methodik erfüllt wurden. Abschließend wird das Anwendungsbeispiel mit Expert*innen aus der Industrie diskutiert, um die Übertragbarkeit und Anwendbarkeit in weiteren Anwendungsfällen zu evaluieren.

Die in Kapitel 4.2.2 definierten *formalen Anforderungen* fordern, dass die entwickelte Methodik nützlich, konsistent, übertragbar und einfach sein soll. Die *Nützlichkeit* der Methodik konnte im Anwendungsfall bewiesen werden, da sie der Rennsport AG eine Entscheidungsunterstützung zur besseren Erfüllung der Projektdeadlines geben konnte. Dies entspricht exakt dem Geschäftsproblem, welches die entwickelte Methodik adressieren sollte. Im Anwendungsfall konnten außerdem keine Inkonsistenzen identifiziert werden. Alle benötigten Informationen können bereitgestellt werden oder mit Hilfe der beschriebenen Methoden ermittelt werden. Die eingesetzten Methoden sind eindeutig, nachvollziehbar und widerspruchsfrei. Sie schließen zudem an den aktuellen Stand der Technik an und bauen auf aktuellem Wissen aus Praxis und Wissenschaft auf. Auch die *Konsistenz* der Methodik ist damit sichergestellt. Die nächste Forderung, die *Übertragbarkeit*, konnte im Anwendungsbeispiel erfolgreich bestätigt werden, da die Methodik erfolgreich auf ein erstes Praxisbeispiel angewendet werden konnte. Zur weiteren Absicherung der Übertragbarkeit sollten künftig weitere Anwendungsfälle geprüft werden. Abschließend wurde *Einfachheit* gefordert, damit die Methodik verständlich und handhabbar ist. Auch dies konnte im Anwendungsbeispiel bestätigt werden. Durch interaktive Eingabe-Templates, Fragebögen und Softwaredemonstratoren ist die Anwendung der Methodik geleitet und es ist immer klar, welche Informationen benötigt werden und wie die nächsten Schritte aussehen. Es kann also zusammengefasst werden, dass alle formalen Anforderungen erfüllt wurden mit dem Hinweis, dass die Übertragbarkeit aktuell nur mit einer kleinen Stichprobe abgesichert ist.

In Kapitel 4.2.1 wurden die inhaltlichen Anforderungen zusammengestellt, welche unter anderem auf einer ausführlichen Liste mit Defiziten bestehender wissenschaftlicher Literatur aufbaute, welche in Kapitel 3.3 vorgestellt wurde.

Die inhaltlichen Anforderungen, die sich aus Objekt- und Zielbereich ableiten lassen, können mit Hilfe der gleichen Kriterien beurteilt werden, welche auch zur Bewertung der bestehenden Ansätze herangezogen wurden (siehe Kapitel 3.2). Es wurde gezeigt, dass die entwickelte Methodik der vorliegenden Arbeit die Kriterien erfüllt (siehe Abbildung 6-10). Lediglich bei dem Kriterium *Bewertung des Kompetenzbedarfs von Aktivitäten* kann festgestellt werden, dass dieses Kriterium nicht vollständig erfüllt ist. Das liegt daran, dass nicht für jede Aktivität ein konkreter Kompetenzbedarf abgeleitet wird. Stattdessen wird dies indirekt über kompetenzorientierte Eigenschaften, mit denen die Aktivitäten beschrieben werden, abgebildet.

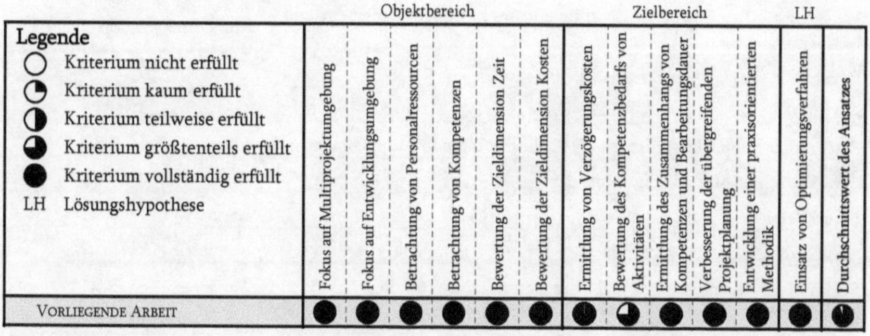

Abbildung 6-10 Erfüllen der inhaltlichen Anforderungen aus Objekt- und Zielbereich durch die vorliegende Arbeit

Darüber hinaus ist die Erfüllung der inhaltlichen Anforderungen aus Defiziten in der industriellen Praxis zu bewerten. Die Anforderung lautete, eine Methodik zu entwickeln, die es ermöglicht, Projektpläne in komplexen Multiprojektumgebungen zu definieren, die Ressourcenkonflikte vermeiden und ein globales Optimum aller Projektziele finden soll. Außerdem sollten Engpassressourcen identifiziert und bestmöglich eingeplant werden. Nach den Erfahrungen aus dem Anwendungsbeispiel lassen sich diese Anforderungen als erfüllt bewerten. Die Entscheidungsunterstützung für die Rennsport AG zeigen das Potenzial der Methodik die industrielle Praxis zu unterstützen.

Abschließend werden die inhaltlichen Anforderungen, welche auf Basis bestehender Literaturdefizite abgeleitet wurden, überprüft (siehe Tabelle 6-6). Da die Anforderungen auf der wissenschaftlichen Literatur basieren und Defizite in den bestehenden Ansätzen adressieren ist somit gleichzeitig sichergestellt, dass die vorgestellte Methodik einen wissenschaftlichen Neuheitsgrad bietet.

Tabelle 6-6 Überprüfung der Erfüllung der Anforderungen an die Methodik

Beschreibung	Muss / Kann	Erfüllt in Kapitel
Nutzen von Verzögerungskosten zur Integration der Zieldimensionen Zeit und Kosten	Muss	5.1.2
Unternehmensunspezifische Berechnung der Verzögerungskosten	Muss	5.1.2
Berechnung der Verzögerungskosten je Projekt	Muss	5.1.2
Nutzung eines Kompetenzmodells mit Ausprägungsstufen je Kompetenz	Muss	5.2.1
Personalressourceneinsatz auf Basis ihrer Kompetenzen	Muss	5.5.2

Vorgehen zur Ermittlung des Zusammenhangs zwischen Kompetenz und Bearbeitungsdauer	Muss	5.4.3
Einsatz von Cluster-Algorithmus zur Erstellung generischer Aktivitätentypen	Kann	5.4.1
Beschreibung von Aktivitäten durch Eigenschaften und Ausprägungen	Muss	5.3.2
Berücksichtigung individueller Ressourcen	Muss	5.2.2
Lean Prizipien berücksichtigen	Kann	5.5.1
Aufgabenpriorisierung vornehmen	Kann	5.5.2
Reaktion auf Veränderungen und Verzögerungen ermöglichen	Muss	5.5.1
Flexibilität zur erfolgreichen Steuerung der Projekte berücksichtigen	Muss	5.5.1
Einsatz von Optimierungsmodellen zur Verbesserung der Projektplanung	Muss	5.5.2
Interdependenzen zwischen Projekten in Multiprojektumgebung berücksichtigen	Kann	5.5.1
Klare Definition aller Parameter und Beschreibung der praktischen Erhebung	Muss	5.1.1; 5.2.2; 5.4.3; 5.5.2
Softwaredemonstrator	Kann	5.5.2
Berechnung von individuellen Koeffizienten für jede Allokation	Muss	5.4.4
Auswahl der geeigneten Optimierungsproblemklasse	Muss	5.5.2
Berücksichtigung von Unsicherheiten	Muss	5.5.1

Die an die Methodik gestellten Anforderungen aus Sicht der Defizite bestehender Ansätze konnten mit der vorgestellten Methodik vollumfänglich adressiert werden. Zusammenfassend sind damit alle inhaltlichen Anforderungen an die Methodik erfüllt.

Befragung von Expert*innen

Zum Abschluss der Evaluation erfolgt die Befragung von Expert*innen aus der Industrie, um die Anwendung der Methodik in der Praxis zu bewerten. Dazu wurde die Methodik des semistrukturierten Interviews in Form eines Leitfadeninterviews gewählt. Interviewleitfaden sowie Interviewpartner werden in Anhang A.11 beschrieben.

Die zu Grunde liegende Motivation der vorliegenden Arbeit sowie die in Kapitel 3.1 beschriebenen Herausforderungen in der Praxis konnten in den Interviews bestätigt werden. Insbesondere das Vorhandensein von Engpassressourcen in der Entwicklung wurde dabei als große Herausforderung beschrieben. In den drei befragten Unternehmen wurden dabei die Ressourcen zur Durchführung von Kinematiksimulationen, Dauerfestigkeitsberechnungen oder Versuchen als Engpässe genannt. Zudem wurde bestätigt, dass die Engpassressourcen häufig auch mit Aktivitäten ausgelastet sind, die auch durch andere Ressourcen durchgeführt werden könnten, wodurch der kompetenzbasierte Ansatz als geeignet bestätigt wurde. In allen Unternehmen wurde eine verbesserte Ansteuerung der Engpassressourcen oder eine generelle verbesserte Zuordnung von Ressourcen gefordert. In einem der Unternehmen wurde dabei explizit hervorgehoben, dass durch die Verlagerung von Entwicklungskapazitäten in andere Standorte und Regionen eine zentrale Steuerung des Ressourcenmanagements an Relevanz gewinnt.

Zur Priorisierung der Projekte werden in den Unternehmen bisher Priorisierungslisten oder agile Ansätze genutzt. Verzögerungskosten werden aktuell in keinem der befragten Unternehmen zur Projektpriorisierung eingesetzt. Verzögerungskosten in diesem Kontext zu nutzen wurde aber als logisch und sinnvoll bewertet.

Die vorgestellte Methodik der vorliegenden Arbeit sowie das Fallbeispiel der Rennsport AG wurden von allen Interviewpartner*innen als vielversprechend eingestuft. Der größte Mehrwert wird in der Entscheidungsunterstützung gesehen, wodurch weniger Bauchentscheidungen getroffen werden müssen und mehr Systematik in die Entscheidungsfindung gebracht wird. Projektplaner ohne das notwendige langjährige Erfahrungswissen können mit Hilfe der Methodik bessere Entscheidungen treffen. Zudem wurde der Fortschritt gegenüber bestehenden Softwarelösungen, die ebenfalls eine Optimierung der Ressourcenallokation versprechen, betont, da wesentlich mehr relevante Einflussfaktoren abgebildet werden.

Dennoch wurden auch einige kritische Aspekte angesprochen. Der hohe initiale Aufwand zur Ermittlung der Kompetenzprofile der Ressourcen sowie zur Ermittlung der Zusammenhänge zwischen Kompetenzen und Aktivitäten-Cluster wurde als kritisch eingestuft. Wodurch die Frage nach dem Verhältnis von Nutzen und Aufwand intensiv diskutiert wurde. Die Aufwände zur Ermittlung von Kompetenzprofilen skalieren dabei mit der Größe des Unternehmens sowie der Vielfältigkeit der Entwicklungsaufgaben. Für große Unternehmen könnte daher das Einführen von Rollen-, Gruppen- und Abteilungsprofilen Abhilfe schaffen und den Aufwand gegenüber einer personenindividuellen Aufnahme der Kompetenzprofile reduzieren. Dies könnte zudem bei etwaigen Bedenken von Betriebsräten eine notwendige Anpassung der Methodik darstellen. Außerdem wurde die Übertragbarkeit auf neue Entwicklungsaufgaben als gering eingestuft und ein potenzieller Einsatz daher auf Standardprojekte eingegrenzt. Der Grund liegt dabei in der hohen Unsicherheit über die konkret notwendigen Projektaktivitäten und die benötigten Kompetenzen bei unbekannten Entwicklungsaufgaben. Bei der Ermittlung von Verzögerungskosten wurde zu bedenken gegeben, dass die Projektaufrechterhaltungskosten einfach, die Opportunitätskosten jedoch herausfordernd zu ermitteln seien.

Der praktische Einsatz könnte zudem an der Akzeptanz der Mitarbeitenden scheitern. Wichtig zu beachten ist, dass es stets nachvollziehbar sein muss, wie der Algorithmus zu seiner Empfehlung kommt, um die Akzeptanz sicherzustellen. Ein Piloteinsatz in einem kleinen Umfang ist für zwei der befragten Unternehmen vorstellbar.

Auch konkrete Vorschläge zur Erweiterung der Methodik wurden formuliert und zielten darauf ab, weitere Einflussfaktoren auf die Ressourcenallokation zu berücksichtigen:

- *Ermöglichen, dass mehrere Ressourcen gemeinsam an einer Aktivität arbeiten*
- *Anzahl an Ressourcen, die an einem Projekt arbeiten, begrenzen*
- *Transfer- bzw. Einarbeitungszeiten, wenn eine Ressource das Projekt wechselt, einführen*
- *Berücksichtigung von „Pufferaktivitäten" zur Dämpfung der Auslastungsschwankungen*
- *Toleranzschwellen für Änderungen, damit nicht zu häufig neugeplant wird*
- *Berücksichtigung von Wechselwirkungen verschiedener Teammitglieder in einem Projektteam*

Bei diesen Forderungen gilt jedoch zu beachten, dass diese mit den bereits hohen initialen Aufwänden im Zielkonflikt stehen.

Das Feedback aus den Interviews kann zusammengefasst werden als Bestätigung der Notwendigkeit zur Verbesserung der Ressourcenallokation. Das Optimierungsverfahren und der kompetenzbasierte Ansatz der vorliegenden Arbeit wurde gelobt und als großer Schritt in die richtige Richtung wahrgenommen. Gleichwohl einige Bedenken und Hürden für den praktischen Einsatz benannt wurden, die eine Weiterentwicklung des Ansatzes erfordern.

Limitationen und Einschränkungen

Während eine Reihe von Einschränkungen bereits durch die Interviews mit den Expert*innen aus der Industrie aufgezeigt wurden, soll an dieser Stelle noch explizit auf weitere Limitationen der vorliegenden Arbeit hingewiesen werden. Trotz der Erfüllung der inhaltlichen und formalen Anforderungen sind für den praktischen Einsatz weitere Hürden zu überwinden und Einschränkungen zu berücksichtigen. Ganz zentral muss dabei erwähnt werden, dass die Methodik eine große Sensitivität gegenüber der Aufnahme der Eingabeinformationen besitzt. Insbesondere die zur Berechnung der individuellen Bearbeitungsdauer benötigten Zusammenhänge basieren methodisch auf der Befragung und Abschätzung von Expert*innen wodurch eine Unschärfe unvermeidbar ist. Dennoch berechnet die Methodik kommastellengenaue Bearbeitungsdauern für jede Kombination von Aktivität und Ressource, weshalb der Anschein einer Genauigkeit entstehen kann, die nicht gegeben ist. Dementsprechend sind die Ergebnisse als Entscheidungsunterstützung zu verstehen und eine Umsetzung der Projektplanung ohne Plausibilitätscheck durch das Projektmanagement wird nicht empfohlen. Die Unschärfe und Unsicherheit können durch ein iteratives Vorgehen, bei welchem die Eingabeinformationen immer wieder justiert werden und die Auswirkungen auf die Ergebnisse geprüft werden, reduziert werden. Als weitere Limitation muss festgehalten werden, dass es für die initiale Aufnahme der Zusammenhänge Erfahrungswissen von Expert*innen benötigt. Erst durch das Explizieren dieses impliziten Erfahrungswissen, mit Hilfe der vorliegenden Methodik, kann die Entscheidungsunterstützung für unerfahrene Projektmanager*innen gewährleistet werden. Nach der initialen Aufnahme kann die Informationsgrundlage mit geringerem Aufwand aktuell gehalten werden. Abschließend kann noch die Integration in agile Arbeitsweisen als Herausforderung eingestuft werden. Obwohl die Taktung der Entwicklung durch Synchronisationspunkte dem Grundgedanken der agilen Entwicklungssprints entspricht, müssen die Aktivitäten der Projekte zu Beginn der Planung bekannt sein. Die regelmäßige Überarbeitung der Input-Daten der Optimierung kann hierbei helfen auf kurzfristige Änderungen zu reagieren, aber die Aktivitäten müssen nichtsdestotrotz bekannt sein, um die Verzögerungskosten ermitteln zu können und das globale Optimum erkennen zu können.

Weiterentwicklungspotenzial der vorliegenden Arbeit besteht neben der Adressierung der genannten Limitationen in der Entwicklung eines Benutzerinterfaces des entstandenen Demonstrators. In Kombination mit einer softwaregestützten Informationsaufnahme wird die praktische Anwendung vereinfacht. Reduzierte Aufwände in der Anwendung der Methodik ermöglichen die Übertragung auf weitere Anwendungsfälle, wodurch die empirische Fundiertheit verbessert werden kann.

7 Zusammenfassung und Ausblick

Unternehmen in der produzierenden Industrie bewegen sich immer stärker in dynamischen und unvorhersehbaren Wettbewerbsarenen. Diese fordern von den Unternehmen ein hohes Maß an Innovation und Flexibilität, welche zu einem Anstieg der Projekttätigkeiten in den Unternehmen geführt haben. Trotz der Zunahme des Anteils an Projektarbeit in den Unternehmensaktivitäten und der damit steigenden Relevanz von erfolgreichem Projektmanagement für den Unternehmenserfolg, ist zu beobachten, dass eine Vielzahl von Projekten ihre Ziele verfehlen und höhere Kosten verursachen oder die anvisierte Deadline überschreiten. Eine der größten Herausforderungen stellt dabei das Ressourcenmanagement, gerade in hochkomplexen Multiprojektumgebungen, dar. Im Bereich von Entwicklungsprojekten sind menschliche Ressourcen die wichtigste und gleichzeitig am schwierigsten zu planende Ressource. Insbesondere Personalressourcen mit hoher Expertise stellen häufig Engpässe dar und verursachen Ressourcenkonflikte zwischen unterschiedlichen Projekten. Es werden daher neue Lösungen benötigt, die eine Entscheidungsunterstützung in der Ressourcenallokation und der Projektplanung in komplexen Multiprojektumgebungen bieten.

Die vorliegende Arbeit hatte das Ziel die zuvor beschriebenen Herausforderungen zu adressieren und eine Methodik zu entwickeln, die den Ressourceneinsatz in Multiprojektumgebungen verbessert und somit zur verbesserten Zielerreichung der Projekte beiträgt. Dabei soll der Ressourceneinsatz kompetenzorientiert erfolgen, sodass die Ressourcen entsprechend ihrer Stärken eingesetzt werden und zudem Engpässe auf Kompetenzebene identifiziert werden können. Außerdem sollen Optimierungsverfahren dabei helfen, die vielen Abhängigkeiten der Multiprojektumgebung zu berücksichtigen und eine Lösung zu finden, die nicht aus Einzelprojektperspektive, sondern aus Unternehmensperspektive bestmöglich ist.

Dazu wurden im ersten Kapitel zunächst die Motivation sowie die Herausforderungen in der Praxis dargelegt. Anschließend erfolgte die Ableitung der Zielstellung der vorliegenden Arbeit zur Adressierung dieser Herausforderungen. Anschließend wurden zur Sicherstellung eines sauberen wissenschaftlichen Vorgehens drei Forschungsmethodiken miteinander verglichen und mit der Design Science Research die Forschungsmethodik ausgewählt, die am besten zur vorliegenden Arbeit passt. Nach dieser Forschungsmethodik konnte die weitere Struktur der Arbeit definiert und vorgestellt werden.

Im zweiten Kapitel wurden die relevanten wissenschaftlichen Grundlagen im Kontext dieser Arbeit beschrieben. Als erstes wurden die relevanten Grundlagen im Themengebiet der Produktentwicklung als zentraler Objektbereich dieser Arbeit beschrieben. Neben allgemeinen Rahmenwerken, den Aufgaben und Zielen der Produktentwicklung wurde ein Fokus auf die Beschreibung und Definition von Entwicklungsprojekten gelegt. Anschließend wurde das Management dieser Entwicklungsprojekte betrachtet und Grundlagen zu Projektzielen, dem Projektmanagement, dem Multiprojektmanagement und der Steuerung von Entwicklungsprojekten erläutert. Das Ressourcenmanagement stellt in Multiprojektumgebungen eines der Kernelemente des Projektmanagements dar, weshalb anschließend das Ressourcenmanagement beschrieben und definiert wurde. Abschließend wurden die Grundlagen zur Anwendung von Optimierungsverfahren im Projektmanagement beschrieben und insbesondere das verbreitete Optimierungsproblem Resource-Contrained Project Scheduling Problem vorgestellt.

Im dritten Kapitel folgte die Analyse bestehender wissenschaftlicher Ansätze zur Ableitung des konkreten Forschungsbedarfs. Dazu wurden aus der Zielstellung und den Herausforderungen in der Praxis inhaltliche Anforderungen bezüglich des Objekt- und Zielbereichs definiert. Diese wurden in Form von Kriterien dann zur Bewertung bestehender Ansätze herangezogen. Aus 666 identifizierten Ansätzen wurden die 31 relevantesten herausgearbeitet, hinsichtlich der Kriterien bewertet und in Kapitel 3 vorgestellt. Auf dieser Basis konnte die vorliegende Arbeit positioniert werden, um bestehende Defizite in der wissenschaftlichen Literatur zu adressieren. Dabei stellt insbesondere die Berechnung individueller Bearbeitungsdauern von Aktivitäten auf Basis der Kompetenzen der zugewiesenen Ressource ein Forschungsdefizit dar. Auch die Verwendung von Verzögerungskosten im Ressourcenmanagement wurde bisher noch nicht adressiert. Darüber hinaus wurden viele bestehende wissenschaftliche Methoden noch nicht erfolgreich in einen praktischen Einsatz überführt, womit das dritte maßgebliche Forschungsdefizit die anwendungsorientierte Kombinatorik geeigneter Methoden darstellt.

Im vierten Kapitel wurde die zu entwickelnde Methodik dieser Arbeit basierend auf den Herausforderungen in der Praxis sowie den identifizierten Forschungsdefiziten konzipiert. Ein Zielbild wurde erstellt, um den Nutzen zu verdeutlichen, den die vorliegende Arbeit liefert und um handlungsweisend bei der Konzeptionierung der Methodik zu unterstützen. Außerdem wurden die formalen und inhaltlichen Anforderungen an die Methodik nochmals zusammengefasst und vorgestellt. Auf Zielbild und Anforderungen aufbauend konnte schließlich ein Konzept für eine Methodik mit fünf Schritten beschrieben werden, welche die Zielstellung und Anforderungen der vorliegenden Arbeit erfüllt. Die ersten vier Schritte bereiten dabei den Einsatz eines Optimierungsverfahrens und die Entscheidungsunterstützung im fünften Schritt vor. Entsprechend wird in Schritt eins die Zielfunktion hergeleitet und in den Schritten zwei bis vier relevante Informationen für die Nebenbedingungen der Optimierung erlangt.

Das fünfte Kapitel umfasst die Ausarbeitung der zuvor konzipierten Methodik und bildet somit den Hauptteil der vorliegenden Arbeit. Im ersten Schritt wurde ein Beschreibungsmodell entwickelt, welches es ermöglicht, die Projektzieldimensionen Zeit und Kosten in einer gemeinsamen Zielfunktion zu beschreiben. Dies gelingt indem die Dimension Zeit mit Hilfe von Verzögerungskosten, als Kosten die durch die Verspätung der Fertigstellung eines Projektes entstehen, in die Dimension Kosten überführt wurde. Es wurde ein Vorgehen beschrieben, welches es ermöglicht für jedes Projekt die spezifischen Verzögerungskosten zu berechnen. Der zweite Methodenschritt umfasst das Beschreibungsmodell für die Kompetenzprofile der Ressourcen. Dazu wurden zunächst relevante Kompetenzen in der Produktentwicklung identifiziert und anschließend mit Hilfe von Wissens- und Fertigkeitselementen operationalisiert. Schließlich wurde ein Vorgehen beschrieben, dass die Ermittlung des Niveaus, auf denen eine Ressource eine Kompetenz besitzt, erlaubt. Der dritte Methodenschritt beinhaltet ein Beschreibungsmodell für die Projektaktivitäten. Diese werden darin durch kompetenzrelevante Eigenschaften und Ausprägungen beschrieben. Damit sie basierend darauf im vierten Methodenschritt zu Clustern ähnlicher Aktivitäten zusammengefasst werden können. Dies bildet einen notwendigen vorbereitenden Teilschritt im vierten Methodenschritt, um die Zusammenhänge zwischen den Kompetenzprofilen einer Ressource und der Bearbeitungsdauer einer Aktivität ermitteln zu können. Dementsprechend handelt es sich im vierten Methodenschritt um ein Erklärungsmodell. Nachdem Grundtypen von Abhängigkeiten zwischen Kompetenz und Bearbeitungsdauer einer Aktivität bestimmt wurden, werden die Zusammenhänge mit Hilfe der qualifizierenden und disqualifizierenden Befragung aufgenommen. Dabei wird stets der Zusammenhang zwischen einer Kompetenz und einem Aktivitäten-Cluster betrachtet, um nicht für jede individuelle Aktivität eine Beurteilung durchführen zu müssen. Dies bildet die Grundlage zur Berechnung individueller Bearbeitungsdauern von Aktivitäten in Abhängigkeit der zugewiesenen Ressource. Im letzten Methodenschritt, einem Entscheidungsmodell, folgte schließlich die Formulierung des Optimierungsproblems mit Hilfe mathematischer Funktionen und Nebenbedingungen. Ergebnis der Optimierung ist ein Projektplan mit dessen Hilfe die Maßnahmen für das Ressourcenmanagement in Multiprojektumgebungen zur Verbesserung der Projektzielerreichung abgeleitet werden können.

Das sechste Kapitel diente der Demonstration und Evaluation der Methodik am Anwendungsbeispiel der Rennsport AG. Dabei konnte die Anwendbarkeit der Methodik erfolgreich demonstriert werden und eine konkrete Entscheidungsunterstützung für das Praxisbeispiel angeboten werden. In der anschließenden Evaluation wurde kritisch reflektiert, ob die in Kapitel 4 formulierten Anforderungen an die Methodik erfüllt wurden. Nahezu alle Anforderungen wurden dabei vollumfänglich erfüllt, wodurch die Entwicklung der Methodik als Erfolg gewertet werden kann.

Der Beweis über die Eignung der entwickelten Methodik für den Einsatz in der Praxis konnte erbracht werden, wodurch die Arbeit einen signifikanten Beitrag zur Beratung der Praxis liefert und gleichzeitig einen wissenschaftlichen Neuheitswert besitzt. Unternehmen können mit Hilfe der entwickelten Methodik ihre Entscheidungen im Ressourcenmanagement des Multiprojektmanagements unterstützen und erhalten durch die abgeleiteten Maßnahmen Hilfestellungen in ihrer täglichen Arbeit. Das Vorgehen ist dabei auf spezifische Situationen adaptierbar, wie es bereits im Anwendungsbeispiel demonstriert wurde.

Gute Forschung hat, neben der Adressierung eines Praxis- und Theoriedefizits, auch immer die Aufgabe den Weg für weitere Forschungsarbeiten zu bereiten. Aus diesem Grund soll abschließend ein Ausblick auf mögliche anknüpfende Forschungsarbeiten gegeben werden.

Insbesondere die Einbindung des Optimierungsproblems in die Methodik bietet Anknüpfungspunkte für weitere Forschung. So ist es denkbar, viele weitere Aspekte der Realität mathematisch zu modellieren und in die Optimierung zu integrieren. Das Anwendungsbeispiel hat aufgezeigt, dass das parallelisieren von Aufgaben ein erfolgsversprechender Ansatz in einer nicht voll ausgelasteten Entwicklungsabteilung sein kann. Dementsprechend wäre eine Erweiterung des Optimierungsmodells um die Möglichkeit Aktivitäten im Team zu bearbeiten ein sinnvoller nächster Schritt. Dabei ergeben sich zudem interessante neue Fragestellungen über die Kombination von Kompetenzen in Teams und wie sich das auf die Bearbeitungsdauer der Aktivitäten auswirkt.

Ein weiterer Aspekt der im Rahmen dieser Arbeit nicht mehr betrachtet werden konnte ist der Lerneffekt. So ist es logisch, dass Ressourcen, die immer wieder ähnliche Aktivitäten durchführen, besser in diesen Aktivitäten werden. Neben der Repetition ist die Wissensdiffusion ein weiterer Effekt, der in diesem Zusammenhang untersucht werden könnte. Das bedeutet, dass eine unerfahrene Ressource durch die Zusammenarbeit mit einer erfahreneren Ressource in einem Projekt von dieser lernt.

Ein datenbasierter Ansatz könnte eine alternative zur qualifizierenden und disqualifizierenden Befragung darstellen. Das würde bedeuten, dass die Zusammenhänge zwischen Aktivitäten-Cluster und Kompetenz nicht über eine Befragung ermittelt werden, sondern aus historischen Daten ableitet werden. Dabei müssten die Daten Informationen über die Aktivitäten, die zugewiesene Ressource sowie die Soll- und Ist-Bearbeitungsdauer der Aktivität enthalten. Mit Hilfe der Soll- und Ist-Bearbeitungsdauer kann erkannt werden, ob die zugewiesene Ressource die entsprechende Aktivität schneller oder langsamer als geplant durchführen konnte. Durch den Methodenschritt zwei dieser Arbeit können Kompetenzprofile der Ressource ermittelt werden und es könnte aus diesen Daten mit Hilfe einer Mustererkennung untersuchen werden, inwiefern das Vorhandensein einer gewissen Kompetenz die Bearbeitung einer Aktivität beschleunigt hat oder die Abwesenheit einer gewissen Kompetenz die Bearbeitung einer Aktivität verlangsamt hat.

Darüber hinaus ist vorstellbar, die vorgestellte Methodik mit anderen neuartigen Methoden im Projektmanagement zu verbinden, um eine noch größere Unterstützung zu erreichen. Gelingt es beispielsweise die vorliegende Methodik mit der prädiktiven Projektsteuerung nach DÖLLE[560] zu verbinden wäre ein Ansatz geschaffen, der eine Abweichung vom Projektplan prädiktieren kann und mit Hilfe der Optimierungsverfahren eine automatische unmittelbare Anpassung des Projektplans vornimmt. Die Latenz zwischen Erkennung einer Abweichung und dem Einleiten einer Maßnahme würde dabei deutlich sinken.

---

[560] Vgl. Dölle (2018), Projektsteuerung in der Produktentwicklung

Literaturverzeichnis

Abdolshah, M., A review of resource-constrained project scheduling problems (RCPSP) approaches and solutions,, 2014.

*Ahlemann, F.; Limbeck, N.; Drechsler, A. (*2015), Kapazitäts- und Ressourcenmanagement - Executive Research Summary 08. URL: https://www.sitm.wiwi.uni-due.de/fileadmin/fileupload/WI-SITM/ERS/ERS_-_Kapazitaets-_und_Ressourcenmanagement.pdf 14.05.2021.

Aier, S.; Fischer, C., Criteria of progress for information systems design theories, In: Information Systems and e-Business Management, Nr. 1, 9. Jg., 2011, S. 133-172.

Alam, D.; Gühl, U., Agilität in Projekten, In: Alam, D.; Gühl, U. (Hrsg.): Projektmanagement für die Praxis - Ein Leitfaden und Werkzeugkasten für erfolgreiche Projekte, 2. Aufl.; Springer, Berlin, 2020, S. 133-162.

Alam, D.; Gühl, U., Projektmanagement für die Praxis - Ein Leitfaden und Werkzeugkasten für erfolgreiche Projekte, 2. Aufl.; Springer, Berlin, 2020.

Al-Anzi, F.; Al-Zame, K.; Allahverdi, A., Weighted Multi-Skill Resources Project Scheduling, In: Journal of Software Engineering and Applications, Nr. 12, 03. Jg., 2010, S. 1125-1130.

Albers, A.; Burkardt, N.; Deigendesch, T., Vermittlung von Schlüsselqualifikationen am Beispiel des Karlsruher Lehrmodells für Produktentwicklung (KaLeP), In: Robertson-von Trotha, C. Y.; Mielke, C.; Albers, A.; Robertson-von Trotha-Mielke (Hrsg.): Schlüsselqualifikationen für Studium, Beruf und Gesellschaft - Technische Universitäten im Kontext der Kompetenzdiskussion, Univ.-Verl., Karlsruhe, 2009, S. 511-520.

*American Psychological Association (*2006), Multitasking: Switching costs. URL: https://www.apa.org/topics/research/multitasking 23.09.2023.

Amt für amtliche Veröffentlichungen der Europäischen Gemeinschaften, Schlüsselkompetenzen für lebenslanges Lernen - Ein Europäischer Referenzrahmen, 2007, S. 1-12.

Arnold, J.; Yuce, O., Black Swan Farming Using Cost of Delay - Discover, Nurture and Speed Up Delivery of Value2013 Agile Conference (AGILE 2013) - Nashville, Tennessee, USA, 5 - 9 August 2013, IEEE, Piscataway, NJ, 2013, S. 101-116.

Aziz, R., RPERT: Repetitive-Projects Evaluation and Review Technique, In: Alexandria Engineering Journal, Nr. 1, 53. Jg., 2014, S. 81-93.

Backhaus, K.; Erichson, B.; Plinke, W.; Weiber, R., Multivariate Analysemethoden - Eine anwendungsorientierte Einführung, 15., vollständig überarbeitete Auflage; Springer Gabler, Berlin, 2018.

Backhaus, K.; Erichson, B.; Weiber, R., Fortgeschrittene Multivariate Analysemethoden - Eine anwendungsorientierte Einführung, 3., überarbeitete und aktualisierte Auflage; Springer Gabler, Berlin, Heidelberg, 2015.

Bailom, F.; Hinterhuber, H.; Matzler, K.; Sauerwein, E., Das Kano-Modell der Kundenzufriedenheit, In: Marketing ZFP, Nr. 2, 18. Jg., 1996, S. 117-126.

Beibl, J.; Lee, J.; Krause, D.; Moon, S., Flexibility - Grand Challenge for Product Design and Production: Review and Status, In: Procedia CIRP, 119. Jg., 2023, S. 91-96.

Bender, B.; Gericke, K., Entwicklungsprozesse, In: Lindemann, U. (Hrsg.): Handbuch Produktentwicklung,, 2016, 401-620.

Bennett, N.; Lemoine, G., What a difference a word makes: Understanding threats to performance in a VUCA world, In: Business Horizons, Nr. 3, 57. Jg., 2014, S. 311-317.

Bertagnolli, F., Lean Management - Einführung und Vertiefung in die japanische Management-Philosophie, Springer Gabler, Wiesbaden, 2018.

Biedermann, W.; Kirner, K.; Kissel, M.; Langer, S.; Wickel, M., Forschungsmethodik in den Ingenieurwissenschaften,, 2013.

Blazewicz, J.; Lenstra, J.; Kan, A., Scheduling subject to resource constraints: classification and complexity, In: Discrete Applied Mathematics, Nr. 1, 5. Jg., 1983, S. 11-24.

Blessing, L.; Chakrabarti, A., DRM : A Design Research MethodologyProceedings of Les Sciences de la Conception,, 2002.

Blessing, L.; Chakrabarti, A., DRM, a Design Research Methodology, Springer London Limited, London, 2009.

Boehm, B., A spiral model of software development and enhancement, In: Computer, Nr. 5, 21. Jg., 1988, S. 61-72.

Browning, T.; Yassine, A., Resource-constrained multi-project scheduling: Priority rule performance revisited, In: International Journal of Production Economics, Nr. 2, 126. Jg., 2010, S. 212-228.

Brucker, P.; Jurisch, B.; Krämer, A., Complexity of scheduling problems with multi-purpose machines, In: Annals of Operations Research, 70. Jg., 1997, S. 57-73.

*Bundesministerium für Bildung und Forschung (*2013), Handbuch zum Deutschen Qualifikationsrahmen - Struktur - Zuordnung - Verfahren - Zuständigkeiten 07.06.2021.

Bünting, F.; Lutz, Markus, Romberg, Andreas; Vendeg, T.; Sibold, J.; Seger, K., Lean Development im deutschen Maschinenbau 2015 - Eine Studie der Staufen AG und des VDMA, Köngen, 2015.

Burghardt, M., Projektmanagement - Leitfaden für die Planung, Überwachung und Steuerung von Entwicklungsprojekten, 6., wesentlich überarb. und erw. Aufl.; Publicis Corp. Publ, Erlangen, 2002.

Burghardt, M., Einführung in Projektmanagement - Definition, Planung, Kontrolle, Abschluss, 6. Auflage; Publicis, Erlangen, 2013.

Burkard, R. E.; Zimmermann, U. T., Einführung in die Mathematische Optimierung, Springer Berlin Heidelberg, Berlin, Heidelberg, 2013.

Chen, J.; Shurong, T.; Hongmei, X.; Yafei, N.; Jingwen, Z., Model and Algorithm for Human Resource-Constrained R&D Program Scheduling Optimization, In: Discrete Dynamics in Nature and Society, 2019. Jg., 2019, S. 1-13.

Chen, J.; Zhu, J.; Zhang, D., Multi-project scheduling problem with human resources based on dynamic programming and staff time coefficient, In: Lan, H. (Hrsg.): 2014 International Conference on Management Science and Engineering (ICMSE 2014) - Helsinki, Finland, 17 - 19 August 2014 ; [21st annual conference proceedings, IEEE, Piscataway, NJ, 2014, S. 1012-1018.

Colak, E.; Azizoglu, M., A resource investment problem with time/resource trade-offs, In: Journal of the Operational Research Society, Nr. 5, 65. Jg., 2014, S. 777-790.

Cook, S., The complexity of theorem-proving proceduresProceedings of the third annual ACM symposium on Theory of computing - STOC '71, ACM Press, New York, New York, USA, 1971, S. 151-158.

Cooper, R., Stage-gate systems. A new tool for managing new products, In: Business Horizons, Nr. 3, 33. Jg., 1990, S. 44-54.

Crawford, J. K., The Strategic Project Office, 2nd ed.; Taylor & Francis, Boca Raton, 2011.

Dammer, H., Multiprojektmanagement, 1. Auflage; Gabler, Wiesbaden, 2008.

Dechange, A., Projektmanagement - Schnell erfasst, Springer, Berlin, 2020.

Derrer, J.; Quiehl, Q., Moderne Projketorganisationen - Die Grundlagen für erfolgreiche Projekte, In: Capgemini Consulting, 2017.

*DIN 69901-1 (*2009), Projektmanagement - Projektmanagementsysteme - Teil 1: Grundlagen

*DIN 69901-5 (*2009), Projektmanagement - Projektmanagementsysteme - Teil 5: Begriffe

*DIN EN 16234-1 (*2016), e-Kompetenz-Rahmen (e-CF)_- Ein gemeinsamer europäischer Rahmen für IKT-Fach- und Führungskräfte in allen Branchen_- Teil_1: Rahmenwerk; Deutsche Fassung EN_16234-1:2019

*DIN ISO 21500 (*2016), Leitlinien Projektmanagement

Dölle, C., Projektsteuerung in der Produktentwicklung mittels Predictive Analytics, Apprimus Wissenschaftsverlag, 2018.

Dombrowski, U., Lean Development - Aktueller Stand und Zukünftige Entwicklungen, Springer Berlin / Heidelberg, Berlin, Heidelberg, 2015.

Drucker, P., Managing for Business Effectiveness, In: Harvard business review, 1963.

Dubois, D. D.; Rothwell, W. J., Competency-Based Human Resource Management, 5. printing; Davies-Black, Boston, Mass., 2004.

Ehrlenspiel, K., Kostengünstig Entwickeln und Konstruieren - Kostenmanagement bei der integrierten Produktentwicklung, 7. Aufl. 2014; Springer Vieweg, Berlin, Heidelberg, 2014.

Ehrlenspiel, K.; Meerkamm, H., Integrierte Produktentwicklung - Denkabläufe, Methodeneinsatz, Zusammenarbeit, 6., überarbeitete und erweiterte Auflage; Hanser, München, 2017.

Eigner, M.; Roubanov, D.; Zafirov, R., Modellbasierte virtuelle Produktentwicklung, Springer Berlin Heidelberg, Berlin, Heidelberg, 2014.

Eigner, M.; Stelzer, R. H., Product-lifecycle-Management - Ein Leitfaden für Product Development und Life-cycle-Management, 2., neu bearb. Aufl.; Springer, Berlin, Heidelberg, 2009.

Engeln, W., Methoden der Produktentwicklung - Technische Produkte kundenorientiert entwickeln, 3. Auflage; Vulkan Verlag, Essen, 2020.

Erne, R., Lean Project Management - Wie Man Den Lean-Gedanken Im Projektmanagement Einsetzen Kann, Springer Fachmedien Wiesbaden GmbH, Wiesbaden, 2019.

Erpenbeck, J.; Rosenstiel, L. von; *Grote, S.*, Kompetenzmodelle von Unternehmen - Mit praktischen Hinweisen für ein erfolgreiches Management von Kompetenzen, Haufe Lexware, Freiburg im Breisgau, München, 2013.

Erpenbeck, J.; Rosenstiel, L. von; *Grote, S.; Sauter, W.*, Handbuch Kompetenzmessung - Erkennen, verstehen und bewerten von Kompetenzen in der betrieblichen, pädagogischen und psychologischen Praxis, 3., überarbeitete und erweiterte Auflage; Schäffer-Poeschel Verlag, Stuttgart, Februar 2017.

Evseeva, S.; Evseeva, O.; Rawat, P., Employee Development and Digitalization in BANI World, In: Rodionov, D.; Kudryavtseva, T.; Skhvediani, A.; Berawi, M. A. (Hrsg.): Innovations in Digital Economy - Third International Scientific Conference, SPBPU IDE 2021, Saint Petersburg, Russia, October 14–15, 2021, Revised Selected Papers, 1st ed. 2022; Springer International Publishing; Imprint Springer, Cham, 2022, S. 253-264.

Fabian Pedregosa; Gaël Varoquaux; Alexandre Gramfort; Vincent Michel; Bertrand Thirion; Olivier Grisel; Mathieu Blondel; Peter Prettenhofer; Ron Weiss; Vincent Dubourg; Jake Vanderplas; Alexandre Passos; David Cournapeau; Matthieu Brucher; Matthieu Perrot; Édouard Duchesnay, Scikit-learn: Machine Learning in Python, In: Journal of Machine Learning Research, Nr. 85, 12. Jg., 2011, S. 2825-2830.

Feist, M.; Geden, O., Klimaverhandlungen im Zeichen multipler Krisen, Stiftung Wissenschaft und Politik (SWP), German Institute for International and Security Affairs, 2023.

Felberbauer, T.; Gutjahr, W.; Doerner, K., Stochastic project management: multiple projects with multi-skilled human resources, In: Journal of Scheduling, Nr. 3, 2019, S. 271-288.

Feldhusen, J.; Grote, K.-H., Pahl/Beitz Konstruktionslehre - Methoden und Anwendung erfolgreicher Produktentwicklung, 8., vollständig überarbeitete Auflage; Springer Vieweg, Berlin, Heidelberg, 2013.

Fiedler, R., Controlling von Projekten, Springer Fachmedien Wiesbaden, Wiesbaden, 2020.

Fink, C., Das Zusammenspiel von Kompetenz und Performanz auf individueller und organisationaler Ebene - Eine interdisziplinäre Studie im Sport, Dissertation, Freie Universität Berlin, 2013.

Flick, U.; Kardorff, E. v.; Steinke, I., Qualitative Forschung - Ein Handbuch, 13. Auflage, Originalausgabe; rowohlts enzyklopädie im Rowohlt Taschenbuch Verlag, Reinbek bei Hamburg, 2005.

*Fryrear, A. (*2021), Der hohe Preis des Multitaskings - 40% Produktivitätsverlust durch ständigen Aufgabenwechsel. URL: https://www.wrike.com/de/blog/der-hohe-preis-des-multitaskings-40-produktivitaetsverlust-durch-staendigen-aufgabenwechsel/ 23.09.2023.

Ganian, R.; Hamm, T.; Mescoff, G., The Complexity Landscape of Resource-Constrained SchedulingProceedings of the Twenty-Ninth International Joint Conference on Artificial Intelligence,, 2021.

Gausemeier, J.; Plass, C., Zukunftsorientierte Unternehmensgestaltung - Strategien, Geschäftsprozesse und IT-Systeme für die Produktion von morgen, 2., überarb. Aufl.; Hanser, München, 2014.

Gemünden, H.; Dammer, H.; Jonas, D., Die Zusammenarbeit der Akteure im Multiprojektmanagement: Empirische Untersuchungsergebnisse, 2008.

Gessler, M., Kompetenzbasiertes Projektmanagement (PM3) - Handbuch für die Projektarbeit, Qualifizierung und Zertifizierung auf Basis der IPMA Competence Baseline Version 3.0, 8. Auflage; GPM Deutsche Gesellschaft für Projektmanagement e.V, Nürnberg, 2016.

Ghaeli, M.; Sadi-Nezhad, S., A scientometrics survey on project scheduling, In: Journal of Project Management, 2019, S. 165-176.

Goldhammer, F.; Naumann, J.; Stelter, A.; Tóth, K.; Rölke, H.; Klieme, E., The time on task effect in reading and problem solving is moderated by task difficulty and skill. Insights from a computer-based large-scale assessment, 2014.

Goljan, J.; Ritschel, J. D.; Drylie, S.; White, E., Cost-of-Delay,, 2021.

Grömling, M.; Bardt, H., Unternehmen befürchten dauerhafte Kostenbelastungen, In: Wirtschaftsdienst, Nr. 8, 103. Jg., 2023, S. 539-545.

Grunwald, S., Methode zur Anwendung der flexiblen integrierten Produktentwicklung und Montageplanung, Utz, München, 2002.

*Gurobi Optimization (*2023), Gurobi Optimizer. URL: https://www.gurobi.com/products/gurobi-optimizer/ 07.10.2023.

Gusenbauer, M., Google Scholar to overshadow them all? - Comparing the sizes of 12 academic search engines and bibliographic databases, In: Scientometrics, Nr. 1, 118. Jg., 2019, S. 177-214.

Hab, G.; Wagner, R., Projektmanagement in der Automobilindustrie, 5. Auflage; Springer Fachmedien Wiesbaden, Wiesbaden, 2017.

Habibi, F.; Barzinpour, F.; Sadjadi, S., Resource-constrained project scheduling problem: review of past and recent developments, In: Journal of Project Management, Nr. 3, 2018, S. 55-88.

Hackathorn, R., Minimizing action distance, In: TDAN.com, 2003.

Haroune, M.; Dhib, C.; Neron, E.; Soukhal, A.; Babou, H.; Nanne, M., Multi-project scheduling problems with shared multi-skill resource constraintsPMS-2020 17th International Workshop on Project Management and Scheduling, Toulouse, France, 2021.

*Harrin, E. (*2023), Project Management Survey Results 2023. URL: https://rebelsguidetopm.com/project-management-survey-results/ 29.09.2023.

Harsch, M., Multiprojektmanagement im Krankenhaus, Dissertation, Springer Fachmedien Wiesbaden GmbH, 2018.

Hartmann, S.; Briskorn, D., A survey of variants and extensions of the resource-constrained project scheduling problem, In: European Journal of Operational Research, Nr. 1, 207. Jg., 2010, S. 1-14.

Hartmann, S.; Briskorn, D., An updated survey of variants and extensions of the resource-constrained project scheduling problem, In: European Journal of Operational Research, Nr. 1, 297. Jg., 2022, S. 1-14.

Hatzinger, R.; Hornik, K.; Nagel, H., R - Einführung durch angewandte Statistik, Pearson Studium, München, 2011.

Hematian, M.; Seyyed Esfahani, M.; Mahdavi, I.; Mahdavi-Amiri, N.; Rezaeian, J., A multiobjective integrated multiproject scheduling and multiskilled workforce assignment model considering learning effect under uncertainty, In: Computational Intelligence, Nr. 1, 36. Jg., 2020, S. 276-296.

Hendriks, B.; Voeten, B.; Kroep, L., Human resource allocation in a multi-project R&D environment - Resource capacity allocation and project portfolio planning in practice, In: International Journal of Project Management, Nr. 3, 17. Jg., 1999, S. 181-188.

Henning, K.; Isenhardt, I., Überfachliche Kompetenzanforderungen in den Ingenieurwissenschaften,, 2009.

Herzwurm, G., Aufgaben und Instrumente der Produktentwicklung, In: Herzwurm, G. (Hrsg.): Kundenorientierte Softwareproduktentwicklung, 1. Aufl.; Teubner, Stuttgart, 2000, S. 31-51.

Hevner; March; Park; Ram, Design Science in Information Systems Research, In: MIS Quarterly, Nr. 1, 28. Jg., 2004, S. 75.

Hevner, A.; Chatterjee, S., Design Research in Information Systems, Springer US, Boston, MA, 2010.

Hines, V., The State of Project Management 2021 - Annual Report,, 2021.

Hinsch, M. S., Konzept eines Entscheidungsmodells zur Aufgabenzuordnung in der Produktentwicklung, Shaker, Aachen, 2013.

Hollstein, R., Multikriterielle Optimierungsprobleme, In: Hollstein, R. (Hrsg.): Optimierungsmethoden - Einführung in die klassischen, naturanalogen und neuronalen Optimierungen, 1. Auflage 2023; Springer Fachmedien Wiesbaden GmbH; Springer Vieweg, Wiesbaden, 2023, S. 57-62.

Hosseinian, A.; Baradaran, V.; Bashiri, M., Modeling of the time-dependent multi-skilled RCPSP considering learning effect, In: Journal of Modelling in Management, Nr. 2, 14. Jg., 2019, S. 521-558.

Huber, L., Relevanz - Über den Erkenntniswert wissenschaftlicher Forschung, Meiner, Hamburg, 2020.

Hübner, F.; Schellenbaum, U.; Stürck, C.; Gerhards, P.; Schultmann, F., Evaluation von Schedulingproblemen für die Projektplanung von Großprojekten am Beispiel des kerntechnischen Rückbaus, Karlsruhe, 2017.

Issa, S.; Tu, Y., A survey in the resource-constrained project and multi-project scheduling problems, In: Journal of Project Management, 2020, S. 117-138.

J. K. Lenstra; A. H. G. Rinnooy Kan, Complexity of Scheduling under Precedence Constraints, In: Operations Research, Nr. 1, 26. Jg., 1978, S. 22-35.

Jakoby, W., Projektmanagement für Ingenieure - Ein praxisnahes Lehrbuch für den systematischen Projekterfolg, 5., überarbeitete und aktualisierte Auflage; Springer Vieweg, Wiesbaden, 2021.

James Harold Fox, Criteria of Good Research, In: The Phi Delta Kappan, Nr. 6, 39. Jg., 1958, S. 284-286.

Jarre, F.; Stoer, J., Optimierung, Springer Berlin Heidelberg, Berlin, Heidelberg, 2019.

Joglekar, N.; Ford, D., Product development resource allocation with foresight, In: European Journal of Operational Research, Nr. 1, 160. Jg., 2005, S. 72-87.

Kagemann, H.; Süssenguth, F.; Körner, J.; Liepold, A.; Behrens, J. H., Resilienz als wirtschafts- und innovationspolitisches Gestaltungsziel, München, 2021.

Kallrath, J., Gemischt-ganzzahlige Optimierung: Modellierung in der Praxis, Springer Fachmedien Wiesbaden, Wiesbaden, 2013.

Känel, S. von, Projektmanagement – ein Überblick, In: Känel, S. von (Hrsg.): Projekte und Projektmanagement, Springer Fachmedien Wiesbaden, Wiesbaden, 2020, S. 65-110.

Kano, N.; Seraku, N.; Takahashi, F.; ichi Tsuji, S., Attractive Quality and Must-Be Quality, In: Journal of the Japanese Society for Quality Control, Nr. 2, 14. Jg., 1984, S. 147-156.

Kantelberg, J., Gestaltung agiler Entwicklungsprozesse technischer Produkte, Dissertation, RWTH Aachen, 2018.

Kern, W.; Schröder, H.-H., Forschung und Entwicklung in der Unternehmung, Rowohlt-Taschenbuch-Verl., Reinbek bei Hamburg, 1977.

Keuper, A.; Kuhn, M.; Riesener, M.; Schuh, G., Improvement of Personnel Resources Efficiency by Aid of Competency-Oriented Activity Processing Time Assessment, In: Liewald, M.; Verl, A.; Bauernhansl, T.; Möhring, H.-C. (Hrsg.): Production at the Leading Edge of Technology - Proceedings of the 12th Congress of the German Academic Association for Production Technology (WGP), University of Stuttgart, October 2022, 1st ed. 2023; Springer International Publishing; Imprint Springer, Cham, 2023, S. 717-726.

Khatib, M.; Alhosani, A.; Alhosani, I.; Matrooshi, O.; Salami, M., Simulation in Project and Program Management: Utilization, Challenges and Opportunities, In: American Journal of Industrial and Business Management, Nr. 04, 12. Jg., 2022, S. 731-749.

Kirchner, E., Werkzeuge und Methoden der Produktentwicklung, Springer Berlin Heidelberg, Berlin, Heidelberg, 2020.

Koop, A.; Moock, H., Lineare Optimierung – eine anwendungsorientierte Einführung in Operations Research, Springer Berlin Heidelberg, Berlin, Heidelberg, 2018.

Kopmann, J.; Ekrot, B.; Kock, A.; Gemünden, H., Multiprojektmanagement: Not oder Tugend? - Ergebnisse der aktuellen MPM-Benchmarking-Studie, In: projektManagement aktuell, Nr. 2, 2015. Jg., 2015, S. 31-38.

Korthals, K., Wertstromanalyse in der Produktentwicklung, 1. Aufl.; Apprimus-Verl., Aachen, 2014.

Korytkowski, P.; Malachowski, B., Competence-based estimation of activity duration in IT projects, In: European Journal of Operational Research, Nr. 2, 275. Jg., 2019, S. 708-720.

Kraus, G.; Westermann, R., Projektmanagement mit System, 6. Auflage; Springer Fachmedien Wiesbaden, Wiesbaden, 2019.

Krumm, S.; Mertin, I.; Dries, C., Kompetenzmodelle, Hogrefe, Göttingen, 2012.

Kubicek, H., Heuristische Bezugsrahmen und heuristisch angelegte Forschungsdesigns als Elemente einer Konstruktionsstrategie empirischer Forschung, In: Köhler [Hrsg. 1977], 1977, S. 3-36.

Kuhlmann, A.; Sauter, W., Innovative Lernsysteme - Kompetenzentwicklung mit Blended Learning und Social Software, Springer Berlin Heidelberg, Berlin, Heidelberg, 2008.

Kuhn, T. S., The structure of scientific revolutions, 2. ed., [Nachdr.]; Univ. of Chicago Press, Chicago, 1970.

*Kultusministerkonferenz (*2021), Handreichung für die Erarbeitung von Rahmenlehrplänen der Kultusministerkonferenz für den berufsbezogenen Unterricht in der Berufsschule und ihre Abstimmung mit Ausbildungsordnungen des Bundes für anerkannte Ausbildungsberufe. URL: https://www.kmk.org/fileadmin/veroeffentlichungen_beschluesse/2021/2021_06_17-GEP-Handreichung.pdf 29.01.2023.

Kunz, C., Strategisches Multiprojektmanagement - Konzeption, Methoden und Strukturen, 2., aktualisierte Aufl.; Dt. Univ.-Verl., Wiesbaden, 2007.

Kuruba, M., Role Competency Matrix - A Step-By-Step Guide to an Objective Competency Management System, Springer Singapore Pte. Limited, Singapore, 2019.

Kuster, J.; Bachmann, C.; Huber, E.; Hubmann, M.; Lippmann, R.; Schneider, E.; Schneider, P.; Witschi, U.; Wüst, R., Handbuch Projektmanagement - Die Zusammenarbeit der Akteure im Multiprojektmanagement: Empirische Untersuchungsergebnisse, Springer Berlin Heidelberg, Berlin, Heidelberg, 2019.

Lasso, S.; Kreye, M.; Daalhuizen, J.; Cash, P., Exploring the link between uncertainty and project activities in new product development, In: Journal of Engineering Design, Nr. 11-12, 31. Jg., 2020, S. 531-551.

Lau, C.; Dechange, A.; Flegel, T., Projektmanagement im Energiebereich, Springer Fachmedien Wiesbaden, Wiesbaden, 2013.

Leslie, C., Engineering Competency Model, In: 2016 ASEE Annual Conference & Exposition, Nr. Paper ID 16232, 2016.

Liberati, A.; Altman, D.; Tetzlaff, J.; Mulrow, C.; Gøtzsche, P.; Ioannidis, J.; Clarke, M.; Devereaux, P.; Kleijnen, J.; Moher, D., The PRISMA statement for reporting systematic reviews and meta-analyses of studies that evaluate health care interventions - Explanation and elaboration, In: PLoS medicine, Nr. 7, 6. Jg., 2009, e1000100.

Lima, R.; Tereso, A.; Faria, J., Project management under uncertainty: resource flexibility visualization in the schedule, In: Procedia Computer Science, 164. Jg., 2019, S. 381-388.

Lydén, P., Development of Cost of Delay Model to Proritise Projects, Master of Science Thesis, Chalmers University of Technology, 2014.

Mansfield, R., Building competency models: Approaches for HR professionals, In: Human Resource Management, Nr. 1, 35. Jg., 1996, S. 7-18.

March, S.; Smith, G., Design and natural science research on information technology, In: Decision Support Systems, Nr. 4, 15. Jg., 1995, S. 251-266.

Marczyk, G. R.; DeMatteo, D.; Festinger, D., Essentials of research design and methodology, John Wiley & Sons, Hoboken N.J., 2005.

*Markgraf, D. (*2018), Produktentwicklung - Definition: Was ist "Produktentwicklung". URL: https://wirtschaftslexikon.gabler.de/definition/produktentwicklung-45031/version-268331 18.01.2021.

Martín-Martín, A.; Thelwall, M.; Orduna-Malea, E.; Delgado López-Cózar, E., Google Scholar, Microsoft Academic, Scopus, Dimensions, Web of Science, and OpenCitations' COCI: a multidisciplinary comparison of coverage via citations, In: Scientometrics, Nr. 1, 126. Jg., 2021, S. 871-906.

Melchiors, P.; Leus, R.; Creemers, S.; Kolisch, R., Dynamic order acceptance and capacity planning in a stochastic multi-project environment with a bottleneck resource, In: International Journal of Production Research, Nr. 1-2, 56. Jg., 2018, S. 459-475.

Miles, M. B.; Huberman, A. M., Qualitative data analysis - An expanded sourcebook, 2. ed., [Nachdr.]; Sage, Thousand Oaks, Calif., 1994.

Mittal, Y.; Paul, V.; Sawhney, A., Methodology for Estimating the Cost of Delay in Architectural Engineering Projects: Case of Metro Rails in India, In: Journal of The Institution of Engineers (India): Series A, Nr. 2, 100. Jg., 2019, S. 311-318.

Mittelmann, H., Benchmarking Optimization Software - a (Hi)Story, In: SN Operations Research Forum, Nr. 1, 1. Jg., 2020.

Momeni, K.; Martinsuo, M., Allocating human resources to projects and services in dynamic project environments, In: International Journal of Managing Projects in Business, Nr. 2, 11. Jg., 2018, S. 486-506.

Moreira, M., Prioritizing with Cost of Delay, In: Moreira, M. E. (Hrsg.): The Agile Enterprise - Building and Running Agile Organizations, Apress, Berkeley, CA, 2017, S. 137-148.

Morgan, J. M.; Liker, J. K., The Toyota product development system - Integrating people, process, and technology, Productivity Press, New York, NY, 2006.

Müller, W., Projekt-Priorisierung in einem dynamischen und inhomogenen Projektumfeld - Erfahrungsbericht der 1&1 Internet AG, In: Projekt Magazin, Nr. 20, 2006, S. 1-12.

Müller, W.; Simon, C., Mit zwei Regelprozessen einfach zur agilen Projektorganisation,, 2014.

*Müncheberg, H. (*2015), Projektarbeit in Unternehmen weiter auf dem Vormarsch. URL: https://www.hays.de/personaldienstleistung-aktuell/presse-mitteilung/projektarbeit-in-unternehmen-weiter-auf-dem-vormarsch 06.06.2021.

North, K.; Reinhardt, K.; Sieber-Suter, B., Was ist Kompetenz ?, In: North, K.; Reinhardt, K.; Sieber-Suter, B. (Hrsg.): Kompetenzmanagement in der Praxis, Springer Fachmedien Wiesbaden, Wiesbaden, 2018, S. 35-110.

Ōno, T., Toyota production system - Beyond large-scale production, Productivity Press, New York, NY, 1988.

Oppenheim, B.; Murman, E.; Secor, D., Lean Enablers for Systems Engineering, In: Systems Engineering, Nr. 1, 14. Jg., 2011, S. 29-55.

Palan, R., Competency management - A practitioner's guide, SMR Learning & Development, Kuala Lumpur, 2003.

Papageorgiou, M.; Leibold, M.; Buss, M., Optimierung, Springer Berlin Heidelberg, Berlin, Heidelberg, 2015.

Paquin, J.; Couillard, J.; Ferrand, D., Assessing and controlling the quality of a project end product: the earned quality method, In: IEEE Transactions on Engineering Management, Nr. 1, 47. Jg., 2000, S. 88-97.

Patzak, G., Systemtechnik - Planung komplexer innovativer Systeme. Grundlagen, Methoden, Techniken, Springer Berlin Heidelberg, Berlin, Heidelberg, 1982.

Paulukuhn, L., Typologisierung von Entwicklungsprojekten im Maschinenbau, Shaker, Aachen, 2005.

Peffers, K.; Tuunanen, T.; Rothenberger, M.; Chatterjee, S., A design science research methodology for information systems research, In: Journal of Management Information Systems, Nr. 3, 24. Jg., 2007, S. 45-77.

Pfeffer, J., Lean Project Management - von der Produktion ins Projekt - Mehr Gewinn durch weniger Effizienz, In: Projekt Magazin, Nr. Ausgabe 22, 2017, S. 1-18.

Ponn, J.; Lindemann, U., Konzeptentwicklung und Gestaltung technischer Produkte, Springer Berlin Heidelberg, Berlin, Heidelberg, 2011.

Project Management Institute, A guide to the project management body of knowledge - (PMBOK® guide) ; an American National Standard ANSI-PMI 99-001-2013, 5. ed.; PMI, Newtown Square, Pa., 2013.

*Project Management Institute (*2016), Pulse of the Profession(R) 2016 - The High Cost of Low Performance 06.06.2021.

Project Management Institute, Project Management Job Growth and Talent Gap 2017–2027,, 2017.

*Project Management Institute (*2021), Pulse of the Profession(R) 2021 - Beyond Agility. URL: https://www.pmi.org/-/media/pmi/documents/public/pdf/learning/thought-leadership/pulse/pmi_pulse_2021.pdf?v=b5c9abc1-e9ff-4ac5-bb0d-010ea8f664da&sc_lang_temp=en 30.08.2021.

*Projektmagazin Glossar (*2022), Ressourcenmanagement. URL: https://www.projektmagazin.de/glossarterm/ressourcenmanagement 11.12.2022.

Rader, D. J., Deterministic operations research - Models and methods in linear optimization, Wiley, Hoboken, N.J., 2013.

Rauhut, M., Synchronisation von Entwicklungsprozessen durch Taktung, 1. Aufl.; Apprimus-Verl., Aachen, 2011.

*Redaktion Can Do (*2015), Whitepaper Ressourcenmanagement. URL: https://www.can-do.de/blog/wettbewerbsvorteile-durch-uebergreifendes-ressourcenmanagement 06.06.2021.

*Reinertsen, D. (*2005), Let it flow: how lean product development sparked a revolution 14.05.2021.

Reinertsen, D. G., The principles of product development flow - Second generation lean product development, Celeritas, Redondo Beach, Calif, 2009.

Reinhardt, K.; North, K., Transparency and Transfer of Individual Competencies – A Concept of Integrative Competence Management, In: J. UCS, 9. Jg., 2003, S. 1372-1380.

Riesener, M.; Kuhn, M.; Keuper, A.; Lauf, H.; Solanki, N.; Schuh, G., Methodology to Determine the Cost of Delay in Projects to Improve Project Prioritization2023 IEEE International Conference on Industrial Engineering and Engineering Management (IEEM), IEEE, 12/18/2023 - 12/21/2023, S. 1-5.

Riesener, M.; Kuhn, M.; Keuper, A.; Lender, B.; Schuh, G., Framework for FAMD-Based Identification of RCPSP-Constraints for Improved Project Scheduling, In: Proceedings of the Design Society, 2. Jg., 2022, S. 253-262.

Riesener, M.; Kuhn, M.; Keuper, A.; Schuh, G., Concept for competency-based resource allocation in multi-project environments, In: 4th International Conference on Management, Economics and Finance, 2021.

Riesener, M.; Kuhn, M.; Keuper, A.; Schuh, G., A literature analysis on success factors and their corresponding scientific approaches in multi-project management, In: Procedia CIRP, 119. Jg., 2023, S. 1176-1181.

Rodriguez, D.; Patel, R.; Bright, A.; Gregory, D.; Gowing, M., Developing competency models to promote integrated human resource practices, In: Human Resource Management, Nr. 3, 41. Jg., 2002, S. 309-324.

Rolf H. Möhring, Minimizing Costs of Resource Requirements in Project Networks Subject to a Fixed Completion Time, In: Operations Research, Nr. 1, 32. Jg., 1984, S. 89-120.

Roy, B.; Sen, A., Meta-heuristic Techniques to Solve Resource-Constrained Project Scheduling Problem, In: Bhattacharyya, S. (Hrsg.): International Conference on Innovative Computing and Communications - Proceedings of ICICC 2018, Volume 2, Springer, Singapore, 2019, S. 93-99.

Royce, W., Managing the development of large software systems, In: Proceedings of IEEE WESCON, Los Angeles, Nr. 26, 1970, S. 328-388.

Santos, M.; Tereso, A., On the Multi-mode, Multi-skill Resource Constrained Project Scheduling Problem – A Software Application, In: Kacprzyk, J.; Gaspar-Cunha, A.; Takahashi, R.; Schaefer, G.; Costa, L. (Hrsg.): Soft Computing in Industrial Applications, Springer Berlin Heidelberg, Berlin, Heidelberg, 2011, S. 239-248.

Sauerwein, E., Das Kano-Modell der Kundenzufriedenheit - Reliabilität und Validität einer Methode zur Klassifizierung von Produkteigenschaften, Dt. Univ.-Verl.; Gabler, Wiesbaden, 2000.

Scheuring, H., Ressourcenmanagement endlich in den Griff bekommen, In: projekt-Management aktuell, Nr. 2, 2016.

Schlößer, E., Auslegung prototypischer Produktinkremente im Kontext agiler Entwicklungsprojekte, Dissertation, RWTH Aachen; Apprimus Verlag, 2020.

Schmelzer, H. J., Organisation und Controlling von Produktentwicklungen - Praxis des wettbewerbsorientierten Entwicklungsmanagement, Schäffer-Poeschel, Stuttgart, 1992.

Schnabel, A., Heuristiken für die gewinnorientierte Planung ressourcenbeschränkter Projekte mit erweiterbaren Kapazitäten, Springer Fachmedien Wiesbaden, Wiesbaden, 2020.

Scholz, U.; Pastoors, S.; Becker, J. H.; Hofmann, D.; van Dun, R., Praxishandbuch Nachhaltige Produktentwicklung - Ein Leitfaden mit Tipps zur Entwicklung und Vermarktung nachhaltiger Produkte, 1. Aufl. 2018; Springer Berlin Heidelberg, Berlin, Heidelberg, 2018.

Schott, E.; Campana, C., Strategisches Projektmanagement, Springer, Berlin, 2005.

Schröder, C., Lohnstückkosten im internationalen Vergleich, In: IW Trends, Nr. 3, 2022.

Schuh, G., Lean Innovation, Springer Berlin Heidelberg, Berlin, Heidelberg, s.l., 2013.

Schuh, G.; Dölle, C., Sustainable Innovation, Springer Berlin Heidelberg, Berlin, Heidelberg, 2021.

Schuh, G.; Korthals, K.; Rudolf, S.; Breunig, S., Systematic waste elimination in lean product development using generic activities, In: International Journal of Product Development, Nr. 5/6, 19. Jg., 2014, S. 388.

*scikit-learn developers (*2023), 2.3. Clustering. URL: https://scikit-learn.org/stable/modules/clustering.html 06.09.2023.

Seidl, J., Multiprojektmanagement, Springer Berlin Heidelberg, Berlin, Heidelberg, 2011.

Seidl, J., Mit welchen Mitteln lässt sich die Projektlandschaft steuern? - Multiprojektmanagement im Unternehmen aufbauen, In: ProjektMagazin, Nr. 12, 2018. Jg., 2018, S. 1-10.

Shadrokh, S.; Kianfar, F., A genetic algorithm for resource investment project scheduling problem, tardiness permitted with penalty, In: European Journal of Operational Research, Nr. 1, 181. Jg., 2007, S. 86-101.

Sieber–Suter, B.; Kleeb-Fischer, H., Portfolio-Persönliches Kompetenzmanagement für Fachpersonen im Bildungsbereich und in Schulen. - Systematische Dokumentation zum Stand und zur Entwicklung des beruflichen Potenzials.,, 2010.

Simon, H. A., The sciences of the artificial, 3. ed., [Nachdr.]; MIT Press, Cambridge, Mass., 1996.

Smith, H.; Smarkusky, D., Competency matrices for peer assessment of individuals in team projects, In: Friedman, R. (Hrsg.): Proceedings of the 6th conference on Information technology education, ACM, New York, NY, USA, 2005, S. 155-162.

Snauwaert, J.; Vanhoucke, M., A new solution procedure for multi-skilled resources in resource-constrained project scheduling, In: 17th International Workshop on Project Management and Scheduling 2020/21, 2020.

Snauwaert, J.; Vanhoucke, M., A new algorithm for resource-constrained project scheduling with breadth and depth of skills, In: European Journal of Operational Research, Nr. 1, 292. Jg., 2021, S. 43-59.

Sonntag, K.; Scharper, S., Berufliche Handlungskompetenz fördern: Wissens- und verhaltensbasierte Verfahren, In: Sonntag, K. (Hrsg.): Personalentwicklung in Organisationen - Psychologische Grundlagen, Methoden und Strategien, 4., vollständig überarbeitete und erweiterte Auflage; Hogrefe, Göttingen, 2016, S. 369-411.

Spath, D.; Dangelmaier, M., Produktentwicklung Quo Vadis, In: Lindemann, U. (Hrsg.): Handbuch Produktentwicklung,, 2016, S. 1-7.

Specht, G.; Beckmann, C.; Amelingmeyer, J., F&E-Management - Kompetenz im Innovationsmanagement, 2., überarb. und erw. Aufl.; Schäffer-Poeschel, Stuttgart, 2002.

Stachowiak, H., Allgemeine Modelltheorie, Springer, Wien, 1973.

Steinle, C.; Eichenberg, T.; Ahlers, F., Handbuch Multiprojektmanagement und -controlling - Projekte erfolgreich strukturieren und steuern, 3., neu bearb. und erw. Aufl.; E. Schmidt, Berlin, 2015.

Steinle, C.; Eßeling, V.; Eichenberg, T., Handbuch Multiprojektmanagement und-controlling: Projekte erfolgreich strukturieren und steuern, Erich Schmidt Verlag GmbH & Co KG, 2010.

Strasser, J. (2020), 7 wichtige Erfolgsfaktoren für Mulitprojektmanagement. URL: https://www.theprojectgroup.com/blog/erfolgsfaktoren-multiprojektmanagement/ 07.10.2023.

Techt, U.; Schumacher, J.; Stix, G., Pragmatisches Ressourcenmanagement in einer Multiprojektumgebung. - Teil 1: Einfache Prinzipien für mehr Effizienz, In: ProjektMagazin, Nr. 22, 2011. Jg., 2011, S. 1-13.

Techt, U.; Schumacher, J.-O.; Stix, G., Pragmatisches Ressourcenmanagement in einer Multiprojektumgebung - Teil 2: Projektportfolio und Ressourcenkapazität managen, In: ProjektMagazin, Nr. 23, 2011. Jg., 2011, S. 1-13.

*Thomas Batsching (*2015), Kompetenzmodelle - Beispiele. URL: https://www.hrworks-personalwerk.de/2015/05/10/kompetenzmodelle-beispiele-competency-models-examples/ 21.08.2023.

Topic, G.; Jevtic, D., Modelling, simulation, and resource optimisation of complex development project by fusion of multiple-domain matrix and coloured Petri nets methods, In: International Journal of Simulation and Process Modelling, Nr. 1, 1. Jg., 2019, S. 51-63.

TPG - The Project Group, PMO Study 2020 Part 1,, 2020.

*TPG - The Project Group (*2021), TPG E-Kurs Taktische Ressourcenplanung - Der Weg zur erfolgreichen Abstimmung zwischen Projekt und Linie. URL: https://www.theprojectgroup.com/de/download/projekt-ressourcenplanung-einfuehren 06.06.2021.

Turner, R., A lean approach to scheduling systems engineering resources, In: CrossTalk, 2013, S. 4-7.

Ullman, D. G., The mechanical design process - [product discovery, project planning, product definition, conceptual design, product development, product support], 4. ed.; McGraw-Hill Higher Education, Boston u.a., 2010.

Ulrich, H.; Dyllick, T.; Probst, G. J. B., Management, Haupt, Bern, Stuttgart, 1984.

Ulrich, K. T.; Eppinger, S. D., Product design and development, 5. ed.; McGraw-Hill, New York, NY, 2012.

Ulrich, P.; Hill, W., Wissenschaftstheoretische Grundlagen der Betriebswirtschaftslehre Wirtschaftswissenschaftliches Studium: Zeitschrift für Ausbildung und Hochschulkontakt,, 1976, 304–309; 345-350.

v. Steinbüchel, A.; Ovcak, B., Ressourcenmanagement und Budgetoptimierung, In: Schott, E.; Campana, C. (Hrsg.): Strategisches Projektmanagement, Springer Berlin Heidelberg, Berlin, Heidelberg, 2005, S. 93-109.

van Eck, N. J.; Waltman, L., Text mining and visualization using VOSviewer, arXiv, 2011.

van Peteghem, V.; Vanhoucke, M., Heuristic Methods for the Resource Availability Cost Problem, In: Schwindt, C.; Zimmermann, J. (Hrsg.): Handbook on project management and scheduling, Springer, Cham, 2015, S. 339-359.

VDI 2206 (2020), Entwicklung cyber-physischer mechatronischer Systeme (CPMS)

VDI 2221-1 (2019), Entwicklung technischer Produkte und Systeme - Modell der Produktentwicklung

VDI 2221-2 (2019), Gestaltung individueller Produktentwicklungsprozesse

VDI 6600-2 (2009), Projektingenieur Blatt 2

Weber, M., Fahrplan für Projektmanagement in sechs Schritten - So behalten Sie Kosten, Termine und Reifegrad im Blick, Springer Fachmedien Wiesbaden, Wiesbaden, 2021.

Wei, C.-C.; Liu, P.-H.; Tsai, Y.-C., Resource-constrained project management using enhanced theory of constraint, In: International Journal of Project Management, Nr. 7, 20. Jg., 2002, S. 561-567.

Womack, J. P.; Jones, D. T., Lean thinking - Ballast abwerfen, Unternehmensgewinne steigern, [Erw. und aktualisierte Neuausg.]; Campus-Verl., Frankfurt am Main, 2004.

Wysocki, R. K., Effective project management - Traditional, agile, extreme, 7th ed.; Wiley, Indianapolis, Indiana, 2014.

Zirkler, B.; Nobach, K.; Hofmann, J.; Behrens, S., Projektcontrolling - Leitfaden für die betriebliche Praxis, Springer Fachmedien Wiesbaden, Wiesbaden, 2019.

zur Muehlen, M.; Shapiro, R., Business Process AnalyticsHandbook on Business Process Management 2, Springer, Berlin, Heidelberg, 2015, S. 243-263.

A Anhang

A.1 Liste mit der Sammlung von Kompetenzen

ID	Kompetenz	Quelle
1	Personale Kompetenz	KODE Kompetenzatlas (2017)
2	Aktivitäts- und Handlungskompetenz	KODE Kompetenzatlas (2017)
3	soziale-kommunikative Kompetenz	KODE Kompetenzatlas (2017)
4	Fach- und Methodenkompetenz	KODE Kompetenzatlas (2017)
5	Loyalität	KODE Kompetenzatlas (2017)
6	normativ-ethische Einstellung	KODE Kompetenzatlas (2017)
7	Glaubwürdigkeit	KODE Kompetenzatlas (2017)
8	Eigenverantwortung	KODE Kompetenzatlas (2017)
9	Selbstmanagement	KODE Kompetenzatlas (2017)
10	schöpferische Fähigkeit	KODE Kompetenzatlas (2017)
11	Offenheit für Veränderung	KODE Kompetenzatlas (2017)
12	Humor	KODE Kompetenzatlas (2017)
13	Mitarbeiterförderung	KODE Kompetenzatlas (2017)
14	Hilfsbereitschaft	KODE Kompetenzatlas (2017)
15	Delegieren	KODE Kompetenzatlas (2017)
16	Lernbereitschaft	KODE Kompetenzatlas (2017)
17	ganzheitliches Denken	KODE Kompetenzatlas (2017)
18	Zuverlässigkeit	KODE Kompetenzatlas (2017)
19	Disziplin	KODE Kompetenzatlas (2017)
20	Entscheidungsfähigkeit	KODE Kompetenzatlas (2017)
21	Gestaltungswille	KODE Kompetenzatlas (2017)
22	Innovationsfreudigkeit	KODE Kompetenzatlas (2017)
23	Belastbarkeit	KODE Kompetenzatlas (2017)
24	Tatkraft	KODE Kompetenzatlas (2017)
25	Mobilität	KODE Kompetenzatlas (2017)
26	Initiative	KODE Kompetenzatlas (2017)
27	Ausführungsbereitschaft	KODE Kompetenzatlas (2017)
28	Optimismus	KODE Kompetenzatlas (2017)
29	Impulsgeben	KODE Kompetenzatlas (2017)
30	soziales Engagement	KODE Kompetenzatlas (2017)

ID	Kompetenz	Quelle
31	Schlagfertigkeit	KODE Kompetenzatlas (2017)
32	ergebnisorientiertes Handeln	KODE Kompetenzatlas (2017)
33	zielorientiertes Führen	KODE Kompetenzatlas (2017)
34	Konsequenz	KODE Kompetenzatlas (2017)
35	Beharrlichkeit	KODE Kompetenzatlas (2017)
36	Konfliktlösungsfähigkeit	KODE Kompetenzatlas (2017)
37	Integrationsfähigkeit	KODE Kompetenzatlas (2017)
38	Teamfähigkeit	KODE Kompetenzatlas (2017)
39	Dialogfähigkeit und kundenorientiert	KODE Kompetenzatlas (2017)
40	Akquisitionsstärke	KODE Kompetenzatlas (2017)
41	Problemlösungsfähigkeit	KODE Kompetenzatlas (2017)
42	Beratungsfähigkeit	KODE Kompetenzatlas (2017)
43	Experimentierfreudigkeit	KODE Kompetenzatlas (2017)
44	Kommunikationsfähigkeit	KODE Kompetenzatlas (2017)
45	Kooperationsfähigkeit	KODE Kompetenzatlas (2017)
46	Beziehungsmanagement	KODE Kompetenzatlas (2017)
47	Anpassungsfähigkeit	KODE Kompetenzatlas (2017)
48	Sprachgewandtheit	KODE Kompetenzatlas (2017)
49	Verständnisbereitschaft	KODE Kompetenzatlas (2017)
50	Pflichtgefühl	KODE Kompetenzatlas (2017)
51	Gewissenhaftigkeit	KODE Kompetenzatlas (2017)
52	Wissensorientierung	KODE Kompetenzatlas (2017)
53	analytische Fähigkeiten	KODE Kompetenzatlas (2017)
54	Sachlichkeit	KODE Kompetenzatlas (2017)
55	Beurteilungsvermögen	KODE Kompetenzatlas (2017)
56	Konzeptionsstärke	KODE Kompetenzatlas (2017)
57	Organisationsfähigkeit	KODE Kompetenzatlas (2017)
58	Fleiß	KODE Kompetenzatlas (2017)
59	Systematisches, methodisches Vorgehen	KODE Kompetenzatlas (2017)
60	Projektmanagement	KODE Kompetenzatlas (2017)
61	Folgebewusstsein	KODE Kompetenzatlas (2017)
62	Lehrfähigkeit	KODE Kompetenzatlas (2017)
63	fachliche Anerkennung	KODE Kompetenzatlas (2017)
64	Fachwissen	KODE Kompetenzatlas (2017)
65	Marktkenntnisse	KODE Kompetenzatlas (2017)
66	Planungsverhalten	KODE Kompetenzatlas (2017)
67	fachübergreifende Kenntnisse	KODE Kompetenzatlas (2017)
68	Management Kompetenzen	Leslie (2016)
69	Besetzungen	Leslie (2016)
70	Informormationsfähigkeit	Leslie (2016)

ID	Kompetenz	Quelle
71	Delegieren	Leslie (2016)
72	Netzwerken	Leslie (2016)
73	Fortschrittsüberwachung	Leslie (2016)
74	Entrepreneurship	Leslie (2016)
75	Unterstützungsfähigkeit	Leslie (2016)
76	Motivationsfähigkeit	Leslie (2016)
77	Mentoring	Leslie (2016)
78	Strategische Planung	Leslie (2016)
79	Budgetplanung	Leslie (2016)
80	Zielsetzung	Leslie (2016)
81	Konfliktlösungsfähigkeit	Leslie (2016)
82	Visionsfähigkeit	Leslie (2016)
83	Ressourcenverwaltung	Leslie (2016)
84	technische Kompetenzen	Leslie (2016)
85	Ingenieurstechnische Grundlagen	Leslie (2016)
86	Design & Konstruktion	Leslie (2016)
87	Fertigungsgerechte Konstruktion	Leslie (2016)
88	Produktionswissen	Leslie (2016)
89	Professionelle Ethik	Leslie (2016)
90	Wissen über Recht und Gesetze	Leslie (2016)
91	Nachhaltigkeitsverständnis	Leslie (2016)
92	Technische Wirtschaftlichkeit	Leslie (2016)
93	Qualitätskontrolle	Leslie (2016)
94	Sicherheitskonzepte	Leslie (2016)
95	Teamarbeit	Leslie (2016)
96	Kundenorientiert	Leslie (2016)
97	Planungsverhalten, Organisation	Leslie (2016)
98	kreatives Denken	Leslie (2016)
99	Problemlösungsfähigkeit	Leslie (2016)
100	Entwicklungstätigkeit	Leslie (2016)
101	Tools, Werkzeuge	Leslie (2016)
102	Koordinieren	Leslie (2016)
103	Lesen	Leslie (2016)
104	Schreiben	Leslie (2016)
105	Mathematik	Leslie (2016)
106	Wissenschaft	Leslie (2016)
107	Kommuniaktion	Leslie (2016)
108	analytisches Denken	Leslie (2016)
109	Computerfähigkeiten	Leslie (2016)
110	zwischenmenschliche Fähigkeiten	Leslie (2016)

ID	Kompetenz	Quelle
111	Professionalität	Leslie (2016)
112	Eigeninitiative	Leslie (2016)
113	Flexibilität, Anpassungsfähigkeit	Leslie (2016)
114	Zuverlässigkeit	Leslie (2016)
115	lebenslanges Lernen	Leslie (2016)
116	Wissen (Fachkompetenz)	Bundesministerium für Bildung und Forschung (2013)
117	Fertigkeiten (Fachkompetenzen)	Bundesministerium für Bildung und Forschung (2013)
118	Sozialkompetenz(personale Kompetenz)	Bundesministerium für Bildung und Forschung (2013)
119	Selbstständigkeit(personale Kompetenz)	Bundesministerium für Bildung und Forschung (2013)
120	Fachkompetenz	Albers et al. (2009)
121	Mathematik	Albers et al. (2009)
122	Technische Mechanik	Albers et al. (2009)
123	Maschinenelemente	Albers et al. (2009)
124	Werkstoffkunde	Albers et al. (2009)
125	IT	Albers et al. (2009)
126	Fremdsprachen	Albers et al. (2009)
127	Methodenkompetenz	Albers et al. (2009)
128	Entwicklungsmethodik	Albers et al. (2009)
129	FMEA	Albers et al. (2009)
130	QFD	Albers et al. (2009)
131	Versuchsmethodik	Albers et al. (2009)
132	Statistik	Albers et al. (2009)
133	CAD	Albers et al. (2009)
134	Sozialkompetenz	Albers et al. (2009)
135	Persönliche Arbeitstechniken	Albers et al. (2009)
136	Kommunikation	Albers et al. (2009)
137	Teamfähigkeit	Albers et al. (2009)
138	Visualisierungsfähigkeiten	Albers et al. (2009)
139	Präsentationstechniken	Albers et al. (2009)
140	Führungskompetenz	Albers et al. (2009)
141	Elaborationspotential	Albers et al. (2009)
142	Umsetzungsstärke	Albers et al. (2009)
143	Kundenorientierung	Albers et al. (2009)
144	Kostenbewusstsein	Albers et al. (2009)
145	Systematische Arbeitsweise	Albers et al. (2009)
146	Entscheidungsfähigkeit	Albers et al. (2009)
147	Kreativitätspotential	Albers et al. (2009)
148	Kreativitätstechniken	Albers et al. (2009)
149	Mut zu neuen Lösungen	Albers et al. (2009)
150	Überwindung des Sicherheitsdenkens	Albers et al. (2009)

ID	Kompetenz	Quelle
151	Kontaktfähigkeit	North et al. (2018)
152	Kritik- und Konfliktfähigkeit	North et al. (2018)
153	Teamfähigkeit	North et al. (2018)
154	Zuverlässigkeit	North et al. (2018)
155	Durchsetzungsvermögen	North et al. (2018)
156	Belastbarkeit	North et al. (2018)
157	Veränderungsbereitschaft	North et al. (2018)
158	flexibilität, Anpassungsfähigkeit	North et al. (2018)
159	Risikobereitschaft	North et al. (2018)
160	Internationalität	North et al. (2018)
161	Entscheidungsfähigkeit	North et al. (2018)
162	Eigeninitiative	North et al. (2018)
163	Selbstständigkeit(personale Kompetenz)	North et al. (2018)
164	analytisches Denken	North et al. (2018)
165	Kundenorientierung	North et al. (2018)
166	unternehmerisches Handeln	North et al. (2018)
167	Ausdrucksvermögen	North et al. (2018)
168	Führungsverhalten	North et al. (2018)
169	Fachkompetenz	North et al. (2018)
170	Selbstkompetenz	North et al. (2018)
171	Sozialkompetenz (personale Kompetenz)	North et al. (2018)
172	Methodenkompetenz	North et al. (2018)
173	kommunikative Kompetenz	North et al. (2018)
174	Lernkompetenz	North et al. (2018)
175	Kreativität	North et al. (2018)
176	Innovation	North et al. (2018)
177	Neugier	North et al. (2018)
178	Arbeitsmethodik	North et al. (2018)
179	Persönliches Kompetenzmanagement	North et al. (2018)
180	Projektmanagement	North et al. (2018)
181	Organisationsentwicklung	North et al. (2018)
182	Budgetplanung	North et al. (2018)
183	Sprachlicher Ausdruck	North et al. (2018)
184	Klarheit & Transparenz	North et al. (2018)
185	Auftritt	North et al. (2018)
186	Fremdsprachen	North et al. (2018)
187	Umgang mit Social Media	North et al. (2018)
188	IT-Anwendungen	North et al. (2018)
189	Aufgabenperformance	Smith & Smarkusky (2005)
190	Ziele	Smith & Smarkusky (2005)

ID	Kompetenz	Quelle
191	Führungskompetenz	Smith & Smarkusky (2005)
192	Verhalten in Besprechungen	Smith & Smarkusky (2005)
193	Ideenaustausch	Smith & Smarkusky (2005)
194	Zuhören	Smith & Smarkusky (2005)
195	Frageverhalten	Smith & Smarkusky (2005)
196	Kommunikationsfähigkeit	Smith & Smarkusky (2005)
197	Team-Problemlösungsfähigkeit	Smith & Smarkusky (2005)
198	Wertschätzung für andere Ideen	Smith & Smarkusky (2005)
199	Prozesstreue	Smith & Smarkusky (2005)
200	Entscheidungsfähigkeit	Smith & Smarkusky (2005)
201	Eigeninitiative	Smith & Smarkusky (2005)
202	Abschlussfähigkeit	Smith & Smarkusky (2005)
203	Teamrollenverständnis	Smith & Smarkusky (2005)
204	Kooperationsfähigkeit	Smith & Smarkusky (2005)
205	Weitsichtigkeit	Smith & Smarkusky (2005)
206	Beratung von Studierenden	Henning & Isenhardt (2009)
207	didaktische Kompetenz	Henning & Isenhardt (2009)
208	Lehrfähigkeit des Dozenten	Henning & Isenhardt (2009)
209	Medienkompetenz	Henning & Isenhardt (2009)
210	Präsentationskompetenz	Henning & Isenhardt (2009)
211	Praxisbezug bzw. Praxiserfahrung	Henning & Isenhardt (2009)
212	Prüfungskompetenz	Henning & Isenhardt (2009)
213	Analysekompetenz	Henning & Isenhardt (2009)
214	Arbeitsmethoden	Henning & Isenhardt (2009)
215	Computerkenntnisse	Henning & Isenhardt (2009)
216	Entscheidungskompetenz	Henning & Isenhardt (2009)
217	Evaluationskompetenz,	Henning & Isenhardt (2009)
218	Fähigkeit zum Umgang mit Presse und Medien	Henning & Isenhardt (2009)
219	Fähigkeit zur universitären Selbstverwaltung	Henning & Isenhardt (2009)
220	Fähigkeit zur Verbindung von Forschung und Lehre	Henning & Isenhardt (2009)
221	Fähigkeit, mit Organisationen umgehen zu können	Henning & Isenhardt (2009)
222	Fähigkeit, strategisch zu denken	Henning & Isenhardt (2009)
223	Fähigkeit, systematisch zu denken	Henning & Isenhardt (2009)
224	Fertigkeiten im Informationsmanagement	Henning & Isenhardt (2009)
225	Forschungs- und Entwicklungsfertigkeiten	Henning & Isenhardt (2009)
226	Fremdsprachenkompetenz	Henning & Isenhardt (2009)
227	Handlungskompetenz	Henning & Isenhardt (2009)
228	interkulturelle Kompetenz	Henning & Isenhardt (2009)
229	Kenntnis wissenschaftlicher Methoden	Henning & Isenhardt (2009)
230	Kompetenz zur Einwerbung von Fördermitteln	Henning & Isenhardt (2009)

ID	Kompetenz	Quelle
231	Managementkompetenz	Henning & Isenhardt (2009)
232	mündliche Ausdrucksfähigkeit	Henning & Isenhardt (2009)
233	Organisationsfähigkeit	Henning & Isenhardt (2009)
234	Planungskompetenz	Henning & Isenhardt (2009)
235	Problemlösungsfähigkeit	Henning & Isenhardt (2009)
236	Produktentwicklung	Henning & Isenhardt (2009)
237	Projektmanagement	Henning & Isenhardt (2009)
238	Publikationskompetenz/ wissenschaftl. Schreiben	Henning & Isenhardt (2009)
239	Rechtskenntnisse	Henning & Isenhardt (2009)
240	Tagungs/ Veranstaltungs-organisation	Henning & Isenhardt (2009)
241	Anpassungsfähigkeit	Henning & Isenhardt (2009)
242	Auftreten	Henning & Isenhardt (2009)
243	Authentizität, Glaubwürdigkeit	Henning & Isenhardt (2009)
244	Bereitschaft zur Weiterbildung	Henning & Isenhardt (2009)
245	Durchsetzungsvermögen	Henning & Isenhardt (2009)
246	Eigeninitiative	Henning & Isenhardt (2009)
247	Engagement	Henning & Isenhardt (2009)
248	Enthusiasmus	Henning & Isenhardt (2009)
249	Erfolgsstreben	Henning & Isenhardt (2009)
250	Erreichbarkeit	Henning & Isenhardt (2009)
251	Fähigkeit für eigene Integrität zu sorgen, Mitarbeiterführung	Henning & Isenhardt (2009)
252	Fähigkeit zur Selbsteinschätzung	Henning & Isenhardt (2009)
253	Fähigkeit, als personales Modell zu dienen Motivationskompetenz	Henning & Isenhardt (2009)
254	Fähigkeit, konzentriert und diszipliziert zu arbeiten	Henning & Isenhardt (2009)
255	Fähigkeit, positiv zu denken und positives zu sehen	Henning & Isenhardt (2009)
256	Fairness	Henning & Isenhardt (2009)
257	Flexibilität	Henning & Isenhardt (2009)
258	Gleichbehandlung	Henning & Isenhardt (2009)
259	Humor	Henning & Isenhardt (2009)
260	Kostenbewusstsein	Henning & Isenhardt (2009)
261	Kreativität	Henning & Isenhardt (2009)
262	kritisches Denken	Henning & Isenhardt (2009)
263	Lernkompetenz	Henning & Isenhardt (2009)
264	Motivationskompetenz	Henning & Isenhardt (2009)
265	Nähe und Distanzfähigkeit	Henning & Isenhardt (2009)
266	Qualitätsbewusstsein	Henning & Isenhardt (2009)
267	Selbstständigkeit	Henning & Isenhardt (2009)
268	Sorgfältigkeit	Henning & Isenhardt (2009)

ID	Kompetenz	Quelle
269	Transferkompetenz	Henning & Isenhardt (2009)
270	Verantwortung	Henning & Isenhardt (2009)
271	Zeitmanagement	Henning & Isenhardt (2009)
272	Zielorientierung	Henning & Isenhardt (2009)
273	Empathie	Henning & Isenhardt (2009)
274	Ethische Verantwortung	Henning & Isenhardt (2009)
275	Fähigkeit zur Einstellung auf unterschiedliche Adressatengruppen	Henning & Isenhardt (2009)
276	Fähigkeit, in (inter)nationalen Kontext zu arbeiten	Henning & Isenhardt (2009)
277	Fähigkeit, zu beobachten und zuzuhören	Henning & Isenhardt (2009)
278	Interdisziplinarität	Henning & Isenhardt (2009)
279	Kommunikationsfähigkeit	Henning & Isenhardt (2009)
280	Konfliktmanagement	Henning & Isenhardt (2009)
281	Kritik- und Konfliktfähigkeit	Henning & Isenhardt (2009)
282	Kundenorientierung	Henning & Isenhardt (2009)
283	Motivationskompetenz	Henning & Isenhardt (2009)
284	Moderationskompetenz	Henning & Isenhardt (2009)
285	Netzwerkkompetenz	Henning & Isenhardt (2009)
286	Professioneller Umgang mit Studierenden	Henning & Isenhardt (2009)
287	Reflexionsfähigkeit	Henning & Isenhardt (2009)
288	Rhetorik	Henning & Isenhardt (2009)
289	Teamfähigkeit	Henning & Isenhardt (2009)
290	Verhandlungsgeschick	Henning & Isenhardt (2009)
291	Strategieausrichtung	DIN EN 16234-1 (2020)
292	Dienstleistungsmanagement	DIN EN 16234-1 (2020)
293	Entwicklung von Geschäftsplänen	DIN EN 16234-1 (2020)
294	Produkt-/Serviceplanung	DIN EN 16234-1 (2020)
295	Architekturspezifikation	DIN EN 16234-1 (2020)
296	Anwendungsspezifikation	DIN EN 16234-1 (2020)
297	Trendschau Technologie und Innovation	DIN EN 16234-1 (2020)
298	Nachhaltigkeitsmanagement	DIN EN 16234-1 (2020)
299	Innovation	DIN EN 16234-1 (2020)
300	Benutzererlebnis	DIN EN 16234-1 (2020)
301	Anwendungsentwicklung	DIN EN 16234-1 (2020)
302	Komponentenintegration	DIN EN 16234-1 (2020)
303	Testen	DIN EN 16234-1 (2020)
304	Lösungsimplementierung	DIN EN 16234-1 (2020)
305	Erstellen von Dokumentationen	DIN EN 16234-1 (2020)
306	Anwenderbetreuung	DIN EN 16234-1 (2020)
307	Veränderungsunterstützung	DIN EN 16234-1 (2020)

ID	Kompetenz	Quelle
308	Problemmanagement	DIN EN 16234-1 (2020)
309	Digitales Marketing	DIN EN 16234-1 (2020)
310	Datenanalyse	DIN EN 16234-1 (2020)
311	Personalentwicklung	DIN EN 16234-1 (2020)
312	Informations- und Wissensmanagement	DIN EN 16234-1 (2020)
313	Bedarfserkennung	DIN EN 16234-1 (2020)
314	Prognoseerstellung	DIN EN 16234-1 (2020)
315	Projekt- und Portfoliomanagement	DIN EN 16234-1 (2020)
316	Risikomanagement	DIN EN 16234-1 (2020)
317	Management von Geschäftsbeziehungen	DIN EN 16234-1 (2020)
318	Prozessoptimierung	DIN EN 16234-1 (2020)
319	Management von Geschäftsveränderungen	DIN EN 16234-1 (2020)
320	Sprache	Stellenanzeigen
321	Kommunikationsfähigkeit	Stellenanzeigen
322	Teamfähigkeit	Stellenanzeigen
323	eigenständige Arbeitsweise	Stellenanzeigen
324	organisatorische und strukturierte Arbeitsweise	Stellenanzeigen
325	zielorientierte Arbeitsweise	Stellenanzeigen
326	eigenverantwortlichkeit/ Verantwortungsfähigkeit	Stellenanzeigen
327	Durschsetzungsvermögen	Stellenanzeigen
328	analytische fähigkeiten	Stellenanzeigen
329	Problemlösungsfähigkeiten	Stellenanzeigen
330	Führungskompetenz	Stellenanzeigen
331	Motivation	Stellenanzeigen
332	souveränes Auftreten	Stellenanzeigen
333	interkulturelle Kompetenz	Stellenanzeigen
334	Interdisziplinarität	Stellenanzeigen
335	Verhandlungsgeschick	Stellenanzeigen
336	Kreativität	Stellenanzeigen
337	sorgfältige Arbeitsweise	Stellenanzeigen
338	Einstellung	Use Case Rheinmetall @Batsching (2015)
339	Belastbarkeit	Use Case Rheinmetall @Batsching (2015)
340	Aufgeschlossenheit	Use Case Rheinmetall @Batsching (2015)
341	Integrationsfähigkeit	Use Case Rheinmetall @Batsching (2015)
342	Kommunikations- & Konfliktfähigkeit	Use Case Rheinmetall @Batsching (2015)
343	Sensibilität	Use Case Rheinmetall @Batsching (2015)
344	interkulturelle Kompetenz	Use Case Rheinmetall @Batsching (2015)
345	Steuerung von Mitarbeitenden	Use Case Rheinmetall @Batsching (2015)
346	Einschätzung von Leistungen der Mitarbeitenden	Use Case Rheinmetall @Batsching (2015)

ID	Kompetenz	Quelle
347	Beurteilung von Entwicklungspotenzialen der Mitarbeitenden	Use Case Rheinmetall @Batsching (2015)
348	Strukturierungsfähigkeit	Use Case Rheinmetall @Batsching (2015)
349	Innovationsfähigkeit	Use Case Rheinmetall @Batsching (2015)
350	Umsetzungsfähigkeit	Use Case Rheinmetall @Batsching (2015)
351	Visionäres und strategisches Denken	Use Case Rheinmetall @Batsching (2015)
352	Kundenorientierung	Use Case Rheinmetall @Batsching (2015)
353	Gewinnorientierung	Use Case Rheinmetall @Batsching (2015)
354	Entscheidungskraft & Risikobereitschaft	Use Case Rheinmetall @Batsching (2015)

A.2 Beispielhafte Kompetenzsteckbriefe

Kompetenzname	Beschreibung
Analytisches Denken	Kann intellektuelle Prozesse, die sich nach allgemeinen logischen und formalisierbaren Regeln auf naturwissenschaftlich theoretisch-fundiertem technischen Wissen aufbauen, in abstrakter Form verstehen und logische Schlussfolgerungen ziehen.
Kategorie	
☒ ☐ ☐ ☐	

Wissen Stufe 1	Wissen Stufe 2	Wissen Stufe 3	Wissen Stufe 4	Wissen Stufe 5
W1.1: Kennt Methoden der Daten- und Textanalyse	W2.1: Kennt Methoden zur Erstellung von Machbarkeitsanalysen W2.2: Kennt verschiedene Ursache-Wirkungsmodelle	W3.1: Ist geübt in Problem- und Schadensanalysen	W4.1: Kennt die unterschiedlichen Standpunkte der Steakholder	W5.1: Kennt mathematische Modelle, um Probleme aus der Praxis abzubilden

Fertigkeiten Stufe 1	Fertigkeiten Stufe 2	Fertigkeiten Stufe 3	Fertigkeiten Stufe 4	Fertigkeiten Stufe 5
F1.1: Kann Abweichungen zwischen Soll- und Ist-Werten gegensteuern F1.2: Erkennt Auffälligkeiten in Datensätzen F1.3: Erkennt Argumentationsstruktur in Texten	F2.1: Ordnet und verknüpft Zusammenhängen durch ein regelgeleitetes und logisches Vorgehen F2.2: Erkennt den Unterschied zwischen einer Korrelation und einer Kausalität F.2.3: Bewertet die Gültigkeit der Prämissen einer Argumentation	F3.1: Betreibt eine systematisch-analytische Fehlersuche F3.2: Zerlegt Probleme in einzelne Elemente und grenzt Problemfelder ein F3.3: Ist aufmerksam gegenüber persönlichen wie fachlichen Bias	F4.1: Führt Perspektivwechsel durch und betrachtet Argumentationen und Lösungsvorschläge aus verschiedenen Blickwinkeln F4.2: Erkennt limitierende Ressourcen und Rahmenbedingungen F4.3: Argumentiert konsistent und evidenzbasiert	F5.1: Schätzt Eintrittswahrscheinlich-keiten fundiert ab

Kompetenzname	Beschreibung
Strategisches Denken	Ist in der Lage in komplexen Situationen langfristige Ziele zu identifizieren, klare Visionen zu entwickeln und systematisch Maßnahmen zu planen und umzusetzen, um diese Ziele zu erreichen.
Kategorie	
☒ ☐ ☐ ☐	

Wissen Stufe 1	Wissen Stufe 2	Wissen Stufe 3	Wissen Stufe 4	Wissen Stufe 5
W1.1: Ist sich der Bedeutung von langfristiger Planung bewusst W1.2: Versteht strategische Konzepte	W2.1: Ist vertraut mit Bewertungs- und Evaluierungsmodellen	W3.1: Kennt Methoden der Risikoanalyse	W4.1: Hat eine klare Übersicht über die verfügbaren Ressourcen W4.2: Ist vertraut mit der aktuellen Marksituation und Aufstellung des Unternehmens	W5.1: Ist sicher im Umgang mit den Methoden und Modellen der langfristigen Strategieentwicklung

Fertigkeiten Stufe 1	Fertigkeiten Stufe 2	Fertigkeiten Stufe 3	Fertigkeiten Stufe 4	Fertigkeiten Stufe 5
F1.1: Versteht Zusammenhänge zwischen verschiedenen strategischen Elementen F1.2: Identifiziert strategische Ziele und baut seine Handlungsschritte auf bekannten Konzepten auf	F2.1: Ist in der Lage gründliche Bewertung der aktuellen Gegebenheiten und zukünftigen Entwicklungen zu erstellen F2.2: Ordnet Sachverhalte in den richtigen Kontext ein F2.3: Schreibt Problemen die richtige Relevanz zu	F3.1: Analysiert verschiedene Optionen und Handlungsalternativen F3.2: Kann komplexe strategische Pläne entwickeln und umsetzen F3.3: Antizipiert rechtzeitig mögliche Risiken F3.4: Geht offen mit Unwissenheit und fehlenden Informationen um	F4.1: Nutzt Ressourcen effizient F4.2: Reagiert flexibel auf Veränderungen F4.3: Berücksichtigt frühzeitig langfristige Auswirkungen	F5.1: Richtet die Organisation / Abteilung erfolgreich auf langfristige Visionen aus

Kompetenzname	Beschreibung
Kreatives Denken	Ist in der Lage, vielfältige, innovative und originelle Ideen zu generieren, Probleme auf unkonventionelle Weisen anzugehen und Lösungen zu finden, die bisher nicht erkannt wurden. Die Person hat eine offene, erforschende Denkweise, die es ermöglicht, traditionelle Denkmuster zu durchbrechen und neue Perspektiven einzunehmen.
Kategorie: ☒ ☐ ☐ ☐	

Wissen Stufe 1	Wissen Stufe 2	Wissen Stufe 3	Wissen Stufe 4	Wissen Stufe 5
W1.1: Verfügt über Brainstorming Methoden W1.2: Er ist mit Recherchetechniken vertraut	W2.1: Verfügt über ein interdisziplinäres Wissen W2.2: Ist sicher im Umgang mit Prognosemethoden	W3.1: Besitzt umfangreiche Expertise in der Datenanalyse W3.2: Beherrscht eine eloquente Ausdrucksweise	W4.1: Ist sich seiner Voreingenommenheit bewusst	W5.1: Ist vertraut mit dem gesamten Arbeitsprozess W5.2: Verfügt über ein tiefgreifendes technisches Verständnis

Fertigkeiten Stufe 1	Fertigkeiten Stufe 2	Fertigkeiten Stufe 3	Fertigkeiten Stufe 4	Fertigkeiten Stufe 5
F1.1: Ist gut in der Informationsbeschaffung und Recherche F1.2: Erkennt relevante Informationen F1.3: Ist experimentierfreudig	F2.1: Kombiniert Wissen und erkennt Parallelen aus verschiedenen Fachbereichen F2.2: Betrachtet Sachverhalte aus verschiedenen Blickwinkeln F.2.3: Stellt Verknüpfungen zwischen verschiedenen Konzepten her	F3.1: Evaluiert Anwendbarkeit von neuen Ideen und Ansätzen F3.2: Kann Zusammenhänge verständlich visualisieren und kommunizieren F3.3: Hat eine gute räumliche Vorstellungskraft	F4.1: Unterscheidet klar zwischen Fakten und Bewertungen F4.2: Hinterfragt Routinen und gewohnte Verhaltensmuster kritisch F4.3: Sucht nach Beweisen von Erklärungen F4.4: Setzt Ideen in Konzepte um F4.5: Ist offen für Feedback	F5.1: Erkennt schnell welche Ideen zielführend sind und dem aktuellen Prozess einen positiven Mehrwert bringen F5.2: Integriert Ideen schnell in den Arbeitsprozess F5.3: Ist sich schnell der Grenzen der Umsetzbarkeit bewusst

Kompetenzname	Beschreibung
Ganzheitliches Denken	Ist in der Lage, Situationen zu verstehen, die durch eine Vielzahl unterschiedlicher, miteinander vernetzter Einflussfaktoren und eine hohe Dynamik gekennzeichnet sind. Auf dieser Basis werden geeignete Handlungsmöglichkeiten abgeleitet, wobei alle relevanten Faktoren in die Betrachtung einbezogen werden und durch ein tiefes Verständnis keine Nebenwirkungen außer Acht gelassen werde.
Kategorie: ☒ ☐ ☐ ☐	

Wissen Stufe 1	Wissen Stufe 2	Wissen Stufe 3	Wissen Stufe 4	Wissen Stufe 5
W1.1: Kennt die zentralen Vorgänge im Unternehmen	W2.1: Ist vertraut mit dem gesamten Produktkreislauf W2.2: Kennt die wichtigsten Ansprechpartner	W3.1: Kennt externe und interne Einflussfaktoren W3.2: Ist mit den geläufigsten Herausforderungen vertraut	W4.1: Versteht die Wechselwirkung der Einflussfaktoren	W5.1: Ist immer über neue Trends informiert W5.2: Kennt den aktuellen Stand der Projekte

Fertigkeiten Stufe 1	Fertigkeiten Stufe 2	Fertigkeiten Stufe 3	Fertigkeiten Stufe 4	Fertigkeiten Stufe 5
F1.1: Identifiziert Probleme F1.2: Nimmt unterschiedliche Blickwinkel ein F1.3: Grenz das System sinnvoll ab F1.4: Leitet Schlüsselfaktoren richtig ab	F2.1: Versteht Zusammenhänge und Spannungsfelder von Problemsituation F2.2: Sieht zeitliche Abhängigkeiten	F3.1: Erarbeitet Gestaltungs- und Lenkungsmöglichkeiten F3.2: Verliert vermeintlich unwichtige Nebenwirkungen nicht aus dem Blick F3.3: Ermittelt die Verhaltensmuster von nicht lenkbaren Einflüssen F3.4: Legt Identifikatoren der Zielerreichung fest	F4.1: Beurteilt mögliche Problemlösungen treffend im Gesamtkontext F4.2: Denken in Konstellationen im Gegensatz zu Punktzielen F4.3: Stellt systemische Lenkungsregeln sicher	F5.1: Setzt Problemlösungen um F5.2: Stellt die Fortschrittskontrolle sicher F5.3: Kommuniziert nötigen Handlungsbedarf eindeutig

Kompetenzname	Beschreibung
Wissensmanagement	Identifiziert Informationen und Wissen mit Relevanz für die Organisation und entwickelt Prozesse und Strukturen zur Verwaltung von Informationen und Wissen. Erstellt eine Informationsstruktur, die die Nutzung, Optimierung und gemeinsame Nutzung der Informationen ermöglicht. Versteht geeignete Werkzeuge zur Anwendung bei der Erstellung, Extraktion, Pflege, Erneuerung und Verbreitung von geschäftlichen Informationen, um Nutzen aus dem Informationsvermögen zu ziehen.
Kategorie ☐ ☒ ☐ ☐	

Wissen Stufe 1	Wissen Stufe 2	Wissen Stufe 3	Wissen Stufe 4	Wissen Stufe 5
W1.1: Ist sich der Wichtigkeit der Wissensweitergabe bewusst	W2.1: Beherrscht Grundsätze der Zusammenarbeit und Werkzeuge für die Kommunikation und den Informationsaustausch	W3.1: Kennt technische Lösungen für die Speicherung und Abfrage von Informationen W3.2: Bleibt kontinuierlich informiert über Erweiterungen der Wissensstände	W4.1: Ist sich dem Unterschied zwischen implizitem und explizitem Wissen bewusst	W5.1: Ist vertraut mit den gesetzlichen Vorschriften (IPR, GDPR)
Fertigkeiten Stufe 1	**Fertigkeiten Stufe 2**	**Fertigkeiten Stufe 3**	**Fertigkeiten Stufe 4**	**Fertigkeiten Stufe 5**
F1.1: Unterstützt die Gemeinschaft, um Wissen und Informationen weiterzugeben und kritisch zu beurteilen.	F2.1: Trägt strukturiert interne und externe Wissensanfragen zusammen	F3.1: Fasst relevante Informationen und Erkenntnisse in dokumentierten Formaten oder Protokollen zusammen F3.2: Pflegt die Datenbanken	F4.1: Überträgt Handlungspraktiken in strukturierte Informationen F4.2: Stellt Möglichkeiten bereit implizites Wissen zu transferieren	F5.1: Motivieren und ermutigen von Personen zum Austausch und zur Mitteilung von Wissen F5.2: Gibt strategische Anleitung bei der Abstimmung der Informations- und Wissensstrategie mit der Strategie der Organisation

Kompetenzname	Beschreibung
Zeitmanagement	Geht effektiv mit der begrenzten Ressource Zeit um. Kann Aufgaben und Aktivitäten planen, organisieren, priorisieren und steuern, um produktivere Ergebnisse zu erzielen.
Kategorie ☐ ☒ ☐ ☐	

Wissen Stufe 1	Wissen Stufe 2	Wissen Stufe 3	Wissen Stufe 4	Wissen Stufe 5
W1.1: Kennt seinen eigenen Tagesrhythmus, um seine persönliche Zeit am effektivsten nutzen zu können	W2.1: Kennt alle nötigen Handlungsschritte W2.2: Kennt die Vorgänge, die auf dem kritischen Pfad liegen	W3.1: Ist sich dem Zeitaufwand der Aufgaben bewusst W3.2: Hat Erfahrung mit typischen Verzögerungen im Zeitplan	W4.1: Hat einen Überblick über den aktuellen Stand W4.2: Kennt die Stärken seiner Mitarbeitenden	W5.1: Kennt bei komplexen Projekten die Abhängigkeiten verschiedener Arbeitspakete
Fertigkeiten Stufe 1	**Fertigkeiten Stufe 2**	**Fertigkeiten Stufe 3**	**Fertigkeiten Stufe 4**	**Fertigkeiten Stufe 5**
F1.1: Vermeidet unnötige Arbeitsunterbrechungen F1.2.: Bündelt ähnliche Tätigkeiten	F2.1: Teilt die Arbeit in passende Aufgabenpakete ein F2.2: Identifiziert die wichtigsten Aufgaben und weist diesen die richtigen Prioritäten zu	F3.1: Erstellt einen klaren Zeitplan, der Aufgaben und Aktivitäten in angemessene Zeiträume aufteilt F3.2: Plant einen nicht zu großen und nicht zu kleinen Puffer ein F3.3: Identifiziert Aufgaben mit Zeiteinsparungspotenzial	F4.1: Erkennt frühzeitig wenn der Zeitplan nicht eingehalten werden kann F4.2: Reagiert flexibel und steuert frühzeitig mit den passenden Mitteln gegen Verzögerungen F4.3: Kann Arbeit gut delegieren, und schätzt dabei die von den Mitarbeitenden benötigte Zeit treffend ein	F5.1: Behält bei langfristigen Projekten den Überblick und hat die notwendige Weitsicht

Kompetenzname

Organisationsfähigkeit

Kategorie

☐ ☒ ☐ ☐

Beschreibung

Ist in der Lage, die verschiedenen limitierenden Ressourcen eines Projektes zu erkennen, zu priorisieren, kontinuierlich zu überwachen und den Projektablauf anzupassen, um das definierte Ziel erfolgreich zu erreichen. Mögliche Risiken werden erkannt und Maßnahmen zur Risikominimierung frühzeitig eingeleitet.

Wissen Stufe 1	Wissen Stufe 2	Wissen Stufe 3	Wissen Stufe 4	Wissen Stufe 5
W1.1: Ist sich der Bedeutung einer organisierten Arbeitsweise bewusst	W2.1: Kennt Methoden zur Strukturierung von Projekten und Aufgaben	W3.1: Überblickt mehrere Projektvorgänge W3.2: Kennt die verfügbaren Ressourcen	W4.1: Ist firm im Umgang mit verschiedensten Organisationsmethoden W4.2: Ist sich der Engpässe bewusst	W5.1: Kennt die langfristigen Ziele der Organisation

Fertigkeiten Stufe 1	Fertigkeiten Stufe 2	Fertigkeiten Stufe 3	Fertigkeiten Stufe 4	Fertigkeiten Stufe 5
F1.1: Führt Aufgaben in geordneter Weise durch	F2.1: Plant und strukturiert Aufgaben effektiv F2.2: Identifiziert wichtige Aufgaben F2.3: Ist in der Lage die notwendigen nächsten Schritte zu erkennen	F3.1: Übernimmt die Leitung verschiedener Projekte F3.2: Koordiniert Ressourcen effizient F3.3: Kommuniziert Aufgabenverteilungen klar F3.4: Dokumentiert Projektfortschritte für eine klare Rückverfolgbarkeit	F4.1: Ist in der Lage komplexe Aufgaben und Projekte zu organisiere F4.2: Delegiert Aufgabe und Unterstützt das Team bei der Organisation der Abläufe F4.3: Identifiziert Risiken und erarbeitet Lösungsansätze	F5.1: Entwickelt Organisationsstrategien auf globaler Ebene F5.2: Geht agil auf Änderungen im dynamischen Umfeld ein

Kompetenzname

Technisches Konzipieren

Kategorie

☐ ☐ ☒ ☐

Beschreibung

Kann aus technischen Herausforderungen neue Produktanforderungen erkennen und ist in der Lage, durch kreative Ansätze geeignete Konzepte zur Erfüllung der Anforderungen zu entwickeln.

Wissen Stufe 1	Wissen Stufe 2	Wissen Stufe 3	Wissen Stufe 4	Wissen Stufe 5
W1.1: Grundlegendes Verständnis für die Produktentwicklung und Konstruktionsprozesse W1.2: Hat begrenztes Wissen über Materialien und Fertigungsverfahren	W2.1: Hat ein erweitertes Wissen über Materialien und Fertigungsverfahren W2.2: Kennt die Markt- und Kundenanforderungen	W3.1: Verfügt über Kenntnisse in der Kostenkalkulation und Projektplanung W3.2: Hat Erfahrung in der Zusammenarbeit mit interdisziplinären Teams	W4.1: Hat Erfahrung in der Leitung und Umsetzung komplexer Produktentwicklungs-projekte W4.2: Verfügt über ein umfassendes Wissen über Materialien und Fertigungstechnologien	W5.1: Gestaltet und definiert langfristige Innovationsstrategien W5.2: Hat ein breites interdisziplinäres Fachwissen

Fertigkeiten Stufe 1	Fertigkeiten Stufe 2	Fertigkeiten Stufe 3	Fertigkeiten Stufe 4	Fertigkeiten Stufe 5
F1.1: Kann einfache technische Konzepte entwickeln und umsetzen	F2.1: Versteht Kundenbedürfnisse F2.2: Entwickelt innovative Lösungsansätze und Konzepte F2.3: Berücksichtigt Kundenrückmeldungen	F3.1: Schätzt Kosten für Materialien, Arbeitskräfte und Ressourcen treffend ab F3.2: Kommuniziert Ideen und Konzepte klar F3.3: Erkennt Risiken frühzeitig	F4.1: Leitet Teams von Fachleuten	F5.1: Findet kreative Lösungen für technische Herausforderungen F5.2: Stellt sicher, dass Zeitplan und das Budget einhalten wird

Kompetenzname	Beschreibung
Konstruktion	Verfügt über die Fähigkeit, detaillierte und funktionale Pläne, Modelle oder Entwürfe für Produkte, Bauteile oder Systeme zu erstellen. Hat ein tieferes Verständnis von Materialien, Toleranzen, Fertigungsprozessen und die Anwendung von CAD-Software, um effiziente und qualitativ hochwertige Konstruktionen zu entwickeln.
Kategorie ☐ ☐ ☒ ☐	

Wissen Stufe 1	Wissen Stufe 2	Wissen Stufe 3	Wissen Stufe 4	Wissen Stufe 5
W1.1: Verständnis für die Grundlagen der Konstruktionsprinzipien W1.2: Grundlegende Kenntnisse in CAD-Software	W2.1: Kennt viele Materialien und ihre Eigenschaften W2.2: Hat ein Verständnis für die Toleranzen der verschiedenen Fertigungsprozesse	W3.1:Besitzt erweiterte Simulationskenntnisse W3.2: Verfügt über ein Verständnis von Kostenaspekten W3.3: Kennt die wichtigsten Normen und rechtlichen Vorschriften	W4.1: Umfangreiches Wissen über CAD-Software und Spezialisierung auf bestimmte Tools W4.2: Kennt die Anforderungen der Fertigungsprozesse	W5.1: Ist Experte in CAD-Programmen W5.2: Erfahrung in der strategischen Planung von Produktentwicklungs-projekten

Fertigkeiten Stufe 1	Fertigkeiten Stufe 2	Fertigkeiten Stufe 3	Fertigkeiten Stufe 4	Fertigkeiten Stufe 5
F1.1: Erstellt einfache Bauteile oder Baugruppen	F2.1: Erstellt fertigungsgerechte Konstruktionen F2.2: Kann komplexere Baugruppen entwerfen und modellieren	F3.1: Kann die Anwendbarkeit der Konstruktionen testen F3.2: Berücksichtigt externe Beschränkungen	F4.1: Leitet Konstruktionsprojekte F4.2: Schult Teammitgliedern F4.3: Betreibt Forschung zu neuen Technologien und Materialien	F5.1: Leistet Beiträge zur Entwicklung von Branchenstandards und Best Practices

Kompetenzname	Beschreibung
Programmieren	Ist in der Lage Programmcode zur Lösung einer Aufgabe zu erzeugen. Berücksichtigt dabei relevante Anforderungen und spezifische Randbedingungen durch alle beteiligten Stakeholder. Ist in der Lage Fehler zu identifizieren und Softwaretests auszuführen. Bei der Gestaltung des Quellcodes werden Programmierstil, Benutzerfreundlichkeit, Wiederverwendbarkeit und Wartbarkeit berücksichtigt.
Kategorie ☐ ☐ ☒ ☐	

Wissen Stufe 1	Wissen Stufe 2	Wissen Stufe 3	Wissen Stufe 4	Wissen Stufe 5
W1.1: Kennt Grundlegende Strukturen in der Programmierung (Variablen, Schleifen und Bedingungen etc.) W1.2: Hat grundlegende Kenntnisse in einer Programmiersprache wie Python oder JavaScript	W2.1: Besitzt vertiefte Kenntnisse in einer oder mehreren Programmiersprachen W2.2: Hat Erfahrung in der Arbeit mit Datenstrukturen und Algorithmen	W3.1: Hat Expertise in einer oder mehreren Programmiersprachen und Frameworks W3.2: Ist sachkundig in der Fehlerbehebung und Optimierung von Code W3.3: Hat Kenntnis von Softwarearchitektur und Designmuster	W4.1: Verfügt über umfangreiches Wissen in verschiedenen Programmiersprachen und Technologien W4.2: Hat Erfahrung in der Leitung von Softwareentwicklungs-projekten W4.3: Ist Vertraut mit den grundlegendenrechtlichen Vorschriften (z.B. DSGVO)	W5.1: Hat Erfahrung in der Entwicklung komplexer und hochsicherer Systeme W5.2: Ist Vertraut mit den rechtlichen Vorschriften

Fertigkeiten Stufe 1	Fertigkeiten Stufe 2	Fertigkeiten Stufe 3	Fertigkeiten Stufe 4	Fertigkeiten Stufe 5
F1.1: Kann leichten Code verstehen und etwas anpassen F1.2: Kann einfache Anwendungen schreiben	F2.1: Entwickelt Softwarekomponenten und einfachen Anwendungen F2.2: Zerlegt komplexe Probleme in kleinere Teilaufgaben und entwickelt Algorithmen zur Lösung der Teilprobleme	F3.1: Kann komplexer Softwareanwendungen entwickeln F3.2: Verfolgt Trends in der Programmierung	F4.1: Entwickelt skalierbare und sichere Anwendungen F4.2: Leistet Beiträge zur Open-Source-Community oder zur Entwicklung von Entwicklungsstandards	F5.1: Identifiziert und Behebt Sicherheitsrisiken F5.2: Entwickelt Strategien zur Risikominderung und -kontrolle

Kompetenzname	Beschreibung
Teamfähigkeit	Ist kooperationsfähig und integriert die eigene Person in ein Team. Ist kompromissfähig und unterstützt Konsensentscheidungen und übernimmt Verantwortung in der Gruppe. Darüber hinaus zeigt die Person Extraversion, indem sie andere Teammitglieder bei der Erreichung gemeinsamer Ziele unterstützt.
Kategorie: ☐ ☐ ☐ ☒	

Wissen Stufe 1	Wissen Stufe 2	Wissen Stufe 3	Wissen Stufe 4	Wissen Stufe 5
W1.1: Ist sich der Bedeutung von Kooperation und Kommunikation in einem Team bewusst	W2.1: Kennt Feedbackmethoden und Evaluationsansätze W2.2: Ist mit den Prinzipien und Regeln zur Moderation W.2.3: Kennt Normen und Werte unterschiedlicher Kulturen und sozialer Gruppen	W3.1: Kennt Konfliktlösungsmethoden W3.2: Besitzt eine gute Menschenkenntnis	W4.1: Besitzt eine ausgeprägte emotionale Intelligenz W4.2: Kennt strategische Planungsmethoden	W5.1: Besitzt ein tiefgehendes, weitsichtiges Verständnis in vielen übergreifenden Bereichen

Fertigkeiten Stufe 1	Fertigkeiten Stufe 2	Fertigkeiten Stufe 3	Fertigkeiten Stufe 4	Fertigkeiten Stufe 5
F1.1: Erledigt Aufgaben in kleineren Gruppen problemfrei	F2.1: Kann mit Kritik umgehen F2.2: Unterstützt die Entwicklung von Kollegen durch konstruktive Kritik F2.3: Arbeitet effektiv in größeren und komplexeren Gruppen F2.4: Trägt aktiv zu Austausch und Diskussionen bei	F3.1: Bringt sich aktiv ein und ist in den richtigen Momenten durchsetzungs- und oder anpassungsfähig F3.2: Beherrscht eine schnelle Situationsanalyse F3.3: Löst effektiv interne Konflikte F3.4: Leitet Teamzusammenarbeiten	F4.1: Leitet aktiv die Teamorganisation F4.2: Setzt Teamziele und entwickelt Strategien zur Erreichung dieser Ziele	F5.1: Gestaltet Teams strategisch, um spezifische organisatorische oder projektbezogene Ziele zu erreichen F5.2: Hat einen bedeutenden Einfluss auf die Teamkultur und die organisatorische Effizienz

Kompetenzname	Beschreibung
Kommunikationsfähigkeit	Kann Informationen in vielfältigen Formen, darunter verbale, schriftliche und nonverbale, klar und wirkungsvoll kommunizieren und zeigt die Fähigkeit zu aktivem Zuhören und angemessener Reaktion.
Kategorie: ☐ ☐ ☐ ☒	

Wissen Stufe 1	Wissen Stufe 2	Wissen Stufe 3	Wissen Stufe 4	Wissen Stufe 5
W1.1: Ist sich im Klaren über seine Körpersprache W1.2: Ist sich seines Fachwissens bewusst W1.3: Verfügt über ein gutes Leseverständnis	W2.1: Spricht flüssig Englisch W2.2: Verfügt über emotionale Intelligenz und Empathie	W3.1: Ist mit der Fachterminologie vertraut W3.2: Verfügt über verschiedenen Präsentationstechniken	W4.1: Beherrscht Verhandlungsstrategien W4.2: Ist mit den Prinzipien und Regeln zur Moderation vertraut W4.3: Besitzt eine hohe Überzeugungskraft	W5.1: Ist geübt in dem Umgang verschiedener Konfliktlösungsmethoden

Fertigkeiten Stufe 1	Fertigkeiten Stufe 2	Fertigkeiten Stufe 3	Fertigkeiten Stufe 4	Fertigkeiten Stufe 5
F1.1: Geht in einem Gespräch auf den Wissenstand des Gesprächspartners ein F1.2: Vermittelt in Gesprächen Vertrauen und Respekt F1.3: Tritt mit einer positiven Körpersprache auf F1.4: Filtert die wichtigsten Inhalte aus Texten und kann diese paraphrasiert wiedergeben	F2.1: Integriert aktiv alle Teammitglieder in die Konversation F2.2: Kann bei kulturellen Unterschieden vermitteln	F3.1: Kann komplexe Sachverhalte prägnant zusammenfassen und verständlich vermitteln F3.2: Interpretiert Informationen richtig F3.3: Hält Präsentationen vor einem großen Publikum selbstbewusst	F4.1: Moderiert Diskussionen souverän F4.2: Überzeugt andere von seiner Vision	F5.1: Vermittelt in Konflikt- und Krisensituationen F5.2: Steigert die Motivation und das Verständnis für erforderliche Maßnahmen durch kontinuierliche Updates.

A.3 Liste mit der Sammlung von generischen Aktivitäten in der Produktentwicklung

Neben den Aktivitäten ist in nachfolgender Liste zu sehen, welchem Cluster die Aktivität zugeordnet ist (siehe Abbildung 5-23).

ID	Aktivität	Quelle	Cluster-Nr.
1	Vorentwicklung	Fledhusen & Grote (2013)	3
2	Analysieren der Markt- Unternehmens- und Umfeldsituation	Fledhusen & Grote (2013)	12
3	Klären der Aufgabe	Fledhusen & Grote (2013)	7
4	Erarbeiten der Anforderungsliste	Fledhusen & Grote (2013)	7
5	Festlegen der Anforderungsliste	Fledhusen & Grote (2013)	5
6	Marktchancen formulieren	Ulrich & Eppinger (2012)	4
7	Marktsegmente definieren	Ulrich & Eppinger (2012)	11
8	Produktarchitektur vordenken	Ulrich & Eppinger (2012)	3
9	Neue Technologien bewerten	Ulrich & Eppinger (2012)	8
10	Machbarkeit von Technologien nachweisen	Ulrich & Eppinger (2012)	1
11	Produktideen entwickeln	Ullman (2010)	8
12	Technology-Push identifizieren	Ullman (2010)	1
13	Market-Pull identifizieren	Ullman (2010)	11
14	Notwendige Produktanpassungen identifizieren	Ullman (2010)	1
15	Marktanalyse	In Anlehnung an Hinsch (2013)	11
16	Recherche wie andere Anbieter Aufgabe lösen	In Anlehnung an Hinsch (2013)	14
17	Benchmark	In Anlehnung an Hinsch (2013)	14
18	Analyse der Gesetze und Normen	Praixsbeispiel (Maschinenhersteller)	11
19	Trendmärkte bestimmen	Praixsbeispiel (Anlagenbau)	4
20	Ländermärkte beschreiben	Praixsbeispiel (Anlagenbau)	11
21	Bestimmen Erfolgsfaktoren für Ländermärkte	Praixsbeispiel (Anlagenbau)	11
22	Bestimmen eigener Kompetenzen	Praixsbeispiel (Anlagenbau)	6
23	Analysieren Kompetenzen und „Strategien" von Konkurrenten	Praixsbeispiel (Anlagenbau)	7
24	Technologiebetrachtung auf Produktebene	Praixsbeispiel (Anlagenbau)	8
25	Erfassen Marktregeln	Praixsbeispiel (Anlagenbau)	4
26	Abschätzung eigenes Marktpotenzial	In Anlehnung an Kantelberg (2018)	11
27	Wirtschaftlichkeit validieren und Umsetzung planen	Kantelberg (2018)	6
28	Konzeptentwicklung	Fledhusen & Grote (2013)	13
29	Auswählen von Produktideen	In Anlehnung an Kantelberg (2018)	7
30	Formulieren eines Produktvorschlags	Fledhusen & Grote (2013)	8
31	Ermitteln der Funktionen	Fledhusen & Grote (2013)	8
32	Suchen von Wirkprinzipien und Wirkstrukturen	Fledhusen & Grote (2013)	8
33	Konkretisieren zu prinzipiellen Lösungsvarianten	Fledhusen & Grote (2013)	1
34	Bewerten nach technischen & wirtschaftlichen Kriterien	Fledhusen & Grote (2013)	5
35	Festlegen der prinzipiellen Lösung (Konzept)	Fledhusen & Grote (2013)	1
36	Rahmenbedingungen der Produktion aufnehmen	Ulrich & Eppinger (2012)	5
37	Wertschöpfungsstrategie festlegen	Ulrich & Eppinger (2012)	12
38	Wirtschaftliche Ziele festlegen	Ulrich & Eppinger (2012)	6
39	Kundenbedürfnisse aufnehmen	Ulrich & Eppinger (2012)	4
40	Lead-Kunden identifizieren	Ulrich & Eppinger (2012)	11
41	Wettbewerbsprodukte identifizieren	Ulrich & Eppinger (2012)	11
42	Umsetzbare Produktkonzepte prüfen	Ulrich & Eppinger (2012)	5
43	Konzepte der Konstruktion entwickeln	Ulrich & Eppinger (2012)	2
44	Ressourcenplanung	Ulrich & Eppinger (2012)	6
45	Zeitplan erstellen	Ullman (2010)	6
46	Teams aufbauen	Ullman (2010)	6

ID	Aktivität	Quelle	Cluster-Nr.
47	Kunden identifizieren	Ullman (2010)	11
48	Kundenanforderungen erstellen	Ullman (2010)	11
49	Wettbewerber analysieren	Ullman (2010)	11
50	Lastenheft erstellen	Ullman (2010)	1
51	Ziele ableiten	Ullman (2010)	6
52	Produkteigenschaften festlegen	Ullman (2010)	13
53	Konzepte bewerten	Ullman (2010)	1
54	Konzeptentscheidung treffen	Ullman (2010)	5
55	Dokumentation und Kommunikation des finalen Konzepts	Ullman (2010)	5
56	Ähnliche Anforderungslisten suchen und ändern	VDI 2221 (1993)	1
57	Neue Anforderungsliste aufbauen	VDI 2221 (1993)	8
58	Flussgrößen beschreiben und zuordnen	VDI 2221 (1993)	3
59	Anforderungen zuordnen	VDI 2221 (1993)	5
60	Funktionsmodule strukturieren und verknüpfen	VDI 2221 (1993)	1
61	Entwicklung eines groben Produktgedankens	In Anlehnung an Hinsch (2013)	8
62	Anforderungen Systemelementen zuordnen	Praixsbeispiel (Maschinenhersteller)	5
63	Machbarkeitsanalyse	Praixsbeispiel (Maschinenhersteller)	5
64	Sammlung Kundenbedarfe	Praixsbeispiel (Anlagenbau)	11
65	Technische Konkurrenzanalyse	Praixsbeispiel (Anlagenbau)	2
66	Zielkostenfestlegung	Praixsbeispiel (Anlagenbau)	5
67	Verdichten und Gewichten der Kundenbedarfe	Praixsbeispiel (Anlagenbau)	11
68	Erstellen produktbezogene Lastenhefte	Praixsbeispiel (Anlagenbau)	7
69	Integration Vorstudienergebnisse	Praixsbeispiel (Anlagenbau)	1
70	Form geben (Grobgestalten)	Fledhusen & Grote (2013)	2
71	Werkstoff wählen (Grobgestalten)	Fledhusen & Grote (2013)	2
72	Berechnen (Grobgestalten)	Fledhusen & Grote (2013)	2
73	Funktionalen Softwareumfang designen	Kantelberg (2018)	10
74	Funktionalen Softwareumfang kodieren (Grobgestalten)	In Anlehnung an Kantelberg (2018)	10
75	Code implementieren	Kantelberg (2018)	9
76	Debugging	Praixsbeispiel (mechatronisches Produkt)	9
77	GUI designen und implementieren	Kantelberg (2018)	9
78	Elektrisches Konzept (Grobgestalten)	Praixsbeispiel(mechatronisches Produkt)	10
79	Schaltpläne erstellen	Praixsbeispiel (mechatronisches Produkt)	16
80	Auswählen geeigneter Grobentwürfe	Fledhusen & Grote (2013)	1
81	Feingestalten des vorläufigen Entwurfs	Fledhusen & Grote (2013)	2
82	Bewerten nach technischen & wirtschaftlichen Kriterien	Fledhusen & Grote (2013)	2
83	Freigabe des vorläufigen Entwurfs	Fledhusen & Grote (2013)	1
84	Beseitigen von Schwachstellen	Fledhusen & Grote (2013)	13
85	Kontrollieren auf Fehler	Fledhusen & Grote (2013)	13
86	Störgrößeneinfluss und Kostendeckung	Fledhusen & Grote (2013)	1
87	Erstellen der vorläufigen Stückliste	Fledhusen & Grote (2013)	2
88	Festlegen des endgültigen Entwurfs	Fledhusen & Grote (2013)	1
89	Produktfamilie und -varianten planen	Ulrich & Eppinger (2012)	12
90	Produktarchitektur entwickeln	Ulrich & Eppinger (2012)	2
91	Hauptmodule und Schnittstellen definieren	Ulrich & Eppinger (2012)	2
92	Konzepte der Konstruktion weiterentwickeln	Ulrich & Eppinger (2012)	2
93	Zulieferer für Hauptkomponenten identifizieren	Ulrich & Eppinger (2012)	12
94	Make-or-buy Analyse durchführen	Ulrich & Eppinger (2012)	2
95	Montagekonzept erarbeiten	Ulrich & Eppinger (2012)	6
96	Bauteilgeometrien definieren	Ulrich & Eppinger (2012)	2
97	Materialien auswählen	Ulrich & Eppinger (2012)	2
98	Toleranzkonzept entwickeln	Ulrich & Eppinger (2012)	15
99	Verbindungsverfahren identifizieren	Kantelberg (2018)	15
100	Vollständige Konstruktion und Dokumentation	Ulrich & Eppinger (2012)	2

ID	Aktivität	Quelle	Cluster-Nr.
101	Fertigungstechnologien auswählen	Ulrich & Eppinger (2012)	3
102	Feldtest ermöglichen	Ulrich & Eppinger (2012)	10
103	Performance und Zuverlässigkeit testen	Ulrich & Eppinger (2012)	1
104	Umwelteinfluss bestimmen	Ulrich & Eppinger (2012)	4
105	Konstruktionsanpassungen vornehmen	Ulrich & Eppinger (2012)	2
106	Produktkonzept festlegen	Ullman (2010)	5
107	Herstellbarkeit bewerten	Ulrich & Eppinger (2012)	2
108	Design-for-X Kriterien bewerten	Ullman (2010)	3
109	Produktentscheidung treffen	Ullman (2010)	5
110	Dokumentieren und Kommunizieren des finalen Produktes	Ullman (2010)	6
111	Technische Änderungen durchführen	Ullman (2010)	3
112	Gestalten der Module	VDI 2221 (2019)	3
113	Integrieren des gesamten Produkts	VDI 2221 (2019)	13
114	Inkompatibilitäten identifizieren	Kantelberg (2018)	13
115	Fertigungsteile und -gruppen festlegen	VDI 2221 (1993)	5
116	CAD-Entwurf	In Anlehnung an Hinsch (2013)	15
117	Auswahl von Komponenten	In Anlehnung an Hinsch (2013)	3
118	Erstellen von Fertigungszeichnungen	In Anlehnung an Hinsch (2013)	15
119	Prototypen aufbauen und testen	Ulrich & Eppinger (2012)	1
120	Versuchsreihen durchführen	In Anlehnung an Hinsch (2013)	5
121	Belastungstests durchführen	In Anlehnung an Hinsch (2013)	15
122	Händische Vorabberechnungen	In Anlehnung an Hinsch (2013)	3
123	FEM-Simulation	In Anlehnung an Hinsch (2013)	15
124	CFD-Simulation	In Anlehnung an Hinsch (2013)	15
125	Bewegungsgeometrie simulieren	In Anlehnung an Kantelberg (2018)	15
126	Ergonomie/ Handhabung virtuell simulieren	In Anlehnung an Kantelberg (2018)	15
127	Rechnerische Auslegung	In Anlehnung an Hinsch (2013)	3
128	Produktkofiguration aus Baukasten	In Anlehnung an Hinsch (2013)	6
129	Neue Teilfunktionen umsetzen	Praixsbeispiel (Maschinenhersteller)	5
130	Restrukturierung der Architektur	Praixsbeispiel (Maschinenhersteller)	5
131	Testanlage aufbauen	Praixsbeispiel (Maschinenhersteller)	5
132	Releaseplanung	Praixsbeispiel (Maschinenhersteller)	12
133	Konfigurationsmanagement	Praixsbeispiel (Maschinenhersteller)	12
134	Produktstrukturierung	Praixsbeispiel (Anlagenbau)	5
135	Auswertung Vorschlagswesen	Praixsbeispiel (Anlagenbau)	6
136	Auswertung von Normen	Praixsbeispiel (Anlagenbau)	12
137	Montagereihenfolgeanalyse	Praixsbeispiel (Anlagenbau)	6
138	Freigabe durch Entwicklungsteam	Praixsbeispiel (Anlagenbau)	5
139	Zuliefereranalyse	Praixsbeispiel (Anlagenbau)	11
140	Lastenhefte für potenzielle Zulieferteile	Praixsbeispiel (Anlagenbau)	12
141	Kostenkalkulation HK	Praixsbeispiel (Anlagenbau)	6
142	Angebote einholen	Praixsbeispiel (Anlagenbau)	11
143	Baukastendokumentation	Praixsbeispiel (Anlagenbau)	6
144	Kombinationsge- und –verbote	Praixsbeispiel (Anlagenbau)	5
145	Typenplan, Schnittzeichungen, Einzelteilzeichnungen	Praixsbeispiel (Anlagenbau)	15
146	Konstruktionsstücklisten	Praixsbeispiel (Anlagenbau)	15
147	Nummernschlüssel festlegen bzw. integrieren	Praixsbeispiel (Anlagenbau)	6
148	Prototypen (Abbild Pflichtenheft) (Freigabe durch Entwicklungsteam)	Praixsbeispiel (Anlagenbau)	5
149	Integration möglicher neuer Verfahren und Technologien	Praixsbeispiel (Anlagenbau)	3
150	Stammsätze, PPS-Stücklisten erstellen	Praixsbeispiel (Anlagenbau)	6
151	Fertigungs- und Montageanweisungen	Fledhusen & Grote (2013)	6
152	Ausarbeiten der Fertigungsunterlagen	Fledhusen & Grote (2013)	6
153	Fertigungs- und Montagegerechtheit validieren	In Anlehnung an Kantelberg (2018)	6

ID	Aktivität	Quelle	Cluster-Nr.
154	Vervollständigen druch Fertigungs-, Montage-, Transport- und Betriebsvorschriften	Fledhusen & Grote (2013)	6
155	Prüfen der Fertigungsunterlagen	Fledhusen & Grote (2013)	6
156	Produktionskosten berechnen	Ulrich & Eppinger (2012)	6
157	Werkzeuge entwickeln	Ulrich & Eppinger (2012)	15
158	Qualitätssicherung planen	Ulrich & Eppinger (2012)	6
159	Einkauf von Werkzeugen	Ulrich & Eppinger (2012)	12
160	Vollständiges Produktionskonzept fertigstellen	Ulrich & Eppinger (2012)	6
161	Qualiätssicherung aufbauen	Ulrich & Eppinger (2012)	6
162	Produktionshochlauf steuern	Ulrich & Eppinger (2012)	6
163	Freigabe zur Produktion	Ullman (2010)	6
164	Produktion und Montage betreuen	Ullman (2010)	6
165	Konstuktionsprotokoll erstellen	VDI 2221 (1993)	6
166	Lieferantensteuerung	In Anlehnung an Hinsch (2013)	11
167	Fertigungsplanung	Fledhusen & Grote (2013)	6
168	Kundenunterlagen erstellen	Praixsbeispiel (Maschinenhersteller)	11
169	Kooperationsform mit Zulieferer festlegen	Praixsbeispiel (Anlagenbau)	11
170	Investitionsbedarfe (Fertigung)	Praixsbeispiel (Anlagenbau)	6
171	Eigen- und Fremdentwicklungsumfang auf Produkt-, Baugruppen- und Einzelteilebene festlegen	Praixsbeispiel (Anlagenbau)	3
172	Zulieferstrategie festlegen	Praixsbeispiel (Anlagenbau)	11
173	Erstmusterprüfbericht von Zulieferern (Serienbauteile)	Praixsbeispiel (Anlagenbau)	12
174	Investitionsbedarfe (Prozessabwicklung) ermitteln	Praixsbeispiel (Anlagenbau)	6
175	Patentanalyse durchführen	Ulrich & Eppinger (2012)	4
176	Mögliche Servicefälle identifizieren	Ulrich & Eppinger (2012)	7
177	Marketingplan entwickeln	Ulrich & Eppinger (2012)	4
178	Marketingmaterial entwickeln	Ulrich & Eppinger (2012)	11
179	Zuliefererhochlauf planen	Ulrich & Eppinger (2012)	11
180	Arbeitskräfte ausbilden	Ulrich & Eppinger (2012)	6
181	Vertriebsstrategie entwickeln	Ulrich & Eppinger (2012)	4
182	Vorserie bei Pilotkunden testen	Ulrich & Eppinger (2012)	4
183	Vorserien Produkte bewerten	Ulrich & Eppinger (2012)	7
184	Projekt-Review	Ulrich & Eppinger (2012)	5
185	Händler und Kunden betreuen	Ullman (2010)	11
186	Patente anmelden	Ullman (2010)	7
187	Produkt abkündigen	Ullman (2010)	12
188	Kostencontrolling	In Anlehnung an Hinsch (2013)	6
189	Zulassungen erhalten	In Anlehnung an Hinsch (2013)	7
190	Kundenbetreuung	In Anlehnung an Hinsch (2013)	11
191	Fehleranalyse	Praixsbeispiel (Maschinenhersteller)	5
192	Fehlerkorrekturen umsetzen	Praixsbeispiel (Maschinenhersteller)	1
193	Pflege interner Dokumente	Praixsbeispiel (Maschinenhersteller)	6
194	Testautomatisierung	Praixsbeispiel (Maschinenhersteller)	10
195	Zertifikate für die Ländermärkte erhalten	Praixsbeispiel (Anlagenbau)	11
196	Kataloge, Internet (Marketing) erstellen	Praixsbeispiel (Anlagenbau)	11
197	Bedienungsanleitungen erstellen	Praixsbeispiel (Anlagenbau)	12

A.4 Liste mit der Sammlung von Eigenschaften von Aktivitäten

ID	Attribut	Quelle
1	Neuartigkeit	Hinsch (2013)
2	Variabilität	Hinsch (2013)
3	Uneindeutigkeit	Hinsch (2013)
4	Interdependenz	Hinsch (2013)
5	Kompetenz+Wissen	Hinsch (2013)
6	Prosabeschreibung	Dölle (2018)
7	Aktivtätentyp	Dölle (2018)
8	Prozesstyp	Dölle (2018)
9	Input	Dölle (2018)
10	Output	Dölle (2018)
11	Abteilung	Dölle (2018)
12	Zeit	Dölle (2018)
13	Kosten	Dölle (2018)
14	Qualität	Dölle (2018)
15	Inhaltliche Bedeutung(wertbeitrag)	Kantelberg (2018)
16	Projektinterdependenz	Kantelberg (2018)
17	Zeitlicher Umfang (krit. Pfad)	Kantelberg (2018)
18	Skalierbarkeit	Kantelberg (2018)
19	Kreativanteil	Kantelberg (2018)
20	Grad an Kreativität	Schuh (2014)
21	Grad an Vereinheitlichung/ Normung	Schuh (2014)
22	Einsatz von Methoden	Schuh (2014)
23	Interdisziplinäre Zusammenarbeit	Schuh (2014)
24	Iterationen	Schuh (2014)
25	Dokumentation der Ausgabe	Schuh (2014)
26	Anforderungen an die Qualifikation	Schuh (2014)
27	Aufgabeninhalt	Korthals (2014)
28	Gestaltungsbereich (Produkt, Prozess, etc.)	Korthals (2014)
29	Gestaltungsobjekt	Korthals (2014)
30	Input	Korthals (2014)
31	Output	Korthals (2014)
32	Inhaltliche Bedeutung (Wertbeitrag)	Korthals (2014)
33	Zeitliche Bedeutung (Kritikalität der Aufgabe)	Korthals (2014)
34	Planungsstand	Korthals (2014)
35	Revisionsstand (Iteration)	Korthals (2014)
36	Neuheitsgrad	Korthals (2014)
37	Inhaltliche Dimensionalität (Grad der Bestimmtheit)	Korthals (2014)
38	Zeitliche Dimensionalität (zeitliche Bestimmtheit)	Korthals (2014)
39	Produktinterdependenz	Korthals (2014)
40	Prozessinterdependenz	Korthals (2014)
41	Projektinterdependenz	Korthals (2014)
42	Ziel Dimensionalität	Korthals (2014)
43	Ziel Interdependenz	Korthals (2014)
44	Kreativitätsgrad	Korthals (2014)
45	Skalierung und Anzahl (#mögliche Lösungen)	Korthals (2014)
46	Zeitliche Tragweite	Korthals (2014)
47	Produktseitige Tragweite	Korthals (2014)
48	Prozessseitige Tragweite	Korthals (2014)
49	Organisatorische Tragweite	Korthals (2014)
50	Projektseitige Tragweite	Korthals (2014)
51	Technische Aktivitäten	Lünnemann (2017)
52	Kommunikative Aktivitäten	Lünnemann (2017)
53	Recherche und organisatorische Aktivitäten	Lünnemann (2017)

ID	Attribut	Quelle
54	Informationsaktivitäten	Lasso (2020)
55	Aktivitäten des Wissensaustausch	Lasso (2020)
56	Repräsentationsaktivitäten	Lasso (2020)
57	Management-orientierte	Potinecke (2009)
58	Operation-orientiert	Potinecke (2009)
59	Support-orientiert	Potinecke (2009)
60	Begleitende Tätigkeit	Potinecke (2009)
61	Grundtätigkeit	Potinecke (2009)
62	Projektpriorität	Xin Chen (2017)
63	Anzahl durchgeführter Wiederholungen	Xin Chen (2017)
64	Wartezeit	Xin Chen (2017)
65	Wahrscheinlichkeit des Scheiterns	Xin Chen (2017)
66	Durchführungszeit	Xin Chen (2017)
67	Kosten	Xin Chen (2017)
68	Aufwand	Xin Chen (2017)
69	Prozesslaufzeit	Xin Chen (2017)
70	Gesamtkosten	Xin Chen (2017)
71	Gesamtaufwand	Xin Chen (2017)
72	Komplexität	Schmelzer (1992)
73	Neuigkeitsgrad	Schmelzer (1992)
74	Variabilität	Schmelzer (1992)
75	Strukturiertheitsgrad	Schmelzer (1992)
76	Neuigkeitsgrad	Tatikonda (2000)
77	Komplexität	Tatikonda (2000)
78	Unsicherheit	Paulukuhn (2005)
79	Kreativitätserfordernis	Paulukuhn (2005)
80	Wandel der informationellen Bedingungen	Paulukuhn (2005)
81	Neuheitsgrad	Paulukuhn (2005)
82	Variabilitätsgrad	Paulukuhn (2005)
83	Strukturiertheitsgrad	Paulukuhn (2005)
84	Komplexitätsgrad	Paulukuhn (2005)
85	Einmaligkeit	Paulukuhn (2005)
86	Zusammenarbeit	Paulukuhn (2005)
87	Kundenorientierung	Paulukuhn (2005)
88	Komplexitätsgrad	Herzwurm (2000)
89	Neuheitsgrad	Herzwurm (2000)
90	Variabilitätsgrad	Herzwurm (2000)
91	Strukturiertheitsgrad	Herzwurm (2000)
92	Tätigkeitsart	Rauhut (2011)
93	Wertschöpfungsgrad	Rauhut (2011)
94	Standardisierungsgrad	Rauhut (2011)
95	Name der Aktivität	Experteninterview
96	Ziel Verantwortlichkeit (Person, Rolle, Abteilung)	Experteninterview
97	Plandurchlaufzeit	Experteninterview
98	Nötige Ressourcen (Hilfsmittel)	Experteninterview
99	Abhängigkeit zu anderen Aufgaben	Experteninterview
100	Arbeitsform (Einzelarbeit, Teamarbeit, Kooperation)	Experteninterview
101	Kundeneinfluss	Experteninterview
102	Arbeitsorganisation	Experteninterview
103	Arbeitsmittel	Experteninterview
104	Qualifizierung	Experteninterview
105	Know-how	Experteninterview
106	Administrative Tätigkeit	Experteninterview
107	Strukturiertheit	Experteninterview
108	Schwierigkeit der Aktivität	Experteninterview

A.5 Eigenschaftsbaum zur Beschreibung von Aktivitäten

Der Baum zeigt die 197 generischen Aktivitäten und ihre Beschreibung durch Eigenschaften und deren Ausprägungen (siehe auch Abbildung 5-17).

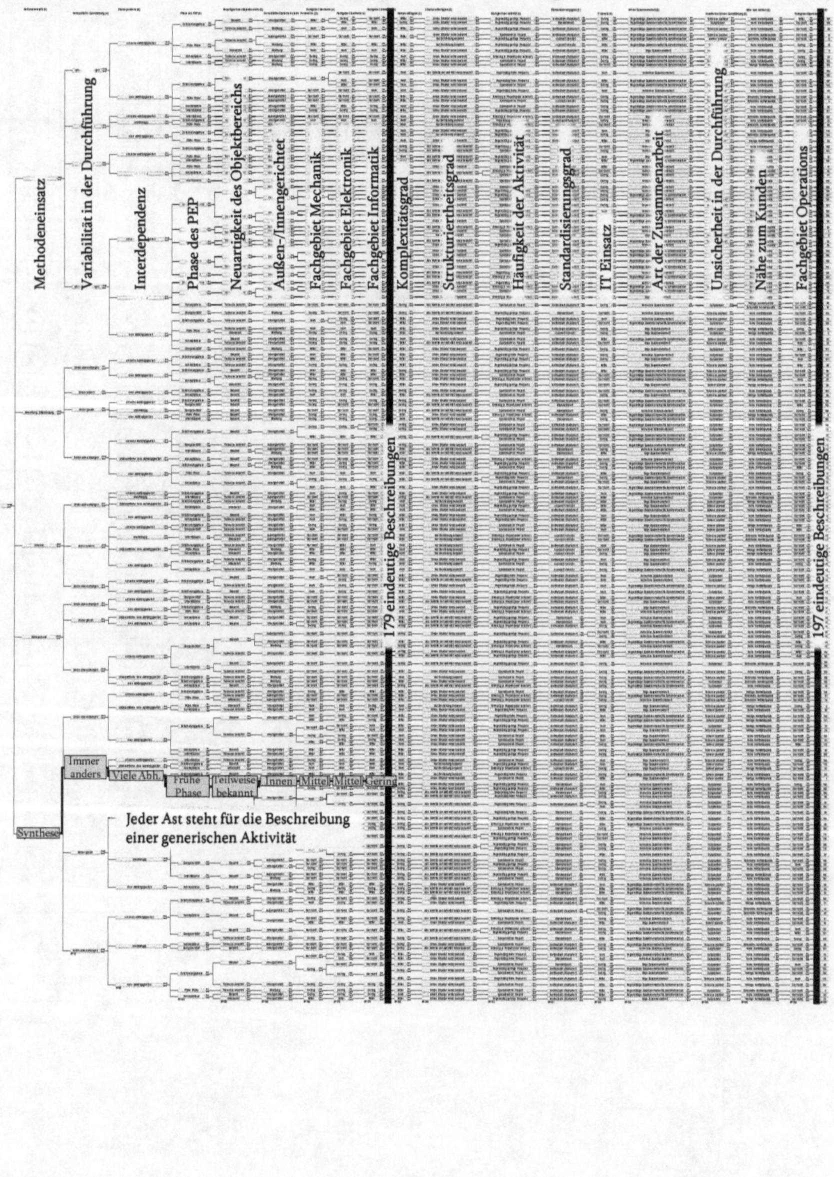

A.6 Zusammenhänge zwischen Aktivitäten-Clustern und Kompetenzen

Cluster (siehe Abbildung 5-23) \ Kompetenzen	Analytisches Denken	Strategisches Denken	Kreatives Denken	Ganzheitliches Denken	Wissensmanagement	Zeitmanagement	Organisationsfähigkeit	Technisches Konzipieren	Konstruieren	Programmieren	Teamfähigkeit	Kommunikations-fähigkeit
Prüfen & Validieren	2	4	4	2	2	4	3	4	3	3	4	4
Technische Ausgestaltung	2	4	4	2	3	3	3	3	6	4	3	3
Technische Vorauswahl	2	4	3	1	3	3	3	1	3	3	3	2
Frühe Kunden & Umfeldana.	1	2	4	2	3	3	2	4	4	4	2	2
Review, Festlegung & Doku.	1	4	4	2	2	3	2	4	3	4	4	3
Produktionsplanung	2	3	3	1	4	3	2	4	4	4	3	2
Positionierung des Projektes	3	2	4	2	4	4	2	4	4	4	2	2
Technisch-kreative Konzepte	5	3	1	3	3	2	4	2	3	4	2	2
Softwareentwicklung	1	4	3	3	2	2	2	2	4	6	4	3
Mechatronische Grobgestalt.	2	4	2	2	3	3	3	1	2	2	3	3
Vertrieb, Marketing & Eink.	3	3	4	4	4	4	2	4	4	4	2	1
Varianten & SupplyChain M.	2	3	4	1	4	4	2	3	4	4	3	3
Systemintegration	1	4	3	1	4	3	3	2	2	3	2	2
Benchmarking	1	4	4	4	2	3	4	3	4	4	4	3
Simulation & Berechnung	1	4	4	3	3	2	4	3	3	2	4	3
Elektrische Auslegung	2	4	3	2	4	3	3	2	3	3	3	3

Legende

1	Basiskompetenz	3	Optionale Kompetenz	5	Gegenläufige Kompetenz
2	Bidirektionale Kompetenz	4	Unwesentliche Kompetenz	6	Notwendige Kompetenz

A.7 Aktivitätenliste der Projekte der Rennsport AG

In nachfolgender Liste sind die Projektaktivitäten der Rennsport AG dargestellt. Neben der ID und dem Name der Aktivität sind auch die zugehörigen Projekt ID (siehe Tabelle 6-1 für die zugehörigen Projekte) und Aktivitäten-Cluster (siehe Tabelle 6-3 für die Benennung der Cluster) sowie die Zeitabschätzungen nach PERT in Arbeitstagen angegeben.

ID	Aktivität	Projekt ID	T opt	T real	T pess	Cluster ID
1	Anforderungen und Restriktionen Unterboden ermitteln	1	3	5	12	1
2	Grobkonzept Unterboden entwickeln	1	4	10	30	7
3	Strömungssimulation Grobkonzept Unterboden	1	4	10	30	1
4	Optimierung der Geometrien des Grobkonzept Unterboden	1	5	15	45	7
5	Prototyp Unterboden entwickeln und aufbauen	1	5	15	45	5
6	Windkanaltest Unterboden vorbereiten	1	3	5	15	1
7	Anforderungen und Restriktionen Heckflügel ermitteln	2	3	4	11	1
8	Grobkonzept Heckflügel entwickeln	2	3	8	24	7
9	Strömungssimulation Grobkonzept Heckflügel	2	3	8	24	1
10	Optimierung der Geometrien des Grobkonzept Heckflügel	2	5	12	36	7
11	Prototyp Heckflügel entwickeln und aufbauen	2	5	12	36	5
12	Windkanaltest Heckflügel vorbereiten	2	3	4	9	1
13	Optimierung Unterboden nach Windkanaltest	3	4	10	30	1
14	Konstruktion Unterboden finalisieren	3	3	5	15	7
15	Werkzeug für Unterboden konstruieren	3	4	15	53	5
16	Systemintegration Unterboden	3	3	10	30	5
17	Technische Dokumentation Unterboden	3	3	8	23	9
18	Optimierung Heckflügel nach Windkanaltest	4	4	10	30	1
19	Konstruktion Heckflügel finalisieren	4	3	5	15	7
20	Werkzeug für Heckflügel konstruieren	4	3	12	45	5
21	Systemintegration Heckflügel	4	3	10	30	5
22	Technische Dokumentation Heckflügel	4	3	8	23	9
23	Anforderungen und Restriktionen Kühlsystem ermitteln	5	4	7	18	4
24	Benötigte Wärmeabfuhr berechnen	5	4	7	18	4
25	Festlegung Kühlsystem Topologie	5	9	20	53	4
26	Benötigten Fluidstrom im Kühlsystem berechnen	5	5	12	30	4
27	Simulation des thermischen Systems	5	9	25	75	1
28	Konstruktion der mechanischen Bauteile des Kühlsystems	5	4	15	38	5
29	Programmierung der Regelung des Kühlsystems	5	8	20	53	12
30	Technische Dokumentation Kühlsystem	5	4	7	15	9
31	Anforderungen und Restriktionen TV ermitteln	6	4	7	15	6
32	Struktur der TV-Regelung konzipieren	6	5	15	38	11
33	Auslegung der TV-Regelung	6	11	30	68	0
34	TV-Parameter im Testbetrieb optimieren	6	11	30	90	11
35	Anforderungen und Restriktionen Kinematik ermitteln	7	3	7	18	6
36	Festlegung der Zielgrößen mit Hilfe von Gesamtfahrzeugsimulationen	7	3	10	30	11
37	Optimieren der Fahrwerks-Kenngrößen	7	5	15	45	6
38	Ableiten einer Kinematik zur Realisierung der Kenngrößen	7	5	15	45	11
39	Lastfälle simulieren und Fahrwerkskräfte ermitteln	7	9	25	75	6
40	Anforderungen und Restriktionen Lenkung ermitteln	8	3	7	18	4
41	Lenkkinematik auslegen	8	3	10	36	4
42	Lenkübersetzung berechnen	8	3	5	23	8
43	Lenkgetriebe auslegen	8	6	20	68	5
44	Mechanische Bauteile der Lenkung konstruieren	8	4	10	30	5

ID	Aktivität	Projekt ID	T opt	T real	T pess	Cluster ID
45	Festigkeitsberechnung der Lenkungsbauteile	8	6	15	53	8
46	Technische Dokumentation Lenkung	8	3	5	11	9
47	Anforderungen und Restriktionen Fahrwerk ermitteln	9	3	5	12	8
48	Feder-Dämpfer-System konzipieren	9	8	15	38	11
49	Bremssystem konzipieren	9	8	20	68	5
50	Aufhängung konzipieren	9	8	20	68	5
51	Auswahl geeigneter Federn und Dämpfer	9	3	10	33	4
52	Hydrauliksystem Bremse auslegen	9	5	15	60	5
53	Thermische Simulation der Bremse durchführen	9	3	10	38	8
54	Mechanische Bauteile des Fahrwerks konstruieren	9	11	40	135	5
55	Festigkeitsberechnung der Fahrwerksbauteile	9	11	30	83	8
56	Technische Dokumentation Fahrwerk	9	6	15	38	9
57	Anforderungen und Restriktionen Betriebstrategie ermitteln	10	3	8	18	2
58	Konzept für die Betriebsstrategie festlegen	10	8	15	38	2
59	Simulative Optimierung der Betriebsstrategie	10	8	20	63	2
60	Optimierung der Betriebsstrategie im Testing	10	9	25	90	2
61	Anforderungen und Restriktionen Antriebstrang ermitteln	11	4	12	30	4
62	Antriebstopologie festlegen	11	6	20	68	11
63	Motorenauswahl treffen	11	5	15	38	2
64	Systemintegration der Motoren	11	11	25	60	2
65	Motorenansteuerung entwickeln	11	9	20	68	0
66	Batterieauswahl treffen	11	5	15	38	2
67	Systemintegration der Batterie	11	11	25	60	2
68	Batteriemanagement System entwickeln	11	9	30	135	0
69	Getriebeübersetzung berechnen	11	4	10	30	8
70	Getriebekonzept entwickeln	11	4	10	30	5
71	Auslegung der Getriebestufen	11	3	8	27	5
72	Mechanische Konstruktion der Getriebebauteile	11	6	15	68	5
73	Festigkeitsberechnung der Getriebebauteile	11	6	15	68	8
74	Technische Dokumentation Antriebsstrang	11	5	14	30	9
75	Fahrzeugsetup Mai	12	8	25	53	6
76	Fahrzeugsetup Jun	13	6	18	45	6
77	Fahrzeugsetup Jul	14	5	15	38	6
78	Fahrzeugsetup Aug	15	5	15	38	6
79	Fahrzeugsetup Sep	16	5	15	38	6
80	Fahrzeugsetup Okt	17	5	15	38	6
81	Fahrzeugsetup Nov	18	5	15	38	6
82	Anforderungen und Restriktionen Außenhaut ermitteln	19	3	8	18	4
83	Grobentwuft Außenhaut	19	8	20	60	7
84	Strömungssimulation	19	6	15	68	1
85	Optimierung Aerodynamik Außenhaut	19	9	20	90	1
86	Optimierung Gewicht Außenhaut	19	6	15	53	5
87	Finale Geometrie festlegen und konstruieren	19	3	10	38	7
88	Technische Dokumentation Außenhaut	19	3	7	18	9
89	Anforderungen und Restriktionen Telematik ermitteln	20	3	7	18	4
90	Komponenten Telematik auswählen	20	3	10	27	12
91	Systemintegration Telematiksensoren	20	8	20	45	12
92	Systemtest Telematik	20	5	15	38	12
93	Folgesaisonkonzept Ziele und Restriktionen formulieren	21	9	20	53	4
94	Folgesaisonkonzept Gesamtfahrzeug	21	23	50	225	3
95	Folgesaisonkonzept Antriebstopologie	21	11	25	75	3
96	Folgesaisonkonzept Fahrwerkskinematik	21	11	30	90	10
97	Folgesaisonkonzept Aerodynamik	21	11	30	90	10
98	Folgesaisonkonzept Schwerpunktthemen Entwicklung festlegen	21	4	15	38	4

A.8 Kompetenzsteckbriefe der Rennsport AG

In diesem Abschnitt sind angepasste oder neue Kompetenzsteckbriefe der Rennsport AG zu finden, die aus Anhang A.2 übernommenen Kompetenzsteckbriefe sind nicht erneut gelistet.

Kompetenzname	Beschreibung
Methodisches Vorgehen	Bei der Bearbeitung von Aufgaben wird systematisch vorgegangen. Der Aufgabe entsprechend wird ein methodisches Vorgehen ausgewählt und dieses diszipliniert verfolgt.
Kategorie: ☐ ☒ ☐ ☐	

Wissen Stufe 1	Wissen Stufe 2	Wissen Stufe 3	Wissen Stufe 4	Wissen Stufe 5
W1.1: Kennt die wichtigsten methodischen Vorgehensweisen der Rennsport AG	W2.1: Kennt alle regelmäßig eingesetzten Methoden der Rennsport AG	W3.1: Kennt die Zusammenhänge zwischen verschiedenen Methodenschritten	W4.1: Kennt sich viele weitere methodische Vorgehensweisen, die bei der Rennsport AG nicht eingesetzt werden	W5.1: Hat bereits eigene methodische Vorgehen entwickelt

Fertigkeiten Stufe 1	Fertigkeiten Stufe 2	Fertigkeiten Stufe 3	Fertigkeiten Stufe 4	Fertigkeiten Stufe 5
F1.1: Ist in der Lage einer formalisierten Methode zu folgen F1.2: Ist in der Lage zu erkennen, ob die vorgesehene Methode angewandt werden kann	F2.1: Kann für eine bekannte oder teilweise bekannte Aufgabe die richtige methodische Vorgehensweise auswählen F2.2: Ist in der Lage situativ zwischen verschiedenen methodischen Vorgehensweisen zu wechseln	F3.1: Kombiniert bekannte Methodenschritte zur besseren Bearbeitung von Aufgaben F3.2: Adaptiert situativ bekannte Methoden F3.3: Ist sicher in der Auswahl und Vorgabe von Methoden für verschiedenste Aufgaben	F4.1: Ist in der Lage für unbekannte Aufgaben ein eigenes methodisches Vorgehen abzuleiten und zu explizieren F4.2: Kann methodische Vorgehensweisen anderen Mitarbeitenden vermitteln	F5.1: Ist in der Lage eine Methodik zu entwickeln und somit die Herangehensweise an unbekannte Aufgaben zu systematisieren

Kompetenzname	Beschreibung
Konstruieren	Die Kompetenz Konstruieren beschreibt das Wissen und die Fähigkeiten die notwendig sind, um technische Bauteile, Baugruppen und Produkte zu entwerfen. Dies umfasst die Konzeption von mechanischen und physikalischen Wirkweisen und deren Überführung in 2D und 3D Repräsentationen von notwendigen Bauteilen zur Erfüllung der angeforderten Funktion.
Kategorie: ☐ ☐ ☒ ☐	

Wissen Stufe 1	Wissen Stufe 2	Wissen Stufe 3	Wissen Stufe 4	Wissen Stufe 5
W1.1: Grundlegendes Wissen über Maschinenelemente W1.2: Wissen über alle Bestandteile eine Automobils	W2.1: Erweitertes Wissen über Maschinenelemente W2.2: Detailkenntnisse in mindestens einem Gewerk eines klassischen Automobils	W3.1: Wissen in Festigkeitslehre W3.2: Wissen in Schwingungslehre W3.3: Wissen in technischer Mechanik W3.4: Wissen in Lebensdauerberechnung	W4.1: Wissen in Getriebetechnik und Zahnradauslegung W4.2: Wissen in Strömungsmechanik W4.3: Wissen in Leichtbau	W5.1: Wissen in Aerodynamik W5.2: Wissen in Tribologie W5.3: Detailwissen in allen Gewerken eines klassischen Automobils

Fertigkeiten Stufe 1	Fertigkeiten Stufe 2	Fertigkeiten Stufe 3	Fertigkeiten Stufe 4	Fertigkeiten Stufe 5
F1.1: Grundlegender Umgang mit CAD-Programm Catia F1.2: Erzeugen einfacher Bauteile in CAD F1.3: Erzeugen von technischen Zeichnungen einfacher Bauteile	F2.1: Sicherer Umgang mit CAD-Programm Catia F2.2: Erzeugen komplexer Bauteile in CAD F2.3: Erzeugen von technischen Zeichnungen komplexer Bauteile	F3.1: Erzeugen v. CAD Baugruppen F3.2: Erzeugen von Montagezeichnungen von Baugruppen F3.3: Erzeugen v. PLM-Strukturen F3.4: Erzeugen von dynamischen Stücklisten F3.5: Fehlerfreie Konstruktion von komplexen Bauteilen	F4.1: Aufbau beweglicher CAD-Modelle F4.2: Durchführung digitaler Mock-Ups bspw. zur Kollisionsprüfung F4.3: Sicher im Umgang mit weiteren CAD-Systemen	F5.1: Erzeugen von Freiflächengeometrien in CAD F5.2: Fehlerfreie Konstruktion von komplexen Systemen

Kompetenzname	Beschreibung
Technische Simulation	Führt computergestützte Berechnungen und Simulationen durch zur Vorhersage des Verhaltens einzelner Komponenten oder ganzer Systeme. Die Simulation kann dabei unterschiedlichen Zwecken wie z.B. eines thermischen Verhaltens, der Auswirkung unterschiedlicher Betriebsstrategien oder die Festigkeit eines Bauteils. Notwendig ist dazu eine geeignete Modellierung der Realität und die korrekte Berechnung der relevanten Parameter zur Beantwortung der entsprechenden Fragestellung
Kategorie: ☐ ☐ ☒ ☐	

Wissen Stufe 1	Wissen Stufe 2	Wissen Stufe 3	Wissen Stufe 4	Wissen Stufe 5
W1.1: Grundlagenwissen im Bereich Simulationstechnik	W2.1: Kennt die grundlegenden Unterschiede verschiedener Simulationsverfahren wie z.B. FEM, CFD oder logische Simulationen	W3.1: Expertenwissen in mind. einem Simulationsverfahren W3.2: Kenntnisse in Software-Tools zur Durchführung der Simulationen im o.g. Simulationsverfahren	W4.1: Wissen über die Einflussfaktoren auf erfolgreiche oder fehlerhafte Simulationen W4.2: Wissen über die Faktoren die die Berechnungsdauer der Simulationen beeinflussen	W5.1: Expertenwissen in mehreren Simulationsverfahren W5.2: Wissen wie einzelne Lösungsverfahren und -algorithmen funktionieren und wie diese bestmöglich einzusetzen sind

Fertigkeiten Stufe 1	Fertigkeiten Stufe 2	Fertigkeiten Stufe 3	Fertigkeiten Stufe 4	Fertigkeiten Stufe 5
F1.1: Ist in der Lage Bedingungen und Zielgrößen für eine Simulation zu definieren	F2.1: Ist in der Lage ein vollständiges Simulationsmodell mit Hilfe von entsprechenden Anleitungen aufzubauen F2.2: Kann Vorschläge zur Interpretation der Ergebnisse liefern	F3.1: Kann eigenständig ein Simulationsmodell mit der entsprechenden Software erstellen F3.2: Kann Ergebnisse der Simulation korrekt interpretieren	F4.1: Kann fehlerhafte Simulationen anderer korrigieren F4.2: Erkennt fehlerhafte Ergebnisse auch bei erfolgreich durchgeführter Berechnung	F5.1: Kann Handlungsempfehlungen auf Basis der Simulationen für andere Bereiche aussprechen

Kompetenzname	Beschreibung
Auslegung elektr. Hardware	Ist in der Lage elektrische Systeme zu entwickeln von der Schaltung einzelner Steuergeräte bis zu kompletten Systemen wie dem Hochvolt-System des Antriebs. Dies umfasst die Entwicklung der Systemarchitektur, die Auswahl der Komponenten, die Gestaltung einzelner Schaltungen und die Programmierung der Firmware
Kategorie: ☐ ☐ ☒ ☐	

Wissen Stufe 1	Wissen Stufe 2	Wissen Stufe 3	Wissen Stufe 4	Wissen Stufe 5
W1.1: Grundlagen in Elektronik und Elektrotechnik W1.2: Kenntnisse über die relevanten elektronischen Bauteile und ihre Funktionsweise	W2.1: Die Besonderheiten von Hochvolt-Systemen W2.2: Das Vorgehen und die daraus resultierenden Anforderungen bei der Herstellung von Platinen W2.3: Kenntnis über Systemstrukturmodelle W2.4: Programmkenntnisse im Softwaretool zur Auslegung von Schaltungen	W3.1: Kenntnisse im Bereich EMV W3.2: Kenntnisse über verschiedenste Systemarchitekturen W3.3: Kenntnisse über verschiedenen Kommunikationsprotokolle W3.4: Wissen über Mikrocontroller-programmierung	W4.1: Wissen in relevanten Schnittstellen Bereichen wie z.B. Regelungstechnik oder Informationstechnik W4.2: Langjährige Erfahrung in der Auslegung und dem Umgang mit Hochvolt-Systemen	W5.1: Experte in allen relevanten Softwareprogrammen zur Unterstützung der Auslegung der elektrischen Systeme W5.2: Erfahrung in der Behebung von Fehlern in elektrischen Systemen

Fertigkeiten Stufe 1	Fertigkeiten Stufe 2	Fertigkeiten Stufe 3	Fertigkeiten Stufe 4	Fertigkeiten Stufe 5
F1.1: Erstellt einfache elekrtische Bauteile oder Baugruppen	F2.1: Erstellt fertigungsgerechte Platinen F2.2: Kann komplexere Schaltungen entwerfen und modellieren	F3.1: Kann die Funktionen der Schaltungen testen und validieren F3.2: Berücksichtigt externe Beschränkungen	F4.1: Leitet Projekte zur Entwicklung von Elektronik und Elektrik F4.2: Schult Teammitgliedern F4.3: Betreibt Forschung zu neuen Technologien und Verfahren	F5.1: Leistet Beiträge zur Entwicklung von Branchenstandards und Best Practices

Kompetenzname	Beschreibung
Auslegung Aerodynamik	Ist in der Lage Aerodynamische Bauteile zu konzeptionieren und zu entwickeln. Dies beinhaltet die strömungstechnische Optimierung der Bauteile sowie die strukturelle mechanische Auslegung der Bauteile aus Leichtbaumaterial.

Kategorie

Wissen Stufe 1	Wissen Stufe 2	Wissen Stufe 3	Wissen Stufe 4	Wissen Stufe 5
W1.1: Kennt die Grundlagen der Fahrzeugaerodynamik W1.2: Kenntnisse im Bereich Strömungslehre	W2.1: Kennt die Aufgabe aller relevanten Aerodynamikbauteile eine Fahrzeugs W2.2: Verständnis wie die Aerodynamik das Fahrzeugverhalten beeinflusst	W3.1: Kenntnisse in der Auslegung von CFK- und GFK-Bauteilen W3.2: Kenntnisse im Strukturentwurf von Leichtbauteilen W3.3: Kenntnisse im Bereich von CFD-Simulationen	W4.1: Erfahrung in der Interpretation von CFD-Simulationsergebnissen und Windkanaltests	W5.1: Erfahrung in der FEM-Simulation von CFK- und GFK-Bauteilen

Fertigkeiten Stufe 1	Fertigkeiten Stufe 2	Fertigkeiten Stufe 3	Fertigkeiten Stufe 4	Fertigkeiten Stufe 5
F1.1: Ist in der Lage Aerodynamische Berechnungen auszuführen F1.2: Kann einfache Aerodynamische Flächen konzipieren	F2.1: Kann ein Aerodynamikbauteil strömungstechnisch auslegen und optimieren F2.2: Ist in der Lage die notwendigen Berechnungen und Simulationen unter Anleitung durchzuführen	F3.1: Kann ein Aerodynamikbauteil strömungstechnisch und strukturell auslegen und optimieren F3.2: Ist in der Lage die notwendigen Berechnungen und Simulationen eigenständig durchzuführen	F4.1: Erzielt stets hervorragende Werte in der Optimierung des Verhältnisses von Drag und Lift F4.2: Verantwortet die Vorbereitung und Durchführung von Windkanaltests	F5.1: Kann ein System von aufeinander abgestimmten Aerodynamikbauteilen auslegen und optimieren

A.9 Zusammenhänge zwischen Aktivitäten-Clustern und Kompetenzen bei der Rennsport AG

Kompetenzen

Cluster (siehe Tabelle 6-3)	Analytisches Denken	Kreatives Denken	Ganzheitliches Denken	Methodisches Vorgehen	Zeitmanagement	Technisches Konzipieren	Konstruieren	Simulation	Auslegung elektrischer Hardware	Programmieren	Aerodynamik	Teamfähigkeit	Kommunikationsfähigkeit
Absicherung mech. Bauteile	2	4	2	1	4	4	3	6	4	4	4	4	3
Auslegung Elektronik	2	3	4	2	4	3	4	4	1	4	4	3	4
Festlegung von Anforderungen und Konzepten phys. Bauteile	3	2	2	4	4	2	3	4	4	4	4	2	1
Gesamtfahrzeugkonzept	2	2	1	4	2	1	4	4	3	4	3	2	1
Gesamtfahrzeugverhalten	1	4	1	2	4	4	4	2	3	3	3	3	2
Gestaltung der Mechanik	3	3	4	2	4	4	1	3	4	4	4	3	4
Konzeptent. Fahrzeugdyn.	2	2	2	3	2	2	4	2	4	4	3	2	2
Mech. Auslegung Aerodyn.	2	4	4	2	4	4	2	3	4	4	2	3	4
Programmieraufgaben	3	4	4	1	2	4	4	4	3	1	4	4	4
Regelsysteme entwickeln	2	4	3	1	2	2	4	2	2	2	4	3	3
Ströms. Auslegung Aerodyn.	3	2	4	3	4	4	3	1	4	4	1	3	4
Technische Dokumentation	4	4	4	2	2	4	2	4	4	4	4	4	3
Vorentwicklung Fzg.verh.	2	1	1	4	2	1	4	3	3	4	3	2	3

Legende

1	Basiskompetenz	3	Optionale Kompetenz	5	Gegenläufige Kompetenz
2	Bidirektionale Kompetenz	4	Unwesentliche Kompetenz	6	Notwendige Kompetenz

A.10 Individuelle Bearbeitungsdauern bei der Rennsport AG

Aktivität ID	Achim	Mevlut	Christa	Mike	Tina	Micha	Jorge	Mueed	Svetlana	Kareem	Roger	Vladimir	Paolo	Tanja	Tobey	Kerstin	Kim	Sarah	Prashanth	Flavio
1	1	2	1	1	1	1	2	1	1	1	1	1	1	1	1	1	2	1	2	1
2	1	2	2	3	1	3	4	2	3	2	3	1	1	1	3	4	4	1	3	3
3	2	3	2	3	2	2	3	2	3	2	3	2	2	2	3	3	4	2	4	3
4	2	3	2	5	1	4	6	3	4	3	4	2	2	2	5	6	5	2	5	4
5	2	3	3	4	2	4	6	3	4	4	4	3	2	2	5	5	3	3	4	4
6	1	2	1	2	1	1	2	1	1	1	1	1	1	1	2	2	2	1	2	1
7	1	1	1	1	1	1	2	1	1	1	1	1	1	1	1	1	2	1	1	1
8	1	2	1	3	1	2	4	2	2	2	2	1	1	1	3	3	3	1	3	2
9	2	2	2	3	2	2	3	2	2	2	2	2	1	2	3	3	3	2	3	2
10	2	3	2	4	1	3	5	3	3	3	3	2	1	2	4	5	4	2	4	3
11	2	3	2	4	2	3	5	3	3	3	3	2	2	2	4	4	3	2	3	3
12	1	1	1	1	1	1	2	1	1	1	1	1	1	1	1	1	1	1	1	1
13	2	3	2	3	2	2	3	2	3	2	3	2	2	2	3	3	4	2	4	3
14	1	1	1	2	1	1	2	1	1	1	1	1	1	1	2	2	2	1	2	1
15	2	4	3	5	2	5	7	4	4	4	4	3	2	2	6	5	3	3	4	5
16	2	2	2	3	1	3	4	2	2	2	2	2	1	2	3	3	2	2	3	3
17	1	3	1	3	1	3	4	2	2	2	2	2	1	1	2	3	2	1	2	3
18	2	3	2	3	2	2	3	2	3	2	3	2	2	2	3	3	4	2	4	3
19	1	1	1	2	1	1	2	1	1	1	1	1	1	1	2	2	2	1	2	1
20	2	3	2	4	2	4	6	3	3	3	3	2	2	2	5	4	3	2	4	4
21	2	2	2	3	1	3	4	2	2	2	2	2	1	2	3	3	2	2	3	3
22	1	3	1	3	1	3	4	2	2	2	2	2	1	1	2	3	2	1	2	3
23	1	2	2	3	1	2	2	1	1	2	2	1	1	1	2	3	2	1	3	2
24	1	2	2	3	1	2	2	1	1	2	2	1	1	1	2	3	2	1	3	2
25	3	7	5	8	4	5	6	3	4	5	6	3	3	3	5	8	6	4	8	6
26	2	4	3	4	2	3	3	2	2	3	3	2	2	2	3	5	4	2	5	4
27	5	6	6	8	5	5	6	5	6	5	7	5	5	5	8	8	9	5	9	7
28	2	3	3	4	2	4	5	3	3	3	3	3	2	2	4	4	3	3	4	4
29	5	6	6	6	5	6	6	5	4	4	4	7	4	6	4	5	6	5	5	9
30	1	2	1	2	1	2	3	2	2	1	2	1	1	1	2	2	3	1	2	2
31	1	2	1	2	1	2	3	1	1	1	1	1	1	1	2	2	2	1	2	2
32	2	5	3	6	2	4	5	2	2	3	3	2	2	2	3	6	4	3	6	5
33	7	7	8	8	7	8	8	5	5	5	7	8	6	7	6	8	8	7	6	10
34	4	12	6	13	5	10	12	4	5	7	7	4	4	5	7	15	9	5	13	12
35	1	3	1	3	1	3	3	1	1	1	1	1	1	1	2	3	2	1	2	3
36	1	4	2	4	1	3	5	1	2	2	2	1	1	2	2	5	3	2	4	4
37	3	5	3	6	2	6	8	3	3	3	3	3	3	3	4	7	5	3	5	6
38	2	6	3	7	2	5	7	2	2	3	4	2	2	2	3	7	4	3	6	6
39	5	9	5	11	4	10	13	4	5	5	5	5	4	5	7	11	8	5	9	11
40	1	2	2	3	1	2	3	1	1	2	2	1	1	1	2	3	3	1	3	2
41	1	4	3	5	2	3	5	2	2	3	3	1	2	1	3	5	4	2	5	4
42	n.V.	n.V.	n.V.	n.V.	1	n.V.	n.V.	1	1	1	1	1	1	n.V.	n.V.	n.V.	n.V.	n.V.	n.V.	n.V.
43	3	4	4	6	3	6	9	5	5	5	5	4	3	3	7	7	5	4	6	6
44	2	2	2	3	1	3	4	2	2	2	2	2	1	2	3	3	3	2	3	3
45	n.V.	n.V.	n.V.	n.V.	2	n.V.	n.V.	3	3	3	3	3	2	n.V.	n.V.	n.V.	n.V.	n.V.	n.V.	n.V.
46	1	2	1	2	1	2	2	1	1	1	1	1	1	1	1	2	3	1	1	2
47	n.V.	n.V.	n.V.	n.V.	1	n.V.	n.V.	1	1	1	1	1	1	n.V.	n.V.	n.V.	n.V.	n.V.	n.V.	n.V.
48	2	5	3	6	2	4	5	2	3	3	4	2	2	3	3	6	4	3	6	5
49	3	4	4	6	3	6	9	5	5	5	5	4	3	3	7	7	4	4	6	6

Aktivität ID	Achim	Mevlut	Christa	Mike	Tina	Micha	Jorge	Mueed	Svetlana	Kareem	Roger	Vladimir	Paolo	Tanja	Tobey	Kerstin	Kim	Sarah	Prashanth	Flavio
50	3	4	4	6	3	6	9	5	5	5	5	4	3	3	7	7	4	4	6	6
51	1	4	3	5	2	3	4	2	2	3	3	1	2	1	3	5	4	2	5	4
52	3	4	3	5	2	5	8	4	4	4	4	3	2	2	6	5	4	3	5	5
53	n.V.	n.V.	n.V.	n.V.	1	n.V.	n.V.	2	2	2	2	2	2	n.V.	n.V.	n.V.	n.V.	n.V.	n.V.	n.V.
54	7	8	7	12	5	12	18	10	10	10	10	7	5	6	14	13	7	7	11	12
55	n.V.	n.V.	n.V.	n.V.	4	n.V.	n.V.	6	6	6	6	6	5	n.V.	n.V.	n.V.	n.V.	n.V.	n.V.	n.V.
56	2	4	2	5	1	5	7	4	3	3	3	3	2	2	4	5	4	2	4	6
57	2	2	2	3	2	3	3	1	1	2	2	2	2	2	2	3	3	2	2	3
58	4	3	4	5	4	5	5	3	3	3	4	4	4	3	3	5	4	3	3	5
59	6	4	6	7	5	8	9	3	3	5	6	5	5	5	4	7	6	5	4	7
60	8	5	8	9	7	11	12	4	4	6	8	7	7	6	5	9	8	6	5	9
61	2	4	3	4	2	3	4	2	2	3	3	1	2	2	3	5	4	2	5	4
62	2	9	4	10	3	7	9	3	3	5	5	3	3	3	5	11	6	4	9	9
63	4	4	4	5	3	6	5	2	2	3	4	3	3	3	3	5	4	3	3	5
64	6	5	6	7	6	8	9	4	4	5	6	6	6	5	5	7	6	5	5	7
65	6	7	7	8	6	8	8	4	3	4	5	6	5	6	5	8	7	5	5	9
66	4	4	4	5	3	6	5	2	2	3	4	3	3	3	3	5	4	3	3	5
67	6	5	6	7	6	8	9	4	4	5	6	6	6	5	5	7	6	5	5	7
68	10	12	12	14	10	14	15	6	5	7	9	11	9	10	8	14	12	9	8	17
69	n.V.	n.V.	n.V.	n.V.	2	n.V.	n.V.	2	2	2	2	2	2	n.V.	n.V.	n.V.	n.V.	n.V.	n.V.	n.V.
70	2	2	2	3	1	3	4	2	2	2	2	2	1	2	3	3	4	2	3	3
71	1	2	2	2	1	2	4	2	2	2	2	1	1	1	3	3	4	2	2	2
72	3	4	3	6	2	6	9	4	5	4	5	3	2	2	7	6	5	3	5	5
73	n.V.	n.V.	n.V.	n.V.	2	n.V.	n.V.	3	3	3	3	3	2	n.V.	n.V.	n.V.	n.V.	n.V.	n.V.	n.V.
74	2	3	2	4	1	4	5	4	3	3	3	2	1	2	4	4	4	2	3	5
75	4	7	5	8	4	7	9	4	4	4	5	5	4	5	6	8	7	5	7	8
76	3	6	4	7	3	6	8	3	3	3	4	4	3	4	5	7	5	4	6	7
77	3	5	3	6	2	5	7	3	3	3	3	3	3	3	4	6	4	3	5	6
78	3	5	3	6	2	5	7	3	3	3	3	3	3	3	4	6	4	3	5	6
79	3	5	3	6	2	5	7	3	3	3	3	3	3	3	4	6	4	3	5	6
80	3	5	3	6	2	5	7	3	3	3	3	3	3	3	4	6	4	3	5	6
81	3	5	3	6	2	5	7	3	3	3	3	3	3	3	4	6	4	3	5	6
82	1	2	2	3	1	2	3	1	1	2	2	1	1	1	2	3	2	1	3	2
83	3	4	3	7	2	6	8	4	5	5	5	3	2	3	7	8	6	3	7	6
84	3	5	4	6	4	3	5	3	5	4	5	3	3	3	7	6	7	4	7	5
85	5	6	6	8	5	5	6	4	6	5	7	4	4	5	9	8	10	5	10	6
86	3	3	3	5	2	5	7	4	4	4	4	3	2	2	6	5	3	3	4	5
87	1	2	2	4	1	3	5	2	3	3	3	1	1	1	4	5	4	1	4	3
88	1	2	1	2	1	2	3	2	2	2	2	1	1	1	2	2	2	1	2	3
89	1	2	2	3	1	2	2	1	1	2	2	1	1	1	2	3	2	1	3	2
90	2	3	3	3	3	3	3	2	2	2	2	3	2	3	2	3	3	2	2	5
91	4	5	6	5	5	5	5	4	4	4	4	6	4	5	4	4	5	5	4	7
92	3	4	4	4	4	4	4	3	3	3	3	5	3	4	3	3	4	4	3	6
93	3	7	5	8	4	5	6	3	4	5	6	3	3	3	5	8	6	4	8	6
94	9	27	14	31	16	22	26	10	12	16	18	11	11	11	13	35	20	13	28	26
95	4	10	6	11	6	8	10	5	5	6	7	5	5	5	6	12	8	5	10	9
96	6	12	8	13	8	10	11	6	7	8	8	6	6	7	7	14	9	7	12	12
97	6	12	8	13	8	10	11	6	7	8	8	6	6	7	7	14	9	7	12	12
98	2	5	4	6	3	4	5	2	2	4	4	2	2	2	4	6	5	3	6	5

A.11 Informationen zum Expert*inneninterview

Die Abfolge des Leitfadeninterviews ist in nachfolgender Tabelle dargestellt sowie die jeweiligen Leitfragen und die relevanten Aspekte die von der Interviewperson adressiert sein sollten.

Thema	Leitfragen	Relevante Aspekte
Einstieg und Diskussion der Ausgangssituation	Wie ist Ihre Entwicklung organisiert? Welchen Stellenwert nimmt die Projektarbeit in Ihrem Unternehmen ein?	Umfangreiche Projektarbeit Multiprojektumgebung Gemeinsamer Ressourcenpool
Aktuelle Herausforderungen im Multiprojektmanagement	Wie priorisieren Sie Ihre Projekte? Wie gehen Sie mit Ressourcenkonflikten um? Wer ist bei Ihnen eine Engpassressource? Welche Ansätze zur Verbesserung des Projektmanagements verfolgen Sie?	Priorisierungsvorgehen Engpassressourcen Verfehlte Projektziele Planungsvorgehen Optimierungspotenziale
Vorstellung des Fallbeispiels Anwendbarkeit	Demonstration des Fallbeispiels der Rennsport AG; Verständnis durch Zwischenfragen prüfen	Verständnis über die Methodik Beseitigen aller Unklarheiten Nachvollziehbarkeit
Kritische Reflexion	Wie schätzen Sie den Aufwand zur Implementierung der Methodik ein? Welche der benötigten Informationen liegen Ihnen vor und welche müssten Sie erst aufnehmen? Welche Ergebnisse müssen erreicht werden, um den Aufwand zu rechtfertigen? Wie würden Ihre Projektplaner die gezeigten Methodik einsetzen? Woran könnte eine Einführung scheitern?	Verzögerungskosten Individuelle Bearbeitungsdauer Umsetzungsaufwand Einsatzmöglichkeiten Hindernisse Ausgangsbasis und Datenverfügbarkeit

Die Expert*innen der Interviews sind nachfolgend gelistet.

Interview 1:

- *Datum des Interviews: 04.03.2024*
- *Name: Steffen Feld*
- *Position: Entwicklungsleiter*
- *Unternehmen: Hettich GmbH & Co. oHG*
- *Branche des Unternehmens: Möbelbeschläge*
- *Größe des Unternehmens: 7700 (Eintrag Wikipedia März 2024)*

Interview 2:

- *Datum des Interviews: 14.03.2024*
- *Name: Kay Hilbert*
- *Position: Vice President Product Management*
- *Unternehmen: Karl Mayer Textilmaschinenfabrik GmbH*
- *Branche des Unternehmens: Maschinenbau*
- *Größe des Unternehmens: 2793 (Eintrag Wikipedia März 2024)*

Interview 3:

- *Datum des Interviews: 15.03.2024*
- *Name: Mike Bachmann*
- *Position: Senior Manager Project Management and Process Optimization*
- *Unternehmen: STILL GmbH*
- *Branche des Unternehmens: Intralogistik*
- *Größe des Unternehmens: 8900 (Eintrag Wikipedia März 2024)*

Interview 4:

- *Datum des Interviews: 15.03.2024*
- *Name: Jacqueline Bartsch*
- *Position: Business Analyst Systems Engineering*
- *Unternehmen: STILL GmbH*
- *Branche des Unternehmens: Intralogistik*
- *Größe des Unternehmens: 8900 (Eintrag Wikipedia März 2024)*

Lebenslauf

Persönliche Angaben

Name	Alexander Keuper
Geburtsdatum und -ort	27.09.1991 in Nürtingen

Ausbildung

2002 – 2011	Gymnasium Neckartenzlingen
2011 – 2019	Studium Maschinenbau B.Sc. und Fahrzeugtechnik und Transport M.Sc. an der RWTH Aachen
2019 – 2024	Promotion am Werkzeugmaschinenlabor WZL der RWTH Aachen

Berufliche Erfahrung

2014 – 2015	Praktikum bei der Porsche AG, Weissach
2017 – 2018	Werkstudent bei der e.GO Mobile AG, Aachen
2018	Praktikum bei TRUMPF Photonics Inc., Cranbury, USA
2018 – 2019	Studentische Hilfskraft am Werkzeugmaschinenlabor WZL der RWTH Aachen
2019 – 2023	Wissenschaftlicher Mitarbeiter am Lehrstuhl für Produktionssystematik am Werkzeugmaschinenlabor WZL der RWTH Aachen
2022 – 2023	Leiter der Gruppe Data Intelligence Management am Werkzeugmaschinenlabor WZL der RWTH Aachen
Seit 2024	Oberingenieur der Abteilung Innovationsmanagement am Werkzeugmaschinenlabor WZL der RWTH Aachen
Seit 2024	Geschäftsführer der Complexity Management Academy GmbH, Aachen

Aachen, im März 2024

In der Reihe **Ergebnisse aus der Produktionstechnik** zuletzt erschienen:

Keuper, Alexander:
Kompetenzbasierter Ressourceneinsatz in Multientwicklungsprojekt-umgebungen
ISBN: 978-3-98555- 236-8
Erscheinungsdatum: 09.09.2024

Kessler, Niklas:
Transformation zur digital vernetzten Wertschöpfung im Werkzeugbau
ISBN: 978-3-98555- 232-0
Erscheinungsdatum: 02.09.2024

Rodemann, Niklas:
Resiliente Produktionsnetzwerke durch datenbasierte Früherkennung
ISBN: 978-3-98555-228-3
Erscheinungsdatum: 12.08.2024

Spierling, Robert:
Abbildung thermo-elastischer Fehler von Fräsmaschinen auf Basis des photoelektrischen Effekts und eines lernenden Modells
ISBN: 978-3-98555-208-5
Erscheinungsdatum: 12.08.2024

Eckel, Hans-Martin:
Kinematische Analyse von Spindellagern unter statischen und dynamischen Kräften
ISBN: 978-3-98555-226-9
Erscheinungsdatum: 01.08.2024

Hähnel, Sebastian:
Das variationskraftgeregelte, schwingungsunterstützte Schleifen von gekrümmten Werkzeugstahlober-flächen mit gummigebundenen Schleifstiften
ISBN: 978-3-98555-225-2
Erscheinungsdatum: 22.07.2024

Kosel, Maximilian:
Prozess- und Maschinenentwicklung für das kontinuierliche, variotherme Heißprägen
ISBN: 978-3-98555-223-8
Erscheinungsdatum: 16.07.2024

Lender, Benjamin:
Datenbasierte Identifikation von Heuristiken für das Entwicklungsmanagement
ISBN: 978-3-98555-219-1
Erscheinungsdatum: 16.07.2024

Lukas, Gerret:
Gestaltungsmodell zur thermischen Auslegung additiver Prototypen-werkzeuge aus Kunststoff
ISBN: 978-3-98555-209-2
Erscheinungsdatum: 03.06.2024

Löffler, Bernd:
Additiv gefertigte Kunststoffwerkzeuge für das Tiefziehen von Feinblech
ISBN: 978-3-98555-211-5
Erscheinungsdatum: 27.05.2024

Dackweiler, Jonas:
Planungseffizienz und -effektivität durch Plattformbasierte Fabrikplanung
ISBN: 978-3-98555-220-7
Erscheinungsdatum: 27.05.2024

Schopen, Marco:
Datenbasierte hybride Analyse und Gestaltung von Geschäftsprozessen
ISBN: 978-3-98555-217-7
Erscheinungsdatum: 22.05.2024

Edition Wissenschaft
Apprimus

Scholzen, Philipp:
Auslegung geräuschoptimierter pulvermetallurgischer Stirnradverzahnungen
ISBN: 978-3-98555-216-0
Erscheinungsdatum: 21.05.2024

Fiedler, Falko:
Produkt- und prozessseitige Auslegung von bauteilintegrierten Vorrichtungsfunktionen
ISBN: 978-3-98555-206-1
Erscheinungsdatum: 02.04.2024

Hohenstein, Steffen:
Multidirektionaler Aufbau in der additiven Fertigung von Kunststoffen
ISBN: 978-3-98555-203-0
Erscheinungsdatum: 05.03.2024

Ochel, Janis:
Datengetriebene Strukturierung von NC-Zerspanprozessen
ISBN: 978-3-98555-204-7
Erscheinungsdatum: 14.02.2024

Schulz, Malena:
Digital Twin Methodology for the Automated Fiber Placement with In-situ Consolidation of Thermoplastic Tape
ISBN: 978-3-98555-195-8
Erscheinungsdatum: 30.01.2024

Seelbach, Tobias:
Prädiktion der Maßhaltigkeit beim Räumen von Profilnuten
ISBN: 978-3-98555-213-9
Erscheinungsdatum: 21.05.2024

Theling, Julian:
Auslegung von Planetengetrieben im elastischen Verzahnungsumfeld unter Berücksichtigung der Wechselwirkungen des Mehrfacheingriffes
ISBN: 978-3-98555-205-4
Erscheinungsdatum: 26.03.2024

Schukat, Esben:
Kapazitätsorientierte Auftragsfreigabe in matrixstrukturierten Montagesystemen
ISBN: 978-3-98555-189-9
Erscheinungsdatum: 20.02.2024

Metzmacher, Amelie Isabel:
Beschäftigungsfähigkeit im produzierenden Sektor – Entwicklung des Predictive Model of Industrial Employability
ISBN: 978-3-98555-201-6
Erscheinungsdatum: 13.02.2024

Olivier, Marcel:
Abtragmechanismen beim draht-funkenerosiven Bearbeiten elektrisch leitfähiger Keramiken im kohlen-wasserstoffbasierten Dielektrikum
ISBN: 978-3-98555-200-9
Erscheinungsdatum: 30.01.2024

MIX
Papier | Fördert gute Waldnutzung
FSC® C083411

Zeitfracht Medien GmbH
Ferdinand-Jühlke-Straße 7
99095 Erfurt, Deutschland
produktsicherheit@kolibri360.de